高分子の長寿命化と物性維持
Long Life-cycling Technologies of Polymer Materials

監修：西原　一

シーエムシー出版

高分子の長寿命化に関する技術

Long Life-cycling Technologies
of Polymer Materials

監修：中山和郎

は　じ　め　に

　有史以来，人類は身の安全を守るために天然素材を加工してきた。まず石，動物，植物の加工から始まり，金属，ガラス，セラミックスの加工，そして合成高分子の創出と加工に至った。石，土で住居を作り，外敵から身を守り，獣の皮，植物から作られた布で気候変動等の外部刺激から身を守ってきた。最近では，天然素材より加工性やデザインの自由度の高い合成高分子が人類の身の安全を守るために貢献してきた。しかし，天然素材に比較して，合成高分子は，このような長所を持つ一方で，耐久性が十分でないために如何に安定した特性が維持できるかという長寿命化の課題が新たに発生した。

　一方では，人口の爆発的増大，化石燃料の枯渇，合成高分子による環境への影響により合成高分子の未来は必ずしも順風満帆ではなく，そのために如何に少量の資源で少量の素材を作り，繰り返し使用（リサイクル使用）するかが，「地球号」で生活する人類の宿命と言える。

　また身のまわりの安全のために発明された合成高分子が，環境に悪影響を及ぼす場合が指摘され，今ほど安全性と環境保持の両立が求められている時代はなく，長期間使用可能で，かつリサイクル使用可能な，環境に配慮した合成高分子の研究開発が研究者の急務の課題となっている。

　合成高分子の長寿命化特性として，構造材料としては光・熱等の外部環境変化に影響されない強度，外観，表面特性の維持，またはリサイクル使用に重要な加工時の安定性が必要である。

　従来より，合成高分子の安定化に関する書籍が数多く出版されているが，本書は以下の点に留意してまとめ，特長を出した。

1）化学的安定性と物理的安定性

　従来，高分子の安定性は化学的安定性についてのみ注目されてきた。しかし，安定性は化学的安定性と物理的安定性があり，前者は高分子の崩壊につながり不可逆な劣化であるのに対して，後者は化学的劣化でなく高分子の配列または分散状態の変化により特性が低下する可逆変化である。特にリサイクル性については，化学的安定性だけでなく，物理的安定性も非常に重要である。

2）安定剤の開発と高分子の化学構造の修飾

　安定化手法も安定剤の開発だけでなく，高分子の化学構造の修飾による安定化も含め総合的に論じる必要がある。

3）各産業分野別の安定化技術

　各産業分野での動向及び安定化の必要性，その実際を詳細に論じた，エンドユーザーに立脚した内容をめざした。

4) 実際の配合での安定剤の作用効果

　従来単純化された系での安定化理論が多いが，特に合成高分子ではそれ単独では存在し得なく，安定剤以外の多くの添加剤が存在している。そのためにたとえ素晴らしい安定剤が開発されたとしても，存在する他の添加剤または高分子の置換基の影響により，安定化効果がなくなったり，あるいは，逆に拮抗作用を示す場合がある。このような観点から，実際の配合での安定化が論じられるように工夫した。

5) 安定剤の安全性とリサイクル性

　以上の観点から，ただ単なる安定剤の紹介ではなく，合成高分子の長寿命化技術の集大成として，各分野でご研究の方々にご執筆いただいた。

　本書が今日の合成高分子の難局を乗り切るために多少でもお役に立てばご幸甚である。

2000年12月12日

西原　一

普及版の刊行にあたって

　本書は2001年に『高分子の長寿命化技術』として刊行されました。普及版の刊行にあたり，内容は当時のままであり加筆・訂正などの手は加えておりませんので，ご了承ください。

2006年4月

シーエムシー出版　編集部

執筆者一覧(執筆順)

西原　　　一	旭化成工業㈱　化成品樹脂事業部門　新事業開発室　副部長
	(現)　旭化成ケミカルズ㈱　技術戦略・新事業開発センター　技術部長
大澤　善次郎	群馬大学　名誉教授；足利工業大学　総合研究センター　客員研究員
白井　正充	大阪府立大学　大学院　工学研究科　応用化学分野　教授
児島　史利	住友化学工業㈱　精密化学品研究所　化成品チーム　主席研究員
大手　良之	チバ・スペシャルティ・ケミカルズ㈱　プラスチック添加剤セグメント　ビジネスライン　ベースポリマー　マネジャー
車田　知之	マテリアルライフ学会　常任理事
春名　　徹	旭電化工業㈱　樹脂添加剤開発研究所　所長
斎藤　　拓	東京農工大学　工学部　有機材料化学科　助教授
市原　祥次	東京農工大学　工学部　有機材料化学科　教授
	(現)　東京農工大学　大学院　ナノ未来材料研究拠点　高度人材育成部門　特任教授
堀家　尚文	三洋化成工業㈱　機能樹脂研究部　部長
	(現)　三洋化成工業㈱　事業研究本部　本部長
秋山　三郎	東京農工大学　工学部　有機材料化学科　教授
	(現)　東京農工大学　名誉教授；NPOナノ構造ポリマー研究協会　理事
大村　　博	日本油脂㈱　化成事業部　化成品第1営業部　グループリーダー
	(現)　日本油脂㈱　化成品研究所　所長
岩切　常昭	三菱エンジニアリングプラスチックス㈱　技術センタ　主任研究員
	(現)　三菱エンジニアリングプラスチックス㈱　経営企画室　部長
久保田　和久	工学院大学　機械工学科　非常勤講師
押田　孝博	エー・アンド・エム　スチレン㈱　研究開発部　R&D部長
	(現)　リスパック㈱　生産本部　チームリーダー
稲田　仁志	㈱トクヤマ　徳山総合研究所　樹脂グループリーダー
	(現)　丸菱油化工業㈱　研究部　主席研究員

松 本 良 文	㈱トクヤマ　徳山総合研究所　主席	
	（現）㈱トクヤマ　開発推進本部　部長	
藤 山 光 美	㈱トクヤマ　徳山総合研究所　主席	
	（現）藤山ポリマーリサーチ　所長	
岩 崎 和 男	岩崎技術士事務所　所長	
佐々木 慎 介	大洋塩ビ㈱　品質保証室長	
	（現）大洋塩ビ㈱　管理部　管理部長付部長	
榎 本 真 久	大洋塩ビ㈱　四日市研究所	
	（現）大洋塩ビ㈱　四日市工場　技術サービスグループ　主任研究員	
栗 山 　卓	山形大学　大学院　ベンチャー・ビジネス・ラボラトリー　教授	
西 沢 　仁	西沢技術研究所　代表；芝浦工業大学　客員研究員	
石 川 弘 昭	旭化成工業㈱　川崎支社　家電OA材料技術部	
	（現）岡山ブタジエン㈱　常務取締役	
大 西 章 義	三菱化学㈱　四日市事業所　技術開発センター　大西特別研究室　室長　リサーチフェロー	
大 石 不二夫	神奈川大学　理学部　化学科；大学院　理学研究科　教授	
松 岡 康 子	㈱住化分析センター　大阪事業所　サブリーダー	
中 内 秀 雄	技術コンサルタント；東京工業大学　非常勤講師	
村 田 則 夫	NTTアドバンステクノロジ㈱　技術アドバイザ	
濱 野 信 之	日野自動車㈱　製品開発部　主査	
田 中 　誠	フクビ化学工業㈱　常務取締役　生産本部　本部長　本社工場長	
田 中 丈 之	㈲かきとう	
	（現）㈱エー・アンド・デイ　営業本部販売促進部　担当部長；㈲かきとう　専務	
草 川 紀 久	高分子環境情報研究所　代表	
伊 澤 槇 一	工学院大学　機械工学科　講師；上海交通大学　客員教授	
	（現）東京工業大学　大学院　特任教授	

執筆者の所属は，注記以外は2001年当時のものです。

目 次

第1章 高分子材料の長寿命化，特性安定化　　西原 一

1 はじめに …………………………… 1
2 高分子の構造と化学的安定性 ……… 3
　2.1 熱分解パターン ………………… 3
　　2.1.1 ランダム分解 ……………… 3
　　2.1.2 解重合 ……………………… 4
　　2.1.3 側鎖の反応と橋かけ・炭化 … 4
　2.2 熱安定性 ………………………… 5
3 高分子の構造修飾による化学的安定
　化技術 ……………………………… 8
4 高分子の安定剤による化学的安定化
　技術 ………………………………… 11
　4.1 高分子安定剤 …………………… 12
　4.2 安定剤の添加効率の向上 ……… 14
5 高分子の物理的安定性 …………… 15
　5.1 PC系アロイ …………………… 15
　5.2 オレフィン系アロイ …………… 17
6 高分子材料の長寿命化と成形加工
　技術 ………………………………… 22
　6.1 高粘度高分子の加工法 ………… 22
　6.2 炭酸ガスを利用した加工法 …… 23
　6.3 加工時の粘度制御による傾斜構
　　　造材料 ………………………… 25
　　6.3.1 PPEとポリエチレン（PE）
　　　　　アロイの射出成形品中にお
　　　　　ける相反転特殊傾斜構造に
　　　　　よる高強度化，良流動化：
　　　　　PPEとPEの粘度差の制御 … 25
　　6.3.2 PC/ABSの各成分の粘度制
　　　　　御における相構造制御によ
　　　　　る高強度化 ………………… 26
　　6.3.3 PC/ABSの各成分の粘度制
　　　　　御における傾斜構造形成 … 26
7 高分子材料の長寿命化とリサイクル … 26
　7.1 PCのリサイクル性の向上 …… 27
　7.2 相容化剤のリサイクルへの応用 … 29

第2章 化学的安定化の理論と実際

1 高分子の化学的劣化と安定化機構
　　　　　　　……… 大澤善次郎 … 35
　1.1 はじめに ………………………… 35
　1.2 劣化機構 ………………………… 36
　　1.2.1 高分子反応における劣化
　　　　　反応の位置付け …………… 36
　　1.2.2 高分子の劣化反応の特徴 … 37
　1.3 主な要因による劣化 …………… 39

1.3.1	熱劣化	39
1.3.2	光劣化	40
1.3.3	金属化合物の影響	41
1.3.4	放射線劣化	42
1.3.5	微生物劣化	43
1.4	安定化機構	45

2 高分子構造修飾（不飽和結合・末端修飾・配列） ………………白井正充… 48

2.1	はじめに	48
2.2	不飽和基・末端基修飾	48
2.3	配列・立体配置制御	49
2.3.1	ポリメタクリル酸エステルとその誘導体	49
2.3.2	ポリプロピレン	53
2.4	おわりに	56

3 酸化防止剤 ………………児島史利… 57

3.1	はじめに	57
3.2	高分子の劣化と酸化防止剤	57
3.3	耐熱加工安定剤	59
3.3.1	熱劣化	59
3.3.2	作用機構	59
3.4	一次酸化防止剤	60
3.4.1	作用機構	60
3.4.2	フェノール系酸化防止剤	61
3.4.3	耐黄変性	61
3.4.4	アミン系酸化防止剤	62
3.5	二次酸化防止剤	62
3.5.1	作用機構	62
3.5.2	イオウ系酸化防止剤	62
3.5.3	リン系酸化防止剤	63
3.6	おわりに	65

4 紫外線吸収剤（UVA）…大手良之… 66

4.1	はじめに	66
4.2	添加剤の歴史とその中のUVA	66
4.3	樹脂の熱劣化と光劣化	67
4.4	紫外線と熱可塑性樹脂	69
4.5	UVAの種類	70
4.6	UVAの作用機構	73
4.7	UVAのUV吸収spectra	74
4.8	UVAのUV吸収能力と厚みの関係	75
4.9	UVAの使用例	75
4.10	UVAの使用上の注意	78
4.11	UVAの今後と新しい用途展開について	79

5 光安定剤 ………………車田知之… 81

5.1	はじめに	81
5.2	HALSの歴史	81
5.3	HALSメカニズム	82
5.4	HALSの特性と使い方	84
5.4.1	HALSの特性	84
5.4.2	HALSの評価法	85
5.4.3	HALSの相乗作用	85
5.4.4	HALSの拮抗作用	86
5.5	市販品HALS	86
5.6	最近の動向	88
5.7	おわりに	88

6 安定剤の相乗作用と拮抗作用 ………春名 徹… 90

6.1	はじめに	90
6.2	相乗作用と拮抗作用	90
6.3	加工時の安定化における相乗作用，拮抗作用	91
6.3.1	加工時における安定剤の	

効果……………………………… 91	6.6.2 HALSとフェノール系酸化防止剤の相互作用……… 98
6.3.2 リン系酸化防止剤とフェノール系酸化防止剤の相乗効果……………………………… 91	6.6.3 HALSとリン系酸化防止剤の相乗効果……………… 98
6.3.3 酸化防止剤の消費挙動……… 93	6.6.4 HALSとS系酸化防止剤の拮抗作用…………………… 100
6.4 熱酸化劣化における相乗作用, 拮抗作用……………………………… 94	6.6.5 フィラー・顔料配合系でのHALSの効果…………… 100
6.5 耐熱性における安定剤フィラーとの相互作用……………………… 96	6.6.6 顔料とHALSの相互作用…… 101
6.6 耐候性における相乗作用, 拮抗作用……………………………… 97	6.6.7 HALS／フィラー／顔料の相互作用…………………… 103
6.6.1 紫外線吸収剤とHALSの効果と相互作用……………… 97	6.7 おわりに……………………………… 104

第3章 物理的安定化の理論と実際

1 高分子の物理的劣化と安定化機構 ………斎藤 拓, 市原祥次… 105	2.2 樹脂用分散剤の作用機構………… 117
1.1 はじめに……………………………… 105	2.3 樹脂用分散剤の化学構造………… 119
1.2 非晶性高分子の物理的劣化……… 106	2.4 分散剤の役割と種類……………… 121
1.2.1 高分子ガラスのphysical aging………………………… 106	2.4.1 ポリマー変性によるフィラー複合材料………………… 121
1.2.2 physical agingの速度論… 108	2.4.2 マトリックス樹脂の改質によるフィラー複合材料…… 121
1.2.3 physical agingの抑制…… 110	2.4.3 フィラーの改質による複合材料…………………………… 121
1.3 ポリマーブレンドの物理的劣化… 111	2.4.4 変性オリゴマーによるフィラー複合材料……………… 122
1.3.1 ポリマーブレンドの相挙動… 111	2.4.5 高分子型帯電防止剤の分散… 122
1.3.2 スピノーダル分解による相互連結構造の形成…………… 111	3 相溶化剤〜定義と役割〜…秋山三郎… 125
1.3.3 結晶化と熱硬化による相構造の安定化………………… 113	3.1 はじめに……………………………… 125
2 分散剤………………………堀家尚文… 117	3.2 コンパティビライザーの由来と定義………………………………… 125
2.1 はじめに……………………………… 117	

4	補強剤……………………大村 博… 130		5.1	はじめに………………………………… 139
	4.1 はじめに……………………………… 130		5.2	成形加工による相反転特殊傾斜構造………………………………… 139
	4.2 グラフト，ブロックポリマーによる相溶化の概念………………… 130		5.3	結晶性傾斜構造………………… 140
	4.3 市販の相溶化および改質剤……… 131		5.4	ポリマーブレンド傾斜構造……… 142
	4.4 プラスチックリサイクルにおける相溶化……………………………… 132		5.5	モノマーの重合・拡散による傾斜構造……………………………… 145
	4.4.1 相溶化剤の構造と相溶化…… 133		5.6	空洞含有傾斜構造………………… 146
	4.4.2 相溶化剤の反応性と相溶化… 136		5.7	コンポジット傾斜構造…………… 147
	4.5 おわりに……………………………… 137		5.8	おわりに………………………………… 148
5	傾斜構造………………岩切常昭… 139			

第4章　高分子材料の長寿命化と成形加工　　久保田和久

1	はじめに………………………………… 151	3	CAE，成形加工に関するシミュレーションおよび可視化などの研究… 156
2	成形加工と圧力および温度との関係… 151		

第5章　高分子材料の長寿命化事例

1	スチレン系樹脂…………押田孝博… 159		1.4.2 耐候性改良用配合剤………… 170
	1.1 ポリスチレンの分解機構………… 159	2	ポリオレフィン
	1.2 ポリスチレンの熱安定化と構造変化………………………………… 162		………稲田仁志，松本良文，藤山光美… 173
			2.1 はじめに……………………………… 173
	1.3 熱酸化に及ぼすポリスチレンの構造の影響……………………… 163		2.2 耐熱安定性…………………………… 174
			2.2.1 酸化防止剤の種類…………… 174
	1.3.1 結晶化度の影響……………… 164		2.2.2 成形時での対応……………… 174
	1.3.2 タクティシティーの影響…… 164		2.2.3 製品としての対応…………… 174
	1.3.3 分子量と分子量分布の影響… 165		2.2.4 銅害防止性…………………… 176
	1.3.4 分岐構造の影響……………… 168		2.2.5 寿命予測……………………… 176
	1.4 配合剤によるポリスチレンの耐久性改良（長寿命化）…………… 169		2.3 耐候性………………………………… 176
			2.3.1 紫外線劣化機構……………… 176
	1.4.1 熱劣化防止用配合剤………… 169		2.3.2 耐候剤………………………… 176

2.3.3	難燃剤との併用…………………	177
2.3.4	耐候性と難燃性の両立（解決法）……………………………	177
2.4	耐放射線性………………………	178
2.5	力学的耐久性……………………	180
2.5.1	耐クリープ性…………………	180
2.5.2	耐疲労性………………………	182
2.5.3	耐折り曲げ性…………………	182
2.6	おわりに…………………………	183
3	ポリウレタン……………岩崎和男…	186
3.1	はじめに…………………………	186
3.2	ポリウレタンの長寿命化の考え方………………………………	187
3.2.1	基本的な考え方………………	187
3.2.2	ポリマーの改質………………	187
3.2.3	気泡構造の改質………………	188
3.3	硬質ポリウレタンフォームの長寿命化……………………………	188
3.3.1	ポリイソシアヌレート化による耐熱性，耐炎性の改善…	188
3.3.2	ポリイソシアヌレート化による機械的強度の保持性改善……………………………	189
3.3.3	気泡構造の改質による断熱性の改善………………………	189
3.4	軟質ポリウレタンフォームの長寿命化……………………………	190
3.4.1	酸化防止剤の活用……………	190
3.4.2	ポリオールの種類の影響……	191
3.4.3	後処理含浸法による難燃性の付与…………………………	192
3.4.4	自動車クッション材の耐久性改善例………………………	192
3.5	ポリウレタンエラストマーの長寿命化…………………………	192
3.6	おわりに…………………………	194
4	PVC……………………佐々木慎介…	195
4.1	はじめに…………………………	195
4.2	塩ビ樹脂の製造と加工…………	195
4.3	ＰＶＣの特長及び用途・製品……	196
4.4	塩ビの耐用年数…………………	198
4.5	新規用途開発－住宅用外装材（サイディング）…………………	199
4.6	リサイクルへの取り組み………	201
5	硬質ポリ塩化ビニル管………………………榎本真久，栗山 卓…	208
5.1	はじめに…………………………	208
5.2	長期耐久性保証に関する評価技術の動向………………………	208
5.3	塩ビ管の長期耐久性事例………	210
5.3.1	残存粒子構造によるK_{1c}への影響………………………	211
5.3.2	材料設計からの塩ビ管の高K_{1c}化技術の事例………	213
6	ゴム・エラストマー………西沢 仁…	216
6.1	まえがき…………………………	216
6.2	ゴム・エラストマー製品の長寿命化に要求される性能とゴム・エラストマー材料の対応策……	216
6.2.1	ゴム・エラストマー製品の長寿命化に要求される性能…	216
6.2.2	長寿命化のための劣化対策…	223
7	ポリカーボネート………岩切常昭…	229
7.1	はじめに…………………………	229

7.2	耐候性	229	8.1 はじめに	239
7.2.1	劣化挙動	229	8.2 m-PPEの構成成分	239
7.2.2	耐候性の長寿命安定化	232	8.3 PPE成分の安定化	240
7.3	熱安定性	233	8.4 PS成分の安定化	241
7.3.1	劣化挙動	233	8.5 難燃剤成分の安定化	243
7.3.2	熱安定性の長寿命安定化	236	8.5.1 m-PPEの難燃化	243
7.4	おわりに	237	8.5.2 m-PPE長寿命化のための リン系難燃剤の高性能化	244
8 変性ポリフェニレンエーテル …石川弘昭… 239			8.6 おわりに	248

第6章　高分子材料の長寿命化評価技術

1　耐熱性評価法……………**大西章義**… 250
　1.1　序…………………………………… 250
　　1.1.1　高分子を長寿命化する意義… 250
　　1.1.2　高分子の寿命は酸化が支配… 250
　　1.1.3　耐熱性という言葉の意味…… 251
　1.2　耐熱性評価………………………… 251
　　1.2.1　必要基礎知識………………… 251
　　1.2.2　耐熱性評価の実務…………… 254
　1.3　おわりに…………………………… 264
2　耐候性評価法…………**大石不二夫**… 265
　2.1　耐候性評価とは…………………… 265
　　2.1.1　劣化解析－耐久性評価－
　　　　　寿命予測の定義………………… 265
　　2.1.2　高分子材料の耐候性評価の
　　　　　原点……………………………… 266
　　2.1.3　耐候性の研究の進めかた…… 266
　2.2　耐候性評価法のポイント………… 267
　　2.2.1　劣化解析－ウェザリングの
　　　　　解明－の急所………………… 267
　　2.2.2　耐候性評価の急所…………… 268

　　2.2.3　寿命予測の急所……………… 268
　　2.2.4　耐候性に関する寿命予測法
　　　　　の研究例………………………… 269
　　2.2.5　高分子材料の劣化解析－
　　　　　耐久性評価－寿命予測の研
　　　　　究のステップ…………………… 269
　2.3　プラスチックの耐候性試験方法
　　　の規格……………………………… 269
　2.4　耐候性の評価方法………………… 271
　2.5　当研究室における高分子劣化の
　　　新解析手法の試み………………… 276
　　2.5.1　サーモメカノケミルミネッ
　　　　　センス〔TMCL〕〔TMOL〕… 276
　　2.5.2　相関法光音響分析法
　　　　　　〔PAS〕………………………… 277
　　2.5.3　劣化断面解析法
　　　　　　〔SAICAS〕…………………… 278
　　2.5.4　深度加熱分析〔ATA〕……… 278
　　2.5.5　剪断強度特性評価法〔超音
　　　　　波モーター式ねじり装置〕… 278

2.5.6 急速促進劣化法〔プラズマ照射法〕…………………… 279	4.1 まえがき………………………… 291
3 安定剤分析法…………松岡康子… 281	4.2 ゴム／樹脂／金属の特徴の違い… 291
3.1 はじめに………………………… 281	4.3 劣化現象の基本的考え方………… 295
3.2 高分子材料中の安定剤の定性・定量…………………………… 281	4.4 ミクロなアプローチ手法について…………………………… 296
3.2.1 高分子材料からの安定剤の分離法（前処理法）……… 281	4.5 モデル老化品の解析……………… 297
3.2.2 安定剤の定性法……………… 283	4.5.1 熱老化品の解析……………… 297
3.2.3 安定剤の定量法……………… 284	4.5.2 自然老化品の解析…………… 301
3.2.4 分取精製－構造解析………… 288	4.6 実使用製品の解析………………… 302
3.2.5 その他の定性法……………… 289	4.6.1 自動車用ダンパーの解析…… 302
4 高分子劣化の物理化学的評価法 ………中内秀雄… 291	4.6.2 100年使用鉄道用防振パットの解析…………………… 304
	4.7 まとめ…………………………… 306

第7章 各産業分野での高分子長寿命化

1 電線，ケーブル…………西沢 仁… 308	2.3 光ファイバ接続部用接着剤……… 325
1.1 まえがき………………………… 308	2.3.1 光ファイバ接続部の補強と防湿………………………… 325
1.2 電線，ケーブル用高分子材料の劣化形態と長寿命化のための対策 308	2.3.2 熱溶融接着剤の耐湿性向上と保存安定性………………… 325
1.2.1 熱酸化劣化からみた長寿命化………………………… 308	2.4 おわりに………………………… 329
1.2.2 電気絶縁性能からみた長寿命化………………………… 312	3 自動車……………………濱野信之… 331
2 光通信………………村田則夫… 319	3.1 はじめに………………………… 331
2.1 はじめに………………………… 319	3.2 自動車への高分子材料の応用…… 331
2.2 光デバイス組立用接着剤………… 319	3.2.1 樹脂材料……………………… 331
2.2.1 UV接着剤の耐久接着性向上… 319	3.2.2 ゴム材料……………………… 334
2.2.2 光学的接着結合部の耐久信頼性…………………………… 321	3.2.3 塗料…………………………… 335
2.2.3 高耐久性UV接着剤の適用…… 322	3.3 車両用高分子材料の要求特性…… 335
	3.4 自動車部品の長寿命化…………… 336
	3.5 まとめ…………………………… 339

4 建築材料⋯⋯⋯⋯⋯⋯⋯田中 誠⋯ 340	5.1 はじめに⋯⋯⋯⋯⋯⋯⋯⋯⋯⋯ 350
4.1 はじめに⋯⋯⋯⋯⋯⋯⋯⋯⋯ 340	5.2 塗膜の構造と機能⋯⋯⋯⋯⋯⋯ 350
4.2 内装建材⋯⋯⋯⋯⋯⋯⋯⋯⋯ 340	5.3 塗膜の使用環境と劣化の発生⋯⋯ 351
4.3 外装用建材⋯⋯⋯⋯⋯⋯⋯⋯ 345	5.4 各種塗膜の耐候性⋯⋯⋯⋯⋯⋯ 355
5 塗料⋯⋯⋯⋯⋯⋯⋯⋯田中丈之⋯ 350	5.5 おわりに⋯⋯⋯⋯⋯⋯⋯⋯⋯⋯ 358

第8章 安定剤の環境への影響　　草川紀久

1 はじめに⋯⋯⋯⋯⋯⋯⋯⋯⋯⋯⋯ 359	3.3 可塑剤⋯⋯⋯⋯⋯⋯⋯⋯⋯⋯ 369
2 添加剤の種類と機能⋯⋯⋯⋯⋯⋯ 359	3.4 難燃剤⋯⋯⋯⋯⋯⋯⋯⋯⋯⋯ 370
2.1 安定剤の種類と機能⋯⋯⋯⋯ 359	3.5 充填剤⋯⋯⋯⋯⋯⋯⋯⋯⋯⋯ 370
2.2 改質剤の種類と機能⋯⋯⋯⋯ 362	3.6 静電防止剤⋯⋯⋯⋯⋯⋯⋯⋯ 371
2.3 加工助剤の種類と機能⋯⋯⋯ 366	3.7 着色剤⋯⋯⋯⋯⋯⋯⋯⋯⋯⋯ 371
3 添加剤の環境への影響⋯⋯⋯⋯⋯ 366	3.8 発泡剤⋯⋯⋯⋯⋯⋯⋯⋯⋯⋯ 371
3.1 酸化防止剤⋯⋯⋯⋯⋯⋯⋯⋯ 366	3.9 滑剤⋯⋯⋯⋯⋯⋯⋯⋯⋯⋯⋯ 371
3.2 塩ビ用安定剤⋯⋯⋯⋯⋯⋯⋯ 367	4 おわりに⋯⋯⋯⋯⋯⋯⋯⋯⋯⋯⋯ 371

第9章 高分子材料の長寿命化とリサイクル　　伊澤槇一

1 はじめに⋯⋯⋯⋯⋯⋯⋯⋯⋯⋯⋯ 373	4.2 成形加工技術⋯⋯⋯⋯⋯⋯⋯ 384
2 長寿命化で省資源に寄与する5つのR⋯⋯⋯⋯⋯⋯⋯⋯⋯⋯⋯⋯⋯ 373	5 1度プラスチックとして使用した後でエネルギーとして使用⋯⋯⋯⋯ 384
3 高分子ABC技術で材料の高性能化・高機能化を図る（第二次省資源）⋯ 375	5.1 ゴミ発電の充実⋯⋯⋯⋯⋯⋯ 385
3.1 スチレン系ポリマーの改質⋯⋯ 375	5.2 セメントキルンへの投入⋯⋯ 385
3.2 オレフィン系ポリマーのポリマーアロイ化⋯⋯⋯⋯⋯⋯⋯⋯ 379	5.3 鉄鋼業界での廃プラスチック再資源化への取り組み⋯⋯⋯⋯⋯ 386
4 高機能化と成形加工活用による材料の減量と長寿命化⋯⋯⋯⋯⋯⋯⋯ 383	6 実際にリサイクルする場合の注意事項⋯⋯⋯⋯⋯⋯⋯⋯⋯⋯⋯⋯⋯ 386
4.1 安定性の向上⋯⋯⋯⋯⋯⋯⋯ 383	7 今後の展望⋯⋯⋯⋯⋯⋯⋯⋯⋯⋯ 387

第1章 高分子材料の長寿命化，特性安定化

西原 一*

1 はじめに

　2000年3月の国会に，「循環型社会基本法案」およびこの理念の基に「リサイクル関連法案」が提出されて以来，リサイクルの機運が高まっている。また電気・電子業界においても，テレビ，エアコン，冷蔵庫，洗濯機の4品目について，2001年4月の家電リサイクル法の施行が始まり，将来は廃家電やパソコンなどのOA機器にも対象が広がる公算が高い。今回はプラスチックのリサイクルが対象とはなっていないが，次回の改訂ではプラスチックのリサイクルも対象となるといわれており，リサイクル可能な材料開発が求められている。

　このような社会現象の背景には，人口の爆発的増大，化石燃料の枯渇，高分子材料による環境への影響により合成高分子の未来は必ずしも順風満帆ではないためである。図1の世界モデルの標準計算によると，1900年から人口の増大に伴い，資源が減少し，ついに1人当たりの工業，食糧生産量が2015年をピークに減少に転じる。それにも関わらず人口はなお増大するために，汚染

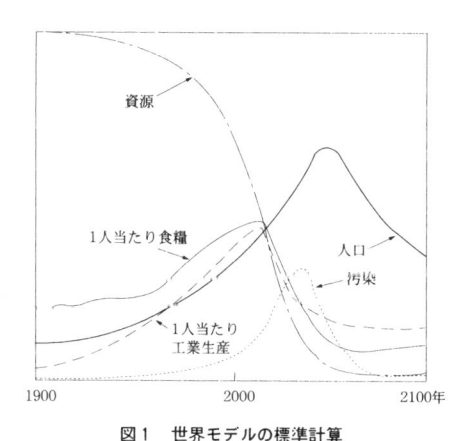

図1　世界モデルの標準計算

---

*　Hajime Nishihara　旭化成工業㈱　化成品樹脂事業部門　新事業開発室　副部長

が進み地球環境が危機的状態を迎える[1]。そのためにいかに少量の資源で少量の素材を作り，安定した特性を維持し，繰り返し使用（リサイクル使用）するかという長寿命化の課題が発生したからである。

　高分子材料の長寿命化特性として，構造材料としては光・熱などの外部環境変化に影響されない強度，外観，表面特性の維持，またはリサイクル使用に重要な加工時の安定性が必要である。

　従来高分子研究者は，高分子の初期性能の向上に努力してきた。その結果，短期使用の後に廃棄され，環境問題に発展してきた。今や高分子のライフサイクルに関心を寄せるべき時代となった。図2には高分子材料のライフサイクルが模式的に示されている。未処理の高分子材料は比較的短時間に，（I）で示されるように特性がAからBに低下するが，その原因は物理的，化学的劣化に起因している。そこで，しかるべく安定化手法①により，特性低下は（II）で示されるレベルまで抑制することができる。従来は特性レベルCで高分子材料の天寿を全うして廃棄処分されてきた。しかし，循環型社会への対応のために，マテリアルリサイクル，サーマルリサイクル，ケミカルリサイクル等の手段が検討されているが，高分子材料をできるだけ本来の姿で再利用するマテリアルリサイクルを選定する場合は，特性を初期のレベルAに向上させるための特性向上技術②が必要とされる。

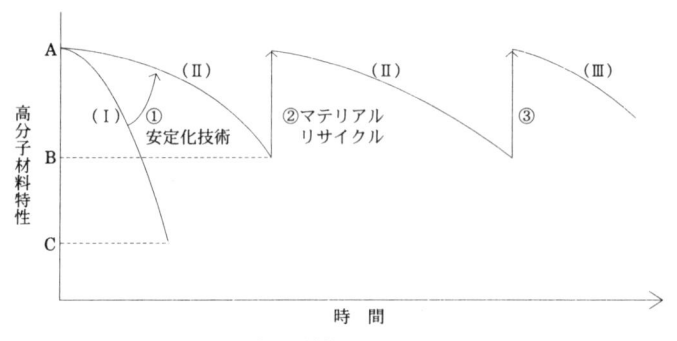

図2　高分子材料のライフサイクル

　従来，高分子材料の安定性は化学的安定性についてのみ注目されてきた。しかし，安定性は化学的安定性と物理的安定性があり，前者は高分子の崩壊につながり不可逆な劣化であるのに対して，後者は化学的劣化でなく高分子の配列または分散状態の変化により特性が低下する可逆変化である。特にリサイクル性については，化学的安定性だけでなく，物理的安定性も非常に重要であり，それを達成するためには加工技術も非常に重要である。

第1章　高分子材料の長寿命化，特性安定化

本書では以下の観点から高分子材料の長寿命化について論じたい。
1）高分子材料の化学的安定化と物理的安定化の理論
2）安定化を達成するための，高分子の化学構造の修飾技術，安定剤技術，および加工技術
3）各産業分野別安定化技術
4）実際の配合での安定剤の作用効果
5）安定剤の安全性とリサイクル性

本章では上記基本概念を記し，詳細は後章に譲る。

2　高分子の構造と化学的安定性

まず高分子一般の劣化機構について説明する。

2.1　熱分解パターン[2]

高分子の熱分解は，ランダム分解または解重合による主鎖切断に起因するものと，主鎖切断より前に側鎖が脱離，分解反応することによる橋かけ・炭化に起因するものに分類される。

2.1.1　ランダム分解

ランダム分解は主鎖が統計的にでたらめに切断し，分子量が急激に低下し，さらに切断が進行すると気化できる程度の大きさの分子となって系から失われていく。そのために分解生成物は種々の大きさのオリゴマーやそれが変化したものであり，モノマーの割合は極めて小さい。例えば，ポリエチレン，ポリプロピレン，縮合系ポリマーの多くがランダム分解機構により分解する。

ポリマー主鎖が熱によるラジカル切断でランダム切断されるが，ラジカル切断数と，生成分子からみた切断数とは必ずしも一致しない。これはランダム分解に関与するラジカル反応が存在するためである。以下にその反応について説明する。

(1) ラジカル停止反応

もし切断で生じたポリマー末端ラジカルが，自身の片割れまたは他の切断で生じたラジカルと再結合で消失すれば，結果として数平均重合度は変わらず，切断しなかったと同じである。一方，生成ラジカルが全て不均化反応で安定化すれば，熱によるラジカル切断数と，生成分子からみた切断数とは一致する。常温近傍での重合系の停止反応は，ポリアクリル酸メチル，ポリアクリロニトリル，ポリスチレン，ポリ酢酸ビニルなどの1置換ラジカルは再結合がほぼ100％，ポリメタクリル酸メチル，ポリメタクリロニトリルなどの2置換ラジカルで20〜40％が不均化反応である。従って，最終的に切断に寄与するのは，熱によるラジカル数よりかなり少ないと考えられる。

その他，停止反応に影響を与える因子の一つとして，切断ラジカルの動きやすさがあり，例えば"かご効果"が知られている。そしてもう一つはポリマー鎖自身の動きやすさである。例えば，

橋かけポリスチレンで架橋密度が高くなると,いったん切断してもポリマー鎖が動きにくいために,再結合が優先し,炭化成分が多くなる[3]。

(2) 連鎖移動

熱切断で生成したポリマー末端ラジカルが分子内,または分子間で水素引き抜きを行い,生じたポリマー鎖上ラジカルがβ切断する。図3に1置換ビニルポリマーの例が示されている。例えばポリエチレンでは,1個熱切断でラジカルが生成すると,それに伴って10^4個の切断が誘起されると推定されている。

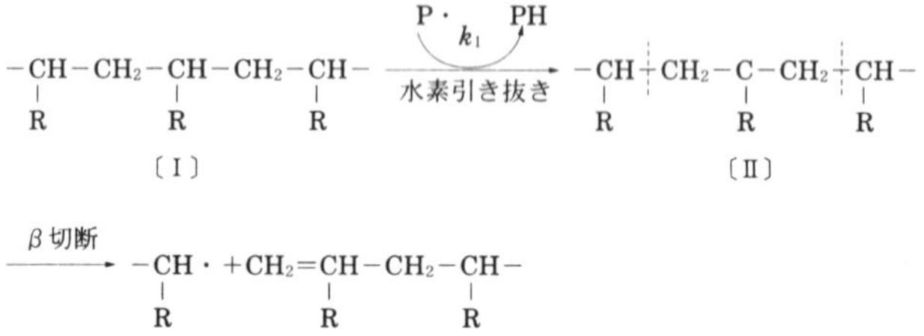

$$-CH-CH_2-CH-CH_2-CH- \quad \xrightarrow[水素引き抜き]{P\cdot \; k_1 \; PH} \quad -CH+CH_2-C-CH_2+CH-$$
$$\quad\; R \qquad\quad R \qquad\quad R \qquad\qquad\qquad\qquad\qquad R \qquad\quad R \qquad\quad R$$
$$\qquad\qquad\qquad \text{〔I〕} \qquad\qquad\qquad\qquad\qquad\qquad\qquad\qquad \text{〔II〕}$$

$$\xrightarrow{\beta 切断} \quad -CH\cdot + CH_2=CH-CH_2-CH-$$
$$\qquad\qquad\quad R \qquad\quad\quad R \qquad\quad R$$

図3 ポリマー末端ラジラル(P・)のポリマーの水素引き抜き,β切断の機構

特に分子内連鎖移動の例として,back bitingが知られている。ポリオレフィン系において,末端ラジカルが巻き戻し反応で自身の水素を引き抜き,β切断をする。

2.1.2 解重合

解重合は,主鎖が1個切断すると,そこを起点としてモノマーが次々にジッパー的にはずれていく反応であり,重合の生長と反対の逆生長反応である。

逆生長の活性化エネルギーΔEdは,生長活性化エネルギーΔEpと重合熱($-\Delta Hp$)の和である。ラジカル重合のΔEpは4〜7 kcal/molで,モノマー種にあまり依存しないが,重合熱はモノマー種によってかなり変化するので,重合熱は解重合のしやすさの指標といえる。

表1に主要なポリマーの熱分解データが示されている。重合熱が13〜14kcal/mol以下のものは,熱分解で80〜100%モノマーを生成し,かつ重量半減期温度も低い。これらのポリマーに対応するモノマーは,α,α-2置換モノマーであり,ポリマー中の立体障害が大きく影響している。一方,1置換モノマーは重合熱が14kcal/mol以上であり,解重合しにくいが,その中でもモノマーの共鳴安定化の大きいスチレンは比較的重合熱が小さく,解重合しやすい。

2.1.3 側鎖の反応と橋かけ・炭化

ポリ塩化ビニル,ポリ酢酸ビニル,ポリビニルアルコールなど陰性基Xを持つポリマーは,主鎖切断より前に,側鎖が脱離,分解,その他の反応を行う。このようなポリマーは,隣接水素と

第1章 高分子材料の長寿命化,特性安定化

表1 主要なポリマーの真空中熱分解

ポリマー（略号）	T_h [a] [℃]	モノマー収率[b] [%]	対応するモノマーの重合熱 [kcal/mol]
ポリテトラフルオロエチレン（PTFE）	509	96.6	37.0
ポリブタジエン（PBd）	407	—	17.6
ポリエチレン（PE）	406	0.03	21.2
ポリプロピレン（PP）	387	0.17	19.5
ポリクロロトリフルオロエチレン（PCTFE）	380	25.8	—
ポリスチレン（PS）	364	40.6	16.7
ポリイソブチレン（PIB）	348	18.1	12.9
ポリエチレンオキシド（PEO）	345	3.9	—
ポリアクリル酸メチル（PMA）	328	0.7	18.5
ポリメタクリル酸メチル（PMMA）	327	91.4	13.3
ポリイソプレン（PIp）	323	—	17.9
ポリプロピレンオキシド（PPO）	295	2.8	—
ポリ-α-メチルスチレン（PαMS）	287	100	8.4
ポリオキシメチレン（POM）	—	100	7.4

a) 半減温度（T_h）：30min加熱で重量の半減する温度
b) モノマー収率：分解生成物中のモノマーの割合

脱HX反応が定量的に進み，残存ポリマーは共役二重結合を多く含有し，さらに加熱するとその一部は芳香族化合物として切断し，一部は橋かけから炭化へと進む。ポリアクリロニトリルがCN結合基同士の反応で共役系の部分ラダー鎖を作り，やがて炭化することは有名である。

2.2 熱安定性

高分子の熱分解は熱酸化劣化であり，加工時の熱安定化技術とは，加工温度での比較的緩慢な熱酸化劣化を抑制することである。一方，燃焼は急激な熱酸化劣化であり，難燃化技術も対象温度は異なるものの，熱酸化劣化抑制の点で加工時の熱安定化技術と共通する。

高分子の長寿命化技術を考えるにあたり，高分子の構造と熱安定性との関係をまず検討する。

高分子の熱分解は，大部分がラジカル的切断から起こり，結合エネルギーの大きい高分子ほど熱分解しにくい。図4および表2には高分子の結合解離エネルギーと高分子の重量半減温度との関係が示されている。結合エネルギーの高い高分子ほど熱安定性が高いことを示している[2]。

高分子の分子量と熱安定性との関係についても検討されている。図5には芳香族ポリカーボネート（PC）の数平均分子量とコーンカロリーメーターによる発熱速度との関係が示されている。高分子量PCほど発熱ピークが小さく，熱安定性に優れていることが明らかにされた[4]。

また表3には各種高分子の構造と，難燃性の指標としての酸素指数および熱安定性の指標としての1％重量減少温度との関係が示されている[5]。

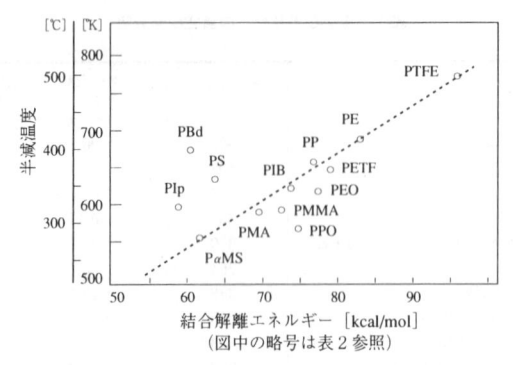

図4 30min加熱での重量半減温度と結合解離エネルギー

表2 高分子の重量半減温度

高分子（略号）	$T_h{}^{a)}$ [℃]
ポリテトラフルオロエチレン（PTFE）	509
ポリブタジエン（PBd）	407
ポリエチレン（PE）	406
ポリプロピレン（PP）	387
ポリクロロトリフルオロエチレン（PCTFE）	380
ポリスチレン（PS）	364
ポリイソブチレン（PIB）	348
ポリエチレンオキシド（PEO）	345
ポリアクリル酸メチル（PMA）	328
ポリメタクリル酸メチル（PMMA）	327
ポリイソプレン（PIp）	323
ポリプロピレンオキシド（PPO）	295
ポリ-α-メチルスチレン（PαMS）	287
ポリオキシメチレン（POM）	—

a) 半減温度(T_h)：30min加熱で重量の半減する温度
b) モノマー収率：分解生成物中のモノマーの割合

　ビニル系高分子は，C-C結合エネルギーが一般的に小さく，ランダム分解，解重合が容易に起こり，特にハロゲン原子を有しないビニル系高分子は酸素指数が20％以下のものが多い。ハロゲン原子を有するビニル系高分子の場合は，ハロゲン原子が燃焼時生成したラジカルを高効率で捕捉するために酸素指数は20％以上である。一方，芳香環を主鎖に有する縮合系高分子は分解温度が高く，かつ燃焼時に炭化被膜を形成するために断熱性を高めることが可能となり，極めて酸素指数および熱安定性が高い。

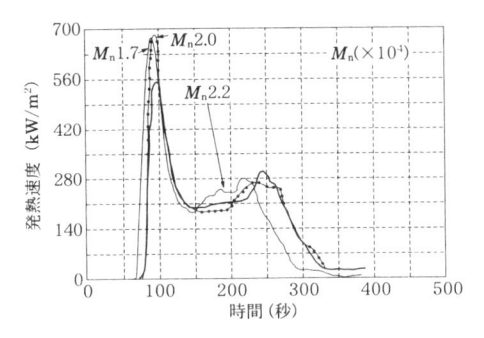

第1章 高分子材料の長寿命化,特性安定化

図5 PCの数平均分子量と発熱速度との関係

表3 各種高分子の構造と酸素指数との関係

ポリマーの分類 (構造別)		名　　称	酸素指数	1％重量減少 温度（℃）
ビニル系ポリマー				
	非ハロゲン系	ポリメチルメタクリレート	17.3	282
		ポリプロピレン	17.4	315
		低密度ポリエチレン	17.4	318
		高密度ポリエチレン	17.4	275
		ポリスチレン	17.8	330
		ABS樹脂	18.0	284
		ポリブタジエン	18.3	234
		ポリイソプレン	18.5	240
		ポリビニルアルコール	22.5	106
	ハロゲン系	ポリフッ化ビニリデン	43.7	410
		ポリ塩化ビニル	47.0	184
		ポリテトラフルオロエチレン	95.0	502
		塩素化ポリエチレン	21.0	
		ポリフッ化ビニル	22.6	
		ポリジクロロスチレン	30.0	
縮合系ポリマー				
	脂肪族系	ポリアセタール	15.7	275
		ポリアミド6	25.6	
	芳香族系	ポリカーボネート	28	
		変性ポリフェニレンエーテル	28〜29	
		ポリスルホン	30	
		ポリエチレンテレフタレート	20	
		ポリエーテルスルホン	34〜42	
		ポリアリレート	34	
		ポリエーテルケトン	40	
シリコーンオイル			32	117

3 高分子の構造修飾による化学的安定化技術

高分子の熱分解は，高分子中の"弱い結合"部分から開始する。加熱に対して高分子は，自ら分子運動により外部エネルギーを吸収し緩和する。最も分子運動が激しいのは末端であり，末端の"弱い結合"部分が熱分解に大きな影響を与える。

高分子の熱安定化の方法の一例として，ポリスチレンのアニオン重合法により"弱い結合"部分を減らすことが提案されている。図6には，ラジカル重合およびアニオン重合により得られたポリスチレンの加熱温度変化と，ポリスチレンの数平均分子量変化との関係が示されている。アニオン重合ポリスチレンの熱安定性は卓越している[8]。

高分子の熱安定化の方法として，高分子末端をキャッピングして末端結合を強化することにより，熱安定性を向上させることができる。例えば，図7には，334℃で加熱した場合の，ポリスチレンの末端基の種類とポリスチレンの重量変化との関係が示されている[7]。末端変性ポリスチレンの熱安定性は，末端基の水素引き抜き後，生成するカーボンラジカルの安定性により支配される。

またポリフェニレンエーテル（PPE）の熱安定化については，PPEの末端がフェノール構造の場合は熱安定性が低いが，スチレンとの反応により末端クロマン環構造が形成されると，熱安定性が向上することが報告されている（図8）[8,9]。

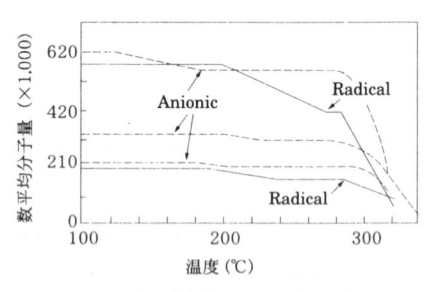

図6 アニオン重合法とラジカル重合法により得られたポリスチレンの熱分解試験において，加熱温度と数平均分子量との関係

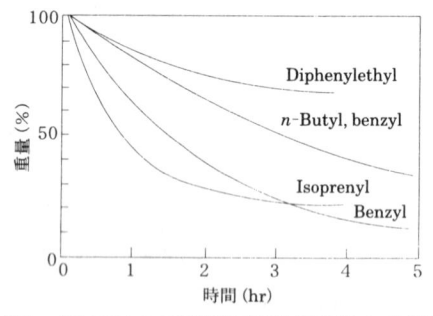

図7 ポリスチレンの末端基の種類と重量変化との関係
（アニオン重合法により製造したポリスチレンの334℃での熱分解試験）

高分子の熱安定化のもう一つの方法として，特に分子鎖切断型高分子では共重合法が有効である。例えば，スチレンに不飽和ニトリルを共重合することにより，スチレンの結合エネルギーを

図8 ポリフェニレンエーテルとスチレンの反応による末端クロマン環構造

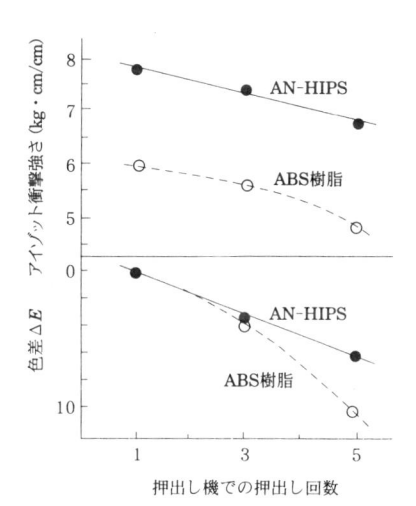

図10 乳化重合法ABSと溶液(塊状)重合ABS (AN-HIPS)の熱安定法
組 成 物:樹脂/臭素化エポキシ樹脂/Sb_2O_3
押出し条件:2軸押出し機を用い,230℃で5回繰り返し,溶融押出しを行った

図9 ゴム変性AS樹脂の熱分解性(TGA法)
組成物:AS樹脂/臭素化エポキシ樹脂/Sb_2O_3

高め,ポリマーの熱分解速度の抑制が可能であることが報告されている[10]。図9には不飽和ニトリル含有量が増大するとともにポリマー分解温度,分解開始速度が低下することが示されている。また,メタクリル酸メチル,αメチルスチレンのように1,1-置換型単量体では天井温度が低く,容易に解重合するが,アクリル酸メチル,スチレン等の1-置換の単量体と共重合することにより,熱分解が抑制される。そして,重合法によっても熱安定性が異なる。乳化重合法によるABS樹脂より,溶液(塊状)重合法のABSの方が衝撃強度の低下,色調変化が小さい(図10)。

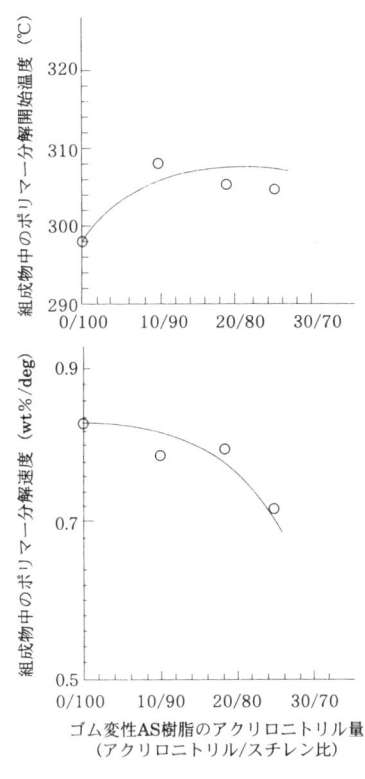

これは重合不純物が乳化重合の方が多いことに起因する。

一般的に，不飽和結合を有する高分子は熱安定性，耐光性に劣るが，構造によりその影響は異なる。例えば，ポリブタジエンは図11に示した3つのミクロ構造からなるが，ビニル構造が少なく，シス構造の多いポリブタジエンからなるHIPSが熱安定性に優れている（表4）[11]。

ポリブタジエンで変性されたポリスチレンは，グラフト型とブロック型で熱安定

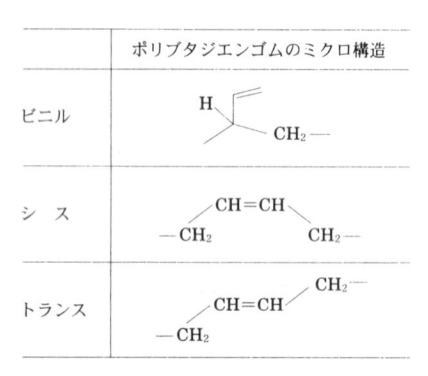

図11 ポリブタジエンのミクロ構造

表4 ポリブタジエンのミクロ構造と熱安定性

樹　脂					熱安定性試験		
(A) ゴム変性スチレン系樹脂 (HIPS)				(B)	アイゾット衝撃強さ (kg・cm/cm)		
HIPS 含有量	シス1,4 結合含量	η sp/c	ゴム含量	ポリフェニレンエーテル	ラボプラストミル 250℃での溶融時間		
					4分	7分	10分
67	95	0.53	14	33	10.2	11.7	12.9
67	33	0.54	14	33	9.1	4.4	4.1

組成物：HIPS67/PPE33/リン系難燃剤33（重量比）

性が異なる[12]。スチレン（S）とポリブタジエン（B）のグラフト共重合体であるHIPS（S/B＝88/12）と，SBブロック共重合体，とりわけSB比率の異なるSBブロック共重合樹脂（S/B＝80/20）とSBブロックエラストマー（S/B＝40/60）の熱分解パターンに差がある。図12は，バッチ式の溶融混練機で220℃の温度で，HIPSとSBブロック共重合体を溶融混練した時の典型的なトルク変化を示している。HIPSは時間とともにトルクが減少していることから，熱分解は分子鎖の切断であるのに対し，SBブロック共重合体は誘導期間が存在し，その後急激にトルクが上昇することから，架橋反応が進行していることが示唆される。また，上記3種のポリマーとGPPSをブレンドして，最終組成物中のポリブタジエン量が6％になるように配合した組成物を，200℃で押出し機を用いてリサイクル試験を行った。図13は押出し機での押出回数と，組成物成

第1章　高分子材料の長寿命化，特性安定化

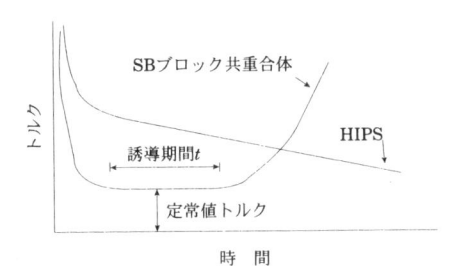

図12　HIPSとSBブロック共重合体のバッチ式溶融混練機での溶融試験

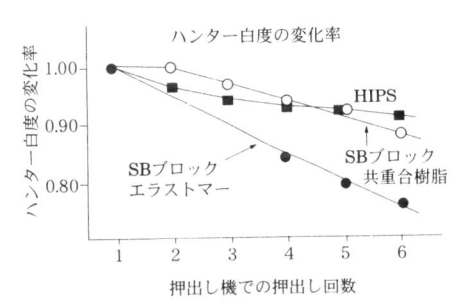

図13　HIPS，SBブロック共重合樹脂，SBブロックエラストマーの
　　　押出し機での押出し回数と色調（ハンター白度）変化

押出し温度：200 ℃
組成物中のポリブタジエン量は6%で同一

形体の色調の指標としてのハンター白度との関係を示した。同じポリブタジエン量にもかかわらず，熱安定性はHIPS＞SBブロック共重合樹脂＞SBブロックエラストマーの順である。

　不飽和結合を有する高分子の抜本的安定化のためには，不飽和結合に対して水素添加処理を行うことであり，その結果飛躍的に安定性が向上する。水素添加SBブロック共重合体が典型例である。

4　高分子の安定剤による化学的安定化技術

　安定剤の機能としては，高分子に対するものと難燃剤などの添加剤に対するものがある。また，熱安定剤としては酸化防止剤，活性種捕捉剤が知られており，耐光剤としては，紫外線吸収剤，ヒンダードアミン系光安定剤，酸化防止剤，活性種捕捉剤，遮光剤，金属不活性剤，消光剤が知られている。以下にそのほかの新しいコンセプトによる安定化事例を紹介したい。

4.1 高分子安定剤

従来安定剤は低分子化合物を添加されていたが，高分子同士のブレンドにより，安定性が向上することが報告されている。

(1) ポリマーラジカル捕捉剤

活性水素を有するポリマーは，加工時，または燃焼時に生成するラジカルを捕捉してポリマーの分解速度を抑制する。

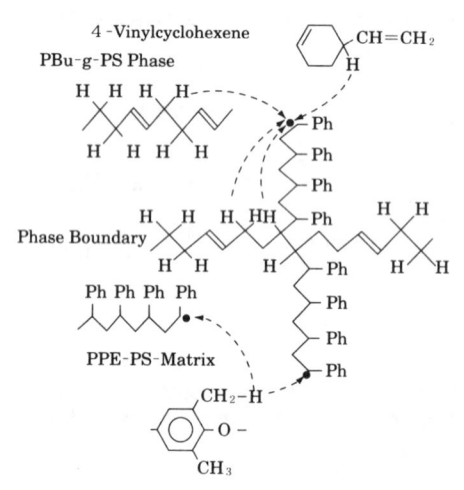

図14 ポリブタジエン，ポリフェニレンエーテルによるポリスチレンの熱安定化機構

図14は，活性水素を有するPPE，ポリブタジエンがラジカル捕捉剤としてポリスチレンを熱安定化する機構を示している[13]。PPEのベンジル水素，ポリブタジエンのアリル位の水素がポリスチレンの分解したマクロラジカルを停止し熱安定化に寄与している。PPEによりゴム変性ポリスチレン（HIPS）が熱安定化される（図15）。

(2) ポリマー耐光剤

変性PPEはキノン構造を形成する光劣化機構で変色する。特に高温加工によりフリース転

図15 PPEによるHIPSの熱安定化（TGA法）

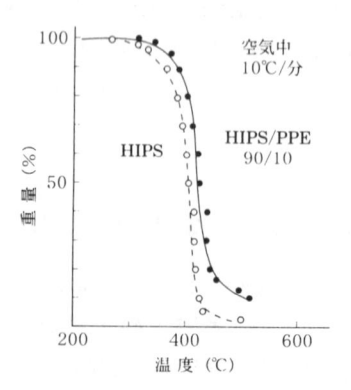

第1章 高分子材料の長寿命化, 特性安定化

位類似のメチレンブリッジ転位（370℃）が起こり，末端フェノール基が多数存在する場合には耐光性が著しく低下する。一方，ポリカーボネート（PC）は図16に示される光劣化の過程で紫外線吸収剤であるフェニルサリシレートを生成するために耐光性に優れている。そこで，PPEとPCを併用することにより，耐光性の相乗効果が発現し，PPEの耐光性を改善することができる（表5）。

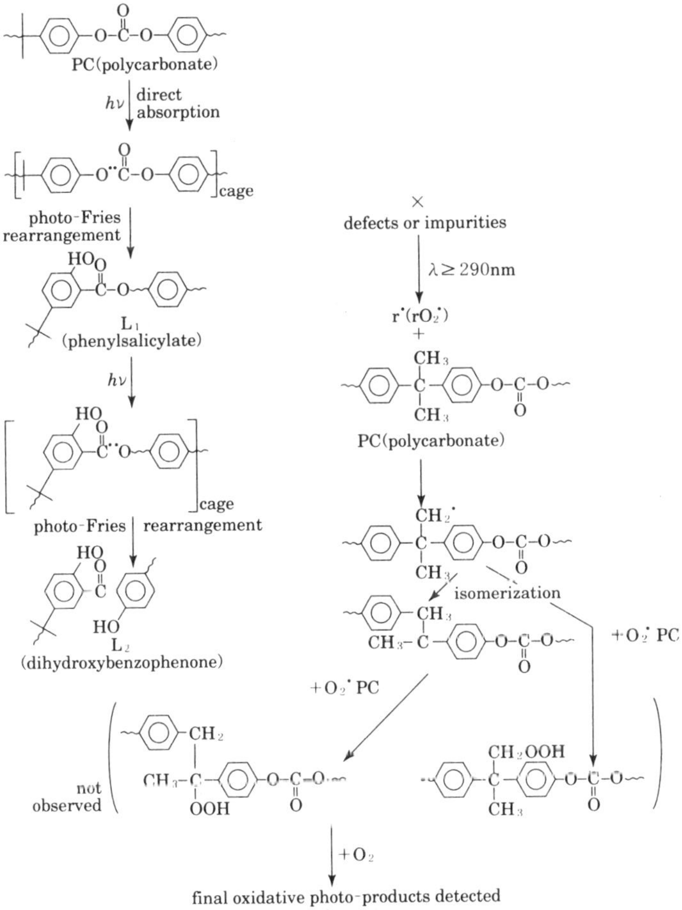

Scheme 1

図16　ポリカーボネートの光劣化機構

表5 HIPS/PPE/PC組成物の耐光性試験結果

耐光剤なし

	PPE%	PC%	色差 ΔE (300時間)
単独使用	3.5 7.0 10.5	0 0 0	6.1 9.0 11.0
併用	6.0 12.0	55 30	4.1 7.5

4.2 安定剤の添加効率の向上

　耐光性は特に成形体の表面の耐光剤濃度に大きく依存する。従って、耐光剤を表面に偏析させることにより、光安定化の高効率化を図ることができる。

　耐光剤の表面偏析を検討するに当たり、傾斜材料が参考になる。HIPS/PPE/シリコーンからなる樹脂組成物において、X線光電子スペクトル法による表面深さ方向のシリコーンの濃度分布を測定した結果、20オングストロームの深さでは平均組成の26倍のSi原子が偏析している。そのために微量のシリコーンでも表面に偏析することが知られている[14]。また、シリコーンユニットを有するポリウレタンブロック共重合体が表面に高度に偏析していることをESCAにより解析した事例がある[15]。耐光剤に関しても、プラスチックの光劣化はその表面で開始し、徐々に内部へと進行するため、耐光剤は表面近傍に局在することが望ましい。

　例えば、紫外線吸収剤をシリコーンに担持することにより、ポリスチレンに配合した場合、表面に紫外線吸収剤が偏析し光安定化効果が向上することが報告されている[16,17]。

　また、厚みのある成形品では、経時的に内部から表面層へ移動して、表面層の安定剤濃度を高く保持できる低分子量タイプの耐光剤が有利である。一方、フィルム等の薄物では、移動する必要がないために揮散しにくく保留性のよい比較的高分子量体が好ましい[18]。

　そして、新しいコンセプトとして、光反応型耐光剤の表面偏析による耐光性改良技術が提唱されている[19]。

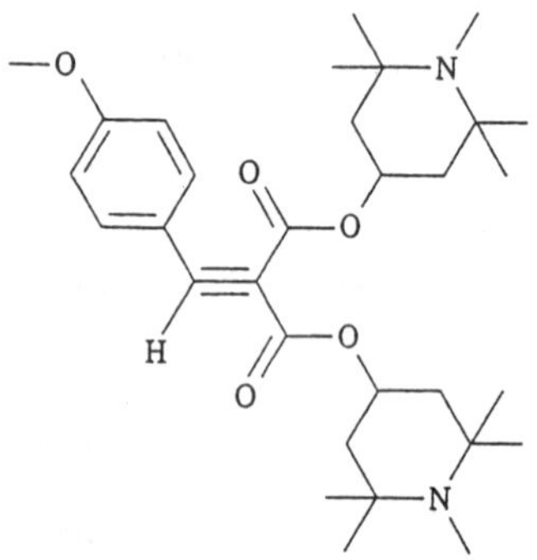

　図17に示される反応性光安定剤（HALS）は、ポリプロピレン（PP）に配合されると、経時的

図17　反応性光安定剤（HALS）の構造

に表面に移動する。その際に光照射により，表面に高濃度のHALSが硬化・固定化されるために，表面に高度に耐光剤が偏在する（図18）。これはUVスペクトルにより300nmのピークの上昇が認められることから，光硬化反応に起因していると判断される（図19）。

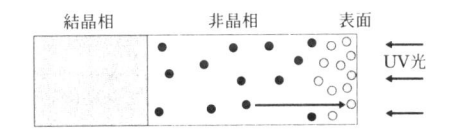

図18 PP中での反応性HALSの反応挙動

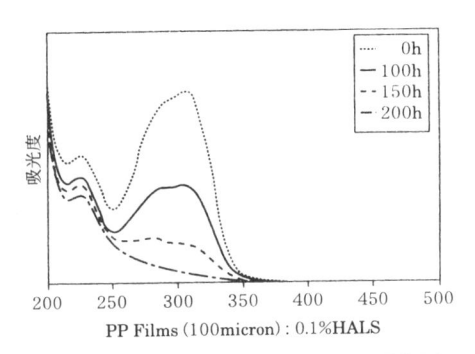

図19 光照射によるPP中での反応性HALSの硬化反応

5 高分子の物理的安定性

高分子材料は一般に単一成分からなることは稀であり，多くの場合は多成分からなる。このように多成分からなるポリマーアロイ材料では，環境条件により強度が著しく低下する場合がある。高分子の分子量低下による強度低下ではなく，モルフォロジー変化による可逆的特性低下であり，再度溶融加工することにより，特性が回復する。可逆的特性低下の事例を紹介しつつ，高分子材料の物理的安定化技術について解説する。

5.1 PC系アロイ

PC/ABSは主要なポリマーアロイとして多量に使用されている。しかし，高温下で経時的に衝撃強度が低下することが知られている。たとえば130℃でのエージングによりアイゾット衝撃

強度が低下していく（図20, 21）。GPC測定により，分子量の低下はないが，粘弾性測定により，PCのtan δピークが細幅化し，かつABSのゴム由来のtan δピークが低下していることが確認されている（図22）。熱エージングにより自由体積が減少し，分子の移動度が低下することによると推定されている[20]。またPCとABSの組成比により，相構造の安定性が異なる。両者の体積比が1に近づくほど相構造が不安定となり，経時的に衝撃強度が低下する（図20, 21）。

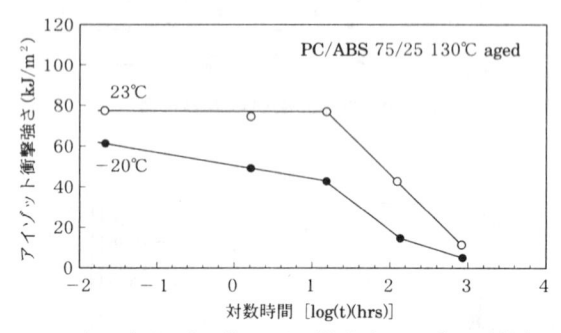

図20　PC/ABS(75/25)を130℃で熱エージングした時のアイゾット衝撃強さの経時変化

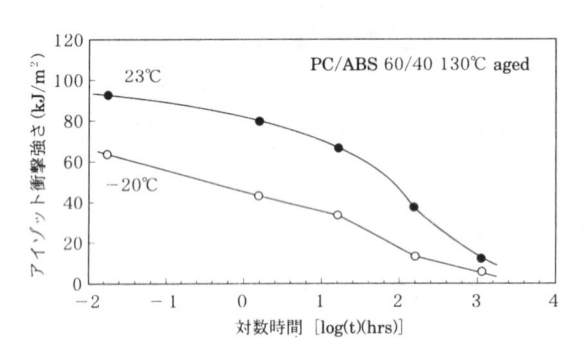

図21　PC/ABS(60/40)を130℃で熱エージングした時のアイゾット衝撃強さの経時変化

　図23には異なった組成比のPC/ABSについて，時間変化とモルフォロジーの変化が示されている[21]。体積比が1に近い，PC/ABS（60/40）の方が，相の肥大化が著しい。
　また図24にはPC/ABSの組成比は90/10から30/70までの代表的な相構造が模式的に示されている[22]。組成比が70/30～60/40で相転移し，PCが多い領域ではbead-and-string構造を形成する。

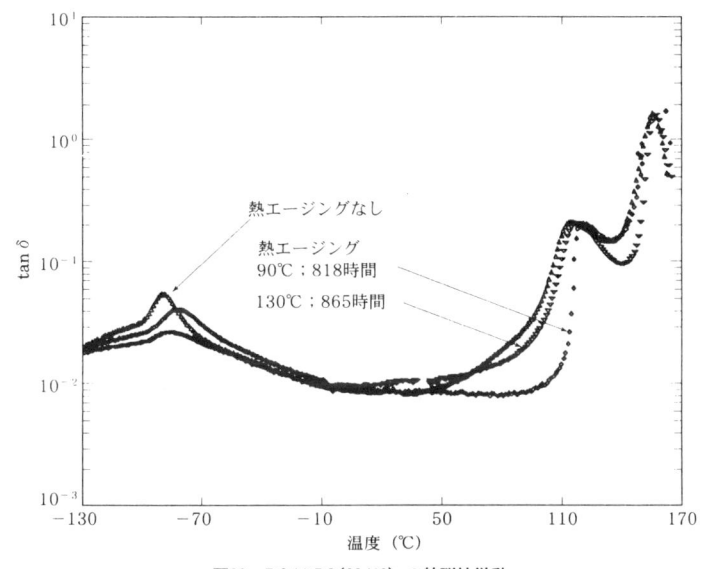

図22 PC/ABS(60/40)の粘弾性挙動

グラフ中の注記：
- 熱エージングなし
- 熱エージング 90℃：818時間
- 130℃：865時間

　PC/ABSアロイは，アクリロニトリル-スチレン共重合体による相容化効果のために，相容化剤無しでも相構造が安定しているが，PC/HIPSアロイでは，両成分間に相互作用が少なく，スピノーダル分解速度が速く，相構造が不安定である．図25には射出成形機での240℃，20分間での熱滞留での相構造およびアイゾット衝撃強度の変化が示されている．両成分の体積比が1に近い方が相構造は不安定であることが分かる．また図26には，重量比が56/44のPC/HIPSアロイにおいて，射出成形温度が220〜260℃で20分間熱滞留した場合の相構造およびアイゾット衝撃強度の変化が示されている．高温で成形するほど相構造が不安定となり，アイゾット衝撃強度が著しく低下しているが，表6に示されているように，熱滞留によりPCの分子量が低下していない．これは典型的な物理的劣化の事例である．

5.2　オレフィン系アロイ

　ポリプロピレン（PP）と各種エチレン-α-オレフィン共重合体ゴムのアロイにおいて，射出成形機内の高せん断下では相溶解が進んでいったん均一化し，射出後せん断がゼロになり，その時点からスピノーダル分解が起こり，共連続構造が形成される．また，その相分離速度はPPとエチレン-α-オレフィン共重合体ゴムの一次構造に依存し，α-オレフィン含量が多くなるとPP

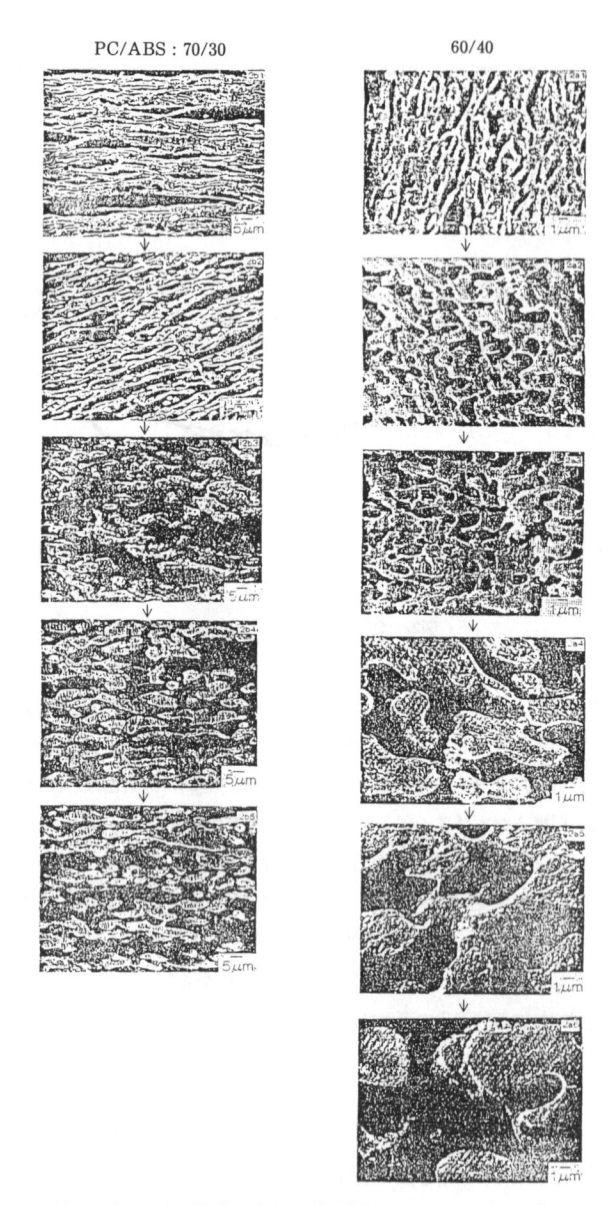

図23 熱エージング（200 ℃）の時間変化とモルフォロジー変化
時間： 0 → 3 → 6 →12→18分

第1章 高分子材料の長寿命化，特性安定化

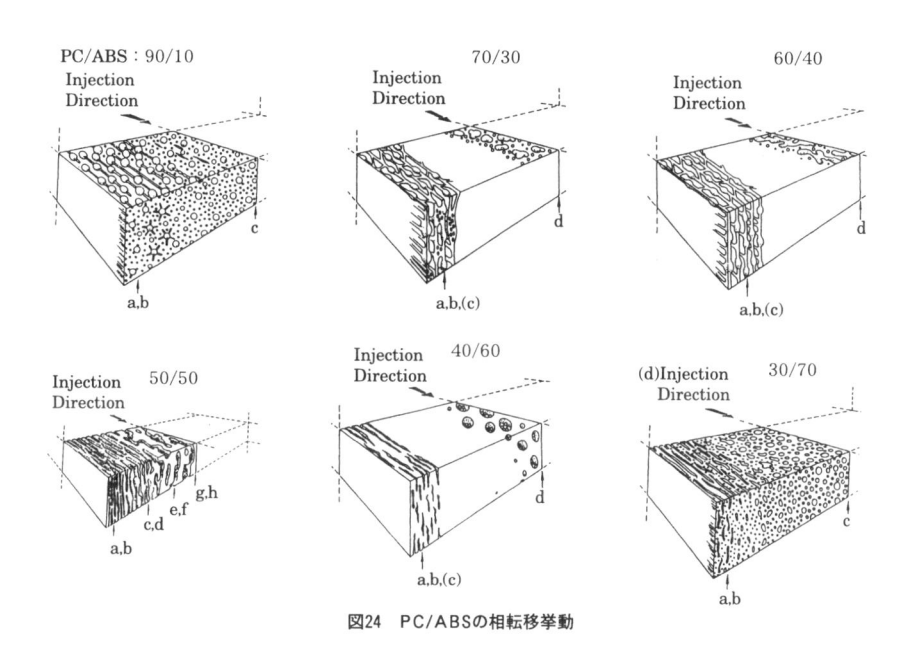

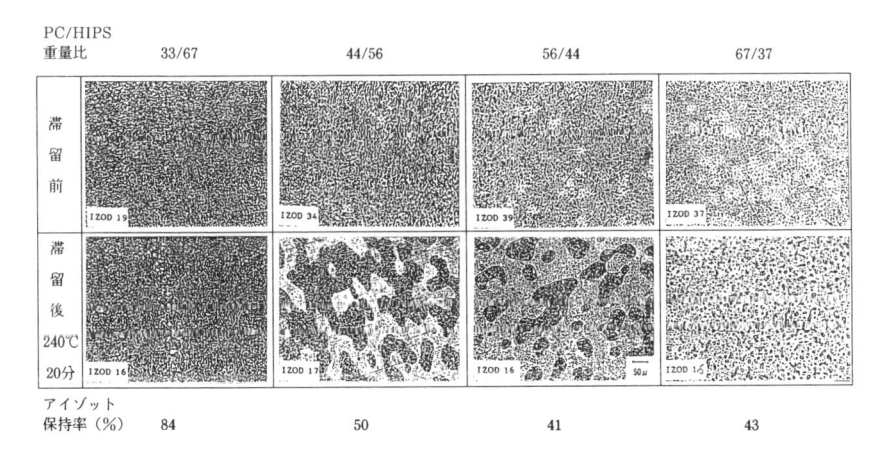

図24 PC/ABSの相転移挙動

図25 PC/HIPSの相構造の安定性（組成比の影響）
成形機で240℃・20分間の熱滞留後のアイゾット
衝撃強さ・モルフォロジー変化

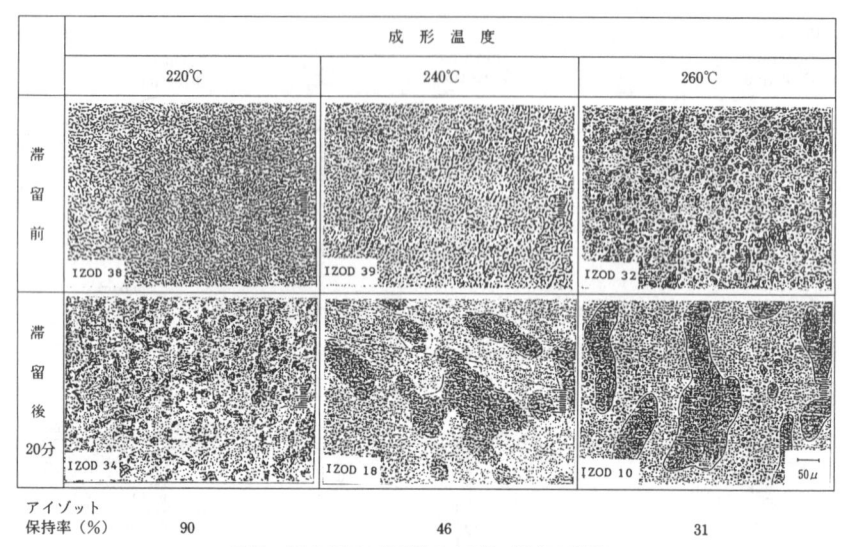

	成 形 温 度		
	220℃	240℃	260℃
滞留前	IZOD 38	IZOD 39	IZOD 32
滞留後 20分	IZOD 34	IZOD 18	IZOD 10
アイゾット保持率（%）	90	46	31

図26　PC/HIPSの相構造の安定性（温度の影響）

成形機で220〜260℃・20分間の熱滞留後のアイゾット衝撃強さ・モルフォロジー変化
〔PC/HIPS＝56/44（重量比）〕

表6　PC/HIPSの熱滞留によるPCの分子量変化

図26のサンプルのGPC法による分子量

成形条件		分子量		
成形温度（℃）	滞留時間（分）	Mw	Mn	Mw/Mn
220	0	141100	42200	3.35
	20	139100	42900	3.24
240	0	137100	40400	3.39
	20	135100	41900	3.23
260	0	127700	42000	3.04
	20	126100	38700	3.26

非晶部で均一相溶し，相分離が抑制される。図27には，α-オレフィンとしてC_4，C_8を用いた共重合体ゴムにおいて，α-オレフィン量が多いほど，またはC_4よりC_8のものの方がスピノーダル分解速度が遅いことが示されている[23]。

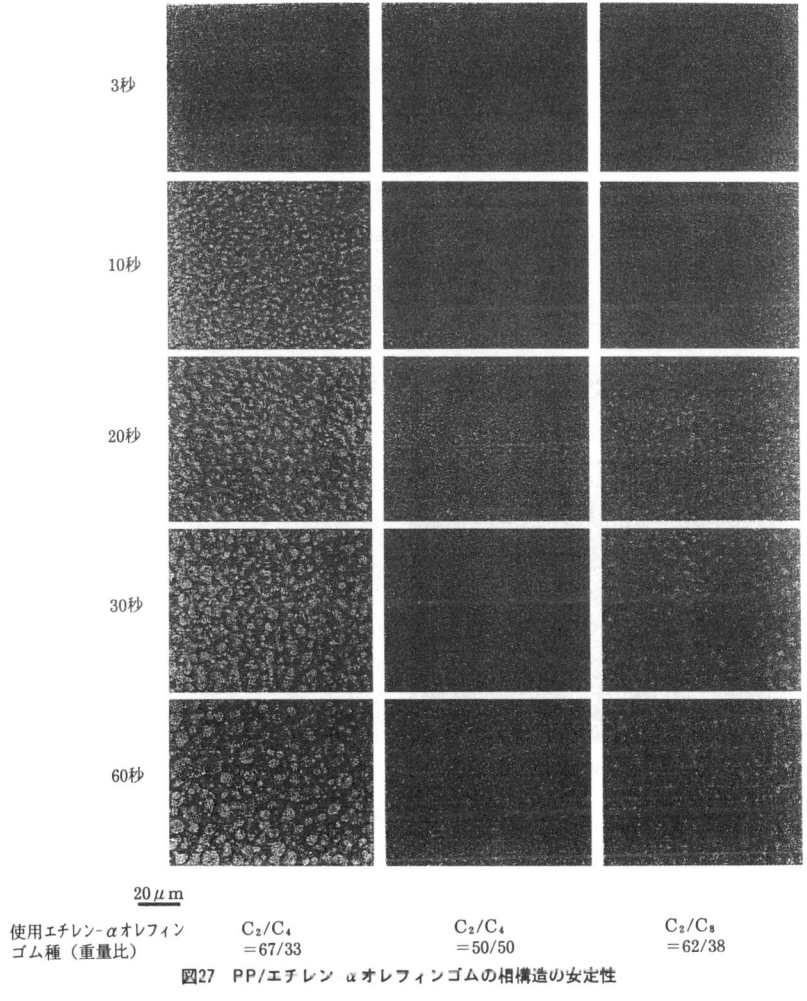

第1章 高分子材料の長寿命化,特性安定化

図27 PP/エチレン αオレフィンゴムの相構造の安定性

| 使用エチレン-αオレフィンゴム種(重量比) | C_2/C_4 =67/33 | C_2/C_4 =50/50 | C_2/C_8 =62/38 |

PP/エチレン-αオレフィンゴムの(70/30重量比)のオレフィンゴム種と,230℃での経時的なモルフォロジー変化
C_2:エチレン,C_4:ブテン,C_8:オクテンを示す

　エチレン-プロピレン-ジエンゴム(EPDM)等のラジカル架橋性ゴムとラジカル架橋性のないオレフィン系樹脂とをラジカル開始剤の存在下,押出し機中で溶融混練させながら架橋する,

いわゆる動的架橋による熱可塑性オレフィン系エラストマー架橋体が，TPVとして自動車部品等の用途に広く使用されている。TPVの硬度はパラフィンオイル等の軟化剤により制御されているが，長期間の使用により軟化剤のブリードが発生し，表面外観だけでなく，物性低下をも招く。しかし，再度溶融し得られた成形体は最初の特性を保持することから，物理的劣化と考えられる。図28に示されているように，80℃，1カ月の放置により成形体表面に軟化剤のブリードが認められるが，再度溶融成形した物にはブリードが認められない。軟化剤のブリードに対しては，ゴムの架橋密度の制御により顕著な改良効果が発現することが知られている。

　　　80℃，1カ月放置後の成形体表面　　　　　再度溶融成形して得られた成形体表面

図28　TPVの成形体表面観察

6　高分子材料の長寿命化と成形加工技術

　高分子の成形加工段階で高分子が劣化したり，不純物が生成することにより材料劣化が促進されることがある。そのために，加工時にできるだけ高分子が損傷しない加工法の開発が求められている。また一方では，成形加工段階で高分子の高次構造を制御することにより，長期間安定した特性を有する材料開発をも求められている。

6.1　高粘度高分子の加工法

　PPEのような高粘度高分子の加工のためには，高温加工が必要となり，その結果高分子の着

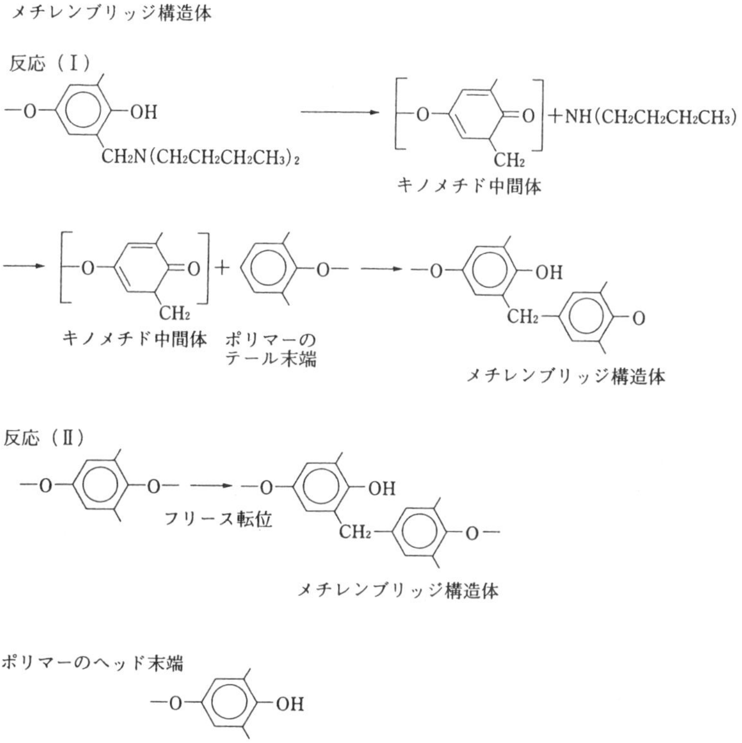

第1章　高分子材料の長寿命化，特性安定化

図29　PPEの熱劣化機構

色等の劣化が促進される。通常PPEの溶融押出し温度は，300℃以上であるために図29に示されるようにフリース転位類似の機構でメチレンブリッジ構造体が生成する。この構造体中のフェノール類が着色の原因の一つと考えられている。一方，難燃剤のリン酸エステルはPPEを溶解する溶剤としても働き，PPEのガラス転移温度（T_g）を低下させる。リン酸エステル中でPPEを溶解しつつ，低温加工することにより，メチレンブリッジ構造体の生成が抑制され，低着色で耐光性の優れた非ハロゲン難燃HIPSの製造が可能であると報告されている（図30）[24]。

6.2　炭酸ガスを利用した加工法

　炭酸ガスは高分子の種類により，容易に溶解するために，加工時の可塑剤として有用である。図31に示されるように，PPに炭酸ガスを添加することにより溶融粘度が低下し，発泡射出成形

押出し法　　　　　　　　　　　　　　　溶解法

含有PPE 9.5%

ΔYI=27.2　　　　　　　　　　　　　　ΔYI=7.97

含有PPE 29.4%

ΔYI=63.8　　　　　　　　　　　　　　ΔYI=44.4

図30　PPE/PSアロイの加工法と色調

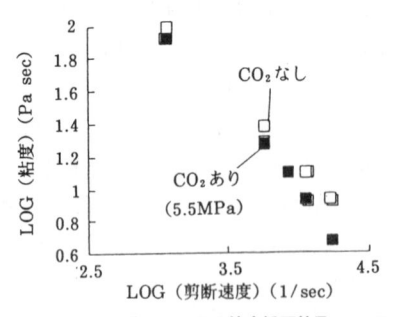

ΔYI：黄色度

図31　炭酸ガスによる粘度低下効果

に応用する場合は,気泡の粗大化なしに高発泡倍率を達成している[25]。

6.3 加工時の粘度制御による傾斜構造材料

合成高分子は,確立論で形成されるために構造体としては均一な場合が多い。すなわち表面とバルク中心が同一組成の場合が多い。しかし自然界では均一組成の材料はむしろ珍しく,竹,貝では表面近くでは密で,内側では疎の傾斜構造が形成されている。このように自然界に学びながら傾斜構造形成により,高分子材料の長寿命化を図ることができる。

6.3.1 PPEとポリエチレン(PE)アロイの射出成形品中における相反転特殊傾斜構造による高強度化,良流動化:PPEとPEの粘度差の制御[26]

PPEとPEは非相溶系ポリマーブレンドであり,射出成形体の表面から中央まで連続的にモルフォロジーが変化している。PSを添加することにより,PPE相の粘度を制御したPPE(PS)/PEアロイの射出成形体強度は,PPE/PS層の粘度とPE層の粘度差が最小のブレンド組成物の時に最大の強度が発現することが報告されている。

またこのアロイは優れた流動特性を有している[27]。図32に示されているようにPEを添加した新アロイは,変性PPEの欠点である流動性が大幅に改良されている。金型内を流動する際に,変性PPEは図33に示されるように,金型表面の流動抵抗が大きいために流れにくい。これに対して新アロイでは,良流動のPE成分をマトリックスとする層が金型表面と接して潤滑油的な働きをするために全体が良流動化する。

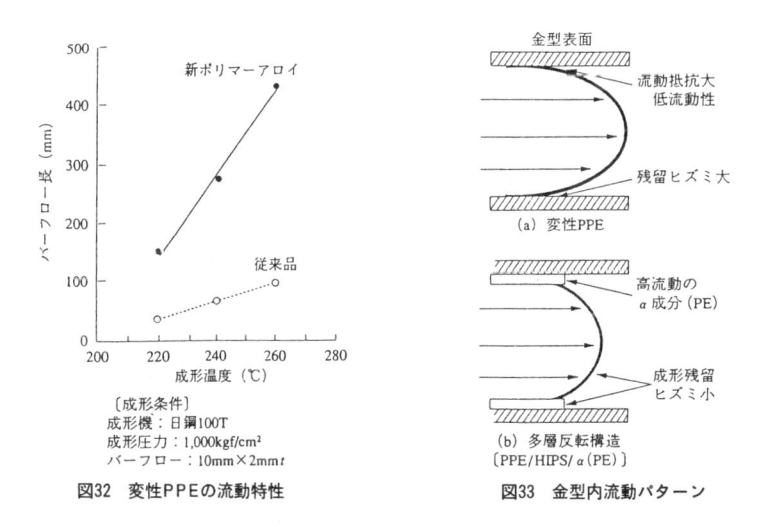

図32 変性PPEの流動特性

〔成形条件〕
成形機:日鋼100T
成形圧力:1,000kgf/cm²
バーフロー:10mm×2mm$t$

図33 金型内流動パターン

(a) 変性PPE

(b) 多層反転構造
〔PPE/HIPS/α(PE)〕

6.3.2 PC/ABSの各成分の粘度制御における相構造制御による高強度化[28]

図34に示されるようにPCとABSは高せん断速度で粘度差が拡大する。そのためにPC/ABSアロイのウエルド強度の低下が問題となるが、せん断速度依存性の高いABSを射出成形時の高せん断領域でPCの溶融粘度に近づけることにより高いウエルド強度が得られることが報告されている。

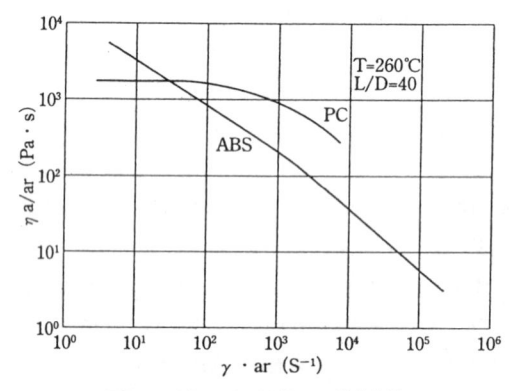

図34 PCとABSの260℃での粘度曲線

6.3.3 PC/ABSの各成分の粘度制御における傾斜構造形成

PC/ABSでは、成形体の表層と中心部分でPCの含有量が異なる。この理由は粘度の低いABSが、流動先端に押し出され、主に金型壁面側に沿って流動して成形体表面に出るためである。従って、両成分の粘度差が大きくなるほど、表面と中心部との分布が広がる。この粘度差を利用することにより傾斜構造が制御可能となる[29]。

7 高分子材料の長寿命化とリサイクル

循環型社会とは、大量消費・大量廃棄社会との決別を意味し、そのためには高分子自体の改質はもちろんのこと、安定剤、成形加工技術全般の総合技術力が要求されている。需要は大きいが、リサイクル性が難しいといわれているPCのリサイクル技術を例にとり、高分子材料のリサイクル技術の現状を考えてみたい。

第1章 高分子材料の長寿命化，特性安定化

7.1 PCのリサイクル性の向上

PCは成形加工時に，加水分解，熱分解などによる分子量低下が発生し，それがそのまま機械的物性の低下となり，結果としてリサイクルを困難にしていた。それに対して，ヒンダードフェノール等の安定剤が開発されているが，多価フェノールとポリエチレングリコールの付加体がPCの安定化に有用であることが報告されている[30]。図35，36に示されているように，この付加体使用により，4回のリサイクルでも分子量低下が抑制されているために，衝撃強度の低下が比較的保持されている。

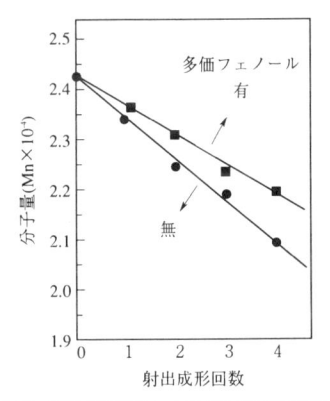

図35 射出成形回数によるPCの分子量変化

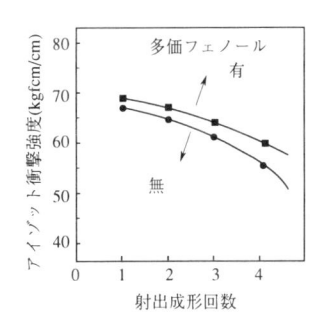

図36 射出成形回数によるPCのアイゾット衝撃強度変化

電気・電子機器における火災事故防止のために，スチレン系，変性PPE系，PC系の難燃材料が使用されている。中でも耐光性，耐熱性，耐衝撃性が要求される用途には，PC系難燃材料が大きなシェアを有している。しかしながら，PCは構造上の問題から加水分解を受けやすく，ハロゲン系，リン系難燃剤の存在下ではリサイクルが困難であった。それに対して，表7に示されているように，最近シリコーン系難燃剤によるPCの難燃化が研究され，ある程度の改良がなされている。しかしながら，このシリコーン系難燃剤は構造上の問題からPCの熱分解を促進し，かつ材料としての成形加工流動性に劣るために高温成形を余儀なくされ，得られた成形材料の特性，リサイクル性も十分ではなかった。

このような背景の基に，PCに成形時に悪影響を与えることなく，優れた成形加工性，リサイクル性を付与可能なシリコーン系難燃剤の発見が報告されている[4,31]。

シリコーンは，構造面から単官能$R_3SiO_{1/2}$（M単位），二官能R_2SiO（D単位），三官能$RSiO_{3/2}$（T単位），および四官能SiO_2（Q単位）の構造単位から組み合わされている。従来の

27

表7 PC系材料のリサイクル特性（ランナを含む100％リサイクル試験）

材料	試験項目	単位	リサイクル		
			1回目	2回目	3回目
AC1030 （シリコーン系）	引張り伸び アイゾット衝撃強さ 流動性変化率[a]	％ kJ/m^2 ％	92 65 0	90 65 0	79 65 1
Br系難燃 グレード	引張り伸び アイゾット衝撃強さ 流動性変化率[a]	％ kJ/m^2 ％	101 52 18	92 41 52	79 18 78
難燃PC/ABS （りん系）	引張り伸び アイゾット衝撃強さ 流動性変化率[a]	％ kJ/m^2 ％	24 28 9	25 26 19	26 24 22

注 a) 〔（リサイクル粉砕品流動値－初期ペレット流動値）／初期ペレット流動値〕×100
　　初期値は，カタログ値とは一致しない。
　　プラスチックス・エージ，Oct, 147（1997）

シリコーンはD単位とT単位をベースに芳香族基を必須成分とした，分岐，架橋構造を有している。従来シリコーンの加工時の性能低下，燃焼時の難燃性能の低下の原因が，分岐，架橋構造が

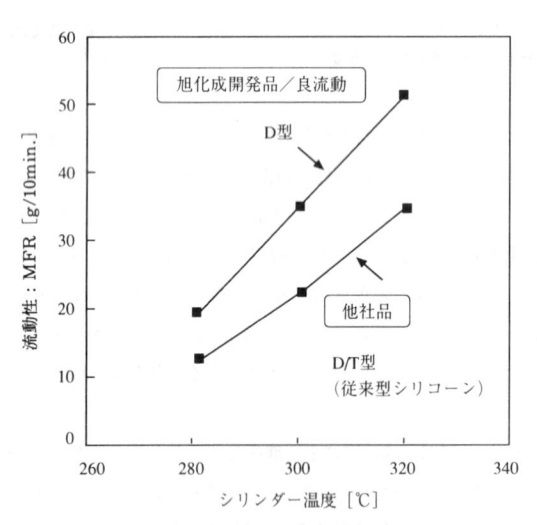

図37 シリコーン系難燃樹脂の成形加工流動性
　　　荷重：1.2［kg］

主原因であることが突き止められ，分岐，架橋構造を徹底的になくする技術が開発された。その結果，図37に示されているように，従来の分岐，架橋型（D/T型）シリコーン系難燃材料に比較して，直鎖型（D型）シリコーンからなる開発品は約20℃低温成形が可能であり，低せん断速度から高せん断速度の領域において，低粘度であることが確認されている。

また図38に示されているように，開発品の直鎖型（D型）シリコーンの難燃材料においては，初期に燃焼バリアー層を形成するために，初期発熱を抑制し，後期にはそのバリアー層が破壊されて再び発熱する，二段階燃焼反応であり，一方，従来の分岐，架橋型（D/T型）シリコーン難燃材料では，初期に著しく発熱する一段階燃焼反応である。その結果，直鎖型（D型）シリコーンは，燃焼バリアー層の形成に有利であるために初期発熱量が小さく，UL-94における難燃性の評価も高いことが確認されている。

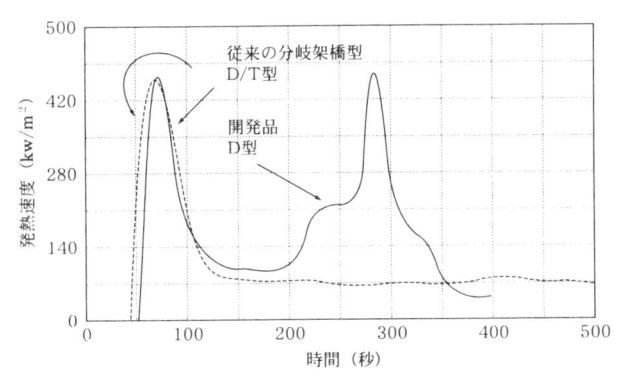

図38 シリコーンの構造と難燃組成物の発熱速度との関係
（使用シリコーン中のフェニル基63モル％で一定）

7.2 相容化剤のリサイクルへの応用

電気・電子機器材料はスチレン系，変性PPE系，PC系材料が主として使用され，特定の用途に対しては材料の統合が進められている。しかし，分別回収の困難さがリサイクル化の障害になっているのも事実である。それに対して，異種の高分子材料を相容化させることができれば，リサイクル化が促進されると予想される。

相容化剤として，ブロック共重合体，グラフト共重合体が一般的であったが，最近新しいコンセプトの相容化剤が開発されている。非相容であるPCとPSの相容化剤を例に以下に詳述する[32～34]。

表8に示されるように，新しい相容化剤は，①ランダム共重合体の斥力効果による相容化，②極性－非極性単量体の組み合わせによる界面張力制御，すなわちPCとPSの"濡れ性"向上，③

高分子の長寿命化技術

表8　PC/PSの相容化技術

相容化剤の開発コンセプト					
① ランダム共重合体の斥力効果による相容化					
② 極性－非極性単量体の組み合わせによる界面張力制御　→　"濡れ性"向上					
③ 共重合組成分布　→　界面層厚みの増大					
	1	2	3	4	5
PC	100	50	50	50	50
HIPS		50		45	
ABS			50		45
相容化剤				5	5
アイゾット衝撃強さ kcm/cm	15	20	55	59	53
流動性：MFR 220℃/10kg	<1	12	5	14	7

共重合組成分布による界面層厚みの増大，の3つのコンセプトから成り立っている。

新しい相容化剤は，極性単量体として，アクリロニトリル（AN）を，非極性単量体として，スチレン（ST）を用いた，AN-STのランダム共重合体（AS）であり，従来の共重合体と異な

界面張力とモルフォロジー　→Spreading Coefficient
2成分系に相容化剤を添加した場合，相容化剤が分散相を被覆するか，または相容化剤が独立した分散相を形成するかは，各成分の界面張力に依存する。

Spreading Coefficient λ　各成分の界面張力 γ 差
$\lambda_{ij} = \gamma_{ic} - \gamma_{ij} - \gamma_{jc}$
$\lambda > 0$　　　　　$\lambda < 0$

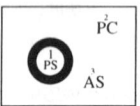

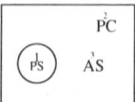

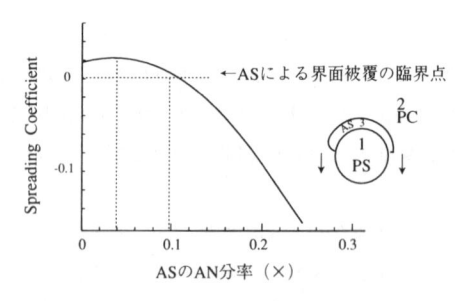

図39　共重合組成と相容性
（界面張力とモルフォロジーの関係）

第1章 高分子材料の長寿命化,特性安定化

り,AN-STの幅広い共重合組成分布を有している。その結果,PCとHIPSの単純ブレンドより,飛躍的に衝撃強度の向上が認められている(表8)。

相容化剤となる条件の一つに,相容化剤が分散相を被覆することが重要である。相容化剤が分散相を被覆するか,または相容化剤が独立した分散相を形成するかは,各成分の界面張力に依存する。図39に示されるように,ANのモル分率が0.1以下の場合に,spreading coefficientが正となり,相容化剤のASがPSを被覆する。これは図41のTEM写真により支持される。またAN単分散より,広いAN共重合組成分布を有するASを用いる場合には極めて高い衝撃強度が発現する(図40)。これはPC/HIPSと相容化剤との相互作用に起因し,TEM写真から界面層の厚み増大(図41),粘弾性測定から相容化剤によるPCのtanδのシフト(図42)の事実により支持される。

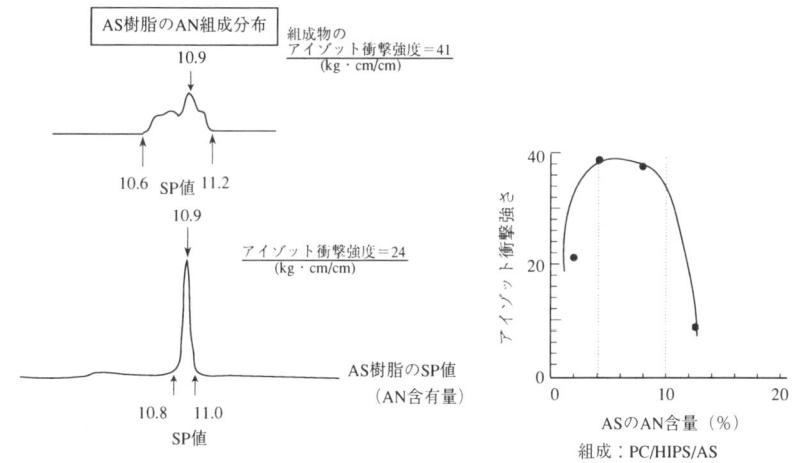

(低AN-広分布ASによる高衝撃化)

AS樹脂のAN共重合組成分布とアイゾット衝撃強度との関係
樹脂組成物:PC/HIPS/AS(50/45/5:重量比)

図40 共重合組成分布を有するランダム・アクリロニトリル-スチレン共重合体による相容化

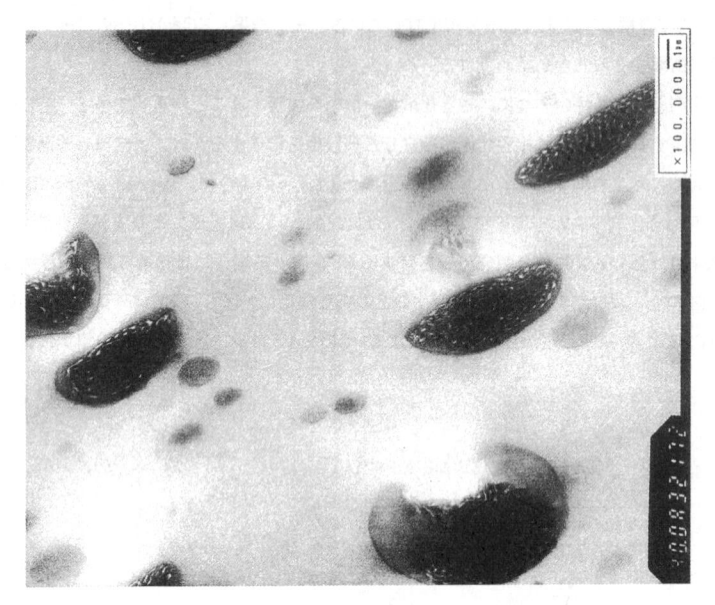

図41 PC/HIPS/相容化剤のモルフォロジー（TEM観察）

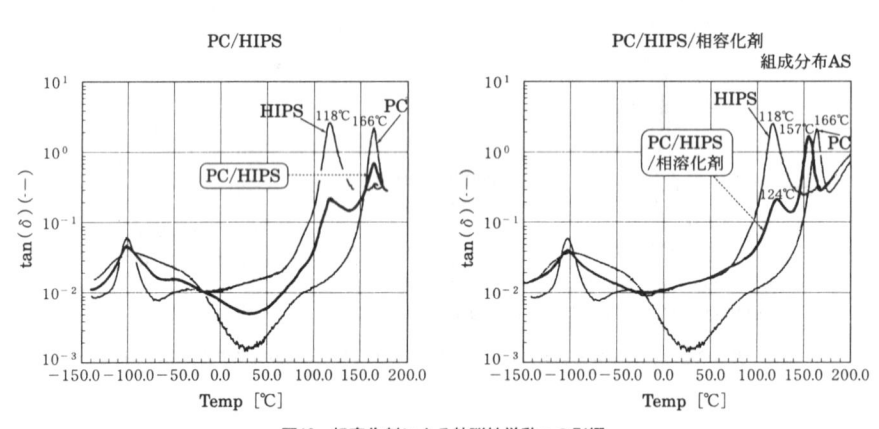

図42 相容化剤による粘弾性挙動への影響

第1章 高分子材料の長寿命化,特性安定化

 以上高分子材料の長寿命化のコンセプトを述べてきた。このコンセプトをさらに発展させることにより,図1の世界モデルの標準計算から推定される地球環境の危機的状態からの回避に役立てることができれば幸いである。

文　　献

1) 花嶋,ケミカル・エンジニアリング,43 (9),44 (1998)
2) 『高分子の熱分解と耐熱性』,p.217～251,神戸博太郎編,培風館
3) F.H.Winslow, *J.Polymer Sci.*, 22, 315 (1952)
4) 西原,第49回高分子討論会2000　ⅡK13, Polymer Preprints, Japan Vol.49, No.10, 2875 (2000)〔English Edition : Vol.49, No.2, E796 (2000)〕
5) "Fire and Polymers Ⅱ", American Chemical Society Washington, DC (1995), Chap.1 (table Ⅳ) ; *Polymer*, 1983, Vol.24, July, 834
6) M.Guaita, *Br.Polym.J.*, 18 (4), 226 (1986)
7) L.Costa, *Polym.Deg.Stab.*, 14, 85 (1986)
8) 高分子加工,44 (12), p.25 (1995)
9) 特公平5-61286
10) 特開平7-62195
11) 特開平5-179064
12) 特開昭57-30748
13) *J.Appl.Polym.Sci.*, Vol.53, 121～129
14) 特願平7-121364
15) "Fire and Polmers Ⅱ", Chapt.14, 217～235, American Chemical Society (1995)
16) 成形加工,Vol.5, No.10, p.649 (1993)
17) 特開平8-20718
18) ポリマーダイジェスト,1996.8月号,p.42
19) 西原;環境対応型最新難燃剤・難燃化技術,p.51-81,㈱技術情報協会 (1999)
20) M.J.Guest, *J.Appl.Polym.Sci.*, Vol.55, 1417-1429 (1995)
21) D.Quintens, *Polym.Eng.Sci*.November 1990, Vol.30, No.22, 1474-1483
22) *Polymer*, 1992, Vol.33, No.4, 685
23) 佐野,高分子論文集,Vol.56, No.10, 693-701 (October, 1999)
24) 西原,WO98-10020
25) 平野,成形加工2000 JSPP '00, Tech.Papers A110, 31-32
26) 高分子論文集,Vol.54, No.4, pp.244 (Apr., 1997)
27) 由井,プラスチックスエージ,2000年5月,p.143
28) 成形加工,第8巻第9号,p.599 (1996)

29) 成形加工,第7巻第6号,366-370（1995）
30) 日下石,成形加工2000 JSPP '00, Tech.Papers F207, 313-314
31) 西原,「プラスチックス」2000.10月号,Vol.51, No.10 p.154〜157
32) 西原,第49回高分子討論会2000　II K12 Polymer Preprints, Japan Vol.49, No.10, 2873（2000）〔English Edition : Vol.49, No.2, E796（2000）〕
33) H.Nishihara, US Patent 5,900,446（May 4,1999）
34) H.Nishihara, US Patent 6,069,206（May 30,2000）

第2章 化学的安定化の理論と実際

1 高分子の化学的劣化と安定化機構[1]

大澤善次郎*

1.1 はじめに

(1) 劣化の定義

有機系の高分子材料はいろいろな環境のもとで使用されているうちに,物理・化学的作用を受け徐々に固有の特性が失われやがて実用に耐えられなくなる。このように,材料が変質していく現象を劣化と呼んでいる。これに対応する英語名として,degradation,[すなわち,de:低下,grade:品質]が一般に用いられている。しかし高分子材料ではもっと広い意味を持ち,構成単位の結合が切れ低分子量化することを指す分解(decomposition)までも含めて用いられている。

高分子が劣化するのは化学反応によって高分子特性の発現のもとになっている分子量や分子間力が徐々に損なわれるためである。また,残留応力(成形・加工時に試料中に残った歪)が除かれ結晶化し脆くなり,同時に可塑剤が逃失して柔軟性が失われるような物理的原因によっても劣化が起こる。

(2) 劣化の要因と症状

高分子が劣化する要因には,光,熱,機械的作用,電気的作用,放射線,薬品,微生物,水分,大気とその汚染物などがある。自然環境下ではこれらの要因は複合的に作用するため,その劣化機構は極めて複雑である。

高分子が劣化するといろいろな症状が現れ,外観や形態が変化し,物性が低下するとともに化学構造の変化がみられる。例えば,光沢の低下,着色(黄変化),白化,曇化,表面亀裂,チョーキングなど肉眼でも認められる外観の変化とともに結晶領域や密度の増加など形態の変化が起こる。また,強度や伸度などの力学的特性,電気絶縁性の低下など物性の変化が起こる。さらに,高分子を構成している分子鎖上でも主鎖の切断,架橋化,側鎖の脱反応や酸素を含む官能基の生成などの化学変化が起こる。

---

* Zenjiro Osawa 群馬大学 名誉教授;足利工業大学 総合研究センター 客員研究員

1.2 劣化機構
1.2.1 高分子反応における劣化反応の位置付け[2]

ここでは劣化・安定化反応を高分子反応の一環としてとらえ，複雑な反応系を理解することを試みた。有機系の高分子においても低分子の有機化合物にみられる置換，付加，脱離，環化反応などが起こる。そのためこのような化学反応を利用して，高分子に新しい性能や機能を付与することができる。しかし，高分子の場合は反応にあずかる場（官能基）が高分子の主鎖あるいは側鎖上にあり，反応系中に偏在することや隣接する置換基の立体障害や逆に促進効果などのために，低分子の反応とは様子が異なる。また，高分子の反応性は，高分子の溶媒に対する溶解性や立体構造などによって反応性が著しく影響される。さらに，高分子の集合体の形態によって影響されるためミクロ的に不均一な反応である。

このような高分子の複雑な反応は便宜的に次のように分類できる。

(1) 高分子内の反応

高分子の分子内反応は，高分子を構成している原子間の結合エネルギーに見合う熱，光，放射線などのエネルギーが外部から加えられたときに起こる。高分子の熱分解では，主鎖のランダム分解や末端からの解重合反応のような主鎖の切断反応が起こる。また，側鎖間の脱離や環化反応が起こり，ポリ塩化ビニルの脱塩化水素反応やポリアクリロニトリルの環化反応はそれぞれ典型的な例である。なお，構成単位のみからなる純粋な高分子は極めて安定であり，熱分解や光分解は高分子中に微量に存在する異種結合がしばしば反応開始拠点になることがよく知られている。

(2) 高分子と低分子の反応

高分子と酸素分子の反応により開始される高分子の酸化反応は劣化の最も基本的反応である。また，酸化防止剤による高分子ラジカルの捕捉反応（連鎖移動反応による停止反応）は典型的な安定化反応の一つである。また，官能基の導入による高分子の修飾などがあげられ，安定剤の化学的結合やグラフト重合はそのよい例である。

(3) 高分子間の反応

劣化反応過程で生成するポリマーラジカル同士の不均化反応や再結合による架橋化やブロック化はよい例である。また，ゴムの加硫（硫黄による架橋化）や高分子量安定剤との結合反応があげられる。

(4) 酵素反応

生体内の化学反応は酵素によって触媒されている。微生物による高分子の分解は，微生物の出す高分子量の酵素によって起こるため，高分子間の反応の範疇に入るが，酵素の特異反応などを考慮し別に扱うことにする。

なお，高分子の劣化反応は初期段階ではこのように分けて考えられるが，反応が進むと低分子

量の分解生成物との反応が起こるため反応系はより複雑になる。

1 2.2 高分子の劣化反応の特徴

(1) 単分子鎖の反応

　高分子の劣化は本質的には個々の高分子鎖の化学反応によって起こる。熱，光などの作用によって高分子鎖上に活性な反応点（ラジカル）がいったん生成すると酸素を介して化学反応が連鎖的に進む。このような反応を自動酸化（autoxidation）と呼び，図1によって示される。なお，安定化も同時に示した。この自動酸化反応は緩和な条件下でも容易に起こるが，酸素のない系では起こらない。このように酸素は高分子の劣化反応において最も重要な要因の一つであり，その濃度や拡散速度によって高分子の劣化挙動は著しく影響される。したがって，酸素濃度（圧）によって生成されるラジカル種（アルキルラジカルとペルオキシラジカル）の割合が違い，酸素濃度の低いときはアルキルラジカル，高いときはペルオキシラジカルが多くなる。

　高分子の劣化が自動酸化的に進むと，分子量の低下とともに酸素をもった官能基，例えば，ヒドロペルオキシド，アルデヒド，ケトン，カルボン酸，エステル，アルコールなどが生成する。また，高分子の種類や反応条件によっては架橋反応も起こる。

　ところで，化学構造的に安定にみえるポリエチレンなどのポリオレフィンがなぜ劣化するのだろうか？　実は，高分子が合成・製品化されるまでには重合・造粒・成型加工などの工程を経ている。この間に高分子は機械的作用（せん断応力）や熱的作用を受け，すでにごくわずか劣化し異種構造を生成する。また，微量の金属が残り（重合触媒の残さや装置からの混入），これらのごく微量の不安定な異種構造や不純物が劣化開始の拠点になるためである。

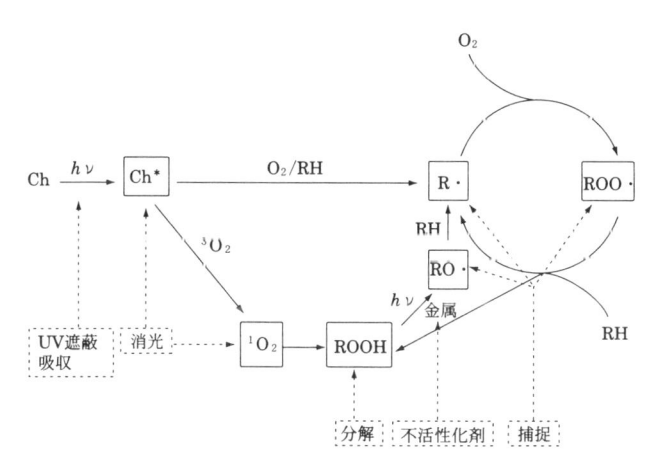

図1　高分子の自動酸化と安定化

(2) 分子鎖集合状態の変化

　高分子は分子鎖が集合することによってその特性が発現されるが，一般に分子鎖の配列の良いところでは結晶領域（crystalline region），また配列の乱れたところでは非結晶領域（amorphous region）を形成する。そして両者の割合や集合の仕方（形態：morphology）によって高分子の特性は著しく影響される。高分子の結晶としてふさ状ミセルや折りたたみ構造をもったラメラ構造が考えられている。そして，後者がさらに集合した球晶が見いだされている。

　結晶性の高分子が強靭で，応力下で著しく変形することができるのは，球晶間あるいは球晶を構成するラメラ間を結んでいる分子（tie molecules）またはタイ結合（tie bonding），すなわち非結晶領域の分子集合体の寄与によると考えられている[3]。

　このような形態をもつ高分子の劣化は分子鎖の集合状態と深く係わっており，結晶領域と非結晶領域では分子の運動性や酸素の拡散のしやすさに大きな違いがあり，酸化反応は酸素が容易に拡散できる非晶領域で優先的に起こる。したがって，高分子の劣化反応はミクロ的にみると不均一な反応である。その特徴的な例をいくつか示す。

① 試料表面と内部の反応性

　酸素に絶えず曝されている試料表面と酸素が拡散し難い内部では劣化速度に差がみられ，厚い試料の劣化速度はしばしば酸素の拡散律速になる。

　例えば，低密度ポリエチレンシート（3 mm厚）を屋外で曝露した際のカルボニル基の生成量は表面と内部では著しく異なり[5]，その生成量は曝露面および裏面から約0.8mmの深さまではぼ一定であるが，それより深くなると中心部まで急激に低下し，ちょうど鏡像のようになっている[4]。これは酸素の試料内への拡散が極めて重要なことを示している。このような酸素の拡散の影響は熱および放射線劣化の場合にもみられる。

② 転移温度と反応性

　高分子の物性はガラス転移温度（T_g）や融点（T_m）を境にして著しく変わることはよく知られているが，高分子の劣化の様相もこれらの転移温度を境にして大きく変わる[5~7]。例えば，光分解性高分子としてよく知られているエチレン・一酸化炭素共重合体の光分解挙動はガラス転移温度（-30℃）に近づくと急激に変わり，これより高温になるとNorrish II反応の量子収率は著しく大きくなり一定値（0.025）になる[8]。これはTgより高温になると主鎖の局部的な運動が許され，6員環励起状態を経た Norrish II反応が起こるためである[6,7]。

　スチレン・フェニルビニルケトン共重合体の場合も主鎖切断の量子収率はTgを境にして急激に変化する[7]。

③ 亀裂の方向性

　高分子フィルムを延伸すると結晶化度が増加し強度が大きくなるとともに劣化され難くなる。

第 2 章　化学的安定化の理論と実際

このような延伸フィルムの劣化時に発生する亀裂（クラック）には方向性がみられ，しばしば延伸方向に対して垂直に発生し次第に成長する。このようなクラックの方向性は，配向時に形成された非結晶部の連続層が酸化されたためと説明されている[8,9]。

④　チョーキング現象

試料中に加えられた顔料が劣化時にちょうどチョークの粉のように試料表面に浮き出る現象（これをチョーキング，chalkingと呼ぶ）がしばしばみられる[1]。なお，二酸化チタンには，アナターゼとルチル形があり，それぞれ作用が異なる。前者のアナターゼは高分子の光劣化を促進するため，TiO_2 粒子は周囲の高分子中に沈んだようになるが，後者はむしろ光劣化を抑制するので浮き出てくる[10]。この酸化機構は最近話題になっている TiO_2 によるガラス表面などの汚れ防止と関連して興味深い問題である。

⑤　電気トリーの発生

高分子フィルムに高電界が加わると樹枝状に劣化が起こり，遂には絶縁破壊に至ることがあるが，この痕跡が樹枝に似ていることからトリー（tree）現象と呼ばれている[1,11]。このトリーは 5 kV で，まず電極近傍の球晶表面や界面の非晶部で発生し，これが球晶を避けるようにして界面を進展して樹枝状になる。また，放電時の熱により溶融炭化するために試料は黒変する。

以上は，高分子の劣化時にみられる諸現象の数例に過ぎないが，高分子の種類，成形加工条件（形態）や劣化条件によって様々な現象がみられる。

1.3　主な要因による劣化[1]
1.3.1　熱劣化

高分子を加熱すると，変形，軟化，流動などの物理的変化と主鎖の切断，橋かけ，酸化反応などの化学的変化が起こる。熱劣化では温度は重要な因子であり，高温領域では酸素がなくても主鎖の切断などの熱分解反応が起こるが，酸素存在下では自動酸化反応が起こるため低温領域でも劣化反応が容易に進む。

(1)　熱分解

高分子の熱分解は，主鎖の切断反応（ランダム分解と解重合）と側鎖の反応（側鎖の脱離，架橋および環化反応）に大別することができる。

①　主鎖の反応

主鎖のランダム分解では分子量が急激に低下し，モノマーの生成はほとんどない。ポリオレフィンの熱分解は主鎖のランダム分解で進むため，反応初期に分子量が急激に低下し，反応が進み分子量がさらに小さくなると気化する。この揮発性生成物中にはモノマーはほとんどなく，多少変質した種々の分子量のオリゴマーが主成分である。解重合反応ではモノマーが高い収率で回

収できる。ポリメタクリル酸メチル，ポリ-α-メチルスチレンやポリテトラフルオロエチレンなどはよい例である。

② 側鎖の反応

脱離反応ではポリ塩化ビニルやポリ酢酸ビニルにみられるように，低分子化合物を脱離しポリエンを生成する。環化反応ではポリアクリロニトリルなどの例がある。

(2) 熱酸化

熱酸化反応では，酸素を含んだ官能基（ヒドロペルオキシド，アルコール，ケトン，カルボン酸など）の生成と同時に分子鎖の切断や架橋反応がおきる。このような高分子の酸化反応は非晶領域で優先的に起こるため，結晶化度などのモルホロジー（形態）の影響を著しく受ける。また，重合や成形加工過程で生成した微量の分岐構造，架橋構造，不飽和基などの異種構造や不純物が劣化開始に重要な役割を果たしている。さらに立体規則性の影響は極めて大きく，シンジオタクチックポリプロピレン（SPP）はイソタクチックポリプロピレン（IPP）よりはるかに熱劣化に対して安定である[12～14]。これは，アイソタクチックポリマーは三級炭素上のペルオキシラジカルによる隣接α-水素の分子内引抜き反応（back biting）を容易に起こし，しかも生成したヒドロペルオキシドの2分子分解反応に有利であることと同時にエネルギー的に有利であるためと考えられている。

なお，ポリオレフィン系高分子は劣化が自動酸化的に進む典型的な例であるが，エンジニアリングプラスチックなどの反応機構は異なる。

1.3.2 光劣化[1]

(1) 光化学反応の基礎

高分子の光劣化も光化学反応の原理に従い光エネルギーの吸収により始まる。この高分子により吸収された光エネルギーは，①放熱・放射の物理的失活過程，②エネルギー移動過程，③化学反応過程などにより失われる。この光化学反応におけるエネルギー移動過程は，エネルギー供与体（増感剤：sensitizer）による劣化開始および受容体（消光剤：quencher）による光安定化と関連しているため，高分子の劣化および安定化機構を考える上で極めて大切である。

したがって，高分子が光劣化反応を起こすためには，光エネルギーを吸収しうる官能基，すなわち発色団（chromophore）が高分子中に存在しなければならない。ところが，一般に多くの有機高分子は無色で，可視部（約380nmより長波長領域）に吸収がないため，増感剤や着色した不純物がない限り，可視光は重要でなく，紫外線領域の光のみが問題になる。また，実用上問題になる太陽光の場合には，地球上に到達する光の波長は約290nmより長いため，この領域の光を吸収しうる発色団をもっている高分子のみが光劣化を受けることになる。なお，最近オゾンホールの生成が問題になっている。これは短波長の紫外線が地表に到達するようになったためで

あり，高分子の光劣化に対しても影響がある。

ポリオレフィン類は化学構造から推して約290nmより長波長光の吸収は考えられないが，熱劣化の場合と同じように重合・造粒・成型加工工程や保存時に生成・混入する異種構造や不純物が発色団となり光劣化が開始される。それらの発色団には，ヒドロペルオキシド基，カルボニル基，不飽和基などの官能基，触媒残さなどの微量の金属とその化合物，大気中から吸収される多環芳香族化合物，活性酸素，高分子と酸素の電荷移動体，顔料などの添加剤がある。

なお，芳香族系のポリアミド，ポリエステル，ポリスルフォン，ポリカーボネート，ポリフェニレンオキシドなど耐熱性高分子は構成単位そのものが発色団として機能するため，それらの光劣化防止は大変に難しい問題である。

(2) 光分解性高分子

光分解性高分子は光エネルギー（太陽光）を吸収し容易に分解するように設計されており，光崩壊性高分子とも呼ばれている。この光分解性高分子は光を吸収できる官能基または発色団（chromophore）を高分子鎖中に導入した官能基導入型と，光増感剤のような試薬を添加した試薬添加型に大別できる。官能基導入型の代表的な例は，エチレン／一酸化炭素共重合体であり，添加剤型には，光増感剤や金属化合物などを高分子に混入したものがある。

1.3.3 金属化合物の影響[1, 15]

高分子が金属化合物とかかわり合う機会はきわめて多い。例えば，重合触媒残さや成型加工時に混入する不純物金属化合物，あるいは顔料のように任意に加えられる金属化合物がある。また，電線被覆材料や塗膜材料などは絶えず基材の銅や鉄などと接触している例もある。このように高分子とさまざまに係っている金属とその化合物は高分子の劣化に対して支配的な影響を及ぼすことがしばしばある。例えば，ポリオレフィンの熱酸化に対するステアリン酸金属の接触作用の順位は次の通りである。

Cu＞Mn＞Fe＞Cr＞Co＞Ni＞Ti＞無添加＞Al≫Zn＞V

しかしながら，高分子の劣化に対する金属化合物の作用は複雑であり，種々の要因によって左右される。例えば，高分子の種類，高分子が曝される環境（熱，光，放射線など），金属の種類，金属の原子価，金属化合物の陰イオンまたは配位子などによって著しく異なった影響を示す。

したがって，金属化合物の高分子の劣化に対する影響を一義的に予測することは困難である。事実，ある種の金属化合物は特定の高分子の劣化に対して促進作用を示すのに，他の高分子に対しては逆に抑制剤として作用する場合もある。また，同一高分子であっても熱と光による劣化では金属化合物の影響が全く逆になることもある。

このように，金属化合物の高分子の劣化に対する影響は複雑であるが，金属化合物による劣化促進機構として次のようなことが考えられている。

① ヒドロペルオキシドの接触分解

金属化合物がヒドロペルオキシドをレドックス反応により分解し，ラジカル連鎖反応を促進する

② 高分子との直接反応

高分子と金属イオンが直接反応してフリーラジカルを生成する

③ 酸素の活性化

金属イオンと酸素の間で電荷移動錯体（CT錯体）または活性酸素を生成し，これらの活性種が高分子と反応する

④ 金属化合物の分解

金属化合物自身が光などにより分解，活性なラジカルを生成し高分子と反応する

⑤ 光増感作用

金属化合物自身が吸収した光エネルギーを高分子に移動し，高分子の光反応を開始する

1.3.4 放射線劣化[1,16]

放射線は電線絶縁体の架橋，発泡体や熱収縮材料の製造，諸材料の表面加工，医療器具の滅菌などに広く応用されている。また，宇宙開発や核融合炉に関連した装置に高分子材料がたくさん用いられているため，高分子の放射線による劣化はきわめて重要な課題である[1~8]。

(1) 放射線劣化分解

高分子が酸素不在下で放射線に曝されると，イオン化と励起過程を経て，主鎖切断，架橋，不飽和結合生成，あるいは分解ガスの発生などを起こし劣化する。

放射線照射により主鎖切断あるいは架橋反応が優先的に起こるかは，高分子の化学構造により決まる。汎用高分子を主鎖切断（崩壊）型と架橋型に分けその化学構造を $-(CH_2-C(R_1R_2))_n-$ で表すと，架橋型は置換基 R_1 と R_2 の少なくとも一方は水素であり，崩壊型は R_1, R_2 とも水素でないことがわかる。また，放射線の照射条件によっては，架橋反応と崩壊反応が同時に起こる。

(2) 酸素存在下の劣化

高分子が酸素存在下で放射線に曝されると，熱，光の場合と同じようにペルオキシラジカル（$RO_2^·$）を生成し，連鎖的な酸化反応（自動酸化）が起こる（図1参照）。したがって，空気中での放射線照射では酸素不在下で橋かけ反応を起こす高分子であっても，主鎖切断による分子量の低下が認められる。

酸素存在下での放射線劣化では，酸素の拡散が高分子の劣化挙動を支配する。たとえば，空気中でγ-線照射した試料では，酸素が容易に供給される表面では酸化が起こり軟らかくなるが，酸素が供給されない内部では架橋反応が起こり硬くなることが認められている[5,6,8]。

また，ポリエチレンの空気中の放射線照射においても，試料の表面に近いところの酸化層と内

第2章 化学的安定化の理論と実際

部の架橋反応層が確認されている[5]。

このような放射線照射によって形成される酸化層の様子は，照射条件と高分子の種類によって変わるが，その厚さは試料中への酸素の拡散と酸素の消費速度から定量的に解析されている[5]。

(3) 耐放射線性

耐放射線性は架橋型の高分子の方が崩壊型より概して優れている。また，芳香族系の置換基をもった高分子，たとえばポリスチレンは優れた耐放射線性を示す。これは芳香族系の置換基が吸収した放射線エネルギーを非局在化し，光や熱エネルギーに変換し系外へ放出し安定化するためと考えられている。したがって，耐放射線性高分子の設計や放射線安定化はこのような考え方が基本になっており，芳香族化合物からなるエンジニアリングプラスチックは対放射線性に優れているものが多い。また，高分子マトリックスと無機フィラーからなる複合材料の放射線に対する安定性は比較的よく，室温では少なくとも10^8ラド程度までは特別な変化は認められない[2, 15]。一般に強化材に放射線の影響を受けにくい無機材料が用いられるので，複合材料の耐放射線性はマトリック樹脂の放射線安定性に支配される。また，マトリックスと強化材との界面における照射損傷もきわめて重要である[2, 16～19]。

1.3.5 微生物劣化[17, 18]

自然界には多糖類，蛋白質，リグニンなどの天然高分子を分解する微生物が多数存在している。また，その分解機構についての研究も進み，微生物が最初に基質高分子の表面に密接に附着し，外生酵素の誘導物質（ある物質を微生物に与えると，特定の酵素が著しく多量に作られることがある。このような酵素を誘導酵素，その物質を誘導物質（inducer）と呼ぶ））となる物質を生成し，これより誘導された外生酵素が高分子の表面に吸着されて分解を起こすことが明らかにされている。

一方，合成高分子は微生物に対して比較的安定であると考えられていたが，高分子の種類によっては微生物により劣化を受けることが指摘されている。たとえば，ポリウレタン，ポリ塩化ビニル（特に可塑性の多い軟質系），ポリビニルアルコール，エポキシ樹脂，アクリル樹脂，シリコン樹脂，ポリアミド，ポリエステルなどは，微生物により劣化を起こす。これらは，親水性の官能基が微生物の攻撃拠点となり，高分子自身は安定であっても可塑剤や安定剤などの添加剤に微生物が作用し，劣化を起こすといわれている[2]。個々の高分子の微生物（酵素）分解性については成書を参照されたい。次に，酵素反応について少し触れ，微生物による高分子の劣化機構解明の参考にしたい。

(1) 酵素反応[2]

生体内の化学反応は，温和な条件下（水中，常温，常圧）で容易に進む。これは，生体内のほとんどの化学反応に酵素が関係しているためである。酵素は，酵素タンパク質という高分子のタ

ンパク質からできており，生体内での物質の合成，分解，置換などの化学反応を促進するが，酵素自身は反応の前後では変化しない生体内の触媒である。そして特定の基質の化学変化のみを触媒し，その活性は温度やpHの影響を強く受ける。

① 酵素の構造と基質特異性

酵素は反応する基質を厳密に選ぶ性質がある。これを酵素の基質特異性と呼ぶ。酵素の触媒作用は，酵素の限定された活性中心（active center）で行われるが，活性中心は酵素自体の一部である場合と，これに非タンパク質の低分子化合物（これを補酵素または助酵素という）あるいは金属（Cu, Mg, Fe, Caなどを補欠成分という）が加わってできている場合がある。

この活性中心は，酵素分子の全体に分散しているのではなく，酵素分子の特定の部分に局在しており，基質結合部位と触媒部位からなっている。

基質結合部位（binding site）は，基質を認識・選択して酵素に結合させる機能をもち，「鍵と錠」のような関係にある。

触媒部位（catalytic site）は，基質の反応部位に接近して直接触媒作用に関与する部分をいう。

② 酵素反応の特徴

酵素反応は次式で表される。

$$E + S \rightarrow ES \rightarrow E + P$$
$$\text{酵素}\quad\text{基質}\quad\text{活性錯体}\quad\text{酵素}\quad\text{生成物}$$

ここで，酵素と基質の結合体である活性錯体（activated complex）は，Michaelis complexと呼ばれる。この酵素反応では，酵素の活性中心である基質結合部位が特定の基質と結合し，触媒部位の協同効果によって化学反応が促進されるため，反応に要する活性化エネルギーは著しく低い。

(2) 生分解性高分子[17, 18]

有機系高分子は微生物によって早晩分解されるはずであるが，使用済みのプラスチックによる環境問題は時間的要因（反応速度）が鍵であり，生分解性高分子が開発されたことは周知の通りである。

この生分解性高分子の分解特性は，微生物の種類や生息する環境（温度，pH，薬物などの不純物）によって著しく影響される。天然高分子であるセルロースはセルラーゼによって分解される。合成高分子でもポリビニルアルコール，ポリエーテルや脂肪族系ポリエステルなどは微生物で分解される。詳細は文献に譲り，いくつかの例を示す。

① ポリビニルアルコール

ポリビニルアルコールの微生物による分解は，隣接する2個の水酸基の酸化と引き続く加水分解の2段階によって起こると推定されている。

第 2 章　化学的安定化の理論と実際

② ポリエチングリコール

HO−(R−O)ₙ−Hの基本構造をもつポリエーテルでは，ポリエチレングリコール（PEG）が最もよく知られている。

この微生物分解は，末端水酸基の酸化により始まり，グリオキシル酸（GOA）の生成を経て，炭素原子2個ずつの脱離する分解機構（exogeneous）で進むと考えられている。

各反応に関与する酵素は，①PEG-デヒドロゲナーゼ，②PEG-アルデヒドデヒドロゲナーゼ，③PEG-カルボキシラートデヒドロゲナーゼである。

③ 重縮合系ポリエステル

ウレタン結合によって高分子量化された脂肪族ポリエステルやポリカプロラクトンなどがある。これらは微生物が産出するリパーゼという酵素によって分解されるが，非結晶領域で優先的に加水分解・脱アシル化反応を受ける[19]。

1.4　安定化機構[1]

高分子の製品は，それぞれの使用環境下に曝されながらもその性能や機能を維持しなければならない。例えば，汎用の農業用ハウス（約0.1mm厚）は，1～2年間透明性を損なわず，農作物に適した生育環境を保持することが求められている。自動車では防錆と美装を目的とした塗膜（約20～30μm）や高分子に変わりつつあるバンパーなどの部品は，約10年間苛酷な自然環境の走行条件に耐えなければならない。原子炉用材料は約50年間，建築材料は二世代以上の長期間の耐久性を保証する必要があろう。

このような厳しい要求を満たして初めて実用化にこぎつけられるわけであるが，高分子は前述のように諸々の劣化因子をかかえているため，各製品に応じて安定化が施されている。この安定化は豊富な経験と知識を必要とし，また高度のノウハウに属するため，詳細な処方箋は知る由もないが，原理的には高分子の劣化を起こす要因，例えば光エネルギーを未然に防ぐ機能（予防）および発生した傷口の広がりを防ぐ機能（治療）を備えた安定剤を添加すればよいことになる。

このような目的に，紫外線遮蔽・吸収，微量金属の不活性化，ラジカルの捕捉，ヒドロペルオキシドの非ラジカル分解，励起エネルギーの消光などの機能を備えた個々の安定剤が開発され，製品の種類，用途に応じて使われている（表1参照）。このほかこれらの機能を複数備えた安定剤も開発されている。

多くの安定剤は0.1重量％程度でも著しい効果を示すが，これは劣化反応が優先的に起こる非結晶領域に多く集まっているためである。また，別の化合物と併用すると効果が著しくなるものがある（相乗作用という）[20]。このような安定剤が十分な効果を発揮するためには，その性能はもとより相容性，保留性と適度の移動性（分子量），他の安定剤との相互作用，毒性など考慮

表1 安定剤の分類

安 定 剤	機　能	化 合 物
ラジカル連鎖禁止剤 (radical chain inhibitor)	劣化過程では生成するラジカルの捕捉	ヒンダートフェノール系 アリールアミン系
ヒドロペルオキシド分解剤 (hydroxide decomposer)	不安定なヒドロペルオキシドの分解・安定化	ヒンダートピペリジン系 チオエーテル系 ホスファイト系
金属不活性化剤 (metal deactivator)	金属の触媒作用の阻止	各種キレート化剤
消光剤 (quencher)	励起エネルギーの消光	有機金属 (Ni) 系
紫外線遮蔽・吸収剤 (ultraviolet screener・absober)	有害な光の遮蔽または吸収	カーボンブラック，金属酸化物 ベンゾエート系 シアノアクリレート系 ベンゾフェノン系 ベンゾトリアゾール系

すべき点が多く，それらを満足したもののみが，市場に迎えられることになる。

　これらの安定剤は，高分子の劣化・安定化機構に関する長年の研究成果をもとに開発されたものであり，汎用高分子が今日のように大量に実用に供されるようになったのは，安定化技術の進歩によるところが大きい。

　このように高分子の医薬品にたとえられる安定剤の重要性は，必ずしも十分認識されていない面もあるが，高分子の生産量に比例して安定剤の消費が増加していることからも，高分子産業の発展に多大の貢献をしていることが理解できる。

　以上，高分子材料の劣化と安定化について概説したが，個々の例については各章の詳しい解説を参照されたい。

文　　献

1) 大澤善次郎，"高分子の劣化と安定化"，武蔵野クリエイト (1992)
2) 大澤善次郎，"入門　高分子科学"，裳華房 (1999)
3) H.D.Keith et al., J.Appl.Physics, 42 (No.12), 4585 (1971)
4) G.C.Furneaux, K.J.Ladburg and A.Davis, Polym.Degrad.Stab., 3, 431 (1980-1)

第 2 章 化学的安定化の理論と実際

5) I.Mita & K.Horie, "Degradation and Stabilization of Polymers vol.I", cap.5 Degradation and Mobility of Polymers, p.235, Ed. H.H.G.Jellinek, Elsevier (1983)
6) G.H.Hartley & J.E.Guillet, *Macromolecules*, 1, 165 (1968)
7) E.Dan & J.E.Guillet, *Macromolecules*, 6, 230 (1974)
8) M.Mucha & M.Kryszewki, *Acta Polymerica*, 36 (No12), 648 (1985)
9) O.Nishimura & Z.Osawa, *Polymer Photochemistry*, 1, 191 (1981)
10) H.G.Volz, G.Kaempf, H.G.Fitzky & A.Klaeren, "Photodegradation and Photostabilization of Coatings", Eds. S.Pappas & F.H.Winslow, *ACS Symp.Series*, 151 (1981), p.147, ACS, Washington DC (1981)
11) 山北隆正, 1988年度高分子の崩壊と安定化研究会, 講演要旨集, p.31
12) H.Mori, T.Hatanaka & M.Terano, *Macromol.Rapid Commun*, 18, 667 (1997)
13) Z.Osawa, M.Katao & M.Terano, *Macromol.Rapid Commun*, 18, 667 (1997)
14) M.Kato & Z.Osawa, *Polym.Degrad.Satb.*, 65, 457 (1999)
15) 大澤善次郎, 色材, 59 (No.5), 278 (1986)
16) R.Clough, "Radiation-Resistant Polymers", Encyclopedia of Polymer Science and Technology, vol.13, 2nd Ed. John-Wiley & Sons, pps.667-708 (1988)
17) 土肥義治編著, "生分解性高分子材料", 高分子調査会 (1990)
18) 土肥義治編集代表, "生分解性プラスチックハンドブック", エヌ・ティー・エス (1995)
19) D.Darwis, H.Mitomo, T.Enzoji, F.Yoshii & K.Makuuchi, *Polym.Degrad.Satb.*, 62, 259 (1998)
20) 車田知久, 色材, 62 (No.2), 215 (1987)

2 高分子構造修飾（不飽和結合・末端修飾・配列）

白井正充[*]

2.1 はじめに

高分子材料は，光や熱などわれわれのまわりの環境条件によって劣化しない安定なものが理想である。しかし，汎用高分子材料は成形加工時の熱や屋外使用時での光により劣化する。これらの劣化を抑えるため，用途に対応した安定化剤を添加することで材料の長寿命化が達成されている[1~4]。しかし，一方では高分子の立体規則性の制御や末端構造の化学修飾などによって劣化しにくい高分子材料を開発する試みがなされている。ここでは高分子の一次構造・配列や高分子鎖中に含まれる異種構造が光劣化や熱劣化におよぼす影響について，最近の研究例を交えて概説し，高分子の長寿命化を考える一助にしたい。

2.2 不飽和基・末端基修飾

厳密に見れば合成高分子の組成は分子式通りではないのが普通である。たとえば，ラジカル付加重合で高分子を得た場合，重合停止反応が不均化であれば，高分子鎖末端に不飽和結合やモノマー構造とは異なる構造が導入される。また，再結合停止であれば，頭－頭結合や尾－尾結合が生成し，一般的な分子式で示される頭－尾の繰り返しのみで構成された高分子が得られるのではない。高分子中に炭素－炭素二重結合が導入されれば，光の吸収波長が長波長にシフトし，光劣化しやすくなる。また，二重結合に隣接したメチレン基やメチル基の水素がラジカル的に引き抜かれやすくなり，酸化劣化の反応点になったり，共役不飽和系の生成をもたらす要因になる。たとえば，ラジカル重合で得たポリスチレンの場合は，末端二重結合の生成が考えられるが，このものはアニオン重合で得たポリスチレンよりも光劣化しやすい[1]。

ポリ塩化ビニルでは重合過程で生成する，①内部不飽和基（〜CHCl－CH＝CH〜）と，②末端の不飽和基（〜CH_2－CH＝CH－CH_2Cl）がある。①のタイプは1000モノマーユニットあたり0.1～0.2個程度あり，②のタイプはポリマー1分子あたり0.7個程度であるといわれている。ポリマー中の二重結合の生成はアリル位の塩素原子を活性化し，劣化の原因となる。化学的処理によって活性塩素をあらかじめ取り除き，ポリマーを安定化することが考えられている。（式1）〜（式5）に示すように，種々の試薬で処理する方法がある[1]。また，活性塩素を取り除く過程で生成するポリマー主鎖上の炭素カチオンを開始点とし，ブタジエンやイソプレンをグラフト重合させ，安定化することも検討されている（式6）。主鎖中の二重結合を安定化させる方法として，有機ホウ素化合物とC＝C結合との反応（式7）や，マレイン酸ジエチルと

---

[*] Masamitsu Shirai 大阪府立大学 大学院 工学研究科 応用化学分野 教授

第2章 化学的安定化の理論と実際

$$AlEt_3 \rightarrow PVC-Et + AlEt_2Cl \quad (1)$$

$$R-OH \rightarrow PVC-OR + HCl \quad (2)$$

$$C_6H_5-OH + PVC-Cl \rightarrow PVC-O-C_6H_5 + HCl \quad (3)$$

$$R-O-\underset{O}{\overset{}{C}}-SH \rightarrow PVC-S-\underset{O}{\overset{}{C}}-O-R + HCl \quad (4)$$

$$\underset{R'}{\overset{R}{N}}-\underset{S}{\overset{}{C}}-SH \rightarrow PVC-S-\underset{S}{\overset{}{C}}-N\underset{R'}{\overset{R}{}} + HCl \quad (5)$$

$$PVC-Cl + R_2AlCl \rightarrow PVC^+ + R_2AlCl_2^-$$
$$\xrightarrow{\text{Butadiene}} PVC-\text{Polybutadiene} \quad (6)$$

$$\sim\!\!CH=CH\!\!\sim + \underset{R'}{\overset{R}{B}}-CH-CH_3 \rightarrow \sim\!\!CH-CH\!\!\sim \quad (7)$$
(式中にベンジル基を含む)

式(8): ジエンとマレイン酸ジエチルのDiels-Alder反応

C=C結合とのDiels-Alder反応（式8）を利用する方法がある[1]。

2.3 配列・立体配置制御
2.3.1 ポリメタクリル酸エステルとその誘導体

　ポリメタクリル酸メチル（PMMA）をはじめとするアクリル樹脂は大量に使用される汎用樹脂である。ラジカル重合で得たPMMAは不均化停止により，2種類の異なった構造の末端基を有している。また，再結合停止が起こった場合は頭－頭構造が主鎖中に生成している（式9）。アゾイソブチロニトリルをラジカル開始剤として合成したPMMAのDTGA曲線は図1のようになる[5,6]。PMMAの熱分解は通常Unzipping機構で進むことが知られている（式10）。窒素下

49

高分子の長寿命化技術

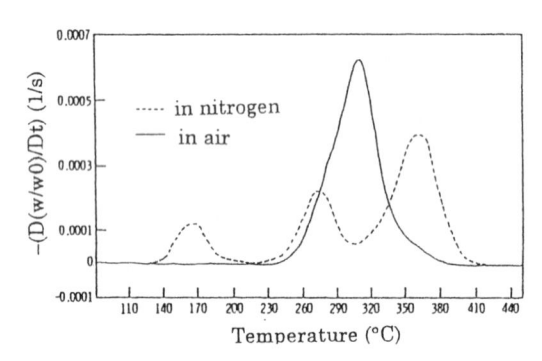

[反応式 (9): 不均化と再結合]

(9)

図1 窒素下および空気下でのPMMA (Mn=44600) のDTGA曲線

[反応式 (10): unzipping]

(10)

のPMMAの熱分解は165, 270, および360℃の3段階に分かれて進行する。165℃での分解は再結合停止により生成した頭－頭結合の切断によるものである。また, 270℃での分解はビニリデン型末端からのものであり, 360℃での分解は通常の頭－尾結合のポリマー鎖のランダム切断によるものである。t-ButSHのような連鎖移動剤を添加してラジカル重合すれば, 重合が連鎖移動反応で停止する。ビニリデン末端や主鎖中に頭－頭型結合がほとんど生成しないので, 165や270℃での分解を止めることができる[5~7]。

一方, 空気中でPMMAの熱分解を行うと反応は一段階で起こる。窒素下の熱分解での第一段目や第二段目に相当する温度での分解で生成したポリマーラジカルはO_2でトラップされ, Unzippingが起こらないためである。主鎖のランダム切断が起こるような高い温度でも生成す

第2章 化学的安定化の理論と実際

るポリマーラジカルはO_2でトラップされるが，反応生成物であるヒドロペルオキシドが熱分解し，活性なOHラジカルが生成する。このものはポリマー主鎖から水素原子を引き抜くなど，ポリマーの熱分解を促進するので分解温度は窒素下での値よりも少し低くなる。

汎用のPMMAは大部分がラジカル重合で製造される。連鎖移動剤を用いて末端異種構造の生成を減らす工夫がされるのは前述の通りであるが，少量のアクリル酸メチルを（MA）共重合し，Unzippingによる分解をMAユニットのところで停止させ，PMMAの熱分解を抑制する工夫がされている[5, 6, 8]。

ポリメタクリル酸エステルは末端基の構造や立体規則性を制御できる数少ないポリマーの一つである。ポリメタクリル酸メチル（PMMA）はその立体規則性がシンジオタクチックのものと，イソタクチックなものがある。さらに，立体規則性のないアタクチックのものがある（スキーム1）。PMMAの熱分解温度は立体規則性や重合度に依存する。シンジオタクチックPMMAとイソタクチックPMMAは共にその分解温度（T_d）は分子量の増大により，直線的に低下するが，両直線は途中で交叉する（図2）[5, 6]。窒素下の熱分解では分子量が25000以下ではシンジオタクチックPMMAの方がT_dが高い。しかし，分子量25000以上ではイソタクチックの方が，T_dが高い。空気中での熱分解でも同様の現象が見られる。PMMAのガラス転移温度（T_g）は分子量の増大に伴い高くなるがシンジオタクチックPMMAの方が，イソタクチックの場合よりも高い。PMMAの熱分解はUnzipping機構で進行するので，重合度がZip長よりも短かい時，ポリマー分子の1カ所の主鎖切断で，そのポリマー分子は全てモノマーに分解する。このような場合はT_gが低く，セグメント運動の大きいイソタクチックの方が分解しやすいと考えられている。一方，重合度がZip長より長くなると熱分解で生成した，ポリマーラジカルからのUnzippingの停止反応が，ポリマーの熱安定性を決める因子となり，セグメント運動の激しいイソタクトの方が停止反応を起こしやすく，シンジオタクチックのものよりも熱分解温度が高くなると考えられている。

ポリメタクリル酸は二段階で熱分解する。第一段階は脱水反応によるものであり，200〜250℃

イソタクチックPMMA

シンジオタクチックPP

アタクチックPMMA

スキーム1

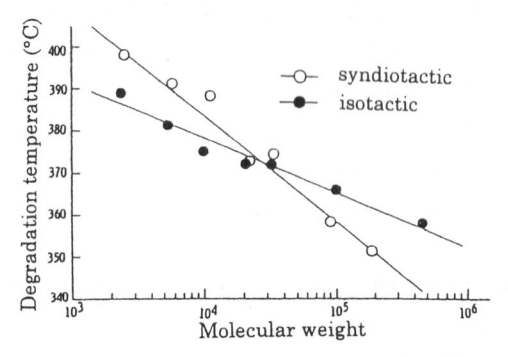

図2 窒素下でのPMMAの熱分解温度におよぼす分子量と立体規則性の影響

付近で起こる(式11)。第二段階の熱分解は400〜420℃付近で起こり,ポリマー主鎖の分解を含む。立体規則性と分解温度の関係を見ると,第一段階目の分解温度はイソタクチック＜アタクチック＜シンジオタクチックの順に高くなる[5,6]。イソタクチックのものではほぼ完全に分子内脱水反応が起こり,酸無水物構造が生成する。アタクチックの場合は大部分が酸無水物に変化するが,シンジオタクチックの場合は,分子内での酸無水物が生成しにくく,脱炭酸反応がおこる。

ポリメタクリル酸エステルの側鎖エステル基の熱分解温度は構造に依存する[5,6]。ポリ(メタクリル酸t-ブチル)(PTBMA)は二段階で熱分解する。第一段目の反応ではエステルの分解でCOOH基が生成する(式12)。側鎖エステル基の熱分解ではエステル基のβ-水素の移動を含む機構が考えられており,β-水素の多いエステルほど第一段階目の分解温度は低くなる。PTBMAの熱分解温度はイソタクトのものは192℃,アタクチックのものは233℃である。詳細は不明だが,

スルホン酸のような強酸が存在する場合はt-ブチルエステル基の熱分解温度は著しく低下することが知られているので，イソタクチックのものでは最初に生成したCOOH基が隣接するエステル基の分解を加速する隣接基効果が作用している可能性が考えられる。隣接基効果は立体的に好ましいイソタクチックのもので著しいことが考えられる。

アクリル系共重合体の熱分解温度は共重合組成により変化する[5,6]。メタクリル酸メチル（MMA）とメタクリル酸n-ブチル（BMA）とのシンジオタクチックランダム共重合体の窒素下でのT_dは，MMA含量が60％まではほとんど変化せず，約360℃であり，ポリ（BMA）のT_dにほぼ等しい。MMA含量が60％を超えると急激に増大し，シンジオタクチックPMMAのT_d値に近くなる。このことは，共重合体中のMMA-MMA結合や，MMA-BMA結合に比べて，BMA-BMA結合がかなり不安定で解裂しやすいことを示している。MMAとメタクリル酸ベンジルとのシンジオタクチックランダム共重合体についても同様の熱分解挙動が見られる。

2.3.2　ポリプロピレン

ポリプロピレン（PP）の一次構造は主鎖に結合しているメチル基の立体配置の違いにより，イソタクチック，アタクチック，シンジオタクチックの3種類が存在する（スキーム2）。現在，

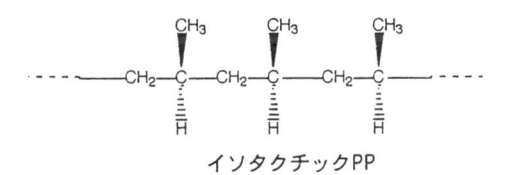

イソタクチックPP

シンジオタクチックPP

アタクチックPP

スキーム2

工業的にはイソタクチックPPのみが生産されており，アタクチックPPはその副生成物として得られている。イソタクチックPPは力学的強度，耐薬品性，電気絶縁性，加工性に優れており，軽量かつ安価であることから汎用樹脂として，大量に使用されている。イソタクチックPPは利用価値の高いポリマーであるが，自動酸化機構による酸化劣化が起こりやすい。安定剤を使用しなければ，成形加工時や一般使用時において著しい劣化が起こる。

最近，アタクチックPPやシンジオタクチックPPを選択的に合成できる触媒が開発され，それらPPの熱分解性が，イソタクチックPPのそれと比較検討された[9〜14]。結晶状態などの高次構造の影響を除くため，溶融状態でのPPPの熱劣化におよぼすPPの立体規則性の効果が検討された。分子量がほぼ等しい（$Mn=45000〜50000$）シンジオタクチックPP（ペンタッドタクティシティ：92％），イソタクチックPP（ペンタッドタクティシティ：99％），およびアタクチックPPを空気下，溶融状態で，160，200，240℃で加熱した場合，イソタクチックPPでは劣化により分子量が著しく低下した。しかし，シンジオタクチックPPとアタクチックPPでは分子量低下はごくわずかであった（図3）[9,12,14]。

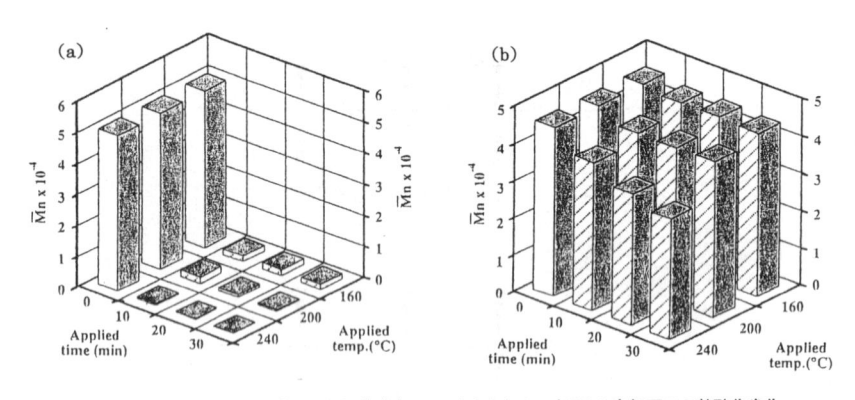

図3 （a）イソタクチックPPおよび（b）シンジオタクチックPPの空気下での熱酸化劣化

PPの熱劣化は酸素が関与する自動酸化機構で進行するので酸素の濃度が劣化速度に重要な影響を与える。空気中，200℃ではほとんど劣化が進行しなかったシンジオタクチックPPでも，酸素加圧下で加熱すると，酸素圧の増大に伴い分子量が著しく低下した（図4）[10]。このことはPPの熱劣化は立体規則性の違いによらず，ともに自動酸化機構で進行するが，酸化反応のいずれかのプロセスで，立体規則性のちがいにより反応性が異なるため，両者間で劣化挙動に差がでるものと考えられる。

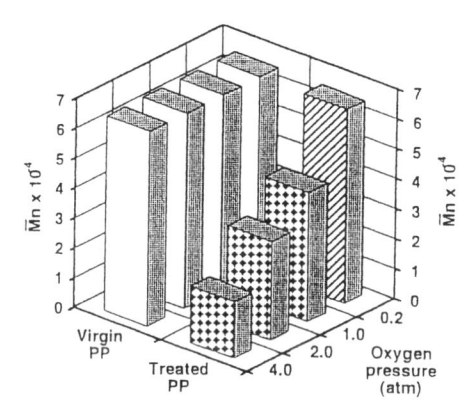

図4 シンジオタクチックPPの熱酸化劣化におよぼす酸素圧の影響

イソタクトPPとシンジオタクトPPの酸化劣化反応の差異をモデル化合物を用いたコンピュータシミュレーションによって，明らかにする試みがなされている[11,14]。イソタクチックPPのモデルとして，(R, S)-2,4-ジエチルペンタン（RSDEPT）を，またシンジオタクチックPPのモデルとして，(R, R)-2,4-ジエチルペンタン（RRDEPT）を用いた。4通りの反応経路（I〜IV）を仮定し，それぞれの素反応の活性化エネルギーを計算した（式13）。その結果，I，III，IVの経路については両者に差はないが，IIの経路についてはRRDEPTの方がRSDEPTよりも活性化エネルギーが高く，パーオキシラジカルが主鎖の3級水素を引き抜く段階が律速段階であることが示された。3級水素が引き抜かれにくいことがシンジオタクチックPPの熱安定性が高い原因である。水素引き抜きが起こりにくい理由としては，電子的効果，主鎖の回転のしやすさ，立体障害などが考えられる。

PPは熱酸化劣化に加えて，光酸化劣化も起こる。200℃で加圧成形したサンプルに，キセノン

ランプを用いたウエザーメーターで暴露し,酸化劣化の指標となるカルボニル基のピークをIRスペクトルで測定したところ,シンジオタクチックPPとイソタクチックPPとでは顕著な差は認められなかった。しかし,機械的特性(もろさ)の点から比較すると,結晶化度の高いイソタクチックPPは,シンジオタクチックPPよりも著しい劣化を示した[13]。結晶化度が低いシンジオタクチックPPでは,タイ分子が多数あるので,多少のタイ分子が酸化劣化で切断されても機械的特性は維持される。

2.4 おわりに

高分子材料の利用においては,その長寿命化のために安定剤が不可欠であり,一つの高分子材料の使用に当たっては同時に多種類の安定剤を添加するのが普通である。高分子の化学構造を修飾することによって,高分子自身の光や熱に対する安定化が少しでも増大すれば,添加する安定剤の量や種類を減らすことができる。添加剤の環境問題が議論される今日,少しでも安定性の高い高分子を作ることが重要であり,高分子の構造修飾は重要な手段である。

文　　献

1) 大澤善次郎,高分子の光劣化と安定化,シーエムシー (1986)
2) 大澤善次郎,高分子の劣化と安定化,武蔵野クリエイト (1992)
3) W.Schnabel, 相馬純吉 訳, 高分子の劣化, 裳華房 (1993)
4) 大勝靖一,高分子添加剤の開発技術,シーエムシー (1998)
5) K.Hatada et al., J.Macromol.Sci.Pure Appl. Chem., A30, 645 (1993)
6) 畑田耕一, 96/2高分子の崩壊と安定化研究会要旨集, p.5 (1996)
7) T.Kashiwagi et al., Macromolecules, 19, 2160 (1986)
8) N.Grassie et al., J.Polym.Sci.Part A-1, 6, 3303 (1968)
9) H.Mori et al., Macromol.Rapid Commun., 18, 157 (1997)
10) 森　秀晴 他, マテリアルライフ, 9, 180 (1997)
11) T.Hatanaka et al., Polym.Degrad.Stab., 65, 271 (1999)
12) T.Hatanaka et al., Polym.Degrad.Stab., 65, 313 (1999)
13) H.Nakatani et al., Res.Adv.In Macromolecules, 1, 17 (2000)
14) 畑中知幸, 博士論文(北陸先端科学技術大学院大学) 1999

3 酸化防止剤

児島史利*

3.1 はじめに

　酸化防止剤は，高分子材料の成形加工時や使用時の劣化を防止するなど，高分子材料の実用化に大きな役割を果たしてきた。また，最近の社会情勢は，高分子材料に長寿命化やリサイクル適性などの新たな課題を与えている。これらの課題に対応するためには，それぞれの酸化防止剤の作用機構を理解した上での配合設計が必須である。そこで，本節では，エラストマー，樹脂に使用される酸化防止剤について，作用機構を中心に概説する。

　なお，酸素の影響が少ない条件下，熱に起因する劣化の防止に卓越した効果を持つ耐熱加工安定剤についても，本節のなかで取り上げた。

3.2 高分子の劣化と酸化防止剤

　一般に，高分子の酸化劣化は，自動酸化機構（スキーム1）により進行する。熱や機械的剪断

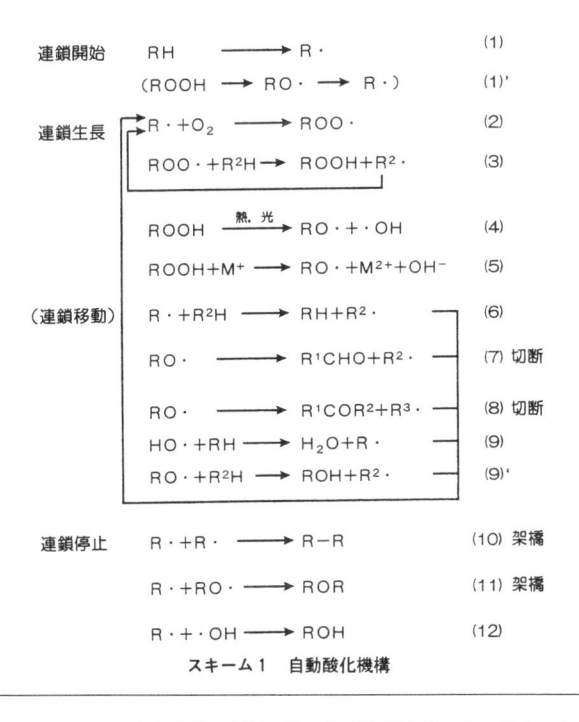

連鎖開始
$$RH \longrightarrow R\cdot \quad (1)$$
$$(ROOH \longrightarrow RO\cdot \longrightarrow R\cdot) \quad (1)'$$

連鎖生長
$$R\cdot + O_2 \longrightarrow ROO\cdot \quad (2)$$
$$ROO\cdot + R^2H \longrightarrow ROOH + R^2\cdot \quad (3)$$
$$ROOH \xrightarrow{熱,光} RO\cdot + \cdot OH \quad (4)$$
$$ROOH + M^+ \longrightarrow RO\cdot + M^{2+} + OH^- \quad (5)$$

（連鎖移動）
$$R\cdot + R^2H \longrightarrow RH + R^2\cdot \quad (6)$$
$$RO\cdot \longrightarrow R^1CHO + R^2\cdot \quad (7) 切断$$
$$RO\cdot \longrightarrow R^1COR^2 + R^3\cdot \quad (8) 切断$$
$$HO\cdot + RH \longrightarrow H_2O + R\cdot \quad (9)$$
$$RO\cdot + R^2H \longrightarrow ROH + R^2\cdot \quad (9)'$$

連鎖停止
$$R\cdot + R\cdot \longrightarrow R-R \quad (10) 架橋$$
$$R\cdot + RO\cdot \longrightarrow ROR \quad (11) 架橋$$
$$R\cdot + \cdot OH \longrightarrow ROH \quad (12)$$

スキーム1　自動酸化機構

---

* Fumitoshi Kojima　住友化学工業㈱　精密化学品研究所　化成品チーム　主席研究員

表1　酸化防止剤の機能別分類

分類（機能）	構造	例	本節での略号
耐熱加工安定剤（炭素ラジカル補足）	フェノール（アクリレート）系	(構造式)	A-1
		(構造式)	A-2
一次酸化防止剤（パーオキシラジカル補足）	フェノール系	(構造式)	B-1
		(構造式)	B-2
		(構造式)	B-3
		(構造式)	B-4
	アミン系	(構造式)	C-1
二次酸化防止剤（過酸化物分解）	イオウ系	$(C_{18}H_{37}OOC\text{-}CH_2CH_2)_2S$	D-1
		$(C_{12}H_{25}\text{-}S\text{-}CH_2\text{-}CH_2COOCH_2)_4 C$	D-2
	リン系	(構造式)	E-1
		(構造式)	E-2
		(構造式)	E-3

力により発生したラジカルは酸素と容易に反応するため,酸化劣化が連鎖的に生じる。
　一方,酸化防止剤は表1のように分類することができる。耐熱加工安定剤,一次酸化防止剤,二次酸化防止剤は,高分子の自動酸化機構において中心的役割を果たすR・,ROO・,ROOHといった劣化種に対してそれぞれ働き,高分子材料の劣化を抑制する。

3.3 耐熱加工安定剤

3.3.1 熱劣化

　押出機や射出成形機を用いた加工の場合は,加工機器内が密閉雰囲気であるため酸素濃度は低く,酸化劣化よりも熱劣化が主体となる。図1にラボプラストミル混練りにおける雰囲気の影響を示す。空気下と窒素下とでトルク値の変化挙動が全く異なっており,劣化機構そのものが違うことがわかる。
　このように酸素濃度が低い場合には,酸化劣化ではなく,下記式のようなポリマー炭素ラジカル（R・）の再結合といった,酸素を含まない熱劣化が劣化の主体となる。
　　2R・　→　R−R（架橋し,トルク値が上昇）

3.3.2 作用機構

　耐熱加工安定剤は,熱劣化において重要な劣化種であるポリマー炭素ラジカルに対し,以下の機構により卓越した安定化効果を示す。

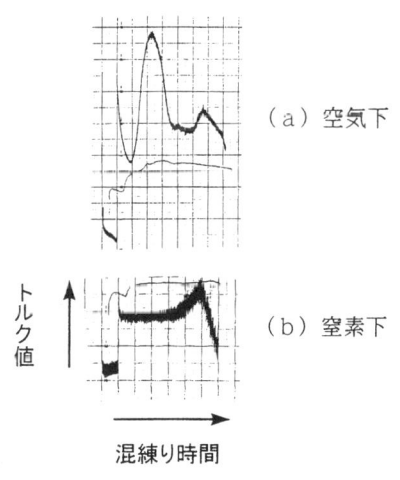

図1　ラボプラストミル混練りにおける雰囲気の影響（SBR）

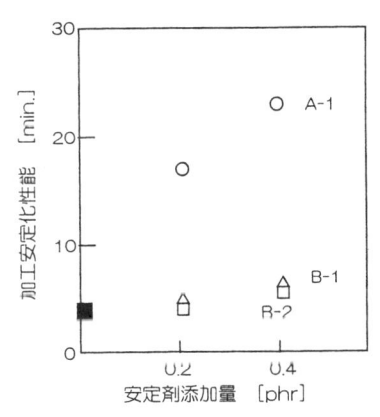

図2　耐熱加工安定剤の加工安定化性能

加工安定化性能：ラボプラストミル混練りにおけるゲル化ピークまでの時間
評価条件：SBR, 180℃, 窒素下

R・ + A → RA・（安定ラジカル）

このような耐熱加工安定剤の例としては，A-1がある。図2に，SBRにおけるA-1と一次酸化防止剤との性能比較を示す。SBRの加工においては，ポリマー炭素ラジカル同士の再結合による架橋反応が劣化に大きく寄与しており，A-1のような炭素ラジカル捕捉能を有する安定剤は効率的に劣化を防止できるのに対し，パーオキシラジカル捕捉能を有する一次酸化防止剤（後述）では劣化を充分には防止できないことを示している。

A-1は，炭素ラジカル捕捉能を有する安定剤として世界で初めてのもので，二重結合によるR・の捕捉（スキーム2 Step 1）とそれに続くフェノール性OH基からの分子内水素結合を介してのH・の移動（スキーム2 Step 2）を経て，安定なフェノキシラジカルを生成し，劣化を抑制していることが知られている[1]。

耐熱加工安定剤としては，A-1と比較して，加工安定化性能をさらに向上させ，また耐着色性能も改良されたA-2がある[2]。

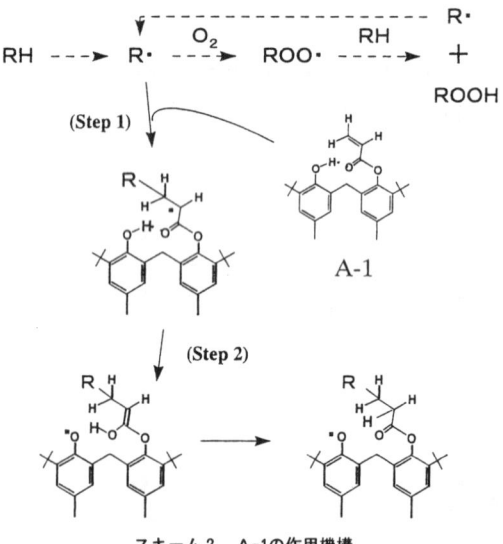

スキーム2　A-1の作用機構

3.4　一次酸化防止剤

3.4.1　作用機構

高分子材料は一般に酸素雰囲気下で使用されるため，使用時における劣化防止には，パーオキ

シラジカル捕捉能を持つ酸化防止剤が重要になる。フェノール系とアミン系酸化防止剤は次式のようにパーオキシラジカル（ROO・）にH・を与え，自分自身は安定ラジカル（B・）となることによってラジカル連鎖を止める。

ROO・ ＋ BH → ROOH ＋ B・（安定ラジカル）

このような作用を持つ酸化防止剤は，自動酸化機構のうち，最初の酸化種であるパーオキシラジカルを安定化することから一次酸化防止剤と呼ばれる。

3.4.2 フェノール系酸化防止剤

フェノール系酸化防止剤の作用機構をスキーム3（a）に示す。生成するフェノキシラジカルは，両o位の嵩高い置換基により，安定ラジカルとなる。従って，置換基（R^1，R^2）としては，t-ブチル基である場合が多く，ヒンダードフェノール系酸化防止剤とも呼ばれる。このようなフェノール系酸化防止剤としては，B-1（MW＝220）やB-1の耐蒸散性などを改良したB-2（MW＝531）やB-3（MW＝1178）などが汎用的に使用されている。

スキーム3 一次酸化防止剤の作用機構
(a) フェノール系　(b) アミン系

3.4.3 耐黄変性

フェノール系酸化防止剤には，B-1～3以外にも多種の化合物があり，それぞれの特徴を生かした分野で用いられている。なかでも，B-4は，高分子材料の着色が問題となる場合に，耐黄変性向上のためによく用いられている。

B-1に代表されるヒンダードフェノール系酸化防止剤（R^1，R^2＝t-ブチル基）の場合には，NOxガスへの曝露や熱酸化により着色（黄変）現象がしばしば見られる。これはキノンメチド構造を経由して，スチルベンキノン構造を持つ化合物が生成するためである（スキーム4）[3]。

これに対しB-4（R^1＝t-ブチル基，R^2＝メチル基）は，NOxに曝露されてもスチルベンキノン構造を取り難く，耐着色性に優れている[4]。

スキーム4　B-1のNOx着色機構

3.4.4　アミン系酸化防止剤

アミン系酸化防止剤の作用機構をスキーム3（b）に示す。生成するラジカルは，隣接するベンゼン環との共役により，安定ラジカルとなる。

アミン系酸化防止剤の代表例としては，C-1がある。

アミン系酸化防止剤は，それ自体の酸化によって着色物を生成する傾向が強く，主としてカーボンブラックを配合したゴムに使用され，ポリオレフィンなど着色性を問題とする分野では使用されない。

3.5　二次酸化防止剤

3.5.1　作用機構

一次酸化防止剤がパーオキシラジカル補足能を持つことに対し，二次酸化防止剤は次式のように自分自身が酸化されることによって過酸化物（ROOH）分解能を持つ。

ROOH + D → ROH + DO

このような二次酸化防止剤には，イオウ系とリン系のものがある。

3.5.2　イオウ系酸化防止剤

イオウ系酸化防止剤の基本作用機構をスキーム5（a）に示す。イオウ系酸化防止剤の場合は，1硫黄原子あたり，複数の過酸化物を分解することができる[5]。

イオウ系酸化防止剤の種類はそれほど多くはなく，例としてはD-1，D-2が挙げられる。イオウ系酸化防止剤は，単独で使用されることはほとんどなく，通常，フェノール系酸化防止剤と併用して用いられる。

$$R^1-S-CH_2CH_2COOR^2 + ROOH$$

$$\longrightarrow R^1-\overset{O}{\underset{\uparrow}{S}}-CH_2CH_2COOR^2 + ROH \quad (a)$$

$$R^1O-P\overset{OR^2}{\underset{OR^3}{\diagdown}} + ROOH \longrightarrow R^1O-\overset{O}{\underset{}{P}}\overset{OR^2}{\underset{OR^3}{\diagdown}} + ROH \quad (b)$$

スキーム5　二次酸化防止剤の作用機構
(a) イオウ系　(b) リン系

　これはパーオキシラジカル捕捉能を持つ一次酸化防止剤と過酸化物分解能を持つ二次酸化防止剤を組み合わせて用いた場合，それぞれ単独で用いた場合と比較して大きな効果（相乗効果）が得られることが多いためである。フェノール系，イオウ系酸化防止剤の種類によって得られる相乗効果の大きさが異なる場合があり，注意を要する。ポリプロピレンにおける例を図3に示す。

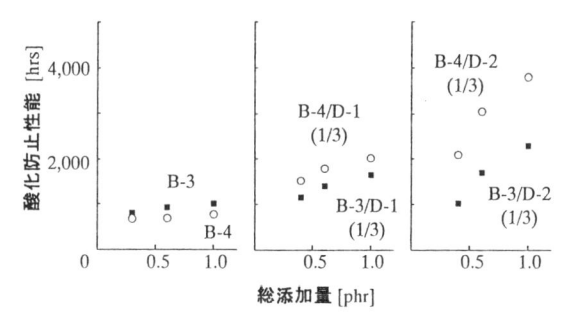

図3　フェノール系とイオウ系酸化防止剤の相乗効果
PP 160 ℃

3.5.3　リン系酸化防止剤

　リン系酸化防止剤の基本作用機構をスキーム5（b）に示す。リン系酸化防止剤の代表例としてはE-1やE-2が挙げられる。

　リン系酸化防止剤の場合は，1リン原子あたり，1つの過酸化物しか分解することができないが，イオウ系酸化防止剤よりも，過酸化物の分解速度が早い[6]。そのため，高分子の製造時などに微量に生成したROOHが加工時の熱などによりRO・とHO・に分解し，劣化が進行することを抑制するため，リン系酸化防止剤は高分子材料の成形加工時の安定剤として用いられる。

　また，リン系酸化防止剤は，フェノール系酸化防止剤がキノンメチド構造を経て着色物に変化

することを抑制するために用いられこともある[7]。

　一般にリン系酸化防止剤は，過酸化物分解性能に優れるものほど加水分解されやすい傾向にあり，その結果，種々の問題を引き起こすことがある。一方，加水分解されにくいものは，過酸化物分解性能が充分ではない傾向にあった。E-3は，最近開発されたリン系酸化防止剤であるが，耐加水分解性においてこれまでの市販リン系酸化防止剤の中でも最も優れた部類に属する（図4）。その一方，成形加工においても高性能といわれるE-2が20分以内にゲル化ピークを迎えることに対し，40分を超えるゲル化抑制性能を示す（図5）。このE-3の特異な性能の発現機構はまだ解明されてはいないが，分子内にフェノール

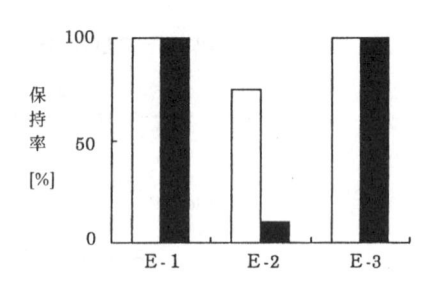

図4　リン系酸化防止剤の耐加水分解性

処理条件：40℃　相対湿度80％
測定法：P-NMR
□ 1week後　■ 2weeks後

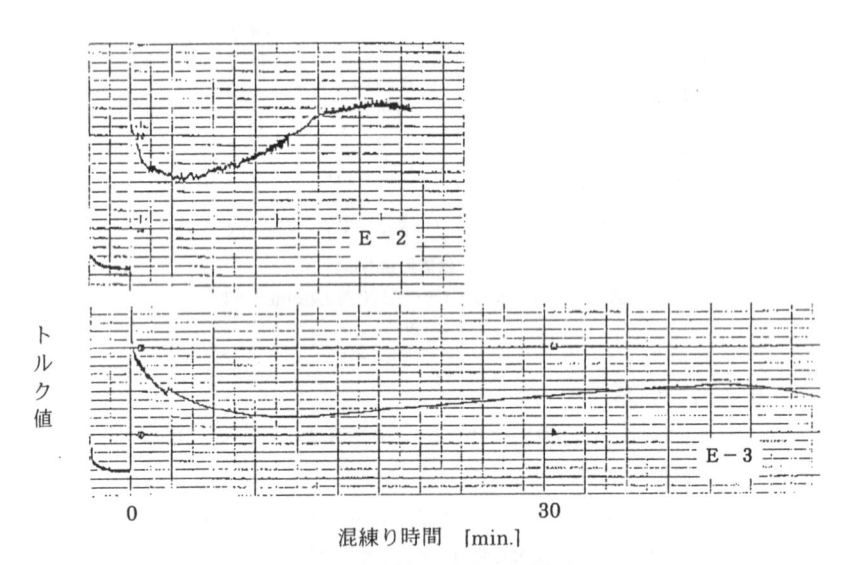

図5　リン系酸化防止剤の加工安定化性能

ラボプラストミル混練り（100rpm）
LLDPE　200℃
配合　リン系酸化防止剤/B-2（0.1/0.1phr）

第2章 化学的安定化の理論と実際

部分があるというユニークな構造に起因するものと推定している。

3.6 おわりに

酸化防止剤は，高分子材料の成形加工時や使用時の安定性向上に非常に有効である。しかし，その配合技術，特に併用種の選択によっては望む性能が得られないばかりでなく，逆に高分子材料に悪い影響を及ぼす場合もあり得る。適切な配合を考えるためには，劣化機構や性能発現機構への理解が，これからますます重要になってくるものと考える。

文　献

1) Yachigo,S. et al., *Polym.Degrad. and Stab.*, 22, 63 (1988)
2) Yachigo,S. et al., *Polym.Degrad.* and Stab., 39, 317 (1993)
3) K.C.Smeltz, *Textile Chem.Color.*, 15 (4), 52 (1983)
4) Yachigo,S. et al., *Polym.Degrad. and Stab.*, 37, 99 (1992)
5) *Development in Polymer Stabilization*, 4, p.16 (1981), Appl.Sci.Publishers.
6) 高分子安定化の総合技術，p.105 (1997)，シーエムシー
7) W.H.Starnes et al., *J.Org.Chem.*, 34, 3404 (1969)

4 紫外線吸収剤（UVA）

大手良之*

4.1 はじめに

　熱可塑性樹脂は，その性能の向上にともない様々な用途に展開されるにいたっている。その中でも紫外線吸収剤（UVA）の果たしてきた役割は大きい。今でこそその伸びはフィンダードアミン系耐光安定剤であるHALS（HASとも呼ばれる）に取って代わられているが，その重要性には変わりはない。今回は添加剤の歴史をたどりながらUVAの果たしてきた役割に触れると同時に，その有効性の具体例と今後の展開の可能性について論じていきたい。

4.2 添加剤の歴史とその中のUVA[1]

　1950年代までは，高圧ポリエチレンが唯一商品化されたポリオレフィン系樹脂であった。当初は安定剤としてBHTが使用されていたが，変色等の問題が常に付きまといその高揮散性とともに色々と問題が発生していた。耐光安定性においても，ベンゾフェノンタイプのUVAとカーボンブラックに頼らざるを得ない状況であった。1960年代のはじめにGeigy社（Geigy社は1970年にCiba社と合併しCiba-Geigy社を設立。のちにCiba Specialty Chemicals社となる）は，ベンゾトリアゾール系のTinuvinPを発売した。これは今なおよく使われているUVAである。

　1963年においてZieglerとNattaがheterogeneous catalystを発明したことによりノーベル賞を受賞した。これによりオレフィンの低圧での重合が可能となった。1965-1975年にかけてポリオレフィンは急激な技術的発展を遂げ，ポリエチレンやポリプロピレンにおいて次々と新しい種類の商品が市場に広がるようになった。

　1960年の半ば以降に出たイルガノックス1076や1010がその大きなあとおしとなったのである。この2製品は同じく当時のGeigy社によって発明されたものである。樹脂の耐光性もGeigy社によって開発されたベンゾトリアゾール系のTinuvin326, 327, 328によってもう一段優れたレベルにいたることができるようになった。1975-1985年にかけてポリオレフィンを中心に樹脂業界は更なる発展を見ることになる。これを推進したのは新しく開発された高活性触媒である。この触媒のおかげで新しい用途への展開と大量生産が可能となった。この流れに沿うように添加剤においても，まったく新しいタイプの耐光安定剤が生まれるにいたった。日本の三共とCiba-Geigy（現Ciba Specialty Chemicals社）が1970年代半ばに開発したSanol-LS770およびTinuvin770である。これは代表的な低分子量HALSである。Tinuvin770は樹脂の厚物用途を中心に

＊　Yoshiyuki Ohte　チバ・スペシャルティ・ケミカルズ㈱　添加剤事業部　ポリマー添加剤部　マネジャー

UVAとの併用または高分子量HALSとの併用で今もよく使用されている。しばらくしてファイバーやフィルムといった薄物用途への展開が広がり，しかも長期にわたる耐光性が要求されるようになってHALSも高分子量化へとむかっていった。その結果開発されたのがTinuvin622やChimassorb944といった高分子量タイプのHALSである。これらも同じくUVAやTinuvin770との併用により比較的長期の耐光性を要求されるような厚物用途に，また単独にて薄物用途に使用されている。

　耐熱性の向上においても1980年代前半においてIrganox B-Blendが，さらに1990年代後半においてはラクトーン系ブレンドが発売され，300℃レベルでの加工安定性も十分付与できるようになった。

　UVAはかなり初期の段階において開発および発売された安定剤である。UVAなくして今日の熱可塑性樹脂の発展はなかったといえる。図1においてこの歴史をまとめてみた。縦軸にはポリオレフィン系樹脂（もっとも耐熱および耐光安定剤が消費されている樹脂）の生産量を示す。

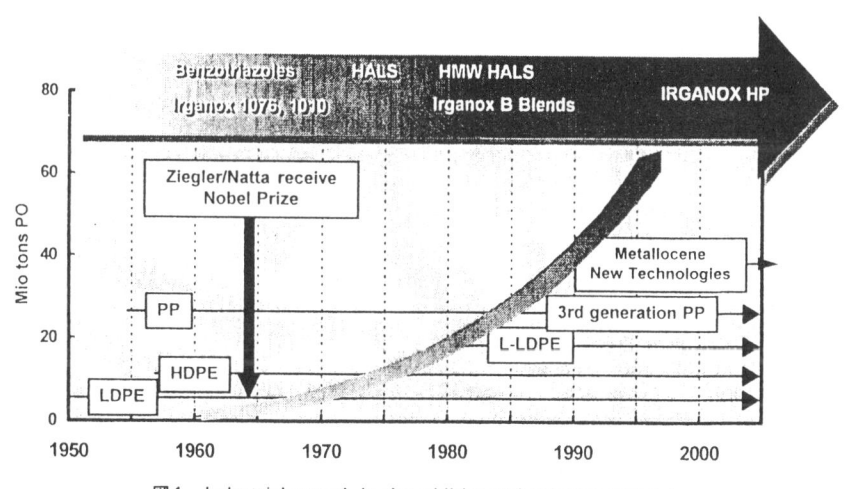

図1　Industrisl growth in the additive and polymer industries

4.3　樹脂の熱劣化と光劣化

　樹脂は酸素存在下において劣化反応を受ける。これはすべての有機物に当てはまることである。その結果として peroxide, alcohols, ketones, aldehyde, acids, peracids, peresters といったいろいろな酸化物ができてしまう。樹脂の場合にはしかも製造時に触媒を使用するため，どうしても微量ではあるがTiなどを含有する残存触媒が存在する。これらの酸化物や残存触媒は，chromophores（発色団）と呼ばれ有害な紫外線（UV）の呼び込み剤的な働きをする。

よく言われることであるが，よき耐熱安定剤処方（特に加工時つまり樹脂の溶融時の）はよりよき耐光安定剤処方にとって必須である。このことは重要で，樹脂の加工時に過酸化物等が過剰にできてしまうと同じエネルギーレベルのUVを照射したとしても劣化はより激しいものとなる。十分な耐熱（特に加工）安定剤処方が重要となる。フェノール系とリン系およびラクトーン系安定剤の組み合わせからなる処方は，300℃近辺の温度でも効果を示し注目に値する。またできれば残存触媒量の少ない樹脂を選びたいものだ。図2に樹脂の光劣化パターンを示す。

CHAIN INITIATION

$$\left.\begin{array}{l}\text{Hydroperoxides POOH} \\ \text{Carbonyl compounds} >\!\!C\!\!=\!\!O \\ \text{Catalyst residues (Ti, ...)} \\ \text{Charge-transfer complexes (PH,O}_2\text{)}\end{array}\right\} \xrightarrow[Me^{++}/Me^{+++}]{\Delta,\ h\nu} \begin{array}{l}\text{Free radicals} \\ (P^{\cdot},\ PO^{\cdot}, \\ HO^{\cdot},\ HO_2^{\cdot},\ldots)\end{array}$$

CHAIN PROPAGATION

$$P^{\cdot} + O_2 \longrightarrow PO_2^{\cdot} \qquad (1)$$

$$PO_2^{\cdot} + PH \longrightarrow PO_2H + P^{\cdot} \qquad (2)$$

CHAIN BRANCHING

$$POOH \xrightarrow[Me^{++}/Me^{+++}]{\Delta\ \text{or}\ h\nu} PO^{\cdot} + {}^{\cdot}OH \qquad (3)$$

$$2\,POOH \xrightarrow[Me^{++}/Me^{+++}]{\Delta\ \text{or}\ h\nu} PO_2^{\cdot} + PO^{\cdot} + H_2O \qquad (4)$$

$$PO^{\cdot} + PH \longrightarrow POH + P^{\cdot} \qquad (5)$$

$${}^{\cdot}OH + PH \longrightarrow H_2O + P^{\cdot} \qquad (6)$$

CHAIN TERMINATION

$$\left.\begin{array}{l}P^{\cdot} + P^{\cdot} \longrightarrow \\ P^{\cdot} + PO_2^{\cdot} \longrightarrow \\ PO_2^{\cdot} + PO_2^{\cdot} \longrightarrow\end{array}\right\} \text{non radical products} \quad \begin{array}{l}(7)\\(8)\\(9)\end{array}$$

図2　Oxidation and photooxidation scheme.[2]

initiation（開始反応）において光が果たす役割は大きい。この段階でchromophoresに光が達するまでに吸収できれば，その後の成長反応や枝別れ反応も防ぐことができる。この役割を果たすのがUVAである。

4.4 紫外線と熱可塑性樹脂

太陽は常に地球に対し光を送ってきており，その光は種々のタイプに区別される。その内容は次のようなものである。

表1 光の波長とエネルギー[3]

振動数 $\bar{\nu}$ (cm^{-1})			100000	50000	33333	25000	20000	16666	14287	12500		
波長 λ (nm)	10^{-3}	10^{-1} 100		200	300	400	500	600	700	800	$10^3\sim10^5$	$10^6\sim10^7$
名称	γ線	X線	紫外線			可視光					赤外線	マイクロ波
			遠紫外		近紫外	紫 青 緑 黄 橙 赤 とび (黄)(橙)(赤)(紫)(青) 色 (青緑) (緑)					(カッコ内は透過光)	
励起のタイプ エネルギー (eV)	(内核電子)		(原子価電子)			(原子価電子)					(分子振動・回転)	
			12.4	6.2	4.0	3.1	2.5	2.1	1.8	1.55		
(kJ/mol)			1197	598	398	301	239	201	172	146		
(kcal/mol)			286	143	95	72	57	48	41	35		

実際のところ低波長領域の光や長波長領域の光は大気圏中の酸素，オゾンおよび水蒸気によって吸収されてしまう。最近はオゾン層の破壊がよく取り上げられているが，エネルギーレベルの高い低波長領域の光が地上に到達する量が増すことにつながるといわれ気になるところである。

さて樹脂の劣化に主たる作用を及ぼすといわれているのは紫外部領域の光である。さらに樹脂は化学構造の違いにより特に感度の高い特定波長を持っている。以下にその例を示す[4]。

polyethylene 300nm

polypropylene 310nm

polyvinyl chloride 310nm

polymethyl methacrylate 290−315nm

polyvinyl acetate 280nm

polystyrene 318nm

polycarbonate 295nm

polyethylene terephthalate 290−320nm

各波長の光はエネルギーを有している。また樹脂中の各種結合もそれぞれエネルギーを有している。数例を以下に示す[5]。

wave-length(nm)	energy(kJ/Einstein)	Bond-type	Bond-Energy(kJ/mole)
290	419	C-H	380−420
300	398	C-C	340−350
320	375	C-O	320−380
350	339	C-Cl	300−340
400	297	C-N	320−330

1 Einstein＝1 mole photones＝6×10^{23} photones

この表から紫外領域である290−400nmの波長光が樹脂中の結合の切断に絡んでくることが十分予測できる。

4.5 UVAの種類

1960年代のベンゾトリアゾール系UVAの市場への参入以来いろいろな種類のUVAが紹介されるようになった。UVAの市場拡張の実質的な先陣をつとめたのはCiba-Geigy社（現Ciba Specialty Chemicals社）のTinuvinP，326，327，328などである。これらは今なおもっとも汎用されているUVAである。UVAの種類としてBenzophenone系，Benzotriazole系，Hydroxyphenyl-triazines系，Oxanilides系，Cinnamates系がある。主な具体例を以下に掲載する。

表2

Code	Structure	CAS Reg.Nr.	Trade Name	Producer(s)
UVA-1	Benzophenones (OCH₃)	131-57-7	・Cyasorb UV-9 ・Syntase 62	・Cytec ・Great Lakes
UVA-2	(OC₈H₁₇)	1843-05-6	・Chimassorb 81 ・Sumisorb 130 ・Cyasorb UV-531 ・Syntase	・Ciba Specialty Chemicals ・Sumitomo ・Cytec ・Great Lakes
UVA-3	(OC₁₂H₂₅)	2985-59-3	・Eastman DOBP ・Syntase 1200	・Eastman ・Great Lakes

（つづく）

第2章 化学的安定化の理論と実際

Code	Structure	CAS Reg.Nr.	Trade Name	Producer(s)
UVA-4		43221-33-6	・Seesorb 1000	・Shipro Kasei
UVA-5		57472-50-1	・Mark LA-51	・Asahi Denka
UVA-6	Benzotriazoles	2440-22-4	・Mark LA-32 ・Tinuvin P ・Various others	・Asahi Denka ・Ciba Specialty Chemicals ・Various others
UVA-7		3147-75-9	・Cyasorb UV-5411 ・Tinuvin 329 ・Vanious others	・Cytec ・Ciba Specialty Chemicals ・Various others
UVA-8		3896-11-5	・Mark LA-36 ・Tinuvin 326 ・Various others	・Asahi Denka ・Ciba Specialty Chemicals ・Various others
UVA-9		3846-71-7	・Tinuvin 320 ・Various others	・Ciba Specialty Chemicals ・Various others
UVA-10		23328-53-2	・Tinuvin 571	・Ciba Specialty Chemicals
UVA-11		25973-55-1	・Tinuvin 328 ・Various others	・Ciba Specialty Chemicals ・Various others

(つづく)

Code	Structure	CAS Reg.Nr.	Trade Name	Producer(s)
UVA-12	(benzotriazole with H-O, isopropyl, tert-butyl)	36437-37-3	・Tinuvin 350	・Ciba Specialty Chemicals
UVA-13	(chloro-benzotriazole with H-O, tert-butyl groups)	3864-99-1	・Mark LA-34 ・Tinuvin 327 ・Various others	・Asahi Denka ・Ciba Specialty Chemicals ・Various others
UVA-14	(benzotriazole with H-O, cumyl groups)	70321-86-7	・Tinuvin 234	・Ciba Specialty Chemicals
UVA-15	(bis-benzotriazole linked by CH₂, with tert-octyl)	103597-45-1	・Mark LA-31 ・Tinuvin 360 ・Various others	・Asahi Denka ・Ciba Specialty Chemicals ・Various others
UVA-16	(benzotriazole with (CH₂)₂COO(CH₂)...)₂	84268-08-6	・Tinuvin 840	・Ciba Specialty Chemicals
UVA-17	Hydroxyphenyl-triazines (OC₆H₁₃, OH, diphenyl-triazine)	147315-50-2	・Tinuvin 1577	・Ciba Specialty Chemicals

(つづく)

第2章 化学的安定化の理論と実際

Code	Structure	CAS Reg.Nr.	Trade Name	Producer(s)
UVA-18	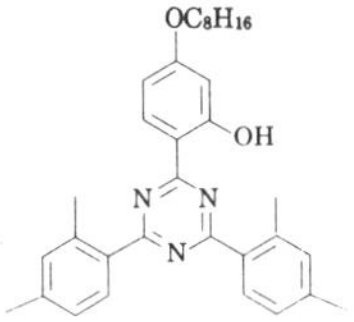 (structure with OC_8H_{16}, OH, triazine core with two methylphenyl groups)	2725-22-6	・Cyasorb UV-1164	・Cytec
UVA-19	Oxanilides 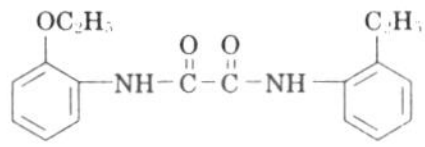 (structure with OC_2H_5, C_2H_5, -NH-CO-CO-NH-)	23949-66-8	・Tinuvin 312 ・Sanduvor VSU	・Ciba Specialty Chemicals ・Clanant
UVA-20	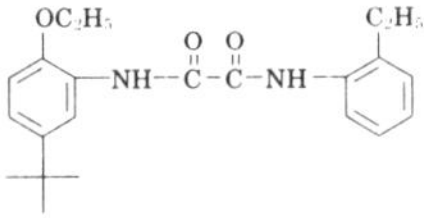 (structure with OC_2H_5, C_2H_5, -NH-CO-CO-NH-, with t-butyl)	35001-52-6	・Tinuvin 315 ・Sanduvor EPU	・Ciba Specialty Chemicals ・Clariant
UVA-21	Cinnamates 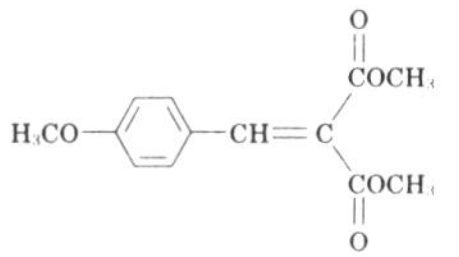 (structure with H_3CO-Ph-CH=C($COCH_3$)$_2$)	7443-25-6	・Cyasorb UV-1988	・Cytec

4.6 UVAの作用機構

樹脂に有害な紫外線(UV)を吸収して無害な運動エネルギー，熱エネルギーなどに変換して効果を発揮しそれ自身は元の構造に戻る。

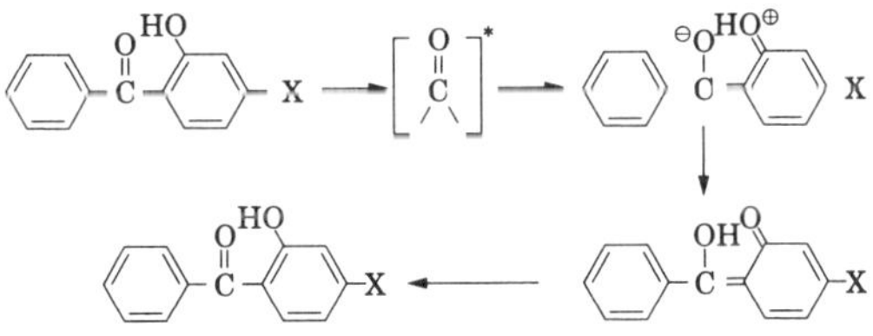

+ thermal energy

図3

UVAは分子内に特異的な水素を持っており,これがUVを吸収することによって分子内移行し,さらにもとの位置に戻る。このような過程を通し安定化に貢献するのである。UVAはこのような水素の分子内移行が継続して起こる限りその効果を発揮するといえる。

UVAはよく見るとどれもフェノール的な構造を有しており-OHの部分がROO・（過酸化ラジカル）と反応してしまうことがありえる。2-Hydroxybenzophenoneなどはそれゆえに100℃においては酸化防止剤として働くといわれているぐらいである[6]。しかし反応してしまえばもはや分子内での水素の移行反応は起こり得ず,それゆえにUV吸収能力も低下する。これを防ぐためにHALSとUVAを併用する。HALSは強力なラジカル捕捉剤でROO・を未然に捕捉してくれる。ポリオレフィン系樹脂の厚物用途を中心に今なおHALS+UVAが使用されているのもこのためである。後で述べるが,フィルム用途ではUVAのUV吸収能力に必然的な限界がありHALSだけでの使用が一般的である。

UVAの効果持続のランキングをつけるとすれば次のようになる。2-(2-hydroxyphenyl)-1,3,5-triazine＞2-(2-hydroxyphenyl) benzotriazole＞2-hydroxybenzophenone。

4.7 UVAのUV吸収spectra

Benzophenone系（UVA-2），Benzotriazole系（UVA-6, TinuvinP），Triazine系（UVA-17, Tinuvin1577）のUV吸収spectraを図4に示す。Benzotriazole系はどれも350nm前後の

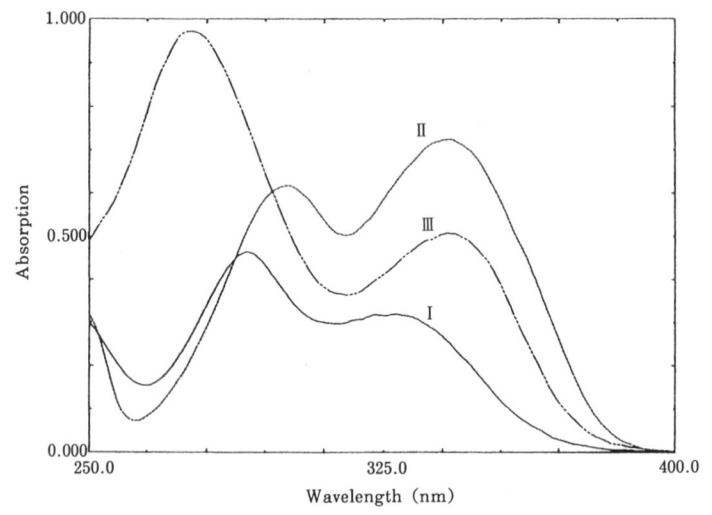

図4　UV-Absorption spectra of UV absorbers I=UVA-2, II=UVA-6, III=UVA-17[7]

波長の光をよく吸収する。Triazine系のUVAであるTinuvin1577は280nm前後の波長光も吸収するので295nmの光に対して弱いPolycarbonateによくつかわれる。

4.8 UVAのUV吸収能力と厚みの関係

一般にUVAのUV吸収能力は最終製品の厚みと，添加されたUVAの濃度によって影響を受ける。もっとも長い歴史を有するUVA-6（Tinuvin-P）で具体例を示す。

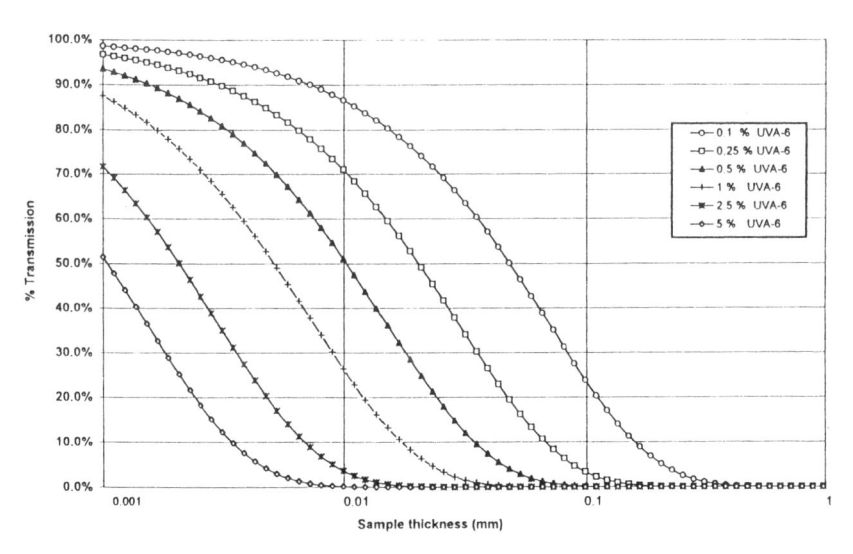

図5 Transmission of UV-light at 325 nm in relation to UV absorber concentration and sample thickness[8]

この傾向はBeer-Lambertの法則に沿っており，PP，LDPE，PMMAといった樹脂においてよく当てはまる。100ミクロン前後の厚みのフィルムにおいて，100％の吸収（0％のtransmission）を得ようとして高濃度のUVAのみを添加するのは非効率的といわさるを得ない。UVAは決して安価なものではなく，しかも相溶性の観点から高濃度の添加には限界があるものもある。フィルム用途において，そのフィルムの劣化を防止することが目的であるなら，高分子量タイプHALS（Tinuvin783，111，622）中心の処方を採用すべきである。

4.9 UVAの使用例

① ポリスチレン

ベンゾトリアゾール単独かまたはHAS（HALSの別名）との併用処方が一般的である。UVA-6（Tinuvin-P）とHAS-5（Tinuvin770）の使用例を示す。1000時間，2000時間および3000時間後のYI（Yellowness Index）変化を示す。

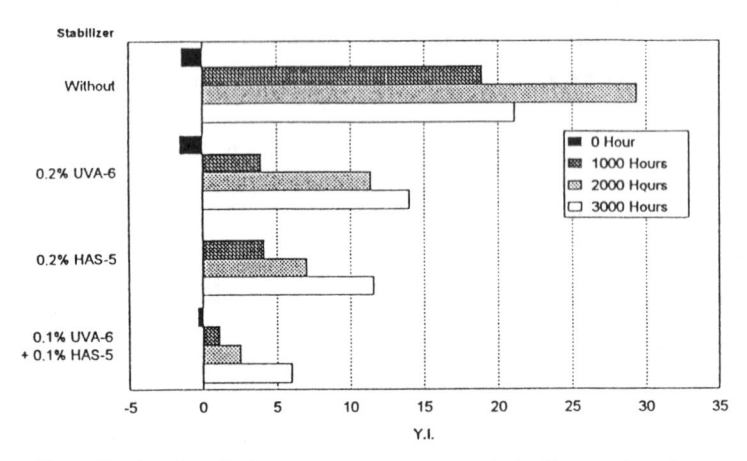

図6 Discoloration of polystyrene upon exposure to light. Sample size : 2 mm injection molded plaques. Exposure device: Weather.O.Meter WRC 600, dry, b.p. temp.55℃[9]

② ABS

スチレン系樹脂と同様にUVA-6とTinuvin770の組み合わせが使われるが，暗所での黄変の可能性もあり注意を要する。UVA-6と高分子量タイプのHASであるChimassorb-119の組み合わせはその可能性も低く新たな選択肢となっている。

③ PET

繊維用途を使い具体例を図7に示した。20％の引っ張り強度損失にいたるまでのエネルギー量を測定した。UVAとHASの組み合わせが最適効果を示す。

④ ポリカーボネート

HAS（HALS）は塩基性を有するため，ポリカーボネートの加水分解を促進する可能性があるため一般に使用を控えられている。そのためUVA単独処方が一般的になっている。使用されるUVAは，加工安定性やオーブンライフに悪影響を及ぼすものであってはいけない。ポリカーボネートは高温で成形される場合が多く，UVAも高温下でも揮散しにくいものが好ましい。

図8にUVAの揮散性比較データを示す。UVA-17とUVA-15の低揮散性は注目に値する。

図9にはポリカーボネートフィルムを使用し，破断するまでの暴露時間と2000時間暴露後の

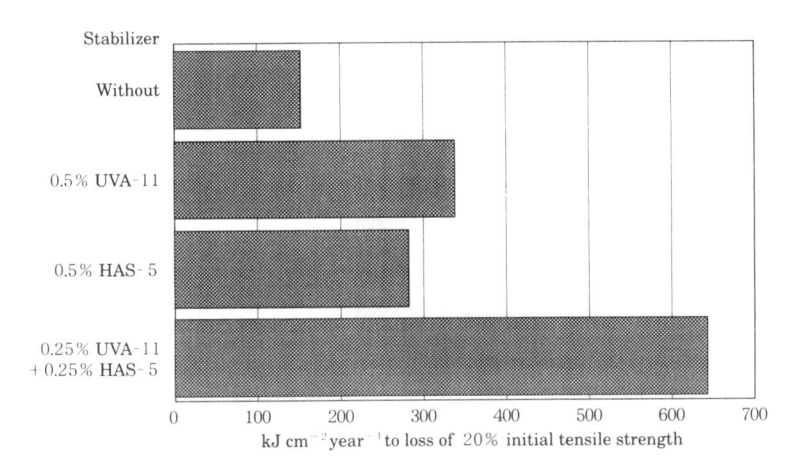

第 2 章 化学的安定化の理論と実際

図 7 Influence of UV absorbers and UV absorber/HAS combinations on the light stability of PET fibres. Sample size: fibres, knitted fabric. Exposure: Florida, 45° south, 580 kJ cm^{-2} year^{-1}, under glass[10]

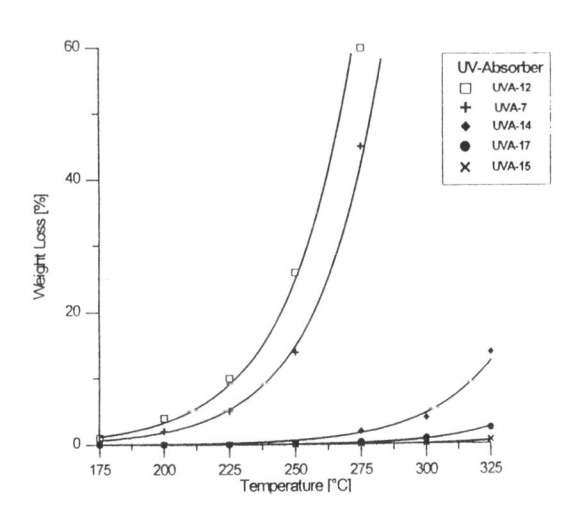

図 8 Comparison of volatility of different UV absorbers. Dynamic TGA measurement, heating rate 20℃/min, in air[11]

YI変化を示す。UVA-17がもっともバランスの取れた効果を示すといえる。

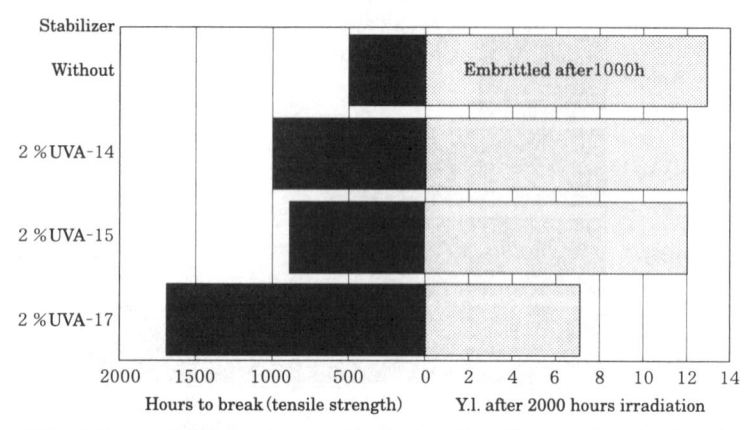

図9 Intluence of UV absorbers on time to loss of tensile strength at break and discoloration, Y.I., of polycarbonate after exposure to light. Sample size: 20μm films. Exposure device: Weather.O.Meter CI 65, b.p. temp. 63℃, r.h. 60%, dry [12]

4.10 UVAの使用上の注意

① UVAの中の－OH部位がアルカリ，アルカリ土類，重金属と反応し錯体を形成し着色することがある。

② 厚物用途において最適な光安定化効果を必要とする場合はHALSとの併用が必要。次の図10を参考にしてほしい。

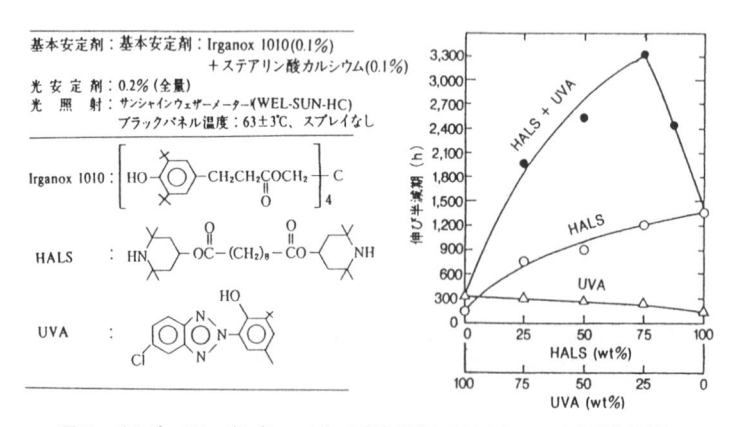

図10 ポリプロピレン板（2mm厚）の光劣化時のHALSとUVAの相乗作用 [13]

第2章 化学的安定化の理論と実際

③ ベンゾトリアゾール系のUVAの中には相溶性が比較的低いものもあり，添加濃度に注意を要する。

4.11 UVAの今後と新しい用途展開について

フィルムなどの薄物用途においては，UVAよりも高分子量タイプHALSの伸びが著しい。PVC，PCのようにHALS使用を控えるべき樹脂や，ハロゲンやイオウのような塩基性のHALSと反応しやすいケミカルが併存する用途を除きこの傾向は今後も継続するであろう。厚物用途においては，HALSとの組み合わせを中心にUVAが今後も使用されていくであろう。特に有機顔料入りの用途においては，顔料を保護しその定着性を高める働きをする。普通顔料自身が光遮蔽材として機能するので，顔料入りの用途にはUVAを樹脂の耐光安定剤として使用する必要はないとされていたが，高価な有機顔料を保護する目的でUVAが添加されることが多い。

今UVAに注目が集まっている使用用途にボトル内容物の保護がある。ボトル内容物の保護には顔料が今でも使用されている。ミネラルウオーターのPETボトルに代表されるように，ほとんどのボトルは見栄えをよくしかつ中の液状製品の変質を多少なりとも防ぐ目的で顔料が添加されている。ところがこの顔料がボトルのリサイクル効率を高める上で障害になるとされ，できる限り顔料無添加のボトルを使用する傾向が出てきている。

そのためUVAにより内容物の保護を図らざるを得なくなり，われわれ添加剤メーカーのほう

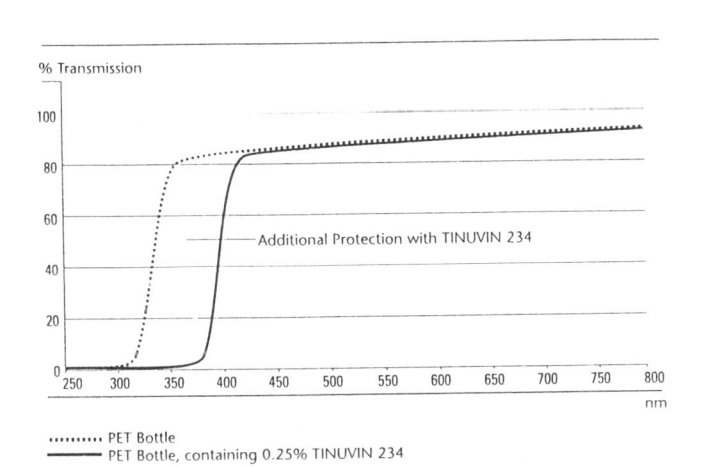

図11 Transmission of Colorless PET Bottles
UV-VIS Spectroscopy, Bottle Wall: 350μm

にもUVAのFDA認可についての問い合わせの頻度が増えてきている。幸いにもTinuvin326がポリオレフィン系樹脂において，またTinuvin234がPETにおいてそれぞれFDAの認可を得ておりすでにこの新しい用途において使用されている。

図11にTinuvin234のPETにおけるUV吸収効果を示す。

文　　献

1) H.Zweifel, Stabilization of Polymeric Materials, Springer-Verlag Berlin Heidelberg
2) Plastics Additives Handbook, R.Gaechter and H.Mueller, Hanser Publisher, Munich Viena, p.105
3) 高分子の劣化と安定化，大澤善次郎，武蔵野クリエイト，p.33
4) Plastics Additives Handbook, R.Gaechter and H.Mueller, Hanser Publisher, Munich Viena, p.102
5) Plastics Additives Handbook, R.Gaechter and H.Mueller, Hanser Publisher, Munich Viena, p.103
6) H.Zweifel, Stabilization of Polymeric Materials, Springer-Verlag Berlin Heidelberg p.63
7) H.Zweifel, Stabilization of Polymeric Materials, Springer-Verlag Berlin Heidelberg, p.60
8) H.Zweifel, Stabilization of Polymeric Materials, Springer-Verlag Berlin Heidelberg, p.61
9) H.Zweifel, Stabilization of Polymeric Materials, Springer-Verlag Berlin Heidelberg, p.87
10) H.Zweifel, Stabilization of Polymeric Materials, Springer-Verlag Berlin Heidelberg, p.93
11) H.Zweifel, Stabilization of Polymeric Materials, Springer-Verlag Berlin Heidelberg, p.102
12) H.Zweifel, Stabilization of Polymeric Materials, Springer-Verlag Berlin Heidelberg, p.103
13) 高分子の劣化と安定化，大澤善次郎，武蔵野クリエイト，p.233

5 光安定剤

車田知之*

5.1 はじめに

広義の光安定剤は，UV吸収剤（UVA）とヒンダードアミン光安定剤（HALS）であるが，ここではHALSについて解説する。

1968年に「くすり」の三共㈱で発明されたHALSは，ポリオレフィンの耐候性に革命をもたらし，世界の注目を集めた。今では広い分野に使われ，多数の商品が上市されている。

HALSの使用に際しては，適切なHALSを選び，適切な配合を組み，適切な評価をしなければならない。そのために，HALSの特性と使い方について解説する。

5.2 HALSの歴史

1960年代の初め，三共の村山圭介はPP用光安定剤の開発を依頼された。彼は図1を見て，開始反応のR・を捕捉して開始反応を止めるのが効率の良い安定剤と考えた。

R・を捕捉するには安定ラジカルが必要と考え，Neimanら[1]が下式で合成した〔2〕をPPで評価したところ，UVAよりはるかに高い耐光性を示したのであった。そこで多くのNO・誘導体を合成したが，NO・は着色性があり実用化できなかった。

開始反応
$$RH \longrightarrow R\cdot + \cdot H \quad (1)$$
成長反応
$$R\cdot + O_2 \longrightarrow ROO\cdot \quad (2)$$
$$ROO\cdot + RH \longrightarrow ROOH + R\cdot \quad (3)$$
枝分れ反応
$$ROOH \longrightarrow RO\cdot + \cdot OH \quad (4)$$
$$2ROOH \longrightarrow RO\cdot + ROO\cdot + H_2O \quad (5)$$
$$RO\cdot + RH \longrightarrow R\text{-}OH + R\cdot \quad (6)$$
$$HO\cdot + RH \longrightarrow H_2O + R\cdot \quad (7)$$

図1 ポリオレフィンの自動酸化

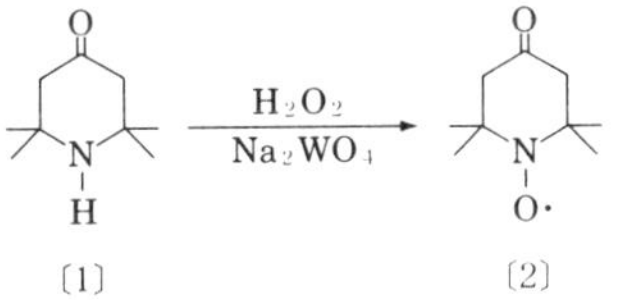

その後，村山はNHがUV照射でN・となり，N・はO₂でNO・になることを確認して，NHはNO・のプレカーサー（precursor）と考えた。

そこで，NH体がPP中でNO・に変わることを予測して，〔1〕から一般式〔3〕，〔4〕の化合物を合成して評価したところ，着色もなく，画期的な耐光性を示したのであった。1968年にこれらの特許を出願したのがHALSの起源である。

---

* Tomoyuki Kurumada　マテリアルライフ学会　常任理事

[3][2]   [4][3]

これら化合物の〔3〕以外は150℃で耐熱老化性を示さなかったので，ヒンダードアミン系光安定剤と呼んでいた。

1972年に三共はCiba-Geigyに特許をライセンスし，光安定剤に関する共同研究に入った。そのときCG社の提案でHALSと呼ぶことにした。

1973年，村山は[4]HALSで有機合成化学会賞を受賞し，発明の経緯を詳しく書いたので参考にされたい。その後の開発状況，HALSメカニズムと応用について，筆者[5]が詳しい総説をマテリアルライフ学会誌に載せたので参考にされたい。

5.3 HALSメカニズム

HALSの発明から30余年経ち，安定化メカニズムに関する発表は200以上あるが完全に解明されていない。その理由はHALSが多様な反応をし，かつ，ポリマー中の分析が難しいからである。今までに発表されたメカニズムは次のとおりである。

① ROOH，ROO・などの劣化因子を還元してNO・，NORの生成（ステージⅠ）
② NORからNO・再生によるR・，ROO・の触媒的除去（ステージⅡ）
③ 三重項カルボニル基のクェンチ[6]
④ 一重項酸素（$^1O_2$）のクェンチ[7]
⑤ 遷移金属イオンの錯体形成による不活性化[8]

これらのHALSメカニズムで重要なのは①のステージⅠと②のステージⅡであり，特にステージⅡはキイステップとされている。

ステージⅠに関する発表は多数あるが，主な発表は式(8)～(13)である。実際は同時進行であろう。

$$NH + ROO\cdot \longrightarrow NO\cdot + ROH \qquad (8)[9]$$

$$NH + ROOH \longrightarrow NOH + ROH \qquad (9)[10]$$

$$NOH + ROO\cdot \longrightarrow NO\cdot + ROOH \qquad (10)$$

$$HN + ROOH \longrightarrow NOR + H_2O \qquad (11)[11]$$

$$NH + RCOO\cdot \longrightarrow NO\cdot + RCOH \qquad (12)[12]$$
$$\quad\quad\quad\;\;\overset{\|}{O} \qquad\qquad\qquad\quad\overset{\|}{O}$$

$$NH \xrightarrow{R\cdot} N\cdot \xrightarrow{O_2} NO\cdot \qquad (13)[13]$$

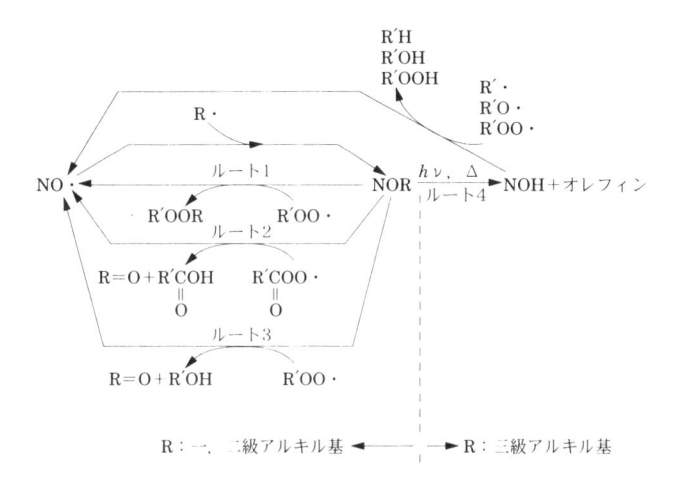

第2章 化学的安定化の理論と実際

図2　HALSメカニズム：ステージⅡ（NO・再生）

（備考）R＝OはRが一級はアルデヒド，二級はケトン。
ルート3ではN-O結合が切断。

NHとROO・，ROOHはポリマー中で電荷移動錯体を形成して反応することが分かっている。ステージⅡに関する主な発表を図2に示す。

ルート1は1974年にDenisovら[14]が初めてNO・再生サイクルを発表したので，Denisovサイクルと呼ばれた。HALSの高性能はR・とROO・の触媒的除去という合理的なもので，長年広く信じられていた。

しかし，1988年Klemchukら[15]は60℃以下で式(9)と，NORとR'OO・の反応が遅過ぎるので，これらの反応はポリオレフィンの光酸化で生ずる過酸ラジカルで速く反応することを確かめて，式(12)とルート2を提案した。

さらに1994年にE.N.Stepら[13]はステージⅡがキイステージとして，NORのRを一～三級アルキル基に変えて，光酸化と熱分解を行いNO・の再生を詳しく研究している。光酸化はNORのヘキサン溶液に，光分解性ケトンを添加して光分解を行い発生するR'・，R'OO・，R'(CO)OO・との反応性を比較して，次の結果を得ている。

① NHはR'・とケチルラジカルにHを引き抜かれてN・となり，N・はO_2でNO・になった。

② NORはR'・と反応しない。Rが一，二級アルキル体はR'OO・とルート3の反応（N-O結合切断）と，R(CO)OO・とルート2の反応でNO・を再生した。Rが三級からのNO・再生は10％以下であった。またルート3でR'OORの生成はなかった。

一方，NORの熱分解では，Rが一，二級アルキル体は200℃まで分解しなかったが，三級アルキル体はルート4の自己分解を起こした。

これらの結果はNORのRが一，二級はルート3＞2の順で光酸化を抑え，Rが三級はルート4で熱酸化を抑えるが光酸化抑制は弱いことを示している。ルート3と4は副生物が無害なアルコールやケトン等で，HALSメカニズムに有利である。かつ，R'OORの生成がないのでDenisovサイクルを否定している。

三級アルキルNORの光酸化抑制能は低いと思われたが，1994年にOhkatsuら[16]はR'OO・との光反応を行い，NOH生成はNO・生成より3けた程速いことを確かめている。StepらはNOHが過酸ラジカルで酸化されたNO・を測定したと思われる。

結論は，HALSメカニズムのステージIIで，NORは全て光安定化作用を示し，Rが三級のみ熱安定化作用を示すのである。

しかし，Gijsmanは[17]HALSは100℃以下では強い耐熱老化性を示すが，高温では効かないと発表している。その理由はPPの熱酸化は高温と低温で異なり，低温ではアルデヒドが生じて過酸に酸化され，過酸がPPを酸化するが，HALSはアルデヒドの酸化をよく防止するとしている。

またBolsmanら[18]は，流動パラフィンの130℃におけるO$_2$酸化で，NH体が300～400個のラジカルを捕捉したが，NOR（一級）はラジカル捕捉しないこと，NOR（三級）はNOHとオレフィンへ分解したことを発表している。

NH型HALSはpKaが9.0の強塩基で酸と塩を形成，またはイソシアネートと会合しやすい。これらを防ぐためにN-メチル（Me）やN-アセチル（Ac）型HALSが開発されている。筆者らは，これらのHALSは光酸化により，式(14)，(15)の反応をすることを確認している。

$$\text{N-CH}_3 \xrightarrow{\text{(O)}} \text{NH} + \text{HCOOH} \qquad (14)^{19)}$$

$$\text{N-Ac} \xrightarrow{\text{(O)}} \text{NH} + \text{AcOH} \qquad (15)^{20)}$$

したがって両者ともHALSとして安定化効力を示すのである。特にN-CH$_3$型はROOHをよく分解するので，耐熱老化性が高いとされている。

5.4 HALSの特性と使い方

安定剤の配合を決めるには，成形品の使用条件を考えて仕様を決め，安定剤を選ぶことである。そして安定剤の特性を知り，他の添加剤との相乗効果と拮抗作用，毒性などを考慮してコスト計算をすることである。最後に大切なのは，適切な評価をすることである。

5.4.1 HALSの特性

① 高い耐光性

第2章 化学的安定化の理論と実際

表1 PPにおけるAOとHALSの併用効果

安定剤		耐光性	オープンライフ(脆化日数)		加工熱安定性
AO	LS-770	$EL_{50}(h)$[a]	150℃	120℃	MFR比[b]
—	—	40	<1	5	>30
0.1%AO-I	—	120	4	47	2.1
0.1%AO-II	—	100	17	119	1.9
—	0.1%	300	<1	43	18.4
—	0.1%NO・[c]	540	3	37	3.1
0.1%AO-I	0.1%	620	6	79	2.7
0.1%AO-II	0.1%	590	14	98	1.9

AO-I : Irganox 1076, AO-II : Irganox 1010,
光照射：サンシャインWM, Bpt：63℃, 水スプレーなし,
a) 伸びの半減期, b) 0.1%BHTのMFR(6.4)に対する比, c) LS-770のNO・体

② 中程度の耐熱老化性
③ 加工熱安定性がない
④ 強塩基性

これらの特性は，我々がサノールLS-770をPPで評価した結果（表1）によく出ている。

LS-770は耐光性でAOと相乗効果を示すが，オープンライフはAO-Iと相乗，AO-IIと軽度の拮抗作用を示している。我々はLS-770と同量のIrgafos-168の添加で拮抗作用が消えることを確認している。ホスファイトはAOと相乗効果を示すし，加工中の着色も防ぐのでHALSと併用がよい。またNO・体は加工安定性がある。

5.4.2 HALSの評価法

表1のオープンライフで，150℃はHALSの効果は見られず，LS-770とAO-Iの相乗効果も150℃では見落とす可能性がある。120℃ではHALSの耐熱老化性もよく出ている。HALSのオープンライフは120℃の評価がよいが，少なくとも130℃で評価すべきである。

耐光性も照射エネルギーの低い程，差は大きく出る。高次評価では太陽光と同じエネルギー分布のキセノンランプが好ましい。耐光時間はAOのみを1とした改善係数にすると比較しやすい。

水スプレーはポリオレフィンには重要でなく，照射時間が長くなるだけである。

最後に重要なのは，試験片を室温暗所に経時して，年に2回以上観察することである。HALSは塩基性が強いので，AOなどと思わぬ着色が起こることがある。またブルームも観察できる。

5.4.3 HALSの相乗作用

HALSには加工熱安定性がないのでAOが必要である。加工熱安定性は0.1%BHTのMFRを

1としたMFR比にすると比較しやすい。

ただし、BHTはNO・による酸化で2量化して、最終的には〔5〕のスチベンキノン体になる。〔5〕は樹脂を黄変するのでHALSと併用厳禁である[5]。

$$HO-\underset{BHT}{C_6H_2(CH_3)_2}-CH_3 \xrightarrow{NO\cdot} O=C_6H_2(CH_3)_2=CH-CH=C_6H_2(CH_3)_2=O \quad 〔5〕$$

フェニルプロピン酸系AOのAO-Ⅰ、-Ⅱは、黄変を起こさないので併用可能である。

安定化メカニズムの異なるHALSとUVAを併用すると、耐光性で強い相乗効果が得られる。筆者ら[21]はLS-770:UVAと最適混合比を厚物で検討して、次の結果を得ている。

PP、HDPE、PSは3:1、ABSは9:1

5.4.4 HALSの拮抗作用

NH型HALSは強酸と安定な塩を形成して、NO・へ酸化されなくなる。強酸はHALSに対し強い拮抗剤である。Zhangら[22]はHALS含有PPフィルムに対する各種酸の拮抗作用を比較して、表2の結果を出している。

表2の結果は、HALSがPVCとハロゲン系難燃グレードに効力が低いことを示している。

またチオエーテル系ROOH分解剤は速くスルホン酸となり、HALSに強い拮抗作用を示すことをKikkawaら[23]が発表している。ハイソリッド塗料の硬化触媒がスルホン酸なので、N-Ac型かNOR型HHALSが使用されている。

ポリオレフィン重合触媒のCl-イオンも酸となるので、酸捕捉剤のハイドロタルサイトを少量添加するとよい。これは加工機の腐食も軽減する。

表2 HALSに対する酸の拮抗作用

酸の種類	耐光性 (h)
—	≧1000
蟻酸、CO_2/H_2O	≧1000
SO_2/H_2O	940
HCl	260
NOx/H_2O	240
HBr	210

PPフィルム (30μm)、HALS:0.15%LS-770 光照射:Xenon WOM、水スプレーなし
耐光性:C=O/1715cm^{-1}が0.1到達時間

5.5 市販品HALS

サノールLS-770は広い用途に使われたが、PPカーペットではゴムラテックスへの移行が問題となった。そこでオリゴマーのChimassorb 944が開発されて採用された。オリゴマーの良さが分かり、Ciba-GeigyもTinuvin 622を開発した。これらの3つがHALSのビッグスリーである。

筆者らがこれらをPPで評価した結果を表3に示すが、それぞれの特徴が非常によく出ている。LS-770は分散が良く、適度の移行性で表面亀裂も長時間防止する。C-944は分散が悪く移行

第2章 化学的安定化の理論と実際

表3 PP-シート(2mm厚)におけるHALSの評価

LS		耐光性		
HALS	UVA-I	$EL_{50}(h)$	IF	クラック発生時間(h)
—	—	180	1.0	—
—	0.05%	290	1.6	—
0.2%LS-770	—	830	4.6	—
0.2%LS-770	0.05%	2700	15.0	～3200
0.2%C-944	—	730	4.0	—
0.2%C-944	0.05%	2460	13.7	～1400
0.2%T-622	—	580	3.2	—
0.2%T-622	0.05%	1750	9.7	～2400

基本安定剤:0.1%Irganox 1010, 0.1%ステアリン酸Ca,
UVA-I:Tinuvin 326
光照射:サンシャインWM, Bpt:63℃, 水スプレーなし
EL_{50}:伸び半減期, IF:AOのみのEL_{50}に対する改善係数

性がないので,亀裂発生は早い。T-622は官能基が主鎖中にあるので耐光性は低いが,発生するNO・体は低分子であり表面亀裂をかなり防ぐ。

Gugumusは[24]C-944が強い耐熱老化性を示すのでLS-770との併用を推奨している。T-622はPEとの相溶性が良く,耐熱老化性も良いので食品包装に向いている。これら三者を組み合わせるとそれぞれの相加ないし相乗効果が得られるので,大抵の用途に充分であり,合剤も出されている。

他に特殊用途向けに各社から特色のある商品が販売されている。そのうち,主なものの品名,特徴をメーカー別に挙げておくので参考にされたい。

〔三共〕サノール®
 LS 765 :N-Me型,液体,PUR・塗料用
 LS-2626:AO結合型,高温で顔料退色防止,最強の耐熱老化性
 LS-440 :N-Ac型,ハイソリッド塗料用
〔旭電化工業〕アデカスタブ®
 LA-52:N-Me型,低揮散性,高温で充填系・顔料系の耐候性に優れる。高性能合剤もあり。
〔チバ・スペシャルティ・ケミカルズ〕
 Tinuvin 123S:70%NOR型HALS+30%PP,低塩基性,農薬中のイオウ・ハロゲンの拮抗がなく農業用フィルムに好適。T-123は液体で塗料向き。
〔クラリアント〕
 ホスタビンN30:エポキシ基含有で酸拮抗は低い。
 サンデュボアPR-31:低分子量だが表面に移行してポリマーと反応して抜けにくい。

5.6 最近の動向

HALSの官能基はヒンダードアミンであり，置換基も工業的に限定されるので，新規なものは出そうにない。最近は，HALS同士，あるいはAO，UVAなどとの合剤が増えている。これはユーザーの省力化のためでもある。

新しい技術として，日本ポリケムからHALSアクリレートを共重合したEVAが農業用フィルムとして上市された。PVCはダイオキシンを出すので，この分野では朗報であろう。

5.7 おわりに

HALSの発明者の一人として，30年の経験を基に理論と使い方を概説した。理論は引用文献，商品については各社の技術資料を参考にされたい。

文　　献

1) M.B.Neiman et al., Nature, 196, 472 (1962)
2) 村山圭介ほか，特願昭43-17876 (1968)
3) 村山圭介ほか，特願昭43-40377 (1968)
4) 村山圭介，有機合成協会誌, 31, 198 (1973)
5) 車田知之，マテリアルライフ, 8, 53 (1996)
6) B.Felder et al., Helv.Chim.Acta, 63, 132 (1980)
7) D.Bellus et al., J.Chem.Soc., Chem.Commun., 1972, 1199
8) J.Sedler et al., Photochem., 2, 175 (1982)
9) D.J.Carlsson et al., Polym.Deg.Sta., 1, 69 (1979)
10) D.J.Carlsson et al., J.Polym.Sci. : Polym.Chem.Ed., 20, 575 (1982)
11) J.Sedler et al., Eur.Polym.J., 16, 633 (1980)
12) B.N.Felder, ACS Symp.Ser.280, Polym.Sta.Deg., 69 (1984)
13) E.N.Step et al., "Angew.Macromol.Chem"., 232, 65 (1995)
14) E.T.Denisov et al., Vysokomol.Soedin., Ser.A, 16, 2313 (1974)
15) P.P.Klemchuk et al., Polym.Deg.Sta., 22, 241 (1988)
16) Y.Ohkatsu et al., Sekiyu Gakkaishi, 37, 400 (1994)
17) P.Gijsman, Polym.Deg.Sta., 43, 171 (1994)
18) T.A.B.M.Bolsman et al., Recl.R.Neth.Chem.Soc., 97, 310 (1978)
19) Kurumada et al., J.Polym.Sci., Polym.Chem.Ed., 23, 1477 (1985)
20) Kurumada et al., ibid., 23, 2747 (1985)
21) Kurumada et al., Polym.Deg.Sta., 19, 263 (1987)

22) C.Zhang et al., *J.Polym.Sci. : Part C : Polym.Lett.*, **24**, 453 (1986)
23) Kikkawa et al., *Polym.Deg.Sta.*, **18**, 237 (1987)
24) F.Gugmus, *Polym.Deg.Sta.*, **24**, 289 (1989)

6 安定剤の相乗作用と拮抗作用

春名　徹*

6.1 はじめに

プラスチックの実用における長寿命化では個々の安定剤の機能，特徴を理解すると同時に安定剤同士の相互作用，安定剤と改質剤，充填剤との相互作用を理解し，用途に応じた安定剤配合を処方することが極めて重要である。ここではプラスチックの実用で考慮すべき安定剤の相互作用についてメカニズムに触れながら述べてみたい。

6.2 相乗作用と拮抗作用

お互いに作用し合い単独添加では得られないほど高い効果が得られることを相乗作用と呼び，逆にお互いの作用で単独添加より効果が低下してしまうことを拮抗作用という。それらは表1のように整理される[1]。

表1　相乗作用と拮抗作用－相互作用現象と組み合わせ例

	作用現象	組み合わせ例
相乗作用	性能の補完 　異効果種での補完 　同効果種での補完	フェノール／イオウ系化合物 フェノール／リン系化合物 紫外線吸収剤／HALS 金属不活性化剤／HALS フェノール／フェノール イオウ系化合物／リン系化合物
	活性種の生成 　活性種の再生 　新活性種の生成	フェノール／フェノール フェノール／酸性リン系化合物 フェノール／イオウ系化合物 フェノール／HALS
	有害物質の除去	フェノール／ステアリン酸カルシウム フェノール／金属不活性剤
	添加剤消失の阻止	イオウ系化合物／造核剤 フェノール／リン系化合物
拮抗作用	反応による添加剤の消失	金属不活性剤／ステアリン酸カルシウム HALS／イオウ系化合物 HALS／フェノール
	活性種の生成阻害	HALS／イオウ系化合物 HALS／フェノール
	活性種・添加剤の捕捉	添加剤／充填剤
	新有害種の生成	HALS／金属不活性剤

＊　Tohru Haruna　旭電化工業㈱　樹脂添加剤開発研究所　所長

第2章 化学的安定化の理論と実際

相乗作用としては異効果種による性能の補完に分類される．異なる劣化反応を抑制する安定剤同士の組み合わせが実用上幅広く活用されており，活性種の生成，有害物質の除去，添加剤消失の阻止等が相乗効果発現のメカニズムとして考えられている．

拮抗作用としてはお互いの反応による添加剤の消失，活性種の生成の阻害，活性種の捕捉，新有害種の生成などが考えられる．

6.3 加工時の安定化における相乗作用，拮抗作用

6.3.1 加工時における安定剤の効果

プラスチックはそのライフの中で加工時に最も高い温度にさらされるため，その工程で熱酸化を受け，主鎖の切断や架橋が起こり，プラスチックが本来持つ物性や形状が著しく損なわれることが多い．200℃以上の高温となる加工時の安定剤としては，フェノール系酸化防止剤とリン系酸化防止剤の効果が大きく，イオウ系酸化防止剤の効果は小さい．中でもリン系酸化防止剤の役割が大きく，加工時の安定化効果はリン系酸化防止剤の性能で決定される．

ポリプロピレンでの加工時劣化の防止効果の例を図1[2]に示す．

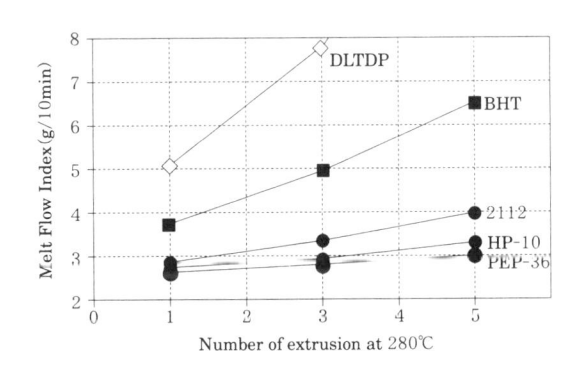

図1　PPの加工安定性における酸化防止剤の効果

リン系酸化防止剤の効果が優れMI値の変化は著しく減少し，なかでもアデカスタブPEP-36，アデカスタブHP-10が優れる．耐熱安定剤としてフェノール系酸化防止剤と大きな相乗効果を発揮する代表的イオウ系酸化防止剤，DLTDPは加工時の安定剤としてはほとんど効果がない．

6.3.2 リン系酸化防止剤とフェノール系酸化防止剤の相乗効果

加工時の安定化ではリン系酸化防止剤とフェノール系酸化防止剤を組み合わせると大きな相乗効果がみられ，実用的にはほとんどのプラスチックで両者が併用して配合されている．リン系酸

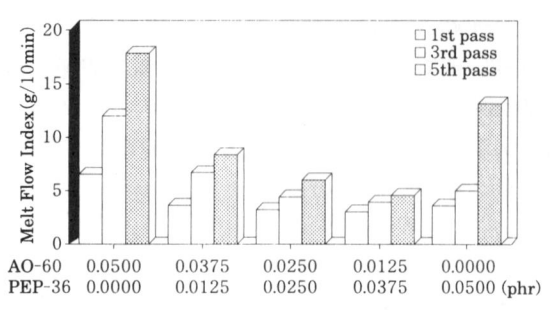

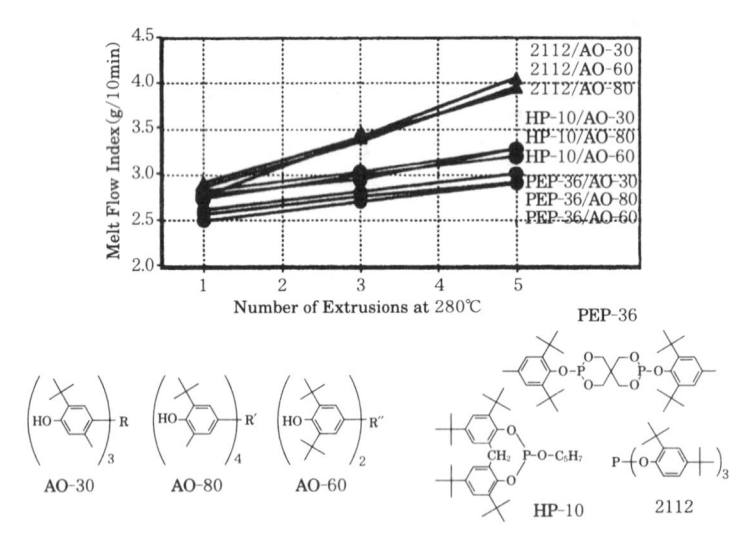

図2 PPの加工安定性におけるリン系酸化防止剤と
フェノール系酸化防止剤の相乗効果

化防止剤とフェノール系酸化防止剤の併用比率を変化させて詳しく調べた結果を図2に示す[3]。

どちらも単独では効果が小さいが，両者を併用すると著しく性能が向上しMFI変化が小さくなる。リン系酸化防止剤の寄与はフェノール系酸化防止剤より大きく，リン系酸化防止剤の配合比率の高い配合系が優れた加工安定性を与える。リン系酸化防止剤／フェノール系酸化防止剤＝3/1～1/1の比率が効果的である。

また，両者の併用系でPPの加工安定性はフェノール系酸化防止剤の種類を変えてもほとんど変化しないのに対し，リン系酸化防止剤の種類で大きく変化する。図3[3]に示すようにアルキル

図3 PPの加工安定性におけるリン系酸化防止剤とフェノール系酸化防止剤の相乗効果

第2章 化学的安定化の理論と実際

置換基が異なり酸化防止能の異なる3種類のフェノール系酸化防止剤（アデカスタブAO-30,AO-60, AO-80）とリン系酸化防止剤（アデカスタブPEP-36, HP-10, 2112）を併用した時の加工安定性はフェノール系酸化防止剤の種類を変えてもほとんど変化しないのに対し，リン系酸化防止剤の種類を変えると大きく影響される。加工安定化の場合，ラジカル捕捉能を持つフェノール系酸化防止剤はリン系酸化防止剤の自己酸化防止には効果的であるが，その酸化防止効果の違いは加工安定性に対してほとんど影響を与えず，リン系酸化防止剤の性能差が加工安定性を支配している。

6.3.3 酸化防止剤の消費挙動

リン系酸化防止剤とフェノール系酸化防止剤の相乗効果を考える際，図4[4)]に示す炭化水素溶媒を用いた高温液相酸化モデル系におけるフェノール系酸化防止剤とリン系酸化防止剤の添加剤消費挙動を理解すると考えやすい。リン系酸化防止剤，フェノール系酸化防止剤それぞれの単独系と併用系を比較した結果であるが，リン系酸化防止剤を単独で添加した場合には，ほぼ酸素の拡散とともに急激に消費されるのに対して，フェノール系酸化防止剤は消費が緩やかである。リン系酸化防止剤とフェノール系酸化防止剤を併用した場合には相乗的に両者の消費速度は小さくなり，リン系酸化防止剤の消費は大幅に抑制され，フェノール系酸化防止剤はリン系酸化防止剤

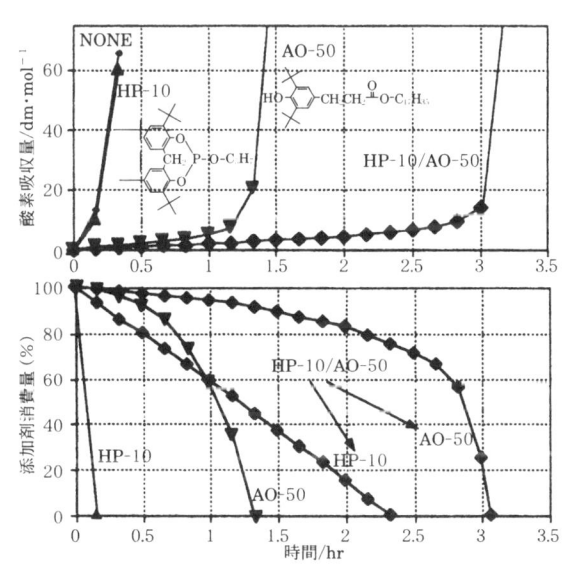

図4 液相酸化モデル系における酸素吸入および酸化防止剤消費挙動（n-ヘキサデカン/180℃）

が完全に消費されるまではほとんど消費されず，リン系酸化防止剤が完全に消失してからフェノール系酸化防止剤単独の場合と同様な速度で消費される。このようにフェノール系酸化防止剤とリン系酸化防止剤はそれぞれの機能がラジカル捕捉剤とハイドロパーオキサイド分解剤とに異なることから大きな相乗効果を発揮し，酸化防止効果は著しく向上している。

6.4 熱酸化劣化における相乗作用，拮抗作用

　酸化防止剤は少量の添加で驚くほどプラスチックの寿命を延ばし，プラスチックの実用上不可欠の添加剤となっている。

　ポリオレフィン用耐熱安定剤としては，その効果の大きさから，自動酸化の連鎖を停止する働きを持つフェノール系酸化防止剤が単独あるいはイオウ系酸化防止剤と併用して配合される。

　フェノール系酸化防止剤とイオウ系酸化防止剤を併用すると大きな相乗効果が得られ，ポリオレフィンの耐熱性が著しく向上する。これは図5のように自動酸化の連鎖の中でROO・をフェノール系酸化防止剤が不活性化し，ROOHをイオウ系酸化防止剤が不活性化するため，相乗効果が発現されることによる。

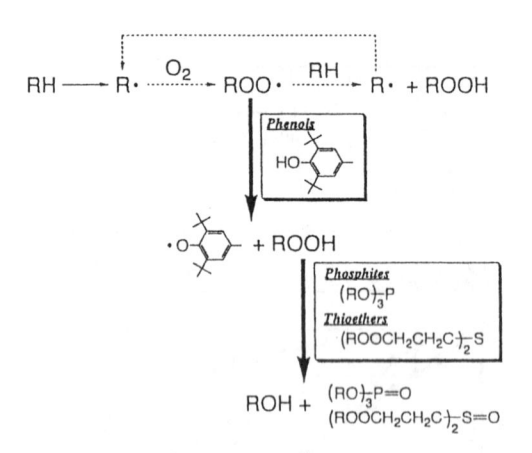

図5　ラジカル捕捉剤と過酸化物分解剤の相乗効果模式図

　図6[2)]に種々のフェノール系酸化防止剤とイオウ系酸化防止剤を併用した時のポリプロピレンの熱安定性を示した。どのフェノール系酸化防止剤でもイオウ系酸化防止剤を併用することにより熱安定性が向上しているが，特に片側オルト位メチルのアデカスタブAO-80の相乗効果が大きい。AO-80は片側のオルト位がメチル基であるため，構造的にイオウ系酸化防止剤がフェ

第2章 化学的安定化の理論と実際

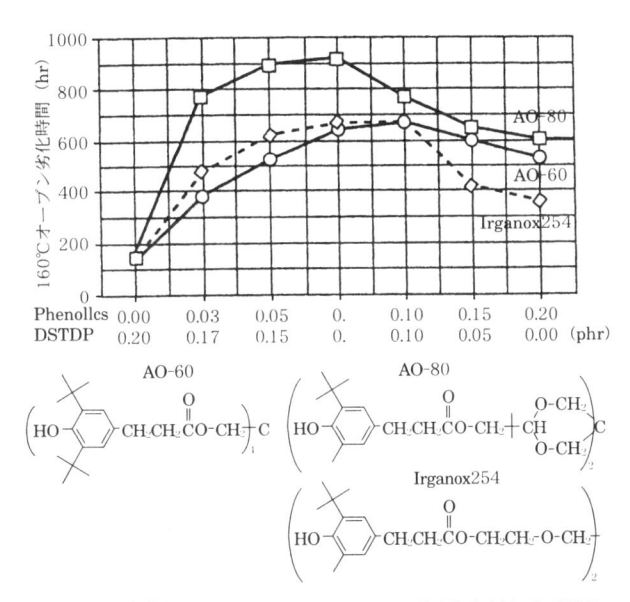

図6 PP熱安定性におけるDSTDPとフェノール系酸化防止剤の相乗効果

ノール系酸化防止剤の水酸基の近傍に存在しやすく，その結果，相乗効果が大きくなると説明されている。

フェノール系酸化防止剤とイオウ系酸化防止剤を併用した時の両者の消費挙動を調べた結果を図7[2)]に示す。それぞれ単独配合では酸化防止剤は早期に消失してしまうが両者を併用することでイオウ系酸化防止剤の消費は抑制され，フェノール系酸化防止剤も約半量が保持されイオウ系

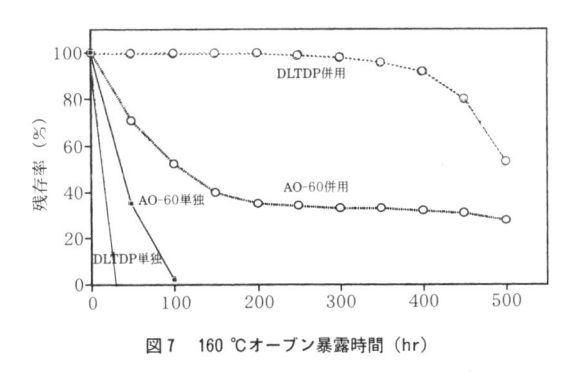

図7 160℃オーブン暴露時間（hr）

酸化防止剤が完全に消費されてからフェノール系酸化防止剤が減衰する。

リン系酸化防止剤をフェノール系酸化防止剤と併用した場合も熱安定性は向上するが，イオウ系酸化防止剤ほどの相乗効果はみられない。

6.5 耐熱性における安定剤フィラーとの相互作用

機械的物性の向上，省資源の目的でタルク，ガラス繊維等の充填剤がポリオレフィンに配合される。安定剤はこれら充填剤との相互作用で図8に示したように吸着されてしまう。

その結果，安定剤は本来の効果を発揮できず図9 [2)]に示すように性能が低下する。充填剤未添加のPPで160℃のオーブン中で約1000時間の熱安定性を示す酸化防止剤系にタルク，炭カル，ガラス繊維を30部添加すると熱安定性は著しく低下する。これは複合剤中の微量金属の影響で劣化が促進されること，複合剤への酸化防止剤の吸着により酸化防止剤の実

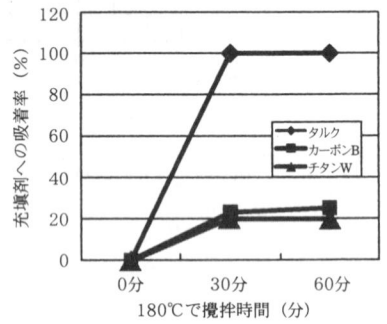

図8 安定剤の充填剤への吸着性
（アデカスタブAO-60）

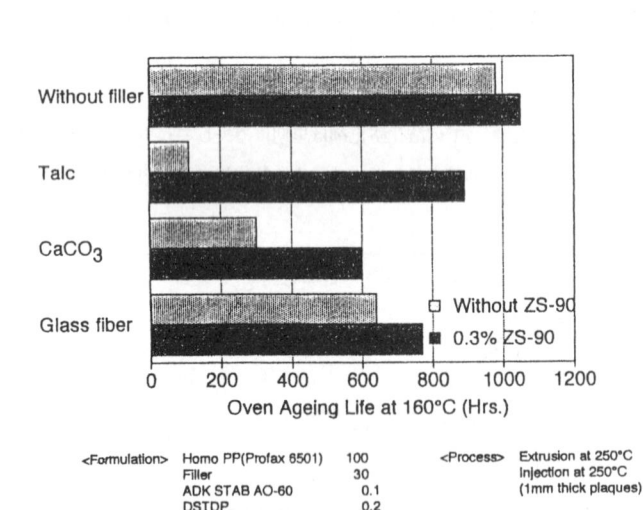

図9 PP複合材配合系での熱安定性

第2章 化学的安定化の理論と実際

効濃度が低下することで複合剤配合ポリオレフィンの熱安定性は大幅に低下する。近年,その熱安定性低下を防止する添加剤が開発され,図9にあるように複合剤が含有されているポリプロピレンの熱安定性はナチュラル樹脂に近い熱安定性にまで著しく向上している。

6.6 耐候性における相乗作用,拮抗作用
6.6.1 紫外線吸収剤とHALSの効果と相互作用

ポリオレフィンの耐候性に対し,HALSと紫外線吸収剤は対照的な効果を示す。代表的な紫外線吸収剤であるベンゾトリアゾールやベンゾフェノンは物性面(伸び残率)で効果的であるが,表面性(光沢度残率)ではHALSのほうが効果的である。

図10[2)]でベンゾトリアゾール系紫外線吸収剤LA-36はプラスチックの内部への紫外線の透過を抑制し内部の光酸化劣化を抑えているためプラスチック内部の強度は低下せず,引っ張り強度などの物性保持で劣化を測定すると2000時間以上も物性を維持する結果となる。一方,HALSであるLA-57は1000時間程度で物性の低下がみられる。図10の物性評価だけをみると紫外線吸収剤の方がHALSより優れた光安定剤とみえるが,図11[2)]の表面光沢度の測定結果ではHALSであるLA-57が紫外線吸収剤LA-36より優れている。

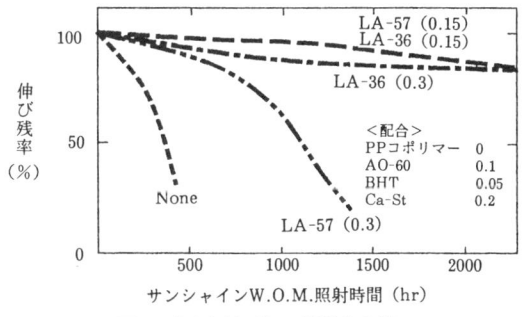

図10 光安定剤の効果(機械的強度)

HALSは光照射により表面付近で生成するラジカルを無害化することで光酸化劣化を抑制しており,HALSが効果を発揮できなくなると表面のラジカルが開始点となり一気にプラスチック全体で自動酸化が進行するため,プラスチックは表面も内部もほぼ同時に劣化が進行する。従ってHALSの場合は光安定性を物性で評価しても表面性で評価しても,ほぼ同時間で特性が低下する。一方,紫外線吸収剤はプラスチック内部の光劣化を抑制することはできるが表面の紫外線量を減じることはできず,プラスチック表面の劣化は防止できないので,表面の劣化は光安

図11 光安定剤の効果（表面性）

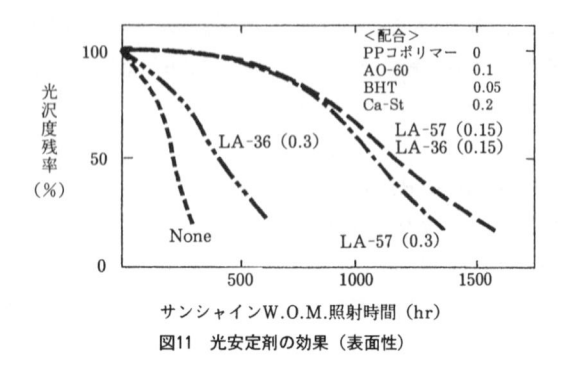

〈配合〉
PPコポリマー 0
AO-60 0.1
BHT 0.05
Ca-St 0.2

定剤なしとほぼ同様に進行してしまう。従って，機能の異なるHALSとUVAを併用すると相乗効果が得られる。また，HALSの酸化防止能力によりポリマー中のラジカルが減少し，UVAのラジカル分解が抑制されるため，相乗効果が発揮されるとの報告もある。

6.6.2 HALSとフェノール系酸化防止剤の相互作用

HALSで耐候性を向上する配合には必ずフェノール系酸化防止剤が加工安定剤，耐熱安定剤の目的で配合されている。これらフェノール系酸化防止剤をHALSと併用した時の光安定性は，表2のようにフェノール系酸化防止剤の種類により異なる。ヒンダード型のAO-50とAO-20がHALSとの相乗効果に優れ，レスヒンダード型のAO-30，Cyanox1790では性能が低下している。相乗効果を説明する機構として図12のようにフェノール系酸化防止剤の酸化生成物であるアルキル置換ベンゾキノンがHALS由来の＞NOHによってフェノール系酸化防止剤に再生されるためであるという報告がある。

表2 PP耐候性に及ぼすフェノール系酸化防止剤の効果

	None	AO-50	AO-20	AO-60	AO-80	AO-30
None		120	120	120	80	80
LA-57	470	920	670	570	500	360

〔配合〕ポリプロ／100，アデカスタブLA-57/0.1，Phenolic AO/0.1
〔試験条件〕サンシャイン WOM 83℃
　　　　　75％の光沢保持率になるまでの時間

6.6.3 HALSとリン系酸化防止剤の相乗効果

ポリプロピレンにおけるHALSとリン系酸化防止剤の相互作用の検討結果を図13[2)]に示す。リン系酸化防止剤アデカスタブPEP-36とHALS LA-57併用系はアデカスタブ2112とHALS併

第2章 化学的安定化の理論と実際

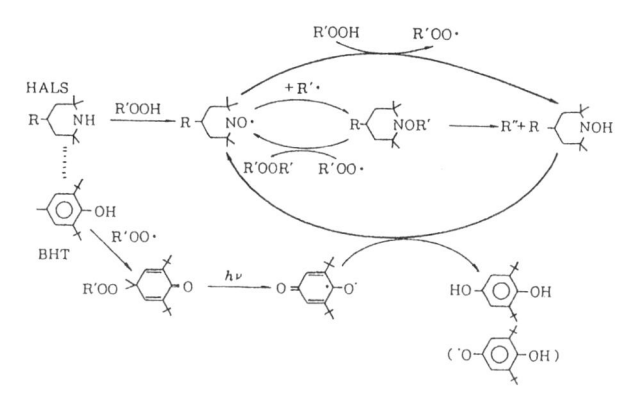

図12 HALSとフェノールの相互作用機構

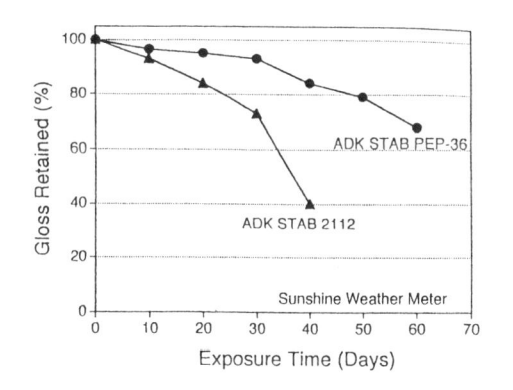

図13 HALSとリン系酸化防止剤の耐候性における相乗効果

用系より大幅に耐候性を向上する。これは加工成形時のリン系酸化防止剤の安定化効果の序列と同様であり，加工成形時に生成するROOHの分解能力の差と考えられる。すなわち，加工成形時に生成したROOHがリン系酸化防止剤によりイオン分解されず残存すると，光によりラジカル開裂し耐候性低下の一因となる。従って，ROOH分解能の高いリン系酸化防止剤は優れた耐候性を付与すると考えられる。

6.6.4 HALSとS系酸化防止剤の拮抗作用

HALSは優れた光安定剤であるが，過酸化物分解剤としてよく使われるDSTDPなどのイオウ系酸化防止剤と併用すると，図14のように耐候性が低下する。イオウ系酸化防止剤を配合しない系でHALS LA-57を0.1phr配合すると，サンシャインW.O.M.促進試験で約1400時間の耐候性を示すが，イオウ系酸化防止剤が0.3phr配合されたPPにLA-57を0.1phr配合した時の耐候性は192時間で，HALS未配合と同等の耐候性しか示さない。イオウ系酸化防止剤によりHALSの光安定化効果が阻害されたことを示している。S含量の高いイオウ系酸化防止剤AO-412S配合系ではHALS LA-57を0.2phr配合しても耐候性の向上は見られず，0.3phrの配合で耐候性がようやく向上する。この結果はHALSとイオウ系酸化防止剤が化学量論的に相互作用して耐候性を低下させていることを示唆しており，S化合物が酸化されて生成した酸化合物がHALSと塩を形成し，不活性となることがこの拮抗作用の原因として推定される。

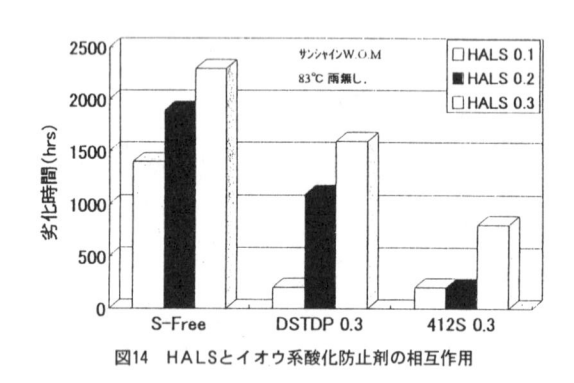

図14 HALSとイオウ系酸化防止剤の相互作用

6.6.5 フィラー・顔料配合系でのHALSの効果

耐候性を必要とするプラスチック成形品はフィラーを添加して強度を増強したり，顔料で意匠性を向上する場合が多い。プラスチックにフィラーや顔料が配合されると，それらにより紫外線は遮蔽されるため紫外線吸収剤を添加する意味合いが小さく，主に表面劣化を防止するHALS主体の光安定剤配合系が実用的である。

HALSの性能はフィラーの添加で著しく低下することがある。図15にHALS類のタルクへの吸着性を測定した結果を示すが，NH型HALSはN-CH₃型に比べタルク表面への吸着性が高く，その結果，NH型HALSでは添加したHALSが有効に機能しないことになるので耐候性は低下してしまう。図16に分子量の異なるNH型，NCH₃型HALSの光安定性向上効果をタルク未添加系とタルクを20phr配合した系で評価した結果を示すが，いずれのHALSでもタルクの配合で耐候

第2章 化学的安定化の理論と実際

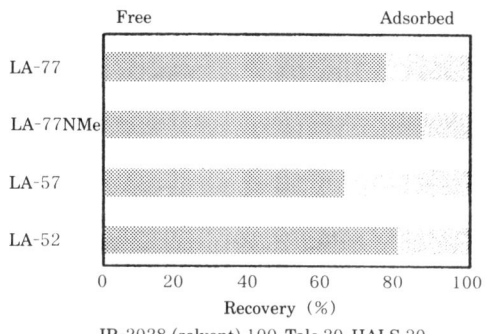

図15 HALS類のタルクへの吸着性

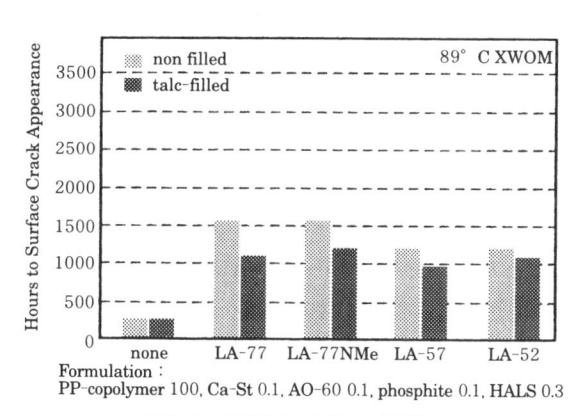

図16 PPの耐候性へのタルクの影響

性は低下し，NH型のLA-77，LA-57で低下率が高い。

6.6.6 顔料とHALSの相互作用

フィラーと同様に顔料もHALSの効果に大きな影響を与える。プラスチックが太陽光に照射される際，プラスチックの表面温度は周知のようにプラスチック製品の色調により大きく異なる。表3[5]に顔料未配合ポリプロ試片と茶色顔料を配合したポリプロ試片を同一ブラックボックス中に設置し，ブラックパネル温度を83℃にコントロールした時のそれぞれの表面温度を示す。顔料未配合ポリプロの表面温度が67℃であるのに対し，茶顔料配合ポリプロの表面温度は78℃と11℃も高くなっている。この温度の違いにより茶顔料配合ポリプロでは顔料未配合系よりHALSの揮散性が大きくなり，HALSのプラスチック中での移動性は高くなり，熱酸化劣化の影響も大

高分子の長寿命化技術

表3 耐候性評価時のPPの表面温度

	ブラック	顔料なし	茶顔料
温 度（℃）	83	67	78

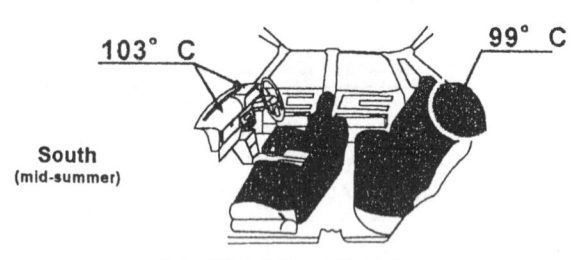

103°C 99°C

South
(mid-summer)

図17 夏場の直射日光下車内温度

きくなる。実際，図17[6]のように夏場の車内ではダッシュボードやシート上部の温度は100℃を超えることもある。

ポリプロ中でのHALSの移動性を調べた結果を図18，19[7]に示す。アデカスタブLA-77（NH型，MW：481）とアデカスタブLA-52（NCH$_3$型，MW：847）Chimasorb 944（NH型，MW：約3000）を0.5％配合したポリプロシートにHALS未配合のシートを4枚重ねて密着させ，60℃と90℃で2週間エージングした後にそれぞれのシート中のHALS濃度を測定した。60℃では低分子量のアデカスタブLA-77は表面まで移行しているが中分子量のアデカスタブLA-52の移行性は小さく，高分子量のChimasorb 944は全く移行していない。

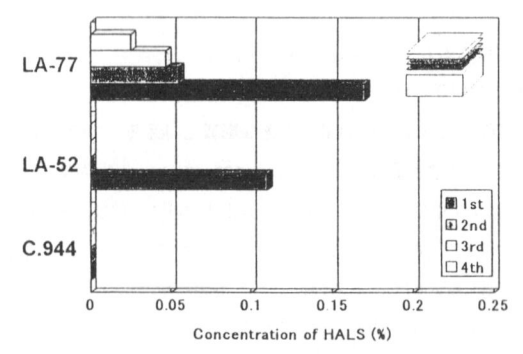

図18 60℃ PP中でのHALSの移行性

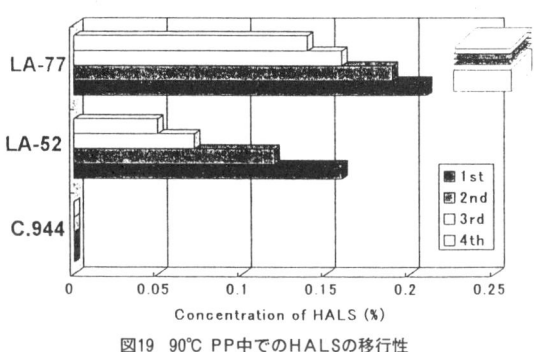

第2章 化学的安定化の理論と実際

図19 90℃ PP中でのHALSの移行性

一方, 90℃では低分子量HALSの移行性はさらに高まり, 揮散が生じており, 中分子量HALSの移行性が向上し表面層までHALSが移行している。高分子量HALSはこの温度でもまったく移行しない。これらの結果は耐候性試験中の表面温度が低いナチュラル系では低分子量HALSの効果が高いが, 表面温度が高くなる顔料配合系では中分子量HALSの効果が高まり, 低分子量HALSは揮散性の問題が発生し性能が低下することを示唆している。

いずれの温度でも高分子量HALS Chimasorb 944は表面へ移行せず効果が小さいことを示唆している。

6.6.7 HALS／フィラー／顔料の相互作用

HALSの光安定化効果はナチュラル系と実用的な顔料, フィラー配合系で異なり, 図20[8]に

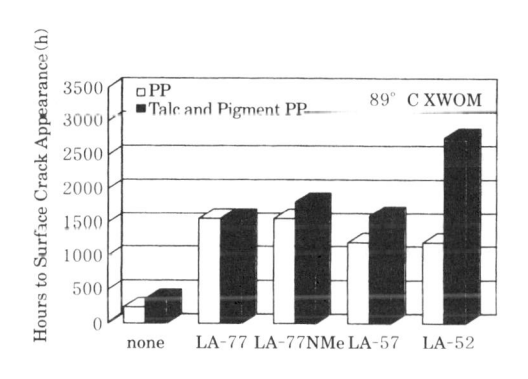

Formulation:
PP-copolymer 100, Talc 20, Brown MB 3.0, Ca-St 0.1, AO-60 0.1, phosphite 0.1, HALS 0.3

図20 ナチュラル系とタルク顔料配合系PPでのHALSの耐候性向上効果

示すように効果の序列が逆転することもある。ナチュラル系では分子量が小さくPP内で移行性の高いLA-77の効果が中分子量のLA-52より優れた耐候性を付与するが、実用的なタルク顔料配合系ではタルクに吸着されにくく、熱酸化劣化防止効果の高いLA-52が表面温度上昇により適度な移行性となり優れた耐候性を示す。

耐候性試験は評価に時間がかかり手間のかかる試験であるが、ナチュラル系の光安定化性能を根拠に実用配合系の光安定性を推定して配合処方を組むことは避けるべきである。フィラーとの相互作用、顔料による表面温度が上昇することを考え合わせて光安定剤を選定することが重要である。

6.7 おわりに

安定剤のメカニズム論は多くの場合、理想系で論じられている。そのメカニズムを理解することは極めて重要であるが、プラスチックの実用では安定剤の効果に対し、成形段階、使用段階での勾配のある温度、機械的せん断力、空気、水分などが影響を与えるとともに、顔料、フィラー、帯電防止剤など他添加剤との相互作用、安定剤同士の相互作用も複雑に影響する。

それらを理解し用途に応じて適する安定剤処方を設定することが実用上、極めて重要である。

文　献

1) 大勝靖一, 高分子添加剤の新展開 (日本化学会編) p.20
2) 旭電化工業株式会社　技術資料
3) T.Haruna, *Die Angewandte Macromoleculare Chemie*, 232 (1995) 119
4) 春名, 飛田, 船水, 大勝, 1992年度高分子の崩壊と安定化研究討論会予稿集
5) 春名, 飛田, 幸野, 根岸, 1995年度高分子の崩壊と安定化研究討論会予稿集
6) 渡辺幸雄, 繊維学会誌, 40 (7), 504 (1984)
7) 春名, 幸野, 福島, 石井, 1999年度高分子の崩壊と安定化研究討論会予稿集
8) Tohru Haruna, Polypropyrene '99 (1999)

第3章　物理的安定化の理論と実際

1　高分子の物理的劣化と安定化機構

斎藤　拓[*1]，市原祥次[*2]

1.1　はじめに

　化学劣化が生じなくても，高分子に一定の応力を与え続ければ，時間と共にひずみが増加する。これをクリープという。また，一定のひずみを与え続ければ，応力緩和を示す。振動を与え続ければ疲労する。他の物質と接触させておけば，環境応力破壊やソルベントクラッキングなどを示すこともある。これらの現象は材料特性や刺激に密接に関係しており，高分子材料の寿命を考える上で重要ではあるが，成形直後にも現われる現象であり，その現象が現われたことにより材料が劣化しているとは言えない。

　それに対して，一定の温度で長時間保持した場合に，応力緩和やクリープの特性，強度，脆化温度などが変化することが知られている。刺激を与えないで一定の温度に保持した場合に，化学変化が生じないにも関わらず材料特性が好ましくない変化を示す現象は，物理的劣化と定義される。

　一般に，ある環境に長期間保持したときに生じる劣化がagingである。高分子を高温で長時間保持すると強度が低下する。この強度低下の目安として，UL規格の長期耐熱温度がある。非晶性高分子の場合はガラス転移温度以上では形状を保つことができないので，長期耐熱温度は必然的にガラス転移温度以下となる。非晶性高分子であるポリカーボネート，ポリアリレート，ポリスルフォン，ポリエーテルイミド，ポリエーテルスルフォン，ポリアミドイミドの荷重たわみ温度HDT（○）と長期耐熱温度T_{UL}（△）をガラス転移温度Tgに対してプロットした結果を図1に示す[1]。また，●と▲はそれら非晶性高分子のガラス繊維との複合材料における結果である。主鎖の結合基が異なるにも関わらずHDTとT_{UL}はTgと良い相関を示す。非晶性高分子の長期耐熱温度は主鎖構造の違いを反映せず，ガラス転移温度という物理的な性質と相関があることから，長期耐熱温度は物理的な劣化によるものと考えられる。それに対して，結晶性高分子の場合には長期耐熱温度はガラス転移温度よりも高く，高分子主鎖の化学結合によりグルーピングができることから，その長期耐熱温度は主鎖の化学的な劣化によるものと考えられる。

[*1]　Hiromu Saito　東京農工大学　工学部　有機材料化学科　助教授
[*2]　Shoji Ichihara　東京農工大学　工学部　有機材料化学科　教授

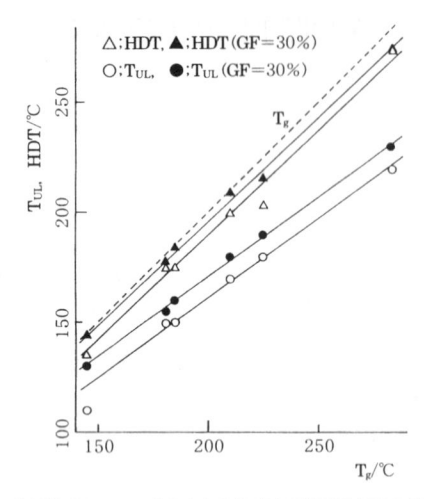

図1 非晶性ポリマーの荷重たわみ温度と長期耐熱温度のガラス転移温度との関係[1]

また，ポリマーブレンドでは温度変化により相挙動が変化して，その後の熱処理に伴い相構造が変化する。相構造が変化することにより材料特性が好ましくない材料特性へと変化するような物理的な劣化が生じることもある。本節では非晶性高分子のphysical agingやポリマーブレンドの相構造変化を例にとり，高分子の物理的な劣化と安定化について概説する。

1.2 非晶性高分子の物理的劣化

1.2.1 高分子ガラスのphysical aging

非晶性高分子のほとんどはガラス転移温度以下のガラス状態で，高分子ガラスとして使用される。ガラス状態では高分子の分子鎖の巨視的な分子運動が凍結されていることから，高分子ガラスに応力や歪みなどの刺激を与えない限りそれが劣化することはないと思われがちである。しかしながら実際には，高分子ガラスに刺激を与えなくても，一定の温度で長時間保持することにより物理的な劣化が生じてしまう。例えば，溶融後に急冷して作製された非晶性ポリエチレンテレフタレートシートは，作製直後には多少曲げても元の形状にしなやかに戻るような靭性を示す。ところが，それを室温で長時間放置すると，わずかな曲げで割れてしまうような脆性を示すようになる。

図2にポリカーボネートをT_g以下の120℃で熱処理した試料の3点曲げ試験を行い求められた

第3章 物理的安定化の理論と実際

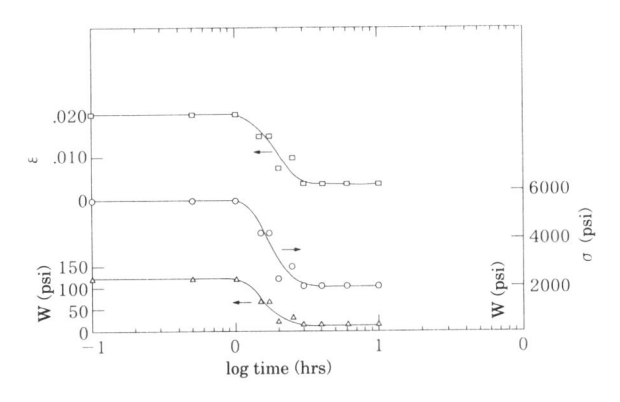

図2 ポリカーボネートの熱処理による力学物性の変化[2]

破断歪み ε，破断応力 σ，その応力-歪み曲線の面積から求められた破断に必要な仕事Wを示す[2]。わずか数時間の熱処理により破断歪みや破断応力が急激に低下してしまい，延性から脆性への材料物性の低下，つまりは物理的な劣化が生じていることがわかる。同様のTg以下の熱処理に伴う急激な物理的な劣化はアイゾット衝撃強さの急激な低下からも示されており，劣化に要する時間は高温ほど短くなる（図3）[3,4]。また，ポリカーボネートから成る光ディスク基盤をTg以下（例えば75℃）で熱処理することで基盤内の複屈折が大きく増加し（図4）[5,6]，さらには光散乱強度が増加して[7]透明性が損なわれる。Tg以下であっても高温（例えば夏の直射日光を浴びた車内）に光ディスクを放置することにより，複屈折が増加するとともに透明性が損なわれることは実用上問題になる。

以上のような物理的劣化が生じる要因は高分子ガラスが非平衡状態にあることによる。つまり，

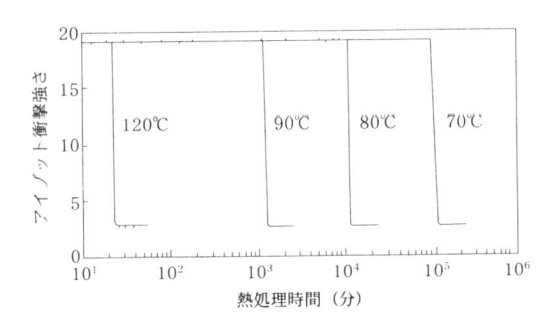

図3 ポリカーボネートの熱処理による衝撃強さの変化[3]

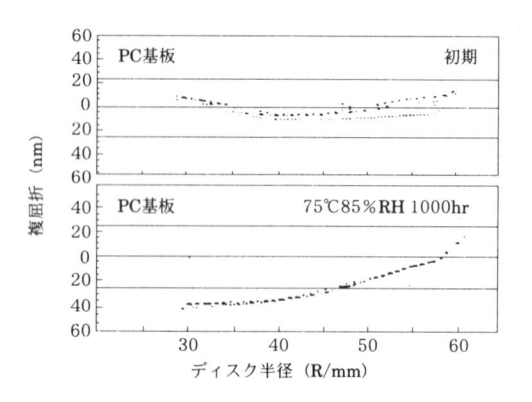

図4 ポリカーボネート基盤の熱処理による複屈折変化[5]

Tg以下で熱処理すると，非平衡状態から平衡状態への緩和が生じて，熱処理時間の増加に伴い体積が減少（緻密化）したりエンタルピーが低下してしまう（図5の矢印）。この緩和現象は材料の物理的な老化現象という意味でphysical agingと呼ばれている。physical agingによる緻密化はディラトメトリーにおける密度低下[8,9]や陽電子消滅法における自由体積の低下[10,11]により確認されている。また，分子鎖の配列が局所的に秩序性を増加させながら緻密化することが広角X線散乱の解析結果から示唆されており[12]，その際に分子鎖が収縮して折り畳まれることを仮定した定性的なモデルも提案されている[13]。

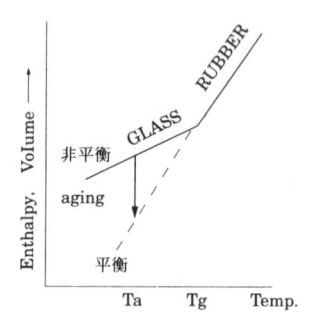

図5 高分子ガラスの体積とエンタルピーの温度依存性

1.2.2 physical agingの速度論

physical agingの速度論的な解釈はDSCの結果に基づいて行われている。agingによりエンタルピーが緩和した試料を昇温させるとTg付近でエンタルピーの回復が生じて，それにより現れる吸熱ピークがDSC曲線にガラス転移に重なって観察される。図6に示すように，吸熱ピークはaging時間の増加に伴い大きくなり，ピーク位置は高温側にシフトする。

DSCの結果に基づいてaging過程を論じるためには，図6で重なって観察されるガラス転移と吸熱ピークの分離評価が必要となる。それは温度変調DSCを用いることにより可能になる。従来のDSC法では時間tに比例した熱を試料に印加させる（$T = T_0 + Bt$）のに対して，温度変調

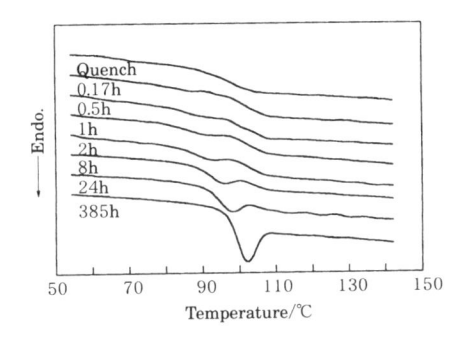

第3章 物理的安定化の理論と実際

図6 80℃で熱処理したPMMA試料のDSC曲線[7]

DSC法では次式で与えられるような温度変調させた熱を試料に印加させる。

$$T = T_0 + Bt - A\sin(2\pi ft) \tag{1}$$

ここで，T_0は開始温度，Bは昇温速度，Aは温度変調の振幅，fは温度変調の周波数である。得られた熱量曲線をフーリエ変換することにより，ガラス転移は温度変調に追従できる可逆成分として，吸熱ピークは温度変調に追従できない非可逆成分として求められる[7,14]。それにより，従来のDSCでは得られなかったaging初期における吸熱ピークの面積を求めることが可能になる。

吸熱ピーク面積ΔHのaging時間t_a依存性を図7に示す。ΔHのt_a依存性はKohlrausch-Williams-Watts（KWW）式

$$\Delta H = \Delta H_\infty \{1 - \exp(-t_a/\tau)^\beta\} \tag{2}$$

を用いて解析できる。図7に示された実験結果の（2）式によるカーブフィットにより，aging

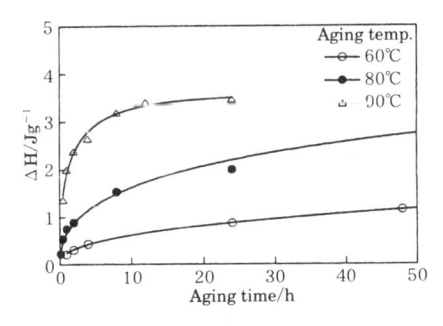

図7 PMMAの吸熱ピーク面積の熱処理時間依存性[15]

速度の尺度である緩和時間 τ と τ の分布の尺度である非指数関数パラメーター β （$0 < \beta < 1$；β は τ の分布が広いほど小さい）が求められる。β は aging 温度の低下に伴い小さくなる，つまりは緩和時間の分布が広くなる。なお，ポリメタクリル酸メチル（PMMA）ガラスに比べてポリスチレン（PS）ガラスの緩和時間の分布が広いことから，PMMAガラスがPSガラスに比べてより不均一な構造を有していることが示唆されている[15]。

緩和時間 τ は aging 温度が高くなりガラス転移温度に近づくほど短くなる，つまり高温ほど aging 速度が速くなる。τ の温度依存性はVogel-Fulcher式

$$\tau \propto \exp\{DT_v/(T-T_v)\} \tag{3}$$

により表すことができる。ここで，T_v はVogel温度と呼ばれ，T_g よりも30℃-70℃低い温度とされている。また，Dはfragilityパラメーターで，ガラスの脆さの尺度と考えられている。Dが大きいほど強く，小さいほど脆い。PMMAからポリメタクリル酸エチル，ポリメタクリル酸ブチルへと側鎖が長くなるほどDが小さくなり，脆くなることが知られている[16]。

1.2.3 physical agingの抑制

aging速度は試料の作製方法の違いにより異なる。除冷試料＜急冷試料≦蒸気で膨潤させた試料＜延伸試料の順にaging速度が速くなる[17]，つまりは物理的な劣化に要する時間が短くなる。また，T_g以上で適当な時間熱処理することによりphysical agingが抑制されることがポリカーボネートにおいて見い出されている[18]。これらの結果から，製品の物理的な劣化の抑制を意識した成形プロセスの提案が必要であろう。

ポリマーブレンドにおいてもphysical agingの抑制されることが見い出されている。図8に一相系ポリマーブレンドであるポリスチレン（PS）/ポリフェニレンオキサイド（PPO）混合系とPS単体のTg-20Kにおけるagingに伴う吸熱ピークの変化を示す。ブレンドにおける吸熱ピーク面積の増加が単体のそれに比べて小さいことから，ブレンドではphysical agingが抑制されていることがわかる[15]。異種高分子同士が相溶するためには水素結合的な相互作用が必要とされていることから，agingの抑制はブレンドにおける水素結合的な相互作用によるものと考えられる。

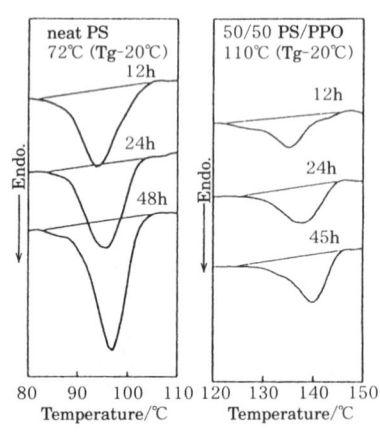

図8 PS単体とPS/PPOブレンドの熱処理による吸熱ピークの変化[15]

1.3 ポリマーブレンドの物理的劣化

1.3.1 ポリマーブレンドの相挙動

異種ポリマー同士を混ぜ合わせると，水と油のように相分離するのが一般的であるが，PS/PPOブレンドのように分子オーダーで混ざり合う，いわゆる相溶するものがこの20年間に数多く見い出されている。異種ポリマー同士が相溶するために必要とされる水素結合的な相互作用は，温度の上昇に伴い弱くなるために，高温では二相に相分離する混合系が多い。つまり，低温では相溶して一相であるが，高温では相分離して二相となるLower Critical Solution Temperature（LCST）型の相図を有する混合系が多く見い出されている（図9a）[19]。また，高温では一相であるが低温で二相となるUpper Critical Solution Temperature（UCST）型の相図を有する混合系（図9b）[20]やループ型の相図を有する混合系（図9c）[21]も見い出されている。

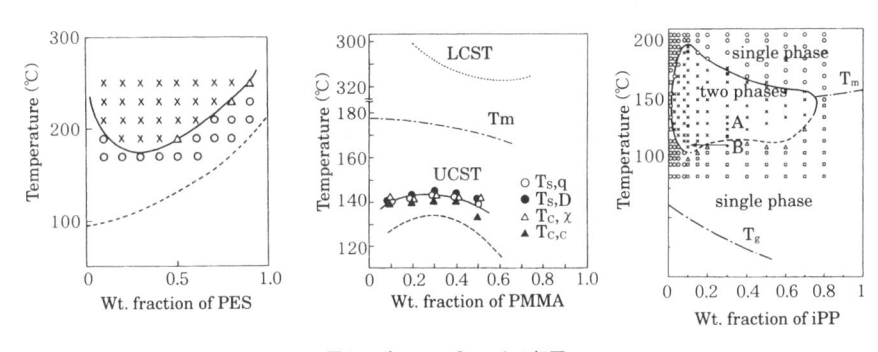

図9　ポリマーブレンドの相図

(a) フェノキシ／ポリエーテルスルホン系のLCST型相図[19]
(b) PVDF/PMMA系のUCST型相図[20]，
(c) ポリプロピレン／スチレン・インデン共重合体系のループ型相図[21]

1.3.2 スピノーダル分解による相互連結構造の形成

図9に示されている相図の一相域から二相域に温度ジャンプあるいは温度ドロップさせると，液々相分離が生じて二相に分離する。液々相分離が生じるプロセスとして核生成・成長とスピノーダル分解が知られている（図10）。核生成・成長の場合には偶発的に分離相の核が形成された後に成長することで，マトリックス（海相）中に孤立した球状の相（島相）が分散する海島構造が形成される。それに対して，スピノーダル分解の場合には周期性を有する濃度揺らぎが，周期サイズを一定に保ちながら振幅を増大させることで大きくなり，互いの相が連結し合った相互連結構造あるいは変調構造と呼ばれるスピノーダル分解に特有な構造が形成される（図11）[22]。

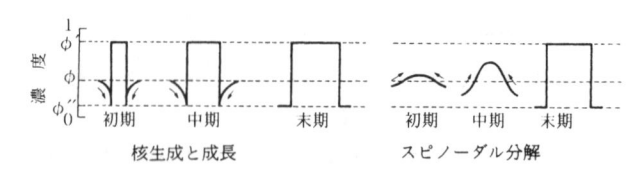

図10 液々相分離過程[22]

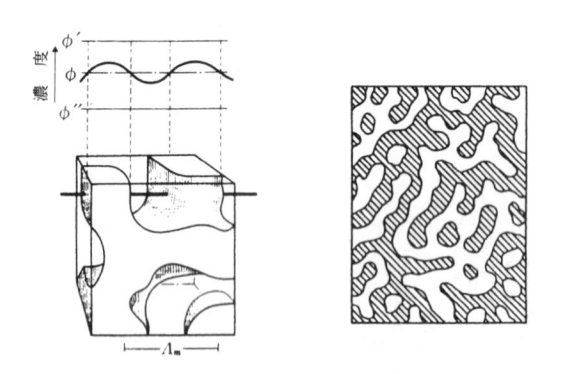

図11 相互連結構造[22]

相互連結構造の周期サイズΛは一相域と二相域との臨界温度Tsと二相域での熱処理温度Tの差である過冷却度 |Ts−T| と

$$\Lambda \propto [|Ts-T|/Ts]^{-1/2} \tag{4}$$

の関係があり，過冷却度 |Ts−T| が大きいほど周期サイズは小さくなる[22]。また，スピノーダル分解により得られる濃度揺らぎの振幅 η の熱処理時間t依存性は

$$\eta(t) \propto \eta(0) \exp[R(q)t] \tag{5}$$

で表されるように，熱処理時間の増加に伴い振幅は指数関数的に増大する。ここで，R(q)は相分離のための速度因子である。その後の相分離の進行に伴い相互連結構造は自己相似的に粗大化して，最終的には周期性と連結性が失われて海島構造に至る[23]。

相互連結構造が形成されている場合には，一方の相が軟化しても他方の相が軟化しなければ形状を保持できるために，軟化温度の低い高分子の耐熱化が図れる。しかしながら，相互連結構造から海島構造へと構造が変化すれば，耐熱性が著しく低下してしまう（図12）[24]。つまりは構造変化による物理的劣化が生じてしまう。耐熱性ポリマーブレンドを得るためにはスピノーダル分解の途中過程で相互連結構造の状態で構造を凍結する必要がある。非晶性高分子同士のブレン

ドでは両者のTg以下に温度ドロップすることにより，その構造の凍結が可能である。しかしながら，一方の高分子のTgが使用温度以上であっても他方の高分子のTgが使用温度以下であるポリマーブレンドは多い。相互連結構造において図11に示されるような連続的な濃度分布が存在すれば，その濃度分布に伴いTgが位置に対して連続的に変化する。使用温度においてTg以上かつ一相域にある場所では局所的に相溶化が生じ，Tg以上かつ二相域にある場所では局所的に相分離が進行することになる。それにより濃度分布が不連続となり，さらには相互連結構造の変化が生じることにより，物理的な劣化が引き起こされることが考えられる。このような物理的な劣化を抑制し，材料の安定化を図るためには結晶化や熱硬化による相互連結構造の凍結が必要であろう。

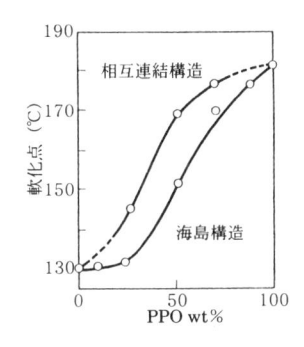

図12 ポリオレフィンオキサイド／スチレン・無水マレイン酸系の耐熱性[22,24]

1.3.3 結晶化と熱硬化による相構造の安定化

　ポリフッ化ビニリデン（PVDF）／ポリメタクリル酸メチル（PMMA）混合系は図9bの相図に示されるように融点Tm以下にUCST型の相図を有している。それをTm以上で溶融させた後，UCST以下に温度ドロップさせることで結晶化とスピノーダル分解が競争的に進行する[20]。スピノーダル分解の途中過程でPVDFリッチ相において結晶化が生じることにより，スピノーダル分解で得られた構造が凍結される。結晶化したPVDFリッチ相では液々相分離の進行が抑えられる。それにより相分離構造の安定化がもたらされ，構造変化による物理的な劣化が抑えられる。また，スピノーダル分解と結晶化の速度は温度により異なるので，温度の違いによるそれぞれの構造形成の速度論的な違いを利用して多様な相構造を得て，凍結することが可能である。

　一般に結晶性高分子に他の高分子をブレンドすることにより，その結晶化速度は著しく遅延される。ところが，非晶性高分子であると考えられていたビス-4-アミノフェニルエーテルイソフタルミド（Aramid）が，非晶性熱可塑性プラスチックであるポリエーテルスルホン（PES）をブレンドして熱処理することにより，結晶化し得ることが見い出されている。それは熱処理した際のAramidとPESのスピノーダル分解によると考えられる。スピノーダル分解による相分離はPES-rich領域からAramid-rich領域にむけて"up-hill"にAramid分子を拡散させようとする熱力学的駆動力のもとに進展し，それにより結晶成長面にAramid分子が能動的に供給されるために結晶化が加速されたものと考えられる[25]。得られた構造は周期性を有する相互連結構造である。Aramid単体及びPES単体は300℃以下で軟化してしまうが，このブレンド試料は

結晶相の存在による相互連結構造の安定性のために450℃以上の高温まで軟化せずに形状を保持でき，単体では得られない優れた耐熱性が得られている[26]。

また，Aramid/PESブレンド試料を延伸して配向結晶化とスピノーダル分解を競争的に進行させることにより，ガラス繊維強化プラスチックと同等あるいはそれ以上の引っ張り特性を有する高強度材料が得られる[27]。この優れた力学物性の発現もスピノーダル分解によって形成される相互連続構造と結晶相の存在による相構造の安定性に起因するものと考えられる。

超臨界二酸化炭素雰囲気下でポリカーボネートを短時間熱処理した後に急冷と急速減圧を同時に行うことで，ポリカーボネートと二酸化炭素とのスピノーダル分解により連通多孔構造が形成される（図13a）[28]。一般にポリカーボネートは非晶性ポリマーに分類されているように，それを結晶化させるには1週間以上の長時間熱処理が必要とされているが，超臨界二酸化炭素雰囲気下で得られたポリカーボネート連通多孔体においては球晶が形成されている。つまりポリカーボネート球晶が連続的につながった多孔構造が形成されている（図13b）[28]。ポリカーボネートが結晶化しているために構造変化による物理的な劣化は抑えられ，その融点が約220℃と高いために耐熱性の付与されたポリカーボネート連通多孔体が得られたことになる。

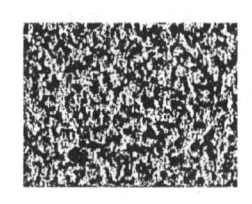

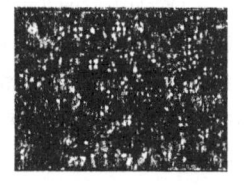

(a) 光学顕微鏡観察　　(b) 偏光顕微鏡観察

図13　ポリカーボネートの連通多孔構造[28]

エポキシとポリエーテルスルホン（PES）の混合系は図14に示すようにLCST型の相図を有する。これをガラス転移温度以上の温度T_1で熱処理することによりエポキシが熱硬化する。エポキシの熱硬化に伴いその分子量が増加して，LCST型相図が低温側に移動する（矢印a）。相図がT_1以下に移動することでスピノーダル分解が進行する。また，エポキシの分子量の増加に伴いガラス転移温度が上昇してT_1に達する（矢印b）ことでスピノーダル分解が停止して相互連結構造が凍結される。エポキシリッチ相は硬化されているためにスピノーダル分解の進行は完全に停止する。相互連結構造が形成され，熱硬化による相構造の安定性のために，エポキシ／PES混合系ではエポキシ単体では得られない優れた接着特性が得られている[29]。

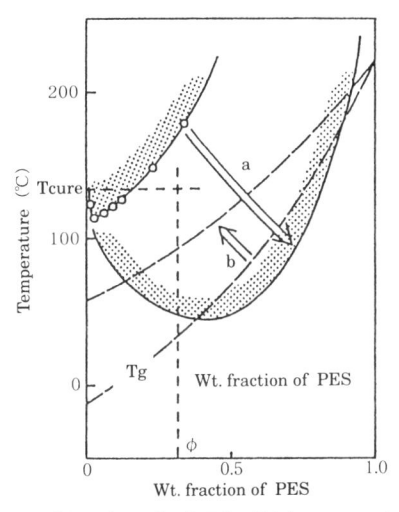

第3章 物理的安定化の理論と実際

図14 エポキシ／PES系の熱硬化に伴う相図とTgの変化[29]

文　　献

1) 市原祥次, 材料科学, 32, 168 (1995)
2) D.G.Legrand, *J.Appl.Polym.Sci.*, 13, 2129 (1969)
3) L.J.Broutman and S.M.Krishnakumar, *Polym.Eng.Sci.*, 16, 74 (1976)
4) B.S.Thakkar and L.J.Broutman, *Polym.Eng.Sci.*, 21, 155 (1981)
5) 大月敏敬, 機能材料, 16, No.12, 28 (1996)
6) 吉岡博, "透明ポリマーの屈折率制御：第9章", 化学総説No.39, 学会出版センター (1998)
7) K.Takahara, H.Saito, T.Inoue, *Polymer*, 40, 3729 (1999)
8) L.C.E.Struik, "Physical Aging in Amorphous Polymers and other Materials", Elsevier (1978)
9) M.R.Tant and G.L.Wilkes, *Polym.Eng.Sci.*, 21, 874 (1981)
10) Y.Kobayashi, W.Zhong, E.F.Meyer, J.D.McGervey, A.M.Jamieson, R.Simha, *Macromolecules*, 22, 2303 (1989)
11) A.J.Hill and P.L.Jones, *Polym.Eng.Sci.*, 30, 762 (1990)
12) H.H.Song, R.J.Roe, *Macromolecules*, 20, 2723 (1987)
13) K.Itoyama, *Nihon Reoroji Gakkaishi*, 23, 131 (1995)

14) Y.Tomono, H.Saito, T.Inoue, Nihon Reoroji Gakkaishi, 27, 43 (1999)
15) 斎藤拓, 染谷淳人, 伴野佳弘, 井上隆, 繊維学会予稿集, G-43 (1999)
16) J.L.G.Ribelles, M.M.Pradas, A.V.Garayo, F.R.Colomer, J.M.Estelles, J.M.M.Duenas, *Macromolecules*, 28, 5878 (1995)
17) A.R.Berens and I.M.Hodge, *Macromolecules*, 15, 756 (1982)
18) T.Omoya, K.Takahara, H.Saito, T.Inoue, *Polym.Prepr.Jpn.*, 45, 832 (1996)
19) H.Saito, D.Tsutsumi, T.Inoue, *Polym.J.*, 28, 128 (1990)
20) H.Tomura, H.Saito, T.Inoue, *Macromolecules*, 25, 1611 (1992)
21) C.H.Lee, H.Saito, G.Goizueta, T.Inoue, *Macromolecules*, 37, 4274 (1996)
22) 井上隆, 市原祥次, "ポリマーアロイ", 高分子新素材One Point12, 共立出版 (1988)
23) 橋本竹治, 竹中幹人, "高性能ポリマーアロイ：第4章", 丸善 (1991)
24) J.C.Angola, Y.Fujita, T.Sakai, T.Inoue, *J.Polym.Sci., Polym.Phys.Ed.*, 26, 807 (1988)
25) M.Matsuura, H.Saito, S.Nakata, Y.Imai, T.Inoue, *Polymer*, 33, 3210 (1992)
26) S.Nakata, M.Kakimoto, Y.Imai, T.Inoue, *Polym.J.*, 22, 80 (1990)
27) 外村秀明, 斎藤拓, 井上隆, 高分子論文集, 49, 7 (1992)
28) 成嶋大介, 斎藤拓, プラスチック成形加工学会第8回秋季大会予稿集, 217 (2000)
29) K.Yamanaka, T.Inoue, *Polymer*, 30, 1839 (1989)

2 分散剤

堀家尚文*

2.1 はじめに[1~3]

塗料やインキ，プラスチックなどには着色などの目的で様々な顔料が配合されている。これらの顔料の分散は，濡れ，機械的解砕，安定化の3つの過程が考えられる。顔料粒子の媒体への濡れを改良する目的で使用される界面活性剤を湿潤剤と呼ぶがこれに対し，微粒子の安定性を保つための界面活性剤を分散剤といい，高分子量型の顔料分散剤，ポリリン酸のような無機型の顔料分散剤，低分子量界面活性剤型の顔料分散剤の3つのタイプがある。

顔料用の分散剤は，顔料の微粒子をほぐして均一に分散させ安定な分散状態に保つもので，顔料の鮮やかな色の発現を可能にするほか，顔料分散液の低粘度化や，顔料が沈降してしまうのを防ぐ固化防止機能なども有している。

このうち，高分子分散剤としては，古くは，デンプンや天然ゴムなどの天然高分子が無機顔料の水への分散に使用されていた。近年天然のものに比べて分散効果に優れ，かつその性質をコントロールすることが容易な合成高分子が各種顔料の分散剤として使用されるようになっている。例えば，水系塗料用無機顔料の分散剤として代表的なポリカルボン酸型高分子分散剤ではその分子量や塩の種類，あるいは他のモノマーと共重合させることで多くの種類の分散剤を作り出すことができる。これらの高分子は塗料用の顔料分散剤としてだけではなく，染料，ゴム，プラスチック，窯業，土木，紙コーティングなど様々な分野において，広く利用されている。

本節では樹脂の分散とその作用について述べる。

2.2 樹脂用分散剤の作用機構

顔料は通常極性の高い低分子化合物で，加熱しても溶融せず，一般に有機溶剤にも溶解しない。一方樹脂はポリエチレン，塩化ビニルなど顔料と大きく性質が異なる。なかでもポリエチレン，ポリプロピレンなどの一般のポリオレフィンは極性がほとんどないため顔料分散させるためには，

① 顔料の表面を樹脂になじみやすくするため界面活性剤，カップリング剤で表面処理した微粉末（ドライカラー）として樹脂に加える。

② 顔料をあらかじめ液状の分散媒（液状可塑剤，溶媒など）中に細かく高濃度に分散させておき，分散液（リキッドカラー，あるいはペーストカラー）として樹脂に加える。

③ 上記②の液分散媒の代わりに使用樹脂に極性の近い適当な樹脂を使い，この中に顔料を高濃

---

* Takafumi Horiie 三洋化成工業㈱ 機能樹脂研究部 部長

度に分散させたマスターバッチ（カラーマスターバッチ，カラーコンセントレート）を作っておきそれを樹脂に加える。

このうち，マスターバッチをつくる分散媒用の樹脂としては，一般に着色しようとする相手樹脂そのものが使われる。しかしもともと顔料のなじみが悪いポリオレフィンの場合，マスターバッチを作るのは容易ではない。そこで顔料に対して高濃度に細かく分散させる性質を持ち，しかも相手のポリオレフィンなどの樹脂にうまく溶け込むような性質を持った分散剤が必要になる。

従って，樹脂用分散剤の作用としては，
① 樹脂用分散剤の中に顔料をバラバラな粒子（1次粒子）として高濃度に分散させる。
② 樹脂用分散剤の中に分散させた顔料粒子を対象樹脂の中に移行させ，均一に分散させることになる。

顔料は静電気などで数十ミクロン程度にも凝集しやすいが，樹脂用分散剤と溶融混練してマスターバッチにするとその中で顔料が再び一次粒子になる。これを着色したい樹脂に混練すると図1のように樹脂用分散剤とともに相手樹脂がスムーズに移行して均一に分散することになる。

樹脂用分散剤は，次のような性質をもつ。
① 着色される相手樹脂と比較して溶融粘度が低い。
② 顔料との親和性が高い。
③ 着色される相手樹脂とのSP値が近く溶融しやすい，または分散しやすい。
④ 着色される相手樹脂よりも融点が低い。

これは，顔料に限らず，微粒子を早く均一に溶融した樹脂に混ぜるには，粘度がある程度低い方が良好であり，溶融混練する際に，マスターバッチが先に溶融した方が樹脂中に展開しやすいか

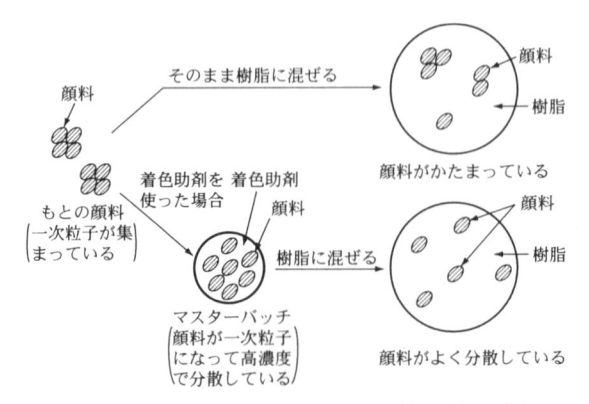

図1 樹脂用分散剤によるマスターバッチを使った樹脂の着色

第3章 物理的安定化の理論と実際

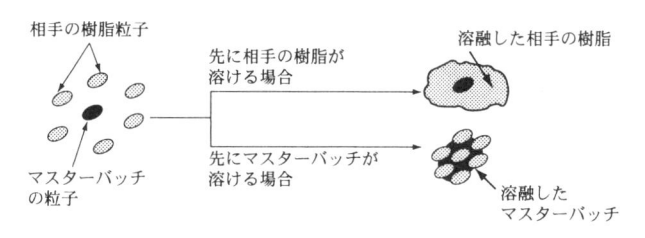

図2 着色したい樹脂とマスターバッチとの溶融過程の模式図

らである（図2）。

2.3 樹脂用分散剤の化学構造

着色された樹脂製品の種類は非常に多いが，もとになる樹脂の種類は案外少なく，ポリオレフィンを除けばもとの樹脂を使ってマスターバッチを作ることが多い。従って実際使用されている樹脂用分散剤の種類は多くはない。その例を表1に示す。

パラフィンワックスは，主に石油の高沸点留分などを精製したもので，分子量数百程度の化合

表1 代表的樹脂用分散剤の例

分類	具体例	
合成ワックス	ポリエチレンワックス $-(CH_2-CH_2)_n-$	$n=$約50〜200
	ポリプロピレンワックス $-[CH_2-CH(CH_3)]_n-$	$n=$約50〜400
	カルボキシル基含有ポリエチレンワックス $-(CH_2-CH_2)_n COOH$	$n=$約50〜200
天然ワックス	パラフィンワックス $-(CH_2)_n-$	$n=$約10〜50
その他	低分子量ポリスチレン $-[CH_2-CH(C_6H_5)]_n-$	$n=$約10〜50
	低分子量ポリエチレンテレフタレート $-[O-\overset{O}{\overset{\|}{C}}-C_6H_4-\overset{O}{\overset{\|}{C}}-O-CH_2-CH_2]_n-$	$n=$約50

物である。古くから使われているが，合成ワックスが開発されてからは主役を次第に合成ワックスに譲ってきた。その合成ワックスは分子量数千程度のポリオレフィンでエチレン，プロピレンなどのオレフィンを重合させるか，ポリエチレン，ポリプロピレンなどのポリオレフィンを熱で解重合して製造される。

合成ワックスにはポリエチレンワックス，ポリプロピレンワックス，カルボキシル基含有ポリエチレンワックス，カルボキシル基含有ポリプロピレンワックスなどがある。これらはポリエチレン，ポリプロピレンなどのポリオレフィン，ポリ塩化ビニルなどの着色用に使われている。これらワックスは分子量が低いため図3に示すように溶融粘度が低く，顔料と親和性もあるため，顔料とマスターバッチをつくりやすい。

また分子量数千程度のポリスチレンもスチレン系樹脂（ABS樹脂など）用の分散剤に使われる。

(a) 溶融したときの粘度は低く，パラフィンワックスに類似する

(b) 硬さはポリエチレンに近い

(c) 軟化点はポリエチレンに近い

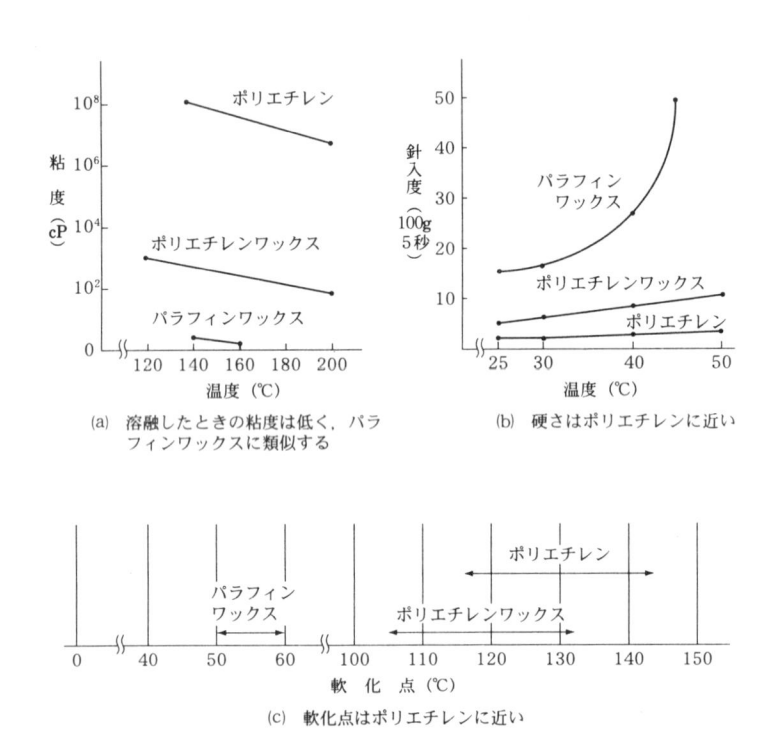

図3 ポリエチレンワックスとポリエチレン（低密度ポリエチレン），パラフィンワックスとの性質比較

第3章　物理的安定化の理論と実際

2.4　分散剤の役割と種類

無機フィラーによる強化プラスチックは，その優れた特性とコストパフォーマンスにより幅広い用途に用いられている。フィラー類と樹脂（ポリマー）とが構成するモルフォロジーおよびフィラーの表面特性は強化プラスチックの種々の特性に大きな影響を与えている。ここではモルフォロジーとその界面を制御する様々な官能基を導入したポリマーまたはオリゴマーによるフィラー複合材料について紹介する。

2.4.1　ポリマー変性によるフィラー複合材料

ポリマー（樹脂）の変性剤はフィラー界面との反応性の観点から反応型と非反応型とに分けられる。変性樹脂を使用した例としては，ハロゲンフリーの難燃電力ケーブルのシース材がある。この樹脂は，基本的にはエチレン－エチルアクリレート共重合体（EEA）やエチレン－メチルメタクリレート共重合体（EMMA）などに水酸化マグネシウムや水酸化アルミニウムなどの無機の難燃フィラーがブレンドされたものである。EEAやEMMAはある程度のフィラー受容性を有するものの，反応基を持たないのでフィラーのブレンドに限界がある。しかし，この系にエチレン－エチルアクリレート－無水マレイン酸共重合体（EEM）を添加させることで，酸無水物がフィラー界面と相互作用を持ち，実用上の問題が解決する。

2.4.2　マトリックス樹脂の改質によるフィラー複合材料

ガラス繊維（GF）系複合材料は，熱硬化性タイプと熱可塑性タイプではその内容が異なる。界面効果を高度に発揮するには樹脂成分の改質を通じて，シランカップリング剤等と反応可能な官能基を積極的に導入することが重要である。その方策としては，グラフト重合によるポリマーの改質が工業的に最も適用性が大きい。ポリオレフィンに無水マレイン酸（MAH），アクリル酸（AA）などの不飽和カルボン酸のグラフト重合により，極めて優れた力学特性を有するGF系複合材料が創出され，この分野における研究開発の先駆的な方向づけがなされている[4]。

また，シラン側にもアミノ基，エポキシ基などの官能基を有するときにはさらに優れた特性が認められる。これはPPにグラフトしたMAH，AA等からなるポリマー分子中のカルボン酸基とシランの官能基が反応して，樹脂成分との間に化学結合が形成されることによる。

これらのグラフト型PPとGFを組み合わせた複合材料は，単なるPPとGFとの複合化に較べ，優れた特性を示す。

2.4.3　フィラーの改質による複合材料

シリカや酸化チタンなどの無機超微粒子やカーボンブラックは，その表面へ各種モノマー（ポリマー）をグラフトすることにより，有機溶媒中やポリマーマトリックス中への分散性を著しく向上させることができる。また，粒子表面へグラフトするモノマー（ポリマー）を適当に選択することで，無機物と高分子とがそれぞれ持つ優れた特性を組み合わせたハイブリット材料

121

が得られる。

　無機超微粒子は，その表面へモノマー（ポリマー）をグラフトすると，グラフト鎖の良溶媒中へは極めて安定に分散することにより，グラフト鎖の貧溶媒中には効率よく分散しない。従って，pHや温度により溶解性が変化するようなポリマーを粒子表面へグラフトさせると，pHや温度により分散性が可逆的に変化する微粒子が得られる。

2.4.4 変性オリゴマーによるフィラー複合材料

　三洋化成工業㈱製「ユーメックスシリーズ」[5]のような変性オリゴマー類による改質は，それらが有する官能基による高い反応性，低粘性，マトリックスとフィラー界面への動きやすさから，最近非常によく利用されるようになってきた。スチレンやアクリルモノマー共重合体に反応性モノマーを導入したり，オレフィン主鎖にアクリル酸や，無水マレイン酸等の不飽和カルボン酸を共重合グラフトさせる方法がほとんどである。この反応性基の導入によりオリゴマーに極性を付与し，フィラーとの親和性を向上させ，機械的物性の改良，新たな機能の付与が達成されている。

2.4.5 高分子型帯電防止剤の分散[6]

　低分子量の界面活性剤型帯電防止剤では効果が不十分であるため，高度で信頼性のあるプラスチックへの制電性付与技術の開発が求められてきており，近年，ポリエチレンオキシド（PEO）等を導電性ユニットとした親水性高分子を分散させることで，帯電防止効果を半永久的に保持することができる「永久制電性樹脂」をつくる試みが行なわれてきた。

　表2に示したようにABS樹脂やポリスチレン系樹脂系ではすでに市場化が進んでいる。表3に永久制電性樹脂の用途を示すが，最近では，OA・家電用途で透明性樹脂が多用されてきており，埃防止の観点から永久帯電防止の要望が強く，需要が増大してきている。

　PEO等の親水性高分子をプラスチックに対して5〜20％程度練り込むことで，持続効果に優

表2　上市されている主な帯電防止樹脂

種類	メーカー	商品名	マトリックス	親水性ポリマー
ポリマーアロイ系	東レ	トヨラックパレル	ABS樹脂系	PEEA
	日本合成ゴム	マスクロイH	ABS樹脂系	PEEA
	旭化成工業	アディオンA	ABS樹脂系	PEEA
		アディオンH	HIPS系	PEEA
	呉羽化学工業	バイヨン	ABS樹脂系	PEGMA[a]
マスターバッチ系	BF Goodrich	STAT-RITE	各種樹脂	PEO-ECH
	東レ		各種樹脂	

注a）ポリエチレングリコールメタクリレート共重合体

第3章 物理的安定化の理論と実際

表3 永久制電性樹脂の用途

静電気障害	目　的		用　　　途
放電・雷撃	誤動作防止 保　護		ICトレイ，IC部品ボックス，回路基板収納ボックス 光磁気記録媒体基板・ハウジング，フロッピーディスク
吸引・反発		防　塵	電気製品ハウジング，オフィス家具，自動車内装部品， クリーンルーム内装材，計器パネルカバー，医療機器， 食器収納容器，掃除機，照明具カバー，女性用ブラシ
		トラブル 防止	コピー機，ファクシミリ，プリンターのソータ・トレイ VTRカセット

れる永久制電性プラスチックが得られる。このような親水性高分子は「永久帯電防止剤」と呼ばれ，また比較的高分子量であることから，低分子量の界面活性剤型のものと区別するために，「高分子型帯電防止剤」とも呼ばれる。これらの「高分子型帯電防止剤」も界面活性剤タイプと同様，化学構造的にアニオン，カチオン，両性，非イオンに分類される。これらは分子内に導電性ユニットを組み込んだ高分子化合物で，これらの中でもポリエチレンオキシド鎖を導電性ユニットとして用いる例が多い。永久帯電防止剤としては三洋化成工業㈱製「ペレスタットシリーズ」のようなポリエーテルエステルアミド型（PEEA）が実用化されているほか，ポリエチレングリコールメタクリレート共重合体，ポリエーテルアミドイミド（PEAI）やポリエチレンオキシド-エピクロルヒドリン（PEO-ECH）共重合体などが永久帯電防止剤として検討されている。これは，ポリエチレングリコールが高分子固体電解質を形成できる数少ない汎用ポリマーのひとつであることがその理由である。

ポリアセチレンが導電性を示すことが知られて以来，導電性高分子という言葉が広まったが，導電性高分子はキャリヤ種によって電子伝導性高分子とイオン伝導性高分子とに大別される。前者の代表がポリアセチレンである。後者は高分子固体電解質とも呼ばれ，その代表がPEOとアルカリ金属塩の複合体である。この複合体は不均質系であり，この中に純ポリエチレンオキシド結晶相，高融点の錯体結晶相，金属塩が溶解した無定型相，純金属塩相の4相が混在する。イオン伝導性は，金属塩が溶解した無定型相が担っていることが明らかにされている。Tgが低い無定型相は，そのセグメント運動が活発であるため，系に自由体積が存在し，イオンが移動しやすいためと考えられている。

PEO以外の高分子固体電解質についても，多くの研究がなされている。例えば，アルカリ金属塩との複合体が高い伝導性を示すポリマーとしては，ポリエーテル，ポリエステル，ポリイミン，ポリエーテル含有ポリマーなどがある。しかし，プラスチックに単にポリエーテル類とアル

カリ金属塩を添加しただけでは,優れた帯電防止性を得ることはできない。

高衝撃ポリスチレン(HIPS)にPEOを添加した場合と,PEEAを添加した場合とを比較すると,両者の初期の表面抵抗は同等であるが,PEO添加系は帯電防止効果の持続性に劣る[7]。

これは,PEOの結晶化が徐々に進行し,イオン伝導性に寄与する金属塩を溶解させた無定型相部分の比率が低下するためと考えられる。このような結晶化による帯電防止性能の低下を避けるため,永久制電性樹脂中の帯電防止剤としては,PEOホモポリマーではなく,前述のようにポリエチレングリコールをベースとしたブロック共重合体が採用されているケースが多い。

永久制電性プラスチックを設計するためには,基本的には熱可塑性樹脂と帯電防止剤をアロイ化すればよいが,マトリックスとなるプラスチックと永久帯電防止剤の性質によって得られる性能が異なってくる。このため,例えば,ポリエチレングリコール共重合体のような帯電防止剤を筋状に分散させるためには,マトリックス樹脂と帯電防止剤との溶融粘度差,さらに溶融混合時のせん断応力の大きさに関する次のような溶融流体の性質を考慮する必要がある。

・非相容のポリマーアロイでは,溶融粘度の低い成分がマトリックス相を形成しやすい。
・溶融粘度が異なるポリマーの多層流では,流動の進行と共に低粘度ポリマーが高粘度ポリマーを覆う。

それゆえ少量の帯電防止剤を連続的な分散相とするために,マトリックス相成分と分散相成分との溶融粘度を制御したり,成形時のせん断力により,分散相を筋状に配向させ,成型物として固定する手法が用いられる。

文　　献

1) 石森元和,色材,67 (6), 401 (1994)
2) 高分子薬剤入門,三洋化成工業㈱ (1992)
3) 新・界面活性剤入門,三洋化成工業㈱ (1981)
4) K.Nagata et al., J. Appl. Polym. Sci., 56, 1313 (1995)
5) 三洋化成ニュース, 21 ('93 初夏号 No.358)
6) 高井好嗣,静電気学会誌, 21, 5, 212 (1977)
7) 梅田憲章,末澤寛典,プラスチックエージ, 40 (4), 104 (1994)

3 相溶化剤
〜定義と役割〜

秋山三郎*

3.1 はじめに

初めにコンパティビライザーは一般に「相溶化剤」,「相容化剤」ないし「コンパティビライザー」と日本名で記され,不統一のまま用いられている現状を踏まえ,本節では「コンパティビライザー」という英語読みで統一して表示することに定めることを記しておく。

3.2 コンパティビライザーの由来と定義

グラフトコポリマーが界面活性剤として機能を持つことが知られたきっかけは,Merrett[1]により天然ゴム存在下にスチレンやメタクリル酸メチルを重合し,これをベンゼンに溶解し沈殿分別を,片方の成分鎖には不溶の非溶媒の添加で試みたことに始まる。分別過程で,系は安定なゾルを形成し,それは種々の点で通常のラテックスと似ていることから,"organic latex"と名づけられた。すなわち,グラフトコポリマーの活性剤としての働きが認められたわけである。1963年,Hughes[2]らは溶液相分離挙動に関し,PEA(ポリアクリル酸エチル)とPStそれぞれの共通溶媒に溶かした溶液の混合による相分離溶液にPEA-PStグラフトコポリマーを添加すると2層分離は観察されず,添加系は濁った溶液になることを見いだした。Hughesらはそこでこれを"compatibilizer"(相溶化剤)であると結論づけた。この認識はその後,Molau[3]によって訂正され,POO-エマルション(polymeric oil-in-oil emulsion)と名づけられた不均一溶液であることが判明した。現在種々の経過を経て「コンパティビライザー」は熱力学的意味の相溶化からは離れ,工学の文献では「ブレンドにおける2種の高分子の性質の違いを緩和させ,相分離構造(組織)を安定化させる能力を有する高分子物質」という意味[4〜7]で広く用いられている。一般にはブロックまたはグラフト共重合体という特定の高分子種を選び,それを元来相分離を示す2種の異種高分子よりなるブレンド物に添加することにより,その性質をある程度まで変化させ得ることが分かった。それは,

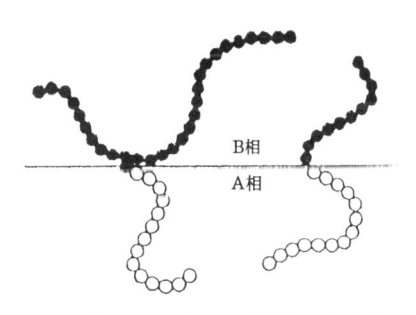

図1 グラフト・ブロック共重合体の界面局在

---

* Saburo Akiyama 東京農工大学 工学部 有機材料化学科 教授

その高分子種が相分離界面の状態を変え得る能力を持つからで、このような高分子種を「コンパティビライザー」と一般に名づけ[8〜13)]られた。これはコロイド学で界面活性剤の果たす「乳化」と呼ばれている語句と類似している。

高分子鎖による界面活性とは真にこの「コンパティビライザー」の機能を述べたものである。これらブロック、グラフト共重合体の機能は図1と図2に示すように、A相、B相の界面に選択的に局在することによりA、B両相の界面活性剤として働き、界面の自由エネルギーを減少させ、混合時の分散を助長し、大きな凝集体の形成を抑え、かつA、B両界面の接着を良くする働きを持つ。その場合、図1に示すようにグラフト共重合体では枝がポリマー相への浸入に対して抵抗を示すなどのため、界面活性化作用はブロック共重合体より落ちるようである。しかし、最近ではブロック共重合体は界面で抜けやすく、逆にしっかり両相に浸入後固着するグラフト共重合体の方が$0.3\mu m$以下の粒径分散相を安定化する効果が高いとも考えられている。一方上述の役割を果たす高分子として、最近図2に示したランダム共重合体[14,15)](RAM)やホモポリマー[16)]が同様の効果を示す事実が知られてきたコンパティビライザー

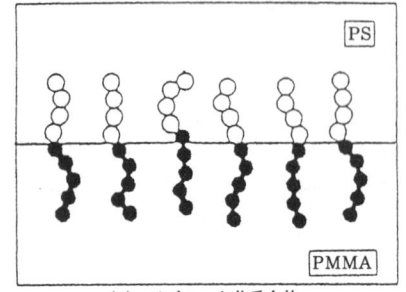

(a) ジブロック共重合体

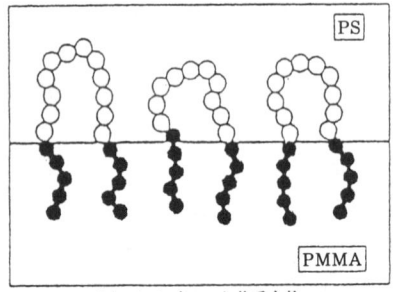

(b) トリブロック共重合体

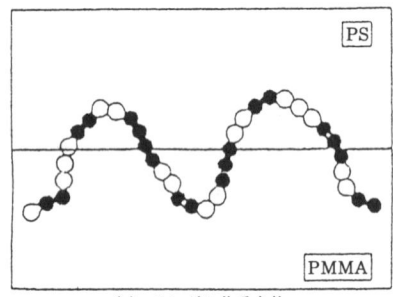

(c) ランダム共重合体

図2　共重合体の界面局在（模式図）

の特徴[17)]は、①A相とB相の界面に局在する。②界面張力を低下させる。③界面の厚みを増大させる。④粒子間にエントロピー的反発力を生み、系を安定化させる。などであり、大別すると反応を伴わないものと伴うものがある。前者は上述したブロックやグラフト共重合体などであり、後者は官能基をポリマーの末端や側鎖に持つタイプおよび末端に重合反応性を

第3章 物理的安定化の理論と実際

有する高分子，マクロマーなどが知られている。別の観点から，最近は「リサイクル剤」[18,19]としての役割も注目されている。このコンパティビライザーがなぜ界面活性効果を示すのかという理論はとくに反応を伴わない場合について，界面に局在したときの自由エネルギー変化ΔG_1より説明[20]されており，界面張力γとブロックコポリマーの界面占拠率$f_c=N_c/N_o$（N_c：ブロックコポリマーの単位表面積当たりの分子数，$N_o=N_c+N_H$，N_H：ホモポリマーの同分子数）の関係において，$\partial\gamma/\partial f_c$の傾き（負）が大きいほど，界面活性が高くなる。また，両相の相互作用パラメータΩ（χ_{AB}）には大きく依存しないことも示された。一方，分子量の相対値$\overline{M}_H/\overline{M}_C$（ホモポリマー/ブロックコポリマー）に大きく依存することが明らかにされている[21]。図3にそれらの具体的な一例[20]を示した。Ω（χ_{AB}）値の差による傾きに大きな変化は認められないが，$f_c=N_c/N_o$に対する界面張力および界面厚みの変化は大きいといえよう。

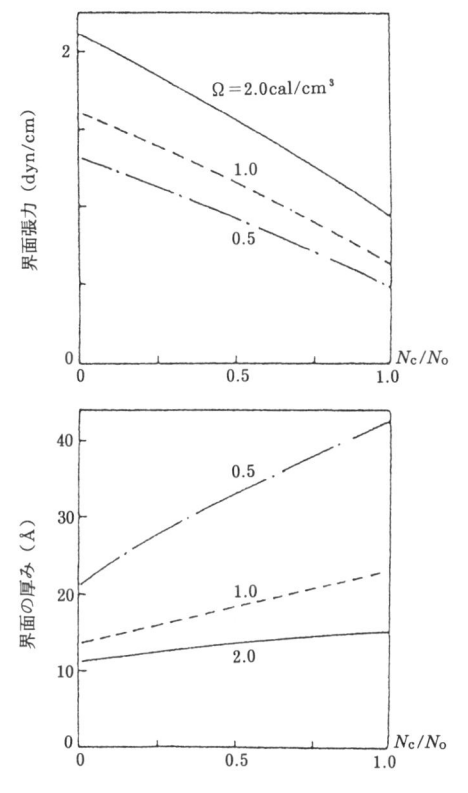

図3 ブロックポリマーの界面配位に伴う界面張力および界面の厚みの変化（AB間の相互作用パラメータΩが異なる場合）[21]

なお，コンパティビライザーの分類に関しては，構造に基づくケースと反応性に基づくケースの2種[22,23]に大きく分けられ，整理されている。

最近の一例を表1[24]に示す。これらは代表的市販コンパティビライザーを反応，非反応型に分類したケースだが，リサイクル化や，材料の永続性を目的とする例も多くなり，単に材料そのものの性能を向上することより，環境に順応する性質や，保持力を強くし，破壊されにくいプラスチックにする方向などが検討されている。今後はオレフィンポリマー系に有効なグラフトコポリマーなどがより注目されていくであろう。なおプラスチックコンパティビライザーを広く簡明

表1 代表的市販相容化剤[24]

商品名	メーカー	組成，構造	非反応または反応型	対象樹脂
クレイトンG	シェル化学	SEBS, そのMAN変性	非反応型 反応型	各種エンプラPO系
タフテック	旭化成工業	SEBS, そのMAN変性	非反応型 反応型	各種エンプラPO系
DYNARON	日本合成ゴム	SEBS	非反応型	PO系
PARALOID	呉羽化学工業	酸変性コア・シェルタイプ	非反応型	各種エンプラ
Staphyloid	武田薬品工業	コア・シェルタイプ	非反応型	各種エンプラ
Royaltuf 372, 465A	Uniroyal	EPDM-g-(St,AN), そのMAN変性物	非反応型 反応型	PC, PBT, PET PA系
モディパー A, B	日本油脂	PO系樹脂(EGMA, MAH共重合)にPS, AS, ANグラフトポリマー	反応型	
レゼダ	東亞合成化学工業	マクロモノマーの共重合体	非反応型 反応型	PO系, エンプラ系
レクスパール	日本石油化学	P(E-CO-EA-CO-GMA)	反応型	エポキシ, アミド系樹脂
ボンドファースト・	住友化学工業	P(E-CO-VA-CO-GMA)	反応型	エポキシ, アミド系樹脂
ボンダイン		P(E-CO-EA-CO-MAH)	反応型	エポキシ, アミド系樹脂
Dylark	ARCO Chem.	St, MA共重合体	反応型	PA/PC系
VMX	三菱化学	EVA(67/33)50部とSt50部含浸重合	非反応型	
ハイミラン	三井・デュポンポリケミカル	エチレン／メタクリル酸の金属塩	反応型 非反応型	各種エンプラ
ユーメックス	三洋化成工業	低分子PPのMAN変性	反応型	PPとエンプラ
新規ブロックポリマー	クラレ	ジブロックポリマー St-MMA, St-MMA, PVA-Stなど	非反応型	
Bennet	High Tech., Plastics (長瀬産業)	EVA/EPDM/PO系グラフトポリマー	反応型	各種エンプラリサイクル用
エポクロス RPS, RAS	日本触媒化学工業	St, AS/オキサゾリン共重合体	反応型	St系とPA, PC, POとのブレンド
UCAR	Union Carbide	反応性フェノキシ	反応型	PC/SMA, PC/ABSなど

にまとめあげた単行本[25]も出版されたので参考にされるとよい。

文 献

1) F.M.Merrett, *Trans, Faraday Soc.*, 50, 759 (1954)
2) L.J.Hughes and G.L.Brown, *J.Appl.Polym.Sci.*, 7, 59 (1963)
3) G.E.Molau, *J.Polym.Sci.*, A-3, 1267 (1965); ibid, A-3, 4235 (1965)

第3章 物理的安定化の理論と実際

4) A.J.Yu, in Multicomponent Polymer System (N.A.J, Platzer ed.), *Adv. Chem. Ser,,* Vol.99, p.2, ACS Washington D.C. (1971)
5) D.R.Paul, C.E.Vinson and C.E.Locke, *Polym. Eng. Sci.*, 12, 157 (1972)
6) D.R.Paul, in Polymer Blends, Vol.2, pp.35-62 (D.R.Paul and S.Newman ed.) Academic Press, New York, San Francisco, London (1978)
7) N.G.Gaylord, in Copolymer, polymer Blends and Composite, Vol.1, p.76 (N.A.Platzer ed.) ACS Washington D.C. (1975)
8) O.W.Lundstedt and E.N.Bevilacqua, *J. Polym. Sci.*, 24, 297 (1957)
9) G.Riess, J.Kohler, C.Tournut and A.Banderet, *Macromol. Chem.*, 101, 58 (1967)
10) J.Kohler, G.Riess and A.Banderet, *Euro, Polym. J.*, 4, 173, 187 (1968)
11) D.R.Paul, C.E.Locke and C.E.Vinson, *Polym. Eng. Sci.*, 13, 202 (1973)
12) W.M.Barentsen and D.Heikens, *Polymer*, 14, 579 (1973)
13) F.Ide and A.Hasegawa, *J. Appl. Polym. Sei.*, 17, 963 (1974)
14) 秋山三郎, 表面, 29 (1), 35 (1991)
15) 秋山三郎, 繊維と工業, 48 (11), pp.605〜618 (1992)
16) M.Hosokawa and S.Akiyama, *Polym. J.*, 31 (1), 13 (1999)
17) 井上隆, 市原祥次, ポリマーアロイ, 共立出版 (1988)
18) 秋山三郎, 科学と工業, 60, 427 (1992)
19) 秋山三郎, 工業材料, 44 (1), 64 (1996)
20) 井上隆, D.J.Meier, *ACS Polymer Preprints*, 18 (1), (1977)
21) 秋山三郎, 井上隆, 西敏夫, ポリマーブレンド-相溶性と界面, CMC (1981)
22) 秋山三郎, 高分子加工, 38, 5 (1989) ; 文献14
23) 津田隆, 機能材料, 9 (12), 25 (1989)
24) 矢崎文彦, プラスチックス, 48; No.9, 37 (1997)
25) 秋山三郎編, プラスチック相溶化剤と開発技術, CMC (1999)

4 補強剤

大村 博*

異種のプラスチックが混ざる場合が多いポリマーリサイクルにおいて，ポリマー同士が非相溶なこと，また再使用にあたってポリマー劣化が生じているケースが多いため，物性低下は免れない。その物性の低下を防ぐための補強剤として，グラフトポリマー，ブロックポリマー構造のポリマー相溶化剤としての可能性を説いた。

4.1 はじめに

　10年程前までは，高分子の高機能・高性能化の方法としてポリマーアロイが注目され，既存のポリマーを組み合わせたり，その補強剤として各種のポリマー改質剤や相溶化剤が使用されることが多かった。しかし近年，産業界や一般社会で消費される高分子材料にもっとも望まれていることは，地球環境にやさしいプラスチック材料であると考えられる。
　つまり，家電製品など，ある期間使用されて使用不能になったものでも，外装ハウジングなどの材料は廃棄せずそのまま再使用し，地中や水中への投棄や焼却による環境汚染の原因を生じさせなくする必要が高まっている。
　その意味で，従来からの各種ポリマー材料に用いられている補強剤の役割は大きいと考えられる。例えば，電気冷蔵庫や電気洗濯機などの家電製品，或いは清涼飲料水などに使用されるペットボトルなどのリサイクル，リユーズは緊急の課題として関係部署で検討されている。特に再使用にあたっては，それまでの使用環境によるポリマーの劣化による性能低下をどう克服するか，またリサイクル上のシステムの問題として，どうしても異種のポリマーが混ざってくるので，相溶しにくいポリマー同士が混ざった時の単一材料レベルの物性維持をどう行うか，という課題がある。
　本稿では，これらの課題に対応するための補強剤として，ポリマー相溶化剤に焦点を絞り，特にグラフトおよびブロックポリマーによる上記の問題克服の可能性について述べる。

4.2 グラフト，ブロックポリマーによる相溶化の概念

　グラフト，ブロックポリマーは，異種ポリマーAとBを分子末端で結び合わせたポリマーであり，AとBが非相溶であればA鎖とB鎖は別々の空間に凝集しようとする。しかし共有結合で結ばれているために，それぞれの空間は分子の広がり程度の寸法に拘束される。図1にグラフトポ

---

　*　Hiroshi Ohmura　日本油脂㈱　化成事業部　化成品第1営業部　グループリーダー

第3章 物理的安定化の理論と実際

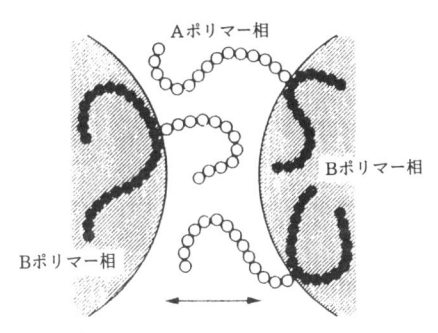

図1 A鎖（○）によるBポリマー粒子間のエントロピー的反発

リマーを例にとって，その様子を模式的に示した。

その結果，A/B成分比が大きい場合には，Aの海の中にBの島が分散したミクロ相分離構造が形成される。図2に，主鎖がポリエチレンコポリマーで側鎖がPMMAからなるグラフトポリマー（EGMA-g-PMMA：70/30wt％，日本油脂製モディパーA4200）の透過型電子顕微鏡（TEM）写真による相構造を示す。EGMAの海の中にPMMAの島が微分散していることがわかる[1]。

また，グラフトポリマーのA鎖がAポリマーに相溶し，B鎖がそれ自体に機能性をもっているならば改質剤として作用する。

図2 グラフトポリマーのTEM写真
（EGMA-g-PMMA 70/30wt.％）

4.3 市販の相溶化および改質剤

表1に主なグラフト・ブロックポリマー系の市販相溶化，改質剤をまとめた。また表2に，ポリオレフィンを主鎖とし，ビニルポリマーを側鎖とするグラフトポリマー，および異種のビニルポリマー同士がポリマー分子末端で結合したブロックポリマーによる，相溶化機能，改質機能の実際例について示す[2]。

高分子の長寿命化技術

表1 内外の市販相溶化剤

メーカー	商品名	組成	ポリマーのタイプ
Shell	Kraton	水添SBS (SEBS) および, そのマレイン化物	ブロック
Rohm & Haas	Paraloid	コア・シェルタイプブロックポリマーで例えば内： PBu, Ac, 外：PMMA	ブロック
Uniroyal	Royaltuf	EPDM-g-P (St, AN), マレイン化EPDM	グラフト
日本油脂	Modiper	Aシリーズとして各種のA-B型グラフトポリマーを品揃え	グラフト
鐘淵化学 三菱レイヨン 呉羽化学		MBS	ブロック
三菱化学	VMX	EVA (67/33wt) の50部にSt50部を含浸重合	グラフト
東亞合成	レゼダ	マクロモノマー法による各種グラフトポリマー	グラフト

表2 各種モディパーとその機能

モディパーグレード	構成	組成比（wt）	機能
A1100	LDPE-g-PS	70/30	ポリオレフィンの剛性, 接着性, 塗装性などの改善。
A3100	PP-g-PS	70/30	ポリフェニレンエーテルの耐衝撃性, 耐油性の改善。
A4100	EGMA-g-PS	70/30	エンプラ系ポリマーアロイの相溶化剤。
A5100	EEA-g-PS	70/30	ポリオレフィンとポリスチレンの相溶化剤。
A6100	EVA-g-PS	70/30	
A8100	E/EA/MAH-g-PS	70/30	
A1200	LDPE-g-PMMA	70/30	ポリオレフィンの剛性, 接着性, 塗装性などの改善。 熱可塑性ポリエステルの耐衝撃性改良剤。 エンプラ系ポリマーアロイの相溶化剤。 ポリオレフィン系ポリマーアロイの相溶化剤。
A4200	EGMA-g-PMMA	70/30	
A5200	EEA-g-PMMA	70/30	
A6200	EVA-g-PMMA	70/30	
A8200	E/EA/MAH-g-PMMA	70/30	
A1400	LDPE-g-AS	70/30	ポリオレフィンの剛性, 接着性, 塗装性などの改善。 ポリカーボネート, ABS樹脂の改質。 エンプラ系ポリマーアロイの相溶化剤。 ポリオレフィンとAS或いはABS樹脂の相溶化剤。
A3400	PP-g-AS	70/30	
A4400	EGMA-g-AS	70/30	
A5400	EEA-g-AS	70/30	
A6400	EVA-g-AS	70/30	
A8400	E/EA/MAH-g-AS	70/30	
B600	PS-g-AS	70/30	AS樹脂とポリスチレンの相溶化剤。 ABS樹脂とポリスチレンの相溶化剤。

4.4 プラスチックリサイクルにおける相溶化

上述の相溶化剤を中心にプラスチックリサイクルに有効な相溶化技術について述べる。生産工

第3章 物理的安定化の理論と実際

程にて生じる廃プラスチックを主に同一組成のプラスチックに混合する場合が多く，またこの時の廃プラスチックの物性低下は小さいため，リサイクルは比較的行いやすい。

他方，一般の廃棄物は異種ポリマーが混ざり，劣化（分解）も起きている場合が多い。これらの廃プラスチックは，相溶化により，ポリマーアロイとして物性を引き出すことが考えられる。そのためには，対象とする廃プラスチックに対する適切な相溶化剤の選択や低下した機械物性を向上させるためのエラストマーの添加などを充分に考慮しなければならない。以下，その例について示す。

4.4.1 相溶化剤の構造と相溶化

各種家電製品のハウジング材料として主に使用されているプラスチックは，ポリスチレン（以下PS），スチレン／アクリロニトリル／ブタジエン3元共重合体（以下ABS），低密度ポリエチレン（以下LDPE）やポリプロピレン（以下PP）などのポリオレフィン類である。

例えば，PSとLDPEがリサイクル時に混ざった場合は，グラフトポリマー（LDPE-g-PS）あるいはブロックポリマー（SEBS）を相溶化剤として添加して用い，物性の維持，向上を図る。図3に，グラフトポリマーとしてモディパーA1100を，ブロックポリマーとしてSEBSをPS/

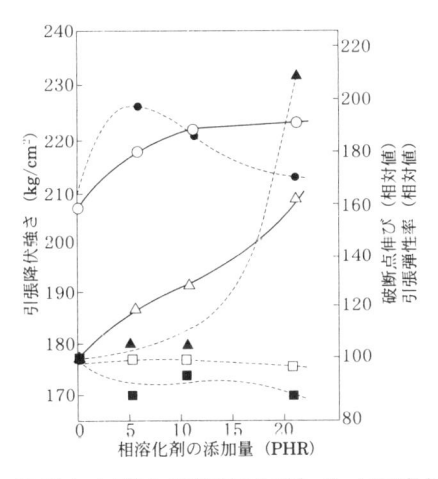

図3　PS/LDPE＝50/50（wt）ブレンド系に対するモディパーA1100およびSEBSの添加効果

○△□：モディパーA1100　LDPE-graft-PS（70/30wt）
●▲■：SEBS
○，●：引張降伏強さ
△，▲：引張破断点伸び
□，■：引張弾性率

LDPEのブレンド系に添加して相溶化剤の構造による機械物性に与える違いを比較した[3]。引張破断点伸びおよび引張弾性率は相溶化剤無添加の時を100とした相対値である。PS部分の分子量が200,000のグラフトポリマーを添加した場合は，添加量と共に伸びと強度が向上している。すなわち，PSとLDPEの界面張力が下がり，相溶化することにより物性が向上していることが伺える。それに対し，PS部分の分子量が10,000のブロックポリマーの場合では，添加量5wt%で相溶化効果が発揮され強度が最大となり，20wt%の時は界面に局在しているSEBSの柔らかい物性が伸びに反映されている。このことより分子構造が単純で分子量の小さい相溶化剤の方が界面に分散しやすいと思われる。しかし一度界面に分散してしまえば，分子量が大きいなど相溶化剤は強度があり，かつ抜けにくい構造の方が強い物性が得られると考えられる。特に廃プラスチックでは劣化（分解）が起きているため，物性を得るためには強い界面が必要であろう。

各種のグラフト，ブロックポリマーを使って，ポリオレフィンとPS，あるいはABSを相溶化した具体例を以下に示す（用いられる相溶化剤は表2を参照されたい）。

(1) PEとPSの相溶化

両者のブレンドに相溶化剤PE-g-PS（モディパーA1100）が有効に働く。この相溶ポリマーの引張物性を表3に示すが，単にPEとPSを混練しただけでは相間剥離を起こして伸びが低下するが，相溶化剤を使ったものではほとんど低下せず，PS添加による強度，モジュラスが向上している。

表3 LDPEへのLDPE-graft-PS[*1]の添加効果

配合	引張強度 (kg/cm^2)	破断伸び (%)	モジュラス (kg/cm^2)
LDPE/LDPE-g-PS[*2]	187	73	1480
LDPE/PS	176	58	1670
LDPE	174	76	1360

*1) LDPE/PS : 70/30wt.
*2) LDPE/LDPE-g-PS : 70/30wt.

相溶化剤の使用量と引張物性との関係を図4に示すが，使用量の増加とともに諸物性も向上している。

(2) PPとPSの相溶化

PPとPSは，単にブレンドしただけではマクロに相分離してしまう。そこでこの系にPP-g-PS（モディパーA3100）を添加すると，PS相が1μm以下に微細分散した（写真1参照）。

第3章 物理的安定化の理論と実際

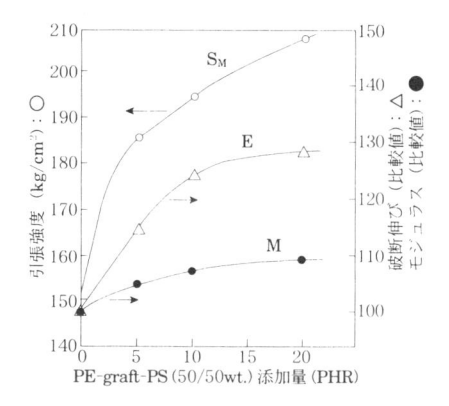

図4 グラフト共重合体で相溶させたポリエチレン,ポリスチレン混合物（50/50wt）の引張特性

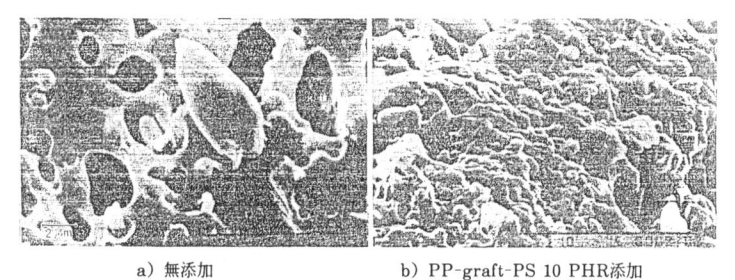

a) 無添加　　　　　　　　b) PP-graft-PS 10 PHR添加
写真1　PP/PS＝70/30（wt）ブレンド系の電子顕微鏡写真（×3000倍）

これは,グラフトポリマーが,両相の界面張力を減少させる相溶化剤として機能した結果である[4]。このようなアロイ化は,リサイクル化が義務づけられている家電製品において,異種のプラスチックが混ざった時の補強剤としての可能性がある。

(3) ABS樹脂とPSの相溶化

ASとPSのブロックポリマーであるモディパーB600を,ABSとPSのブレンド系に添加した時の耐衝撃性の改良効果を図5に示す。

B600の添加量とともに,アイゾット衝撃値が向上している。この場合もブロックポリマーであるB600がマクロに相分離したABS相とPS相を相溶化させ,ABS相を微細分散させることにより（写真2参照）,耐衝撃性の向上に寄与したものと考えられる[4]。このデータも前記のPPとPSの相溶化の例と同様に,家電製品のリサイクル化の際の補強剤として作用するものと期待さ

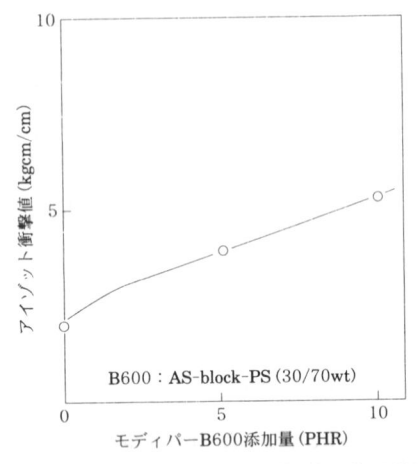

図5 ABS/PS＝50/50（wt）ポリマーアロイ系のアイゾット衝撃値に及ぼすモディパーB600添加量の効果

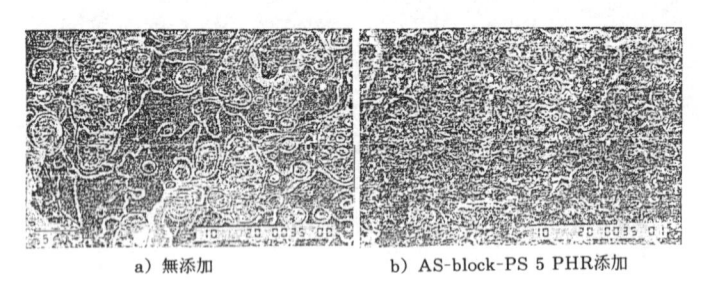

写真2 ABS/PS＝50/50（wt）ブレンド系の電子顕微鏡写真（×2000倍）
a) 無添加
b) AS-block-PS 5 PHR添加

れる。

4.4.2 相溶化剤の反応性と相溶化

次に反応を伴った相溶化剤について紹介する。ペットボトルのリサイクルにおいては，ボトル本体のポリエチレンテレフタレート（以下PET）とキャップなどのポリオレフィンが混ざり，両方が非相溶で，またPETが加水分解など劣化しやすいため，引張強度及び衝撃強度が低下する。表4にPETと高密度ポリエチレン（以下HDPE）のブレンド系（PET/HDPE＝20/80 wt）に，エチレン／グリシジルメタクリレートコポリマー（以下EGMA）とPMMAとからなるグラフトポリマー，EGMA-g-PMMA（モディパーA4200）を相溶化剤として添加した例を

第3章 物理的安定化の理論と実際

表4 モディパー[a]によるPE/PETの物性の改良

配合（wt）			引張強度	引張伸び	アイゾット衝撃値
PE	PET	A4200	(kg/cm^2)	(%)	($kg \cdot cm/cm$)
100	0	0	205	550	20
80	20	0	124	310	3.3
80	20	5	150	65	13

a) モディパーA4200：EGMA - graft - PMMA（70/30wt）

示す。この場合，相溶化剤のエポキシ基（GMA）がPET中のカルボキシル基と反応することによって相溶化に寄与し，引張強度と衝撃強度が向上したと考えられる。

またPETとHDPEのブレンド系に無水マレイン酸変性のポリオレフィンを添加した例を図6に示す[5]。この場合，マレイン化SEBSが大きく物性に寄与しており，実際にPETボトルの廃棄物を洗浄後，粉砕し，これに相溶化剤としてマレイン化SEBSを添化した時も同様の効果が出ている。

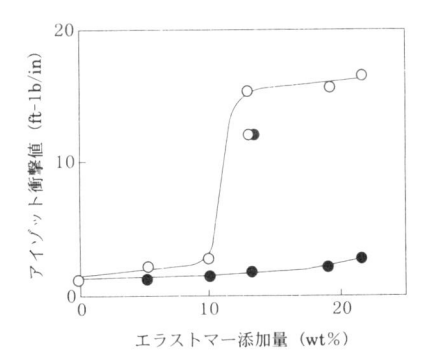

図6 エラストマー添加量とPET/HDPE ポリマーアロイの耐衝撃性[5]
○：MAH化SEBS
◎：MAH化SEBS（PETボトルの廃棄物を使用）
●：MAH化EPR

4.5 おわりに

本稿では，プラスチックの補強剤として，特にプラスチックのリサイクルという観点から，異種ポリマーが混ざった時の物性低下を克服するためのグラフトポリマー，ブロックポリマー相溶化剤の活用について述べた。廃プラスチックの混合物をそのまま再使用することは難しく，現在はそれら材料をモノマーレベルまでいったん分解し，再使用することが主流のようである。しかし，分解によるエネルギーコスト，それによる環境に与える影響を考えると，将来にわたってこれが主流であり続けることは考えられない。その意味で，廃プラスチックがリサイクルにより，そのまま再生使用されることがもっとも望ましく，相溶化剤としての補強剤の真価が発揮出来る可能性がある。

文　献

1) 大村　博，山田富穂，山田倫久，須山修治，塗装工学, 32, 9 (1997)
2) 杉浦基之，工業材料, 42 (11), 66 (1991)
3) 鈴木信吉，プラスチックス, 41, 116 (1990)
4) 杉浦基之，工業材料, 38 (7), 19 (1990)
5) I.M.Chen et al., *Plast.Eng.*, 33 (Oct.1989)

5 傾斜構造

岩切常昭*

5.1 はじめに

傾斜機能という新しい材料概念は，1986年東北の研究グループにより提唱され，以来航空宇宙分野における高熱遮断性能を有する熱応力緩和型の耐熱材料として金属／セラミックス系を対象とした傾斜機能材料の研究開発が進められてきた。

この傾斜構造の特徴は，セラミックスの優れた耐熱性，遮熱性と金属の高靱性，高熱伝導性を併せ持ち，かつ熱膨張率差に起因する熱応力を緩和させることである（図1）[1,2]。

傾斜構造を有する材料は，自然界でも見られる[3,4]。例えば，孟そう竹の横断面では，維管束が基本組織中に散在し，内部から表皮にかけて密度が傾斜化しており弾性率は内部から表皮にかけて連続的に増加する[5]。その他，貝殻や密度が傾斜化しているヒトの眼球の水晶体など生物組織中にも傾斜構造が形成されている。

傾斜機能の考え方は，高分子材料の分野にも取り入れられ，各種調整方法により傾斜構造材料の研究がなされている。

本稿では，各種調整方法で見出された高分子系傾斜構造に関する最近の事例について概説する。

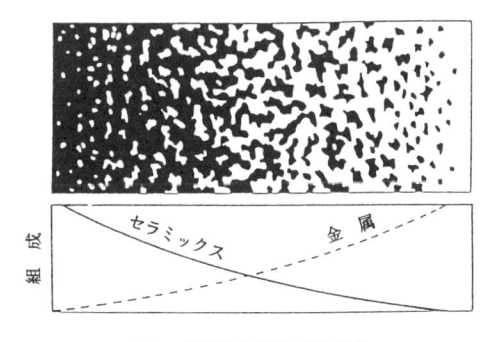

図1 傾斜機能材料の概念図[2]

5.2 成形加工による相反転特殊傾斜構造

成形加工による構造形成を考えるには，成形過程中における溶融粘度の変化やずり速度分布などが重要である。佐野ら[6]は，PPE／PSに，非相溶性ポリマーとしてPEをブレンドした成形

* Tsuneaki Iwakiri 三菱エンジニアリングプラスチックス㈱ 技術センター 主任研究員

品の厚さ方向に対して特殊なモルフォロジーを示す相反転特殊傾斜構造を明らかにした。

非相溶ブレンド溶融体は，ずり流動場では一般に高粘度成分がドメインになることが知られている。彼らは（PPE+PS）相がドメイン，PE相がドメイン，共連続構造となる組成比と粘度比との関係を整理し，η（PPE+PS）／ηPE値が4より大きい領域では（PPE+PS）がドメインとなり，小さい側ではマトリックスを形成すると述べている。また彼らは樹脂充塡時のCAE解析を行い，ずり速度，樹脂温度および粘度比の厚み方向の分布を算出している（図2(a)）。表面から0.4〜0.8mmの領域でずり速度が大きくなり，それに伴う発熱により樹脂温度も高くなっている。一方，計算された粘度比η（PPE+PS）／ηPE値は，成形品厚み方向で変化し0.2〜0.4mmの領域で極めて大きい（図2(b)）。実際の成形時のキャビティー内での粘度比は，表面から0.2〜0.45mmの領域で粘度比が4以上であり（PPE+PS）がドメインになることが予想され，実際に観察された相反転特殊傾斜構造と一致している。相反転を示す特殊傾斜構造は，相反する特性である剛性と靱性を併せ持つ材料であり，学術的，実用的にも意義深い。

相反転を示す傾斜構造はガスバリアー性を付与させる用途においては重要であり，PE成分を他の非相溶性ポリマーに置換することで新たな市場が展開できるものと思われる。

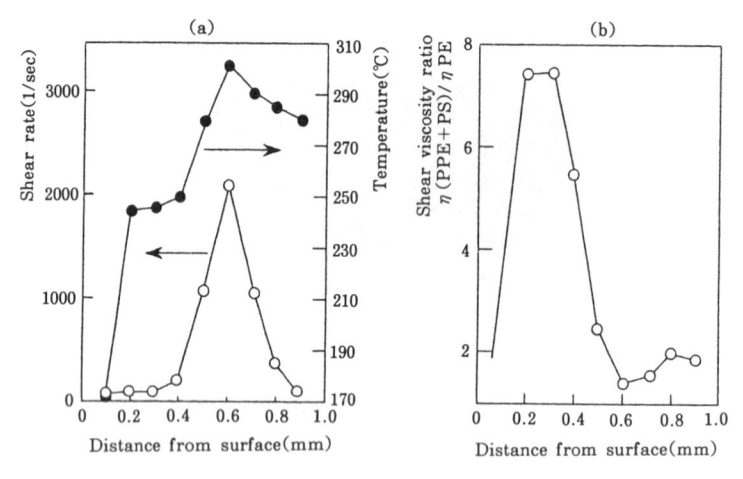

図2 相反転傾斜構造を形成する射出成形（PPE/PS）/PEブレンドにおけるずり速度，温度およびずり粘度比のデプスプロファイル[8]

5.3 結晶性傾斜構造

ポリウレタンエラストマー（PUE）は，幅広い分野で利用されている。これらの物性は，PUE

第3章 物理的安定化の理論と実際

の化学構造と高次構造に依存し，高次構造は原料，合成方法，成形条件により形態が変化する。

Okazakiら[7]は，図3に示すようにポリオキシテトラメチレングリコール（PTMG）と4,4′-ジフェニルメタンジイソシアネート（MDI）を用いてPTMG-PUEを合成し，30℃と150℃の温度勾配を持つ金型によって2mm厚のシートを成形し，厚さ方向の結晶構造を偏光顕微鏡で観察している（図4）。ここで，PTMG-PUE（B）は通常の温度勾配のない成形温度（130℃）で成形された試料である。LTは低温側の型と接触した部分，MTは試料の中心部，HTは高温側の型と接触した部分の写真である。球晶が観察され，球晶の数はLTからHTにかけて減少するものの大きさはHTの方が大きくなっている。すなわち厚さ方向に対して結晶性の異なる傾斜構造を示している。彼らは，PTMG-PUEの結晶性傾斜構造について粘弾性，応力歪み曲線，硬度，摩擦係数などの特性を調べ，厚さ方向に対して連続的に変化することを見出している。

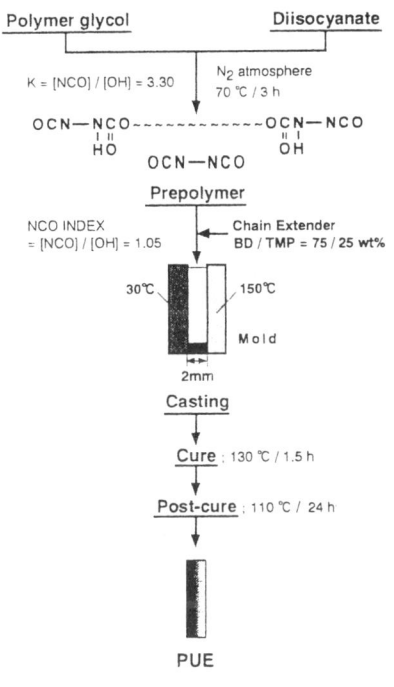

図3　PTMG-PUEの合成スキーム[7]

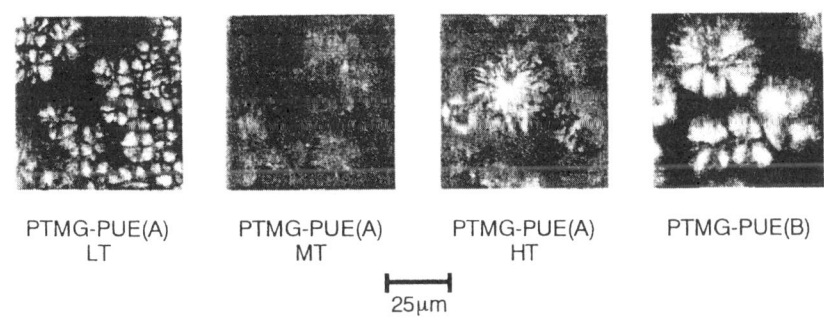

図4　PTMG-PUE中における各個所の偏光顕微鏡写真[7]

PTMG-PUE(A) LT　　PTMG-PUE(A) MT　　PTMG-PUE(A) HT　　PTMG-PUE(B)

25μm

温度勾配によって得られたPUE傾斜構造体は，建築産業用に利用できると期待される。

5.4 ポリマーブレンド傾斜構造

このタイプの傾斜構造は，図1に示すような傾斜構造を示すと考えられる。Agariら[8]は，溶液拡散法を適用し両表面が異種ポリマーであるのに中間部に界面が存在しない相溶型ブレンド系傾斜機能材料を作製した。すなわち，ポリ塩化ビニル（PVC）フィルム上にポリメタクリル酸メチル（PMMA）溶液を注ぎ，PVCフィルムがPMMA溶液中に拡散，溶解する速度と溶媒蒸発速度とを制御することにより，傾斜構造を作製した。この溶液拡散法により図5に示す5種類のPVC／PMMA傾斜構造フィルム，ブレンド型1〜4が得られた。この傾斜構造ブレンドフィルムの厚さは，溶媒の種類，キャスト温度，分子量，ブレンド比によって100〜200μm程度に制御が可能であり，さらにこの溶液拡散法を繰り返す多段法[9]により厚い板状材料の作製も可

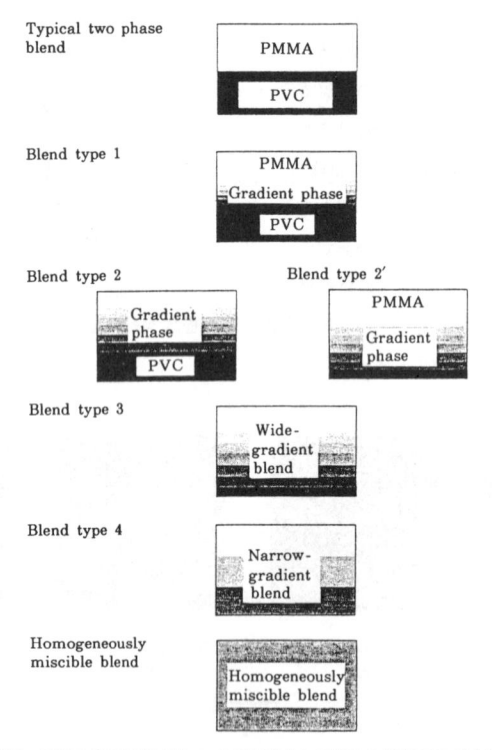

図5　PVC／PMMAブレンドで形成される様々な構造のモデル[8]

第3章 物理的安定化の理論と実際

能である。

彼らは,傾斜構造を形成したPVC／PMMAブレンド（ブレンド3型），PVC／PMMA相溶ブレンドおよびPVC-PMMAラミネートについてそれぞれの力学的性質の違いを検討している。図6に示されるようにブレンド型3におけるtanδ-温度の半値幅は，相溶ブレンドやラミネートのそれに比べて大きい。従来は寒冷地や夏期などによって使い分けが必要であった騒音，制振材料に対して，この傾斜構造を制振材料の中間層として用いれば1種類で広範囲の温度をまかなえる[8]という。

一方，秋山ら[10,11]は，相分離性ポリマーブレンドの傾斜構造材料を作製している。すなわち，

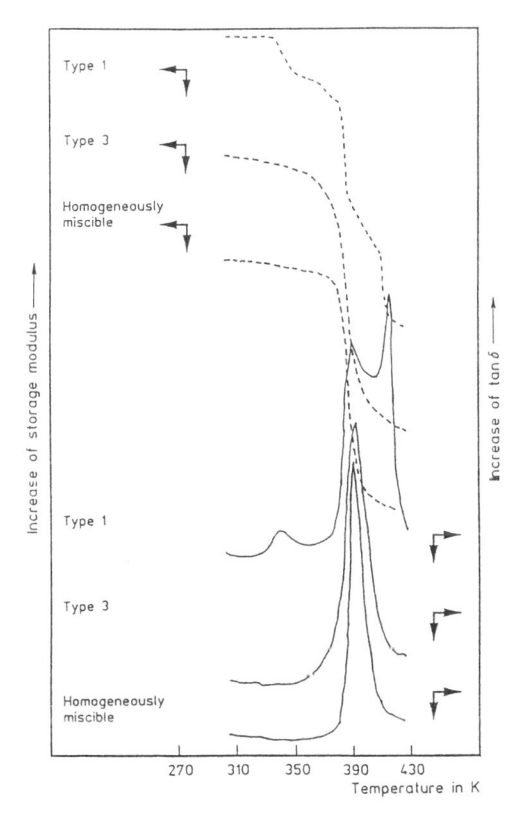

図6 様々な構造を有するPVC／PMMAブレンドの引張貯蔵弾性率と力学的損失正接tanδ[8]

（周波数：0.2Hz）

相分離ポリ（アクリル酸2-エチルヘキシル-co-アクリル酸-co-酢酸ビニル）／ポリ（フッ化ビニリデン-co-ヘキサフルオロアセトン）［P（2EHA-AA-VAc）／P（VDF-HFA）］ブレンドフィルムを溶液キャストやコーティングにより基板上で調整すると，厚さ20～30μm程度の薄いフィルム中に傾斜構造が形成される。ブレンドフィルムは，20wt%のテトラヒドルフラン（THF）溶液から，PETフィルムに塗工することにより調整された。表面側ではP（2EHA-AA-VAc）マトリックス中にP（2EHA-AA-VAc）に相当する楕円状粒子が観察され，その粒子径は表面から底部にかけて増大している（図7）[12]。また乾燥温度によって約10μmのP（2EHA-AA-VAc）層が底部側で観察され，特異な傾斜構造を形成することも明らかになった。この傾斜構造は，溶媒蒸発過程における非平衡状態で，相分離速度と傾斜を起こす因子（表面張力等）との兼ね合いにより固定形成されたものと推察される[13]。溶媒蒸発速度が速い場合は，成分ポリマー間の表面張力差，遅い場合は比重差が相構造形成に強く影響すると考えられている。また彼らは形成された傾斜構造の表裏での力学的性質の差を調査し，表面粘弾性の減衰率Δ，タック値に大きな違い[14]があることを確認しており，このP（2EHA-AA-VAc）／

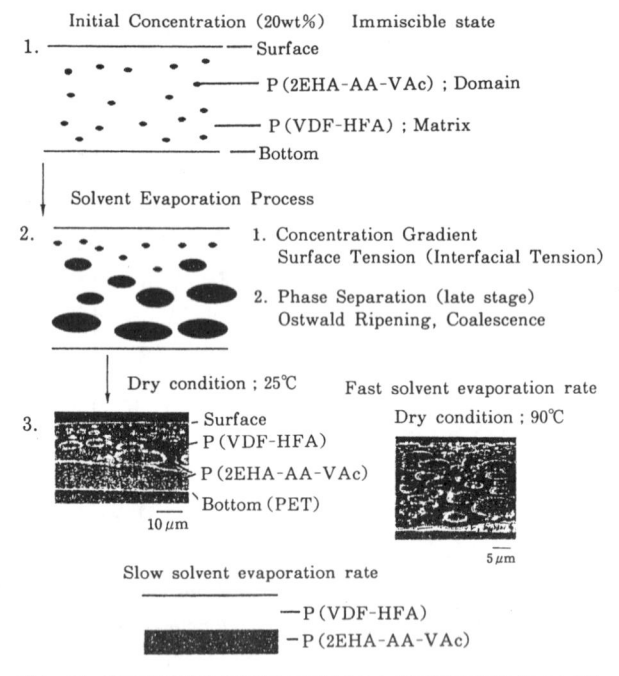

図7 20wt%THF溶液から調整される傾斜ドメイン構造の形成プロセス[12]

P（VDF-HFA）ブレンドが支持体を必要としない粘着剤として応用できることを指摘している。

5.5　モノマーの重合・拡散による傾斜構造

Koikeら[15]は，広伝送帯域光ファイバとしてモノマーの重合・拡散を利用して屈折率分布形（GRIN）プラスチック光ファイバを作製した。光共重合法によるGRINファイバの場合，開始剤を含む2～4種類のモノマー混合液を透明重合管に注入し，垂直にセットした重合管を，軸中心に自転させながら側面から紫外線照射を行い共重合体相（ポリマー相）を管内壁から徐々に析出させる（図8）。重合初期（低転化率）に生成した共重合体は，重合管内壁付近に析出し，重合が進むにつれて生成する共重合体は中心軸付近へと析出する。したがって，モノマーからポリマーへの転化率の上昇に伴い生成する共重合体の屈折率が変化した場合，半径方向にのみ屈折率分布を有するGRINロッドが得られ，これをプリフォームとして連続的に熱延伸することによりGRINファイバが得られる。

例えば，メタクリル酸ベンジル（BzMA）-酢酸ビニル（VAc）-フェニル酢酸ベンジル（VPAc）の場合，管内壁からBzMA→VAc→VPAcの順に進行するが，VAcのホモポリマーの屈折率が1.47と一番低いため，中心軸に対しいわゆるW型の屈折率分布が得られる。さらにMMAを加えた4元モノマー系の場合，これらは中心軸から周辺に向かい，屈折率分布が増大することから，

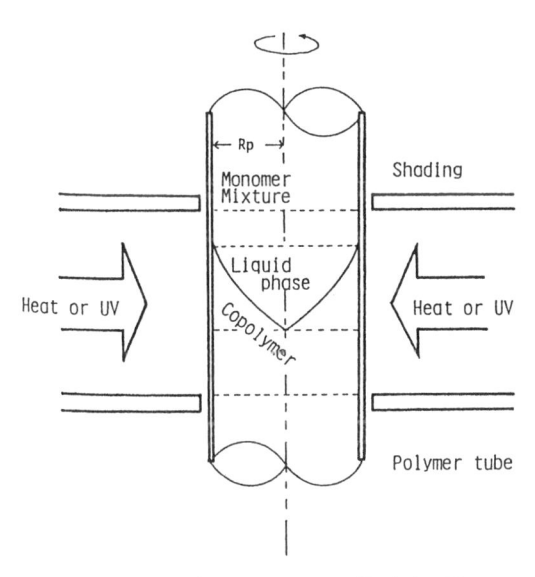

図8　GRINプリフォームロッド調整の概念図[15]

周辺部がクラッド層に相当し，延伸時または延伸後にクラッド層を付ける必要がない。コアとクラッドの境界面が存在しないため，通常のファイバのような境界面での散乱損失が生じず，興味あるGRIN光ファイバと思われる。

光散乱損失の少ないMMA-VPAcのモノマー組み合わせで，アクリル管中で光共重合を行い，このアクリル管ごと熱延伸を行いクラッド付のGRIN光ファイバ（$\phi=1$mm）を作製した場合のファイバの屈折率分布の測定結果は図9の通りである。GRINの屈折率差の最大は0.02であり，開口数NA=0.25のGRIN光ファイバが得られている。

このような屈折率分布形GRIN光ファイバは，今後光ファイバ周辺デバイス，画像伝送素子としての用途が期待される。

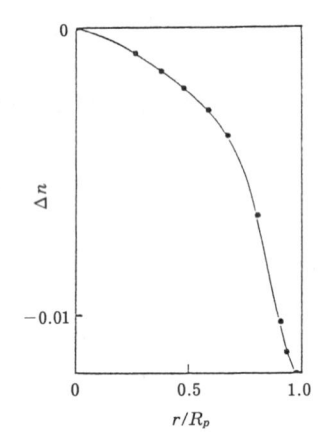

図9 MMA-VPAc系GRINファイバ（$\phi=1.0$mm）の屈折率分布[15]

5.6 空洞含有傾斜構造

濱野ら[16]は，従来のポリプロピレン系合成紙より優れた剛性，耐熱性，表面劈開強度をもつ合成紙として空洞含有ポリエステルフィルムを開発した。このフィルムは，延伸時に発生させた微細な空洞を多数含有しており，それによって紙特有のクッション性や白さや隠蔽性をもっている。空洞の大きさと厚み方向分布を制御するための技術として，空洞発生の核となる非相溶ポリマー分散粒子の大きさと厚み方向分布について押出工程での変化を解析し，それに基づき非相溶ポリマーの表面張力や溶融粘度，あるいは押出キャスト条件を最適化した。押出機内で非相溶ポリマーとPETを溶融混練しそれをスリットより押出し，すぐに冷却固化することによって非相溶ポリマー微粒子を含んだPET樹脂の非晶質未延伸フィルムを作る。次にロール延伸機でPETのガラス転移点以上に加熱しながら機械方向に3～5倍延伸して微粒子の周囲に紡錘形の空洞を作る。

空洞の厚み方向分布の制御は，非相溶ポリマー粒子を，ダイス出口前のスリット部においてせん断応力を利用して表層のみ微細化させ，表層付近の空洞を微細化する技術を確立した。押出キャストした延伸前のフィルム断面のSEM写真（図10）を示した。フィルムの芯から表層付近に近づくにつれて非相溶ポリマー粒子はせん断応力によって楕円状から糸状になり，ごく表層ではさらに細かい粒子になっていることが観察された。それに伴って延伸されたフィルムの空洞も

第3章 物理的安定化の理論と実際

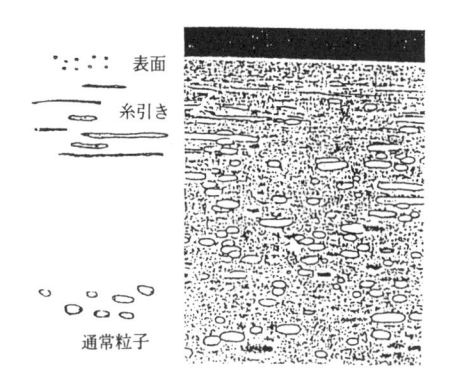

図10 キャストフィルム断面の走査型電子顕微鏡写真[16]

中央には大きいものが存在するが，表層付近には空洞がほとんど存在しない空洞の傾斜構造が見出された。また，表層付近まで空洞が一様に存在するフィルムに比べて表面強度の向上が確認されている。

本フィルムは，情報記録用基材として利用されているが，今後は共押出やコーティング加工などを今以上に利用して多層化技術が期待される。

5.7 コンポジット傾斜構造

古田ら[17]は，液晶ポリマー（LCP）を芯部，ポリエチレンテレフタレート（PET）を鞘部に配した芯鞘型複合繊維の製造プロセスを利用した連続繊維強化熱可塑性樹脂複合材料を作製した。さらに繊維製造工程と複合材料成形工程の融合を目指し，紡糸工程で芯と鞘の組成を連続的に変化させた複合繊維を用いて傾斜構造をもつ連続繊維強化複合材料の作製を行い，これらの複合材料の構造および力学的性質を評価している。複合繊維の紡糸は，それぞれエクストルーダーとギアポンプからなる2つの独立した押出系を持つ紡糸機を用いて行った。複合材料作製方法は，複合繊維において鞘部であるPETの融点（約260℃）に比べ，芯部であるLCPの融点（約280℃）が高いことを利用している。PET／LCP複合繊維の繊維束を凹凸金型内に一方向に配列させ，これをホットプレスを用いて成形温度がLCPの融点以下でPETの融点以上の温度で圧縮成形した。

傾斜構造を有する複合材料の成形プロセスを図11に示す。連続的に芯鞘の組成を変化させながら複合繊維を紡糸した。このときLCPの体積分率（Vf）はPET成分の吐出量を一定とし，LCP成分の吐出量を調整することにより，約2分間で45％〜11.25％へと変化しながら複合繊維が堆

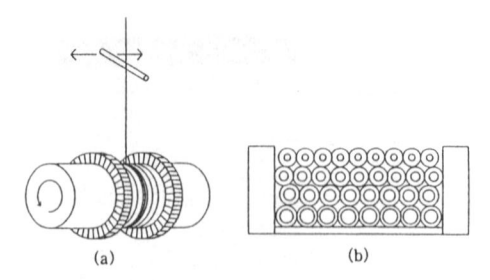

図11 傾斜構造を有する複合材料の形成プロセスの概念図[17]

積される。これを圧縮成形することで，厚さ方向に強化繊維であるLCPの体積分率（Vf）が連続的に変化する傾斜構造を有する複合材料を作製している（図12）。LCPのVfが厚さ方向に連続的に変化している様子が確認できる。また彼らは，3点曲げ試験による破壊挙動を調べ，冒頭に述べた"竹"と同じ挙動を示すことを確認した。この方法を実用化するにあたっては，フィラメントワインディング法を利用し，複合材料の所望の部分に傾斜構造をもたせるために繊維の長さ方向に組成分布を付与するという手法を用いれば，複雑で自由度の高い材料設計が期待される。

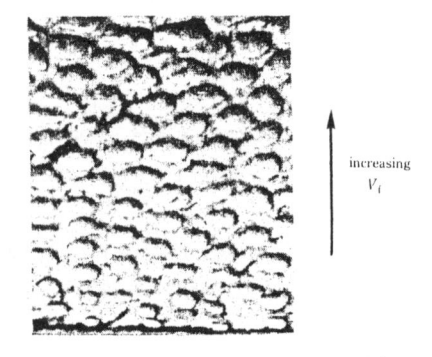

図12 傾斜構造を有するPET／LCP複合材料の断面写真[17]

increasing V_f

5.8 おわりに

本稿では，高分子系傾斜機能材料について概説した。傾斜構造の概念はまだ新しく，学術的理論・原理は次第に確立されつつあるが，これからもさらに数多くの傾斜機能材料について作製法と機能が見出され，表1のように幅広い分野で利用される可能性が高いと考えられる。

第3章 物理的安定化の理論と実際

表1 高分子傾斜機能材料の応用

発現機能	応用分野
熱応力緩和機能	耐摩耗性材料 スポーツ用具・建材
医学的・生化学的機能	人工臓器，人工歯，人工血管 人工関節
電気・磁気的機能	超音波振動子 アクチュエーター 電磁波シールド材料 誘電体，コンデンサー 情報記録用基材
光学的機能	光ファイバー，レンズ
化学的機能	分離膜，耐酸化性材料 高強度・高性能材料 微生物分解
粘着・接着機能	粘着材，塗料

文　　献

1) 社団法人未踏科学技術協会，傾斜機能材料研究会編，傾斜機能材料，工業調査会（1993）
2) K.Muramatsu, A.Kawasaki, M.Taya and R.Watanabe, Proc.1st Int'l Symp. on FGMs, Sendai pp.53-58（1990）
3) 由井　浩，初歩から学ぶ複合材料，工業調査会（1997）
4) 竹本喜一，生物をまねた新素材，講談社ブルーバックス（1995）
5) Amada,S., J.Composite Materials, 30, 800（1996）
6) 佐野博成，倉沢義博，西田耕治，高分子論文集，54, pp.244（1997）
7) T.Okazaki, M.Furukawa, T.Yokoyama, Polym.J., 29, pp.617（1997）
8) Y.Agari, M.Shimada, A.Ueda, S.Nagai, Macromol.Chem.Phys., 197, pp.2017（1996）
9) 上利泰幸，高分子加工，46（6），pp.11（1997）
10) 加納義久，秋山三郎，日本接着学会誌，26（5），pp.173（1990）
11) 加納義久，石倉一仁，秋山三郎，日本接着学会誌，26（7），pp.252（1990）
12) 加納義久，秋山三郎，高分子加工，47, pp.72（1998）
13) 秋山三郎，加納義久，科学と工業，71（2），pp.44（1997）
14) 秋山三郎，加納義久，高分子，49, pp.32（2000）；加納義久，接着，42, pp.315（1998）

15) Y.Koike, N.Tanio, E.Nihei, Y.Ohtsuka, *Polym.Eng.Sci.*, 29, pp.1200 (1989) ; 小池康博, 繊維と工業, 42, No.4, pp.122 (1986)
16) 濱野明人, 熊野勝文, 伊藤勝也, 多賀敦, 松井武司, 成形加工, 10, No.8, pp.636 (1998)
17) 古田達彦, J.Radhakrishnan, 伊藤浩志, 鞠谷雄士, 奥居徳昌, 成形加工, 9, No.11, pp.920 (1997)

第4章 高分子材料の長寿命化と成形加工

久保田和久*

1 はじめに

　リサイクル，リユース，リダクションなどの環境に関する技術が注目される現在，成形品の長寿命化についても注目されている。高分子材料の成形は押出成形および射出成形が多く用いられている。特に射出成形は広い分野の成形品を作製している。

　高分子材料の成形は一般に高温および高圧が必要である。特に最近は複雑な形状や薄肉成形品が増加しており，これにともない特に高温および高圧で成形することが多くなっている。高温で成形することは熱劣化の心配があり，高圧で成形することは内部応力などの問題を生じる。

　そこでこの章では，高温・高圧の成形の問題点を改良できる最近の技術として，射出圧縮成形，ガスアシスト成形，輻射電熱成形および成形加工に関する測定技術などを通して成形品の長寿命化について述べることにする。

2 成形加工と圧力および温度との関係

　射出成形において問題となるのは，金型内の圧力と温度の不均一である。以下にこの点について改良を行った方法について示す。

　初めに圧力と成形について述べる。射出成形は溶融した樹脂を金型内に射出して賦形するもので，複雑な形状の部品を効率よく作ることができる。射出成形における充填，保圧および冷却過程，およびこれに関係する射出圧力，保圧圧力，射出速度，金型温度などの成形条件は成形品の物性に大きく影響を与える。

　樹脂から成形品にいたる工程について簡単に説明すると，まず樹脂が成形機のホッパに供給され，スクリュー回転により前方に送られながら加熱され溶融していく。そして流動状態になった樹脂はスクリュー先端部に送られて，スクリューの後退とともにその部分に溶融した樹脂が溜まる。この状態において圧力が加わり，金型内へ流入してノズル，スプルー，ランナ，ゲートを通ってキャビティへ充填される。また充填完了後も保圧力が加えられる。その後ゲートより固化

---

*　Kazuhisa Kubota　工学院大学　機械工学科　非常勤講師

し,徐々にキャビティ内も固化していく。

ここで問題となるのが圧力損失である。図1は金型内の圧力損失について測定した一例である[1,2]。樹脂の種類によって大きく差がある。また,圧力損失が比較的大きいのがわかる。このことは金型内部の圧力分布が比較的大きく,ゲート部と末端ではこれにより内部応力などが異なり,成形不良の原因となることが推測できる。

そこで,ゲート部分と成形品末端で圧力勾配の少ない成形品を作製することで,成形不良を減らし,しかも成形品の寿命を延ばすことができると考えられる。

圧力勾配の少ない成形品を作製する方法として射出圧縮成形がある。この方法は射出成形の工程において,金型をあらかじめ半開き状態にしておいて,その状態に溶融樹脂を充填して,

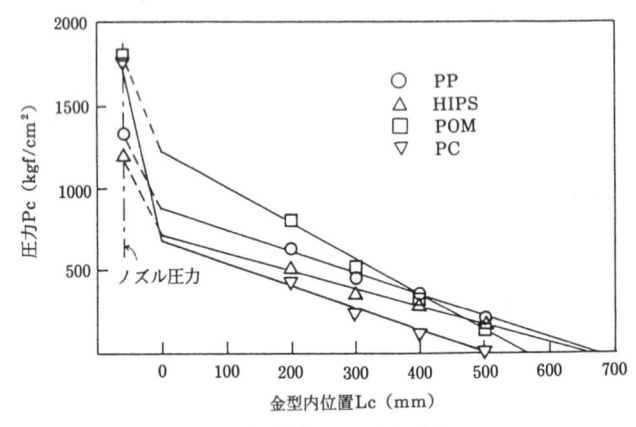

図1 各測定位置における圧力[1]

(a)金型を所定位置まで接近・保持　(b)溶融樹脂を射出　(c)型締めにより圧縮賦形

射出圧縮成形工程

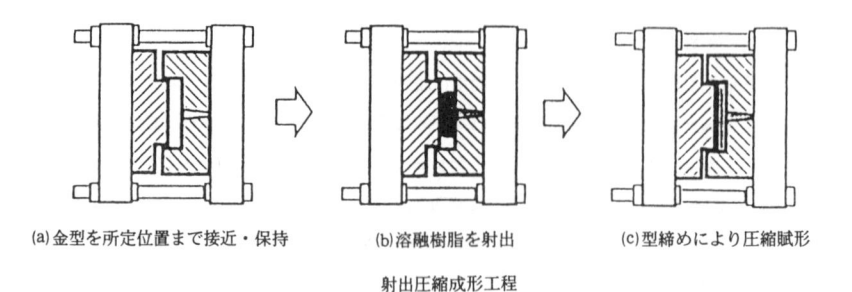

図2 射出圧縮成形の概略[3]

第4章 高分子材料の長寿命化と成形加工

圧縮加圧工程とタイミングを合わせて行う方法である。図2はその工程の概要を表したものである[3]。

　薄肉成形品，例えばCDの基盤を成形する場合，射出成形では高速高圧成形条件が必要となる。このため，ゲートから成形品末端までの全体の圧力勾配は比較的大きい。そこで，成形品には内部応力による変形，クラックの発生，充填不良や過剰供給による成形不良，成形材料の流れによる方向性による不均一性による不良などの問題が生じる。これに対して，射出圧縮成形を用いることにより，圧力分布の少ない，また，均一な平面を持った成形品を作製できる。

　続いて金型内の圧力を制御する方法の一つであるガスアシスト成形について示す。この成形法は金型内の溶融樹脂中に高圧ガスを圧入する射出成形方法である。図3に工程の概略を示す[4]。図が示すように，溶融樹脂と高圧ガスを金型内に射出し，このガス圧力により賦形と保圧を行いながら溶融樹脂の冷却を行う。溶融樹脂の冷却後ガスを成形品内より回収して型より取り出す。通常射出成形では高粘度の溶融樹脂を高温高圧で金型内に注入するため，金型内の樹脂圧はゲート部から末端部に圧力勾配を生じ，これが不良発生の原因となる。また，構造上一般にゲート部から冷却・固化シールされるため，射出圧力が先端に伝達できなくなり，末端部のひけの発生原因となる。これに対して，ガスアシスト成形では，保圧中にガスで溶融樹脂を加圧しながら冷却できるので，ひけなどの成形不良を大幅に改善できる。

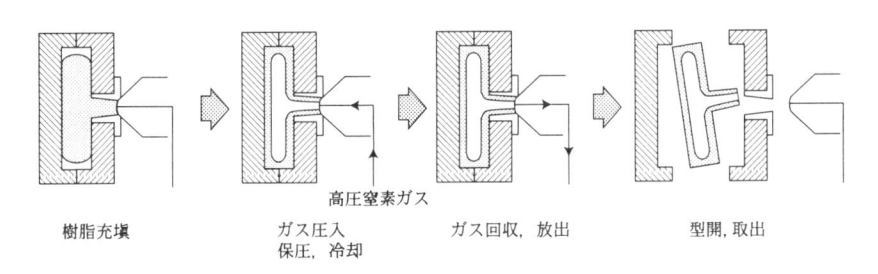

　　　　　　　　　　　　　　　　　　　　　高圧窒素ガス

　樹脂充填　　　　　　　　ガス圧入　　　　　ガス回収，放出　　　　型開，取出
　　　　　　　　　　　　　保圧，冷却

図3　ガス射出成形の基本・工程概念図[4]

　さらに，ガスアシスト成形では，ガス保圧により内部（コア）より均一圧力で押せるため，金型への転写性が優れるとともに，肉厚部のひけが改良される。また，金型内の圧力分布が一般の射出成形と比較して少ないことにより残留ひずみが少なく，成形品のそりやねじれが減少する。さらに，成形品の軽量化を図れる利点がある。

　次に成形時の温度について，冷却状態の改良の例を示す。金型内の樹脂の流動を改良する方法に金型温度を上げる方法がある。しかし，金型温度を上昇させると冷却時間の関係で成形サイク

ルが長くなり生産性が低下する。そこで，金型表面だけを一時的に加熱・冷却する方法や，直接樹脂を加熱する方法などが開発されている。

この中の一つに炭酸ガスレーザーで金型内の樹脂を直接加熱する方法が考案されている。この装置の概略を図4に示す[5]。この方法は金型の一部をレーザーが通過する材料にすることによって，直接的に金型の内部の樹脂を加熱するものである。この方法は温度応答性に優れ，射出成形法の高い生産性を損なわない温度制御手段として大きな可能性がある。また，この手法を用いることで樹脂表面層の温度低下を制御し，表面固化層を制御できるなどの利点が考えられる。さらに，樹脂の流動性や金型への転写性が向上することが報告されている。

また，金型の一部に特殊な薄型のヒーターを用いる方法や高周波誘導加熱装置を用いる方法な

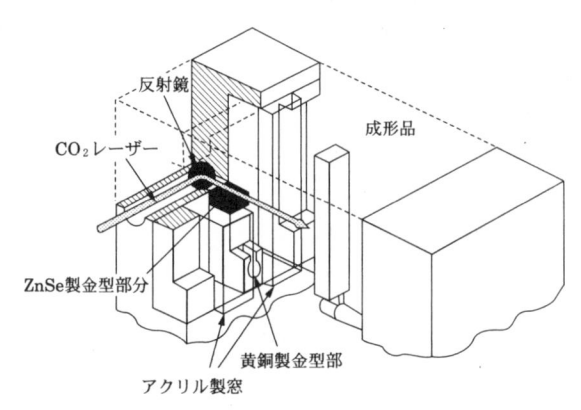

図4 装置の概略[5]

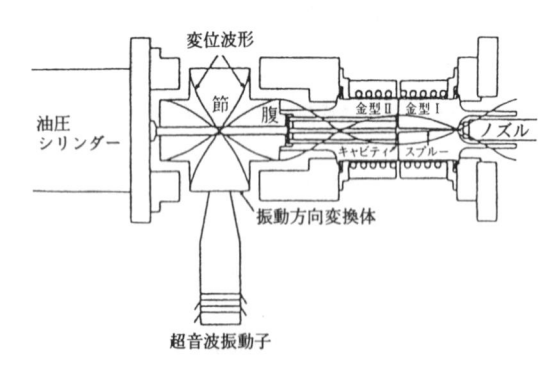

図5 超音波射出成形装置の概略図[8]

第4章 高分子材料の長寿命化と成形加工

どが考案されている。いずれの方法も金型内の樹脂の流動を改良するものである。

同様に金型内の樹脂の流動を改良する方法として超音波射出成形機がある。この装置の概要を図5に示す[6]。この装置は超音波振動子から発生した超音波を振動方向変換体を通じて可動側および固定側金型へ伝達させ、金型全体を共振させながら成形を行う装置である。このシステムでは、超音波による局所加熱作用で、樹脂の流動特性を改良し、成形品の光学異方性の改良や金型への転写性の向上などが達成できる。

また、成形時の樹脂温度の均一化について図6が示すような、スクリュープリプラ方式射出装置がある[7]。成形時の樹脂温度を均一に保つことは従来から問題となっている。特にスクリューでの可塑化の時の不均一性が指摘されている。そこで図が示すようにプランジャー方式と組み合わせて、温度の不均一性を改良しようとするのが本装置である。精密成形品などに多く用いられるようになっており、不良率の低下に役立っている。

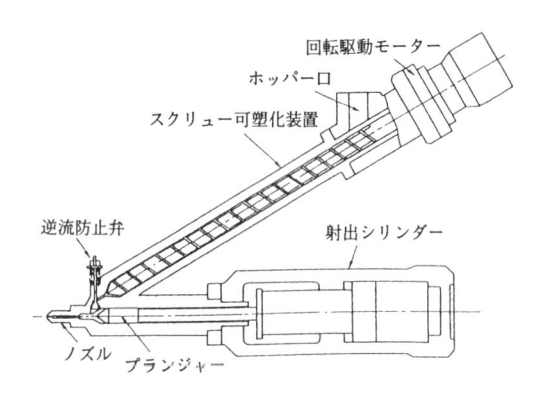

図6 スクリュープリプラ方式射出装置[7]

続いて、成形時に構造を制御し物性を改良する成形方法がある。成形時の流動は樹脂を配向させ不均一な構造を作る。また、ウエルドラインは成形品の強度低下の原因となる。そこで、樹脂の流動を制御する方法が提案されている。その一つにSCORIMという方法がある[8]。これは図7に示す装置を用いるもので、図が示すように、成形時に往復流動を材料に与え、物性を改良しようとするものである。この方法により、成形品の強度が2倍に向上したとの報告がある。

これらの方法は、成形品の内部応力の低下や温度の均一化を達成するもので、物性や機械的強度を向上させ、成形品の長寿命化に寄与すると考えられる。

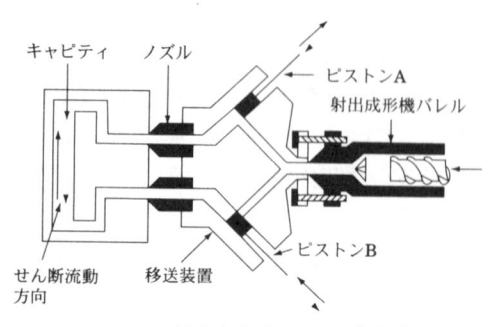

図7　SCORIM（せん断制御射出成形）の一つの方法（Allen-Bevis）[8]

3　CAE，成形加工に関するシミュレーションおよび可視化などの研究

　成形加工に関するシミュレーションについては多くのソフトが市販されている。コンピュータの発達によるCAE/CAD技術の進歩は飛躍的である。少し前までは大型のコンピュータで長時間かかった流動解析が今ではパソコンと呼ばれる程度のコンピュータで計算できるようになってきている。また，ソフトも初めは流動解析が中心でメルトフロントや充填時間などの計算がおもであったが，今日では製品のそり解析など多方面の計算が可能である。これらの手法は成形条件の検討や成形時の不良の予測および物性予測などに役立ち，それにより成形品の長寿命化に結びつくと考えられる。

　最近のシミュレーションの中では3次元解析が興味深い。特に完全3次元解析が行われるようになっている[9]。今まで解析対象を薄肉成形品とすることで，板厚方向を無視して計算を簡略化して来たが，最近はさらにシミュレーションの精度の向上や厚肉成形品の増加などに対応して3次元解析の必要性が注目されている。

　これらのCAEは従来から解析されてきた収縮やそりの計算の精度向上などに役立ち，金型の不具合などの予測に有効である。また，ウエルドラインの発生位置，そりなどの位置および内部応力の発生の予測に有効であり，これを用いることにより成形品の状態を把握でき，長寿命化への手助けとなる。さらに最近では材料構造シミュレーションやポリマーブレンド材の内部構造などを予測するシミュレーションが研究開発されている。

　これらCAEなどの解析の進歩には，成形加工に関する多くの研究が役立っている。この中でも可視化の研究が注目されている。成形工程は高温・高圧になり，シリンダーおよび金型の内部はブラックボックスになっていた。そこでこの部分を可視化し，研究を進めることにより，疑問点を解決し，CAEや欠陥の改良に大いに役立っている。図8は装置の一例である[10,11]。

第4章　高分子材料の長寿命化と成形加工

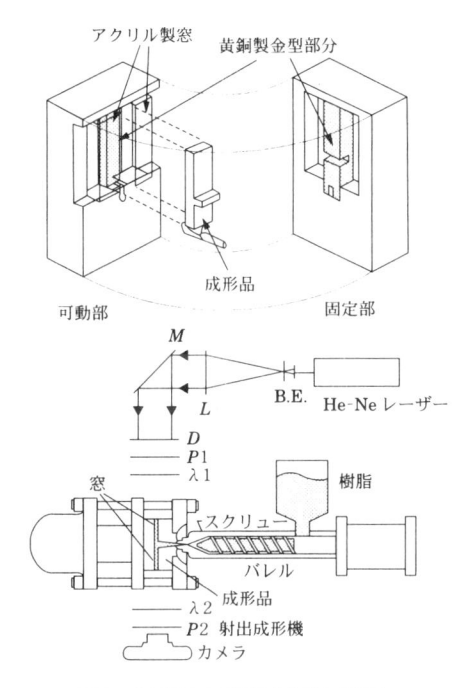

図8　複屈折分布の可視化金型と光学系
(黒崎, 佐藤ら)[10]

　環境問題など成形品をとりまく環境が厳しくなりつつある。最近は多くの新技術や研究が報告されている。これらの進歩が成形品の長寿命化に役立つことを期待する。

文　　献

1) 大柳康，エンジニアリングプラスチックス，森北出版，p.52（1985）
2) 久保田和久ほか，工学院大学研究報告，70号，p.35（1991）
3) 斎藤義明ほか，成形加工，10, No.6, 389（1998）
4) 和田明紘，成形加工，11, No.4, 247（1999）
5) 黒崎晏夫ほか，日本機械学会論文集C, 62 (599), 2864（1996）
6) 佐藤淳ほか，成形加工，10, No.6, 445（1999）

7) 先端成形加工技術, シグマ出版, 44 (1999)
8) 堀三計ほか, 成形加工, 11, No.10, 808 (1999)
9) 松岡孝明, 成形加工, 11, No.4, 285 (1999)
10) 黒崎晏夫ほか, 日本機械学会論文集C, 56 (522), 504 (1990)
11) 横井秀俊ほか, 成形加工 '95, 171 (1995)

第5章　高分子材料の長寿命化事例

1　スチレン系樹脂

押田孝博*

　高分子材料は一般に，成形加工あるいは使用中に大なり小なり諸物性が変わっていくものである。これら物性の変化に，熱，酸素，紫外線，ストレス，薬品などがさらに大きく影響を与える。

　スチレン系樹脂で，用途上もっとも耐久性で問題になるのは，成形加工時の熱劣化，および耐候性である。この二つの分解現象を中心に，スチレン系樹脂の耐久性改良（長寿命化）について述べてみたい。

1.1　ポリスチレンの分解機構

　高分子の熱分解反応は，主鎖の切断と側鎖の反応に大別され，前者はランダム分解と解重合に分けられる。後者には側鎖の脱離，環化，橋かけ反応などがある。

　側鎖が安定で分解せず，架橋も炭化もしないポリマーでは，分解は主鎖のランダム切断（ランダム分解）か解重合となる。ランダム分解では主鎖が任意の点で切断するために分子量が急激に低下し，さらに切断が進むと気化できる程度の大きさの分子になる。したがって，種々の大きさの低分子分解物を生じるがその中のモノマーの割合はごく少ない。一方，解重合は連鎖末端あるいは弱い結合部で主鎖が1箇所切断すると，そこを起点としてちょうど重合の生長反応とは逆の逆生長反応によりモノマーがつぎつぎにはずれて進行するため主生成物はモノマーである。図1には典型的なランダム分解型と解重合型の，ポリエチレンとポリメタクリル酸メチルの重量減と分子量の関係を示した。また表1には代表的な高分子の熱分解時のモノマー収率を示した。この表でモノマーの収率が高いものほど解重合型に近いといえる。これらよりポリスチレンの解重合性はポリエチレンとポリメタクリル酸メチルの間であるとわかる。

　ポリスチレンの熱分解機構はラジカル連鎖機構であり，まず熱分解によりポリスチリルラジカル［Ⅰ］が生成する。これが解重合によりスチレンとさらにポリスチリルラジカル［Ⅰ］を生成する反応と，分子内水素移動（back biting）によるダイマー，トリマー生成反応とが競

---

*　Takahiro Oshida　エー・アンド・エム スチレン㈱　研究開発部　R&D部長

争する。また，ポリマー末端の切断によりトリルラジカルが生成し，ポリスチリルラジカル［Ⅰ］の不均化反応によりトルエンと不飽和末端ポリスチレン［Ⅱ］が生成する。そして，この不飽和基のβ位のC-C結合は熱的に不安定であるために切断し，α-メチルスチレンと再度ポリスチリルラジカル［Ⅰ］が生成する（図2）[1]。

以上は無酸素下のポリスチレンの熱分解を論じたが，酸素はポリスチレンの分解において非常に重要な役割を果たす。350℃以上でのポリスチレンの熱分解の活性化エネルギーは，酸素の有無でそれぞれ，21.5kcal/mol，44.9kcal/molである[2]。またポリスチリルラジカルはポリスチレンに対するより酸素に対する方が，10^6倍反応速度が大きく，そのため容易にパーオキシラジカルを生成し，それが三級水素を引き抜いて，ポリスチレンハイドロパーオキサイドを生成する[3]。

ポリスチレンは290nm以下に強い吸収を有し（図3），通常の太陽光には290nm以下の波長光はない（太陽光の光エネルギー領域の光は，大気中の酸素，オゾン，二酸化炭素，水蒸気などの分子あるいは塵埃によって吸収，散乱されるため，実際に地表に到達するのは290nmより長い波長の光だけである）[4]。図4には短波長光

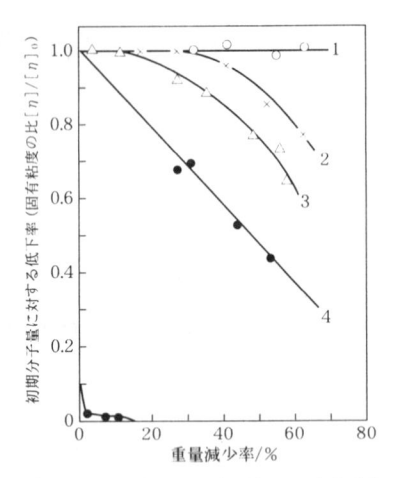

ポリメタクリル酸メチル（解重合型）の初期分子量（1〜4），1：44000，2：94000，3：179000，4：725000，ポリエチレン（ランダム分解型）の初期固有粘度，5：$[\eta]_0 = 2\mathrm{dm}^3\,\mathrm{g}^{-1}$

図1　分子量低下と重量減少率

（神戸博太郎編 "高分子の熱分解と耐熱性"，p.217，培風館（1974））

表1　代表的高分子の熱分解時のモノマー収率

高分子	モノマー収率／%
ポリメタクリル酸メチル	100
ポリテトラフルオロエチレン	100
ポリα-メチルスチレン	100
ポリスチレン	42
ポリm-メチルスチレン	52
ポリイソブチレン	32
ポリイソプレン	11
ポリエチレン	3

（290nm以下）によるポリスチレンの光劣化機構を示した。短波長光がフェニル基を励起し，隣の結合エネルギーの小さい三級C-H結合を切断してポリスチリルラジカルと水素ラジカルを生成する。この水素ラジカルは，ほかの水素ラジカルと結合して水素を発生するか，またはポリスチレンの水素を引き抜いて，水素とポリスチリルラジカルを生成する。ポリスチリルラジカルは架橋反応または共役ポリエン構造を形成し，黄色物質を生成する[5]。

第5章 高分子材料の長寿命化事例

図2 ポリスチレンの熱分解機構[1]

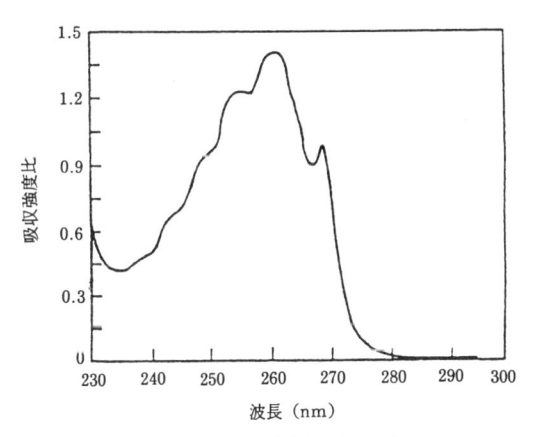

図3 ポリスチレンの紫外線吸収スペクトル
(1,115mg/ml, THF中)

(1) ～～CH$_2$-CH(C$_6$H$_5$)-CH$_2$～～ $\xrightarrow{h\nu}$ ～～CH$_2$-Ċ(C$_6$H$_5$)-CH$_2$～～ + H・

(2) 2 H・ $\longrightarrow$ H$_2$

(3) ～～CH$_2$-CH(C$_6$H$_5$)-CH$_2$～～ + H・ $\longrightarrow$ ～～CH$_2$-Ċ(C$_6$H$_5$)-CH$_2$～～ + H$_2$

架橋反応

共役ポリエン構造形成

2 ～～CH$_2$-Ċ(C$_6$H$_5$)-CH$_2$～～ → ～～CH$_2$-C(C$_6$H$_5$)-CH$_2$～～ / ～～CH$_2$-C(C$_6$H$_5$)-CH$_2$～～

～～CH$_2$-C(C$_6$H$_5$)=CH-C(C$_6$H$_5$)=CH～～ （黄色物質）

図4　短波長光によるポリスチレンの光劣化機構

1.2　ポリスチレンの熱安定化と構造変化

　ポリスチレンの熱分解は，ポリマー中の"弱い結合"部分から開始する。加熱に対してポリマーは自らの分子運動により外部エネルギーを吸収して緩和する。もっとも分子運動が激しいのは末端であり，末端の弱い結合部分が熱分解に大きな影響を与える。

　ラジカル開始剤で重合したポリスチレンは，頭-頭結合，分岐鎖，二重結合，酸素結合などのポリマー中の"弱い結合"のために250℃以下で初期の分子鎖切断が起こる。そこで，ポリスチレンの熱安定化の方法として，アニオン重合法により，弱い結合部分を減らすことが提案されている。図5にはラジカル重合およびアニオン重合により得られたポリスチレンの加熱温度変化と，ポリスチレンの数平均分子量変化との関係を示す[6]。これよりアニオン重合ポリスチレンの熱安定性は卓越していることがわかる。

　また，ポリスチレン末端をキャッピングして末端結合を向上させることができる。図6には，334℃で加熱した場合の，ポリスチレンの末端基の種類とポリスチレンの重量変化との関係を示した[7]。末

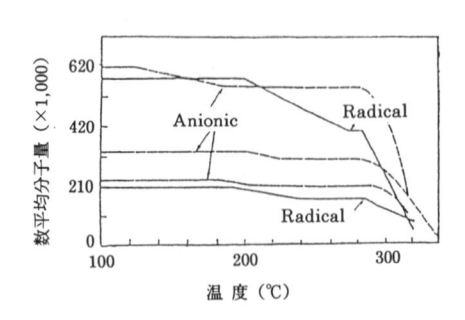

図5　アニオン重合法とラジカル重合法により得られたポリスチレンの熱分解試験において，加熱温度と数平均分子量との関係

第5章 高分子材料の長寿命化事例

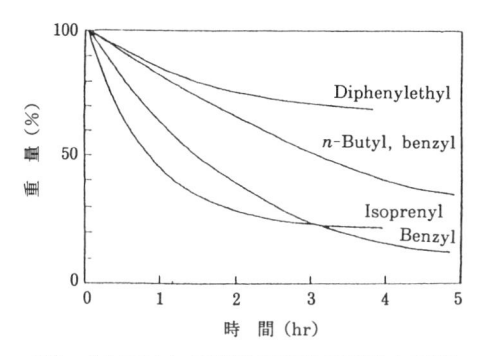

図6 ポリスチレンの末端基の種類と重量変化との関係
(アニオン重合法により製造したポリスチレンの334℃での熱分解試験)

端変性ポリスチレンの熱安定性は,末端基の水素引き抜き後,生成するカーボンラジカルの安定性により支配される。

1.3 熱酸化に及ぼすポリスチレンの構造の影響

低分子の場合と同じような一般式で高分子の熱酸化を表すことができる(図7)が,高分子化

(1) 開始反応

$$RH + \begin{bmatrix} エネルギー(熱、光、その他) \\ 触媒 \\ 酸素 \end{bmatrix} \rightarrow R\cdot + \cdot H \text{ (または} HO_2\cdot)$$

(2) 生長反応
ヒドロペルオキシドの生成
$$R\cdot + O_2 \rightarrow ROO\cdot$$
$$ROO\cdot + RH \rightarrow ROOH + R\cdot$$

ヒドロペルオキシドの分解
$$ROOH \rightarrow RO\cdot + \cdot OH$$
$$2ROOH \rightarrow RO\cdot + RO_2\cdot + H_2O$$
$$\left.\begin{array}{c} RO\cdot \\ RO_2\cdot \end{array}\right] + RH \rightarrow 種々の生成物$$

(3) 停止反応
$$R\cdot + R\cdot \rightarrow R-R$$
$$R\cdot + ROO\cdot \text{ (または} RO\cdot) \rightarrow 安定な化合物$$
$$ROO\cdot + ROO\cdot \rightarrow 安定な化合物 + O_2$$

図7 高分子化合物の熱変化

合物は構造的に低分子化合物と著しい相違があるため、同型の化学反応を行っても反応性に大きな差異が現れる。そこでこれらの要因について述べる。

1.3.1 結晶化度の影響

高分子の形態（結晶性，非晶性）がその物性に著しい影響を及ぼすことはよく知られている。半結晶性ポリマーの熱酸化反応が結晶領域と非晶領域のいずれでより起こりやすいかという問題は，ポリマーの熱安定性を理解する上で極めて重要であり，これまで多くの報告があるが，統一的な結論にはまだ達していない状況である。

ポリマー中への酸素の拡散速度について測定がされ，結晶域よりも非晶域への方が酸素が入りやすく，酸素濃度が高いことが認められている。

また、高分子化合物中での過酸化ベンゾイルの開始効率が、結晶域より非晶域の方が大きいという報告があるが、これはラジカルが非晶域内の方が動きやすいことによると考えられる。酸化速度についても、結晶化度が大きくなるほど、速度が小さくなることを認めた例が多い。Dulogらは、結晶性ポリマーよりも非晶性ポリマーの方が酸化反応全体の活性化エネルギーが7〜8kcal大きいことを認めている。

ポリスチレンに関する報告は見当たらないが，出光石油化学㈱が最近上市した結晶性ポリスチレンであるシンジオタクチックポリスチレン（SPS）は，品質劣化が少なくリサイクル性が良好であると唱っている[8]。

1.3.2 タクティシティーの影響

高分子化合物の酸化におけるタクティシティーの影響についても、いくつかの報告例があるが、その効果もなかなか複雑で、すっきりとはしていない。ポリマーのタクティシティーは結晶化度と相関があるため、固相状態ではアイソタクティック、あるいはシンジオタクティックポリマーよりアタクティックポリマーの方が熱酸化を受けやすい。高分子化合物が立体規則的であるほど結晶化度が高く、一般に酸化されにくいと考えられる。

NakajimaらはNatta触媒を用いて重合したアイソタクチックポリスチレンの熱劣化に伴う分子量変化を調べている（図8〜11）[9]。その結果、アタクティックポリスチレンとは異なり、アイ

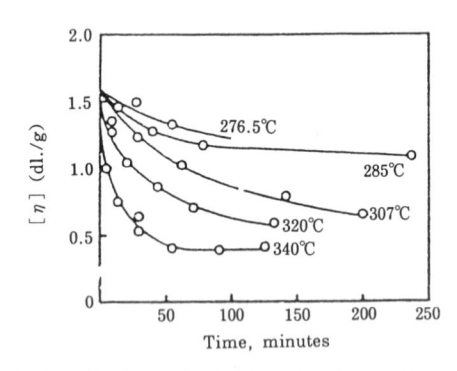

図8 The change in limiting viscosity number with degradation time for atactic polystyrene at various temperatures (JELLINEX)

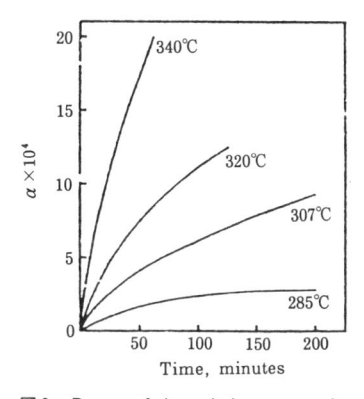

図9 Degree of degradation, α, against degradation time for atactic polystyrene at various temperatures

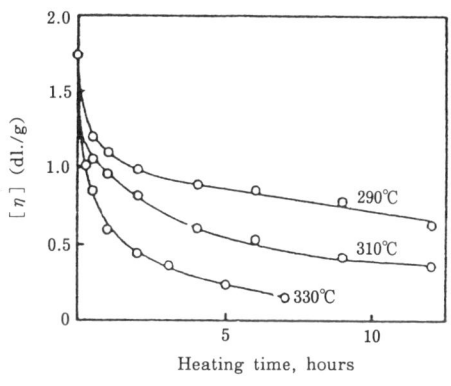

図10 The change in limiting viscosity number with degradation time for isotactic polystyrene at various temperatures

ソティックポリスチレンの劣化度αは時間とほぼ直線的であることを報告している。解重合のinitial stageにおける劣化の活性化エネルギーは，アタクティックポリスチレンが24kcal/molで，アイソタクティックポリスチレンの42kcal/molより小さい。しかし，アタクティックポリスチレンのsubsequent stageの活性化エネルギーは39kcal/molであり，アイソタクティックポリスチレンのそれにラジカル重合のポリスチレン中には"weak Links"が存在するが，アニオン重合のポリスチレン，アイソタク

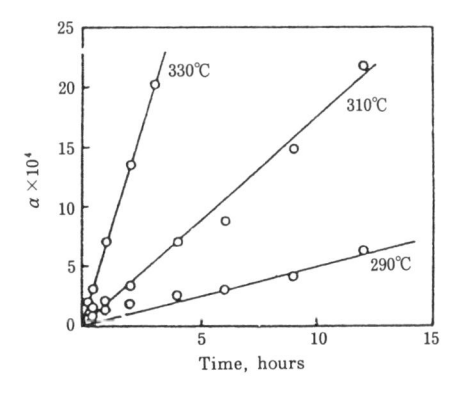

図11 Degree of degradation, α, against degradation time for isotactic polystyrene at various temperatures

ティックポリスチレンにはそれらがないと報告している。

1.3.3 分子量と分子量分布の影響

　分子量の影響は予想以上に複雑である。他の反応因子を固定しても，分子量だけを変化させてその効果をみるといった系統的な研究は難しく，そのため報告も多くない。

　一般に，分子量と分子量分布のポリマーの熱酸化に及ぼす影響は，結晶化度や分岐などに比べて少ないが，極端に分子量が異なり融点に差を生ずる場合，あるいは酸化に敏感な不飽和末端基

が多数ある場合には,それらの影響を全く無視するのは危険である。

Madorskyらは,未分別のポリスチレンの劣化速度は,これから分別した2つの分別物のそれよりも大きく,低分子量の分別物は,高分子量の分別物よりも低い速度であることを示している(図12〜14)[10]。これらからポリスチレンでは,分子量が高いほど,また分子量分布が広いほ

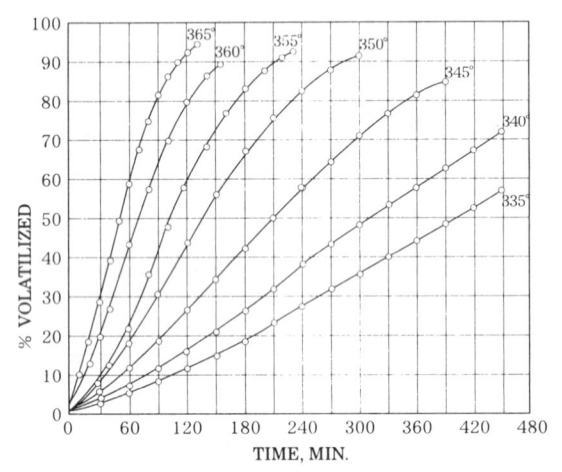

図12 Cumulative degradation of unfractionated polystyrene molecular weight 230,000, as a function of time.

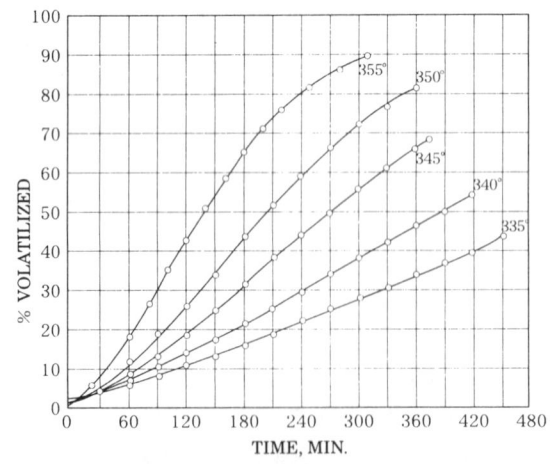

図13 Cumulative degradation of polystyrene fraction of molecular weight 106,000, as a function of time.

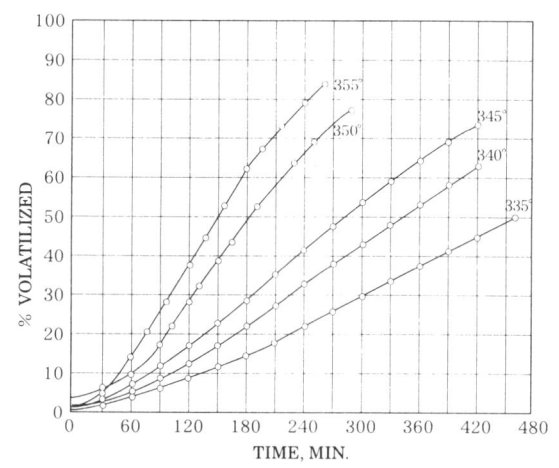

第5章 高分子材料の長寿命化事例

図14 Cumulative degradation of polystyrene fraction of molecular weight 586,000, as a function of time.

ど劣化しやすい傾向があると考えられる。

同じくMalhotraらは、20〜335℃の範囲で分解させた、分子量900から180万のポリスチレンのGPCから劣化の活性化エネルギーを計算している（図15)[11]。その結果，活性化エネルギーは分子量が4万までは一定であるが、それ以上では低下していくことを見い出している。

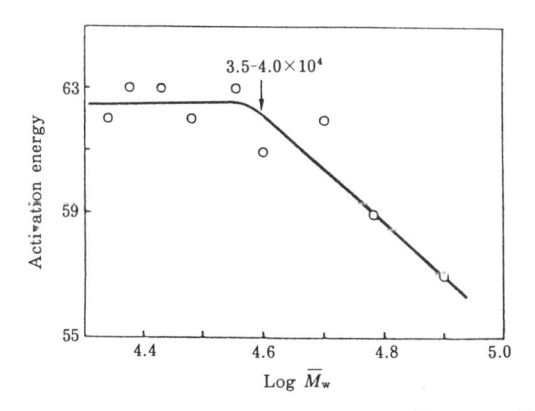

図15 Decomposition of a polystyrene standard ($\bar{M}_w=1.6\times10^5$): variation of activation energy with molecular weight

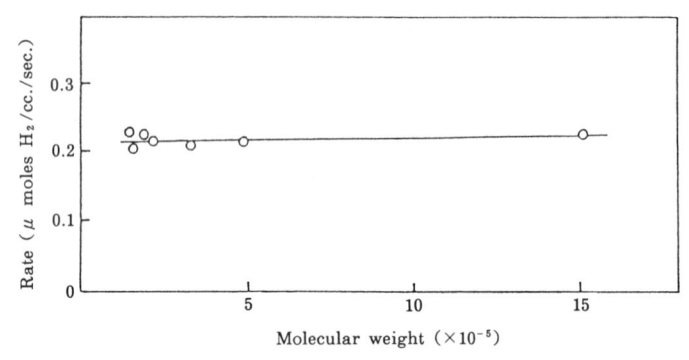

図16 Effect of molecular weight on rate of photolysis of polystyrene.

ポリスチレンの酸化速度が分子量に依存しないことを認めた報告もある（図16）[12]。これは連鎖開始効率と連鎖停止反応速度とがお互いに補償関係にあるためと考えられる。すなわち，分子量が大きくなるにつれて連鎖開始効率が減少するが，同時に連鎖停止反応も遅くなり，両者が相殺し合って，全体としては分子量の効果がほとんど認められないと考えられる。

一般的には，分子量および分子量分布の，連鎖開始，生長，停止反応への影響，あるいは分子内反応やポリマーラジカルの動きやすさなどへの効果は複雑で，定量的な議論は難しい。

1.3.4　分岐構造の影響

分岐構造は結晶化度に劣らず重要な因子で，ポリマーの熱酸化に著しい影響を及ぼす。分岐が多くなると非晶領域が多くなるが，結晶化度がほぼ等しい場合でも分岐状ポリマーは線状ポリマーより著しく酸化されやすい。

また，分岐の数と大きさが増大するほど，酸素吸収速度も速くなる。一般に，分岐が増えるほど酸化速度は増加する[13,14]。これは，分岐が増えるほど反応性の大きい第三級炭素が増加することによると考えられる。またそれに加えて，第三級ペルオキシラジカルの停止反応速度が遅いことも重要な因子で見逃してはいけない。

このような分岐の効果は，遮蔽作用をもたらす分子内，分子間結合力を弱める立体因子と，分岐の結果，第三級炭素が存在するために現れると考えられる。表2に示したように，炭素，水素間の結合エネルギーは，第一級＞第二級＞第三級の順に大きく，分岐点の第三級炭素上の水素は，第二級水素に比べて引き抜かれやすく，酸化反応における連鎖生長を容易にする。

ポリスチレンのα-プロトンは，ポリプロピレンの場合よりも酸化されにくい。これは，かさ高いフェニル基が反応しやすい水素原子を遮蔽する立体効果とフェニル基の感応効果に伴う共鳴安定化エネルギーによると考えられる。ラジカル開始剤で重合したポリスチレンには分岐鎖をも

第5章 高分子材料の長寿命化事例

表2　C-H結合エネルギー

化合物	結合エネルギー（kcal/mol）
$n-C_3H_7-H$　（一級）	100
$n-C_4H_9-H$　（一級）	101
$iso-C_3H_7-H$　（二級）	94
$tert-C_4H_9-H$　（三級）	89
$CH_2=CH-H$	104
$CH_2=CH-CH_2-H_2$	77

つことが知られているが，分岐ポリスチレンの劣化を詳細に取り扱った例は見当たらない。

1.4　配合剤によるポリスチレンの耐久性改良（長寿命化）

ここまで主として，ポリスチレンの分子構造固有の問題を中心に考察してきたが，実際の市場では配合剤技術による耐久性改良がほとんどで，ここではそれらの技術動向について述べたい。

1.4.1　熱劣化防止用配合剤

ポリスチレンを高温条件に晒すと，すでに述べたようにハイドロパーオキサイド基が鎖中に生成する。この基は容易に分解し，反応性の大きい2個のラジカルに分解する。このような熱による劣化を防ぐために，熱安定剤となる配合剤が一般的に添加される。

熱安定剤として酸化防止剤が使用されるが，普通，酸化防止剤といえば，いわゆるラジカル捕捉剤，過酸化物分解剤，光安定剤，金属捕捉剤などを含む。

連鎖反応を止めるのがラジカル捕捉剤で，フェノール系およびアミン系酸化防止剤が使用され，これらはもっぱらパーオキシラジカルを捕捉する。生成したハイドロパーオキサイド基のラジカル分解前に，イオン分解させるのが過酸化物分解剤で，硫黄系およびリン系酸化防止剤があり，高分子の安定化にはこの両者が必要である。

アルキルラジカルは，特別の場合，例えばそれが非常に共鳴安定化しているような場合を除いて，酸素との反応が酸素の拡散律速といわれるほど非常に速い。従って，これを捕捉できる配合剤は長く知られていなかったが，最近はヒンダードアミン系光安定剤（HALS）がそのような作用があることが確認され使用されている。

酸化防止剤については，BHTの発ガン論争に端を発し，牛乳容器などに添加制限が決められて以来，常に安全性に関して注意が払われ，多くの酸化防止剤は高分子量化したものが使われるようになってきている。また高度の要求性能を満たすために反応性酸化防止剤も開発されている。

古くからすでに検討されてきたが，最近，さらなる安全性を考えて，食品包装用にビタミンE（tocopherol）の酸化防止剤としての検討が進んでいる[15]。

1.4.2 耐候性改良用配合剤

前述したように，ポリスチレンは紫外光を吸収することはないが，それによるフェニル基の励起現象に基づいてポリスチリルラジカルを生成する。このラジカルは，分子鎖中の他の部分を攻撃し，ラジカルを連鎖的に生成させ，劣化を加速させる。

このように高分子の光劣化は，太陽光中に含まれる紫外光の作用に起因して起こるので，この光エネルギーが高分子に到達する前に阻止するフィルターの役目を担っているのが，紫外線吸収剤（UVA）と呼ばれる光安定剤であり，サリシレート系やベンゾフェノン系のものが一般的に使用される。

光安定剤についても，従来のように紫外線エネルギーを吸収して熱エネルギーに変換するだけのものから，光エネルギーによって生じたラジカルを捕捉するヒンダードアミン系（HALS）が，光劣化防止に効果をあげている（図17）。特に紫外線吸収剤との相乗効果が見い出されたことは，光安定剤として大きな技術進歩である[16]。

その構造がポリスチレン（PS）とポリブタジエン（PB）から成り立っているHIPSの場合の劣化挙動は，PSとは違いPBが大きな影響を及ぼす。

図18に，各種のミクロ構造を有するPB含有HIPSの酸化速度を示したが，トランス-1,4構造をより多く有するタイプが酸化されやすい。従って，酸化の開始点は，PBのトランス-1,4構造である[17]。

酸化に伴うHIPSの粘弾性挙動が解析されている。図19にその結果を示す[18]。人工加速の14hr照射で，PBのβ-転位に相当する-80℃の分散ピークが完全に消滅し，20℃に新たな複合モジュラスの鋭い増加が認められる。酸化反応がPBから開始，進行することを示唆している。

(a) ベンゾトリアゾールの安定化機構

(b) ヒドロキシベンゾフェノンの安定化機構

$\diagdown$N–H $\xrightarrow{O_2}$ $\diagdown$N–NO· （ニトロキシルラジカル）

$\diagdown$N–NO· + R· $\longrightarrow$ $\diagdown$N–NOR （アミンエーテル）

$\diagdown$N–NOR + ROO· $\longrightarrow$ ROOR + $\diagdown$N–NO· （ニトロキシエーテル）

(c) ヒンダードアミンの光安定剤の分解機構

図17 光安定剤の安定化機構

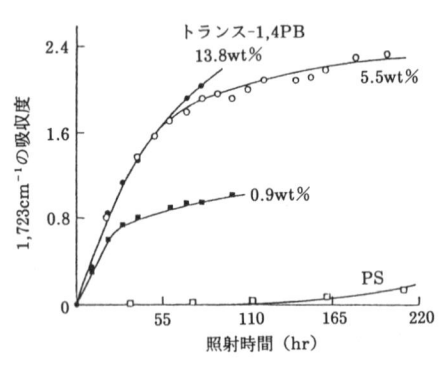

図18 トランス-1,4PBの1,723cm^{-1}の吸収に及ぼす影響（HIPS）

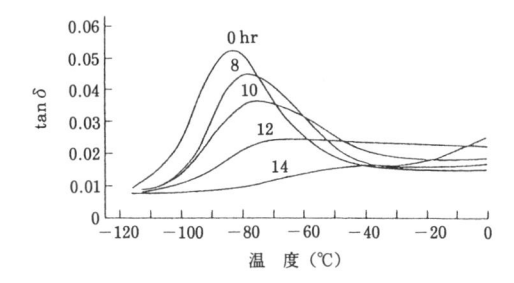

第5章 高分子材料の長寿命化事例

図19 紫外線照射に伴うHIPSの低温ダンピングピークの変化

HIPSの耐候性を根本的に改良するには,PB成分を,酸化に対する抵抗性の強い飽和ゴム,例えばアクリルゴムやEPR(EPDM)などに置き換えることである。このようにして製造された耐候性改良HIPSは,クラック開始エネルギーの保持率が高く,黄化が少ないなど,HIPSに比して耐候性が一段と改良されている[19]。

文　献

1) L.Costa, *Polymer Degradation and Stability*, 4, 245 (1982)
2) B.Dickens, *Polm.Deg.Stab.*, 2, 249 (1980)
3) Y.Kamiya, E.Niki in H.H.G.Jellinek, ed., Aspects of Degradation and stabilization of Polymers, p.79, Elserver Science Publishing Co., Inc., New York (1978)
4) N.Maecher, The Dow Chemical Company, Midland, Mich, unpublished ultraviolet data (1987)
5) 西原一, 機能材料, 17, 5 (1997)
6) M.Guaita, *Br.Polym.J.*, 18 (4), 226 (1986)
7) L.Costa, *Polym.Deg.Stab.*, 14, 85 (1986)
8) 出光石油化学㈱, ポリマーダイジェスト, 51 (3), 111 (1999)
9) A.Nakajima, F.Hamada, T.Shimizu, *Makromol.Chem.*, 90, 229 (1966)
10) S.L.Madorsky, *J.Polym.Sci.*, 9, 133 (1952)
11) S.L.Malhotra, J.Hesse, L.P.Blanchard, *POLYMER*, 16, 81 (1975)
12) N.Grassie, N.A.Weir, *J.Appl.Polym.Sci.*, 9, 987 (1965)
13) D.Daoust, *Polymer.Eng.Sci.*, 21 (11), 721 (1981)

14) L.Costa, *Polym.Deg.Stab.*, **4**, 245 (1982)
15) S.Hakani, S.Mehta, S.Macarthy, ANTEC '99 Conference Proceedings, N.Y., p.3113 (1998)
16) R.L.Gray, C.Neir, Int.Conf.Add.Poly., 1998, p.53 (1998)
17) Y.Israzei *et al.*, *J.Polym.Sci.*, A, Polym.Chem., 32, 485 (1994)
18) A.Ghaffar *et al.*, *Eur.Polym.J.*, 11, 271 (1975)
19) D.M.Kulich, S.K.Gaggar, *Adv.Chem.Ser.*, 219, 483 (1996)

2 ポリオレフィン

稲田仁志[*1], 松本良文[*2], 藤山光美[*3]

2.1 はじめに

プラスチックは，空気中・水中・薬品中などの環境条件下で，熱・光・放射線・機械力などのエネルギーの作用で，構造の崩壊や物性の劣化など経時的な変化を起こす。プラスチックは元々このような変化が少なく耐久性の優れた素材として登場した。中でもポリオレフィンは炭素と水素からなるので化学的に不活性な物質であり，耐久性に関しては比較的安定している。しかし，最近高性能化・高信頼性や環境問題などから長寿命化の要求が強くなってきた。

プラスチックの耐久性として，耐熱性・耐光性・耐放射線性・力学的耐久性，その他考慮すべき項目は多岐にわたるが，ここでは，紙数の都合及び筆者らの得意分野を考慮して，ポリプロピレン（PP）を例にとり，上記の4項目につき長寿命化技術の具体例を述べる。なお，筆者らに与えられたテーマは「ポリオレフィンの長寿命化技術事例」ということであるが，PP以外のポリオレフィンについては，2.6 おわりにの項において若干コメントする。

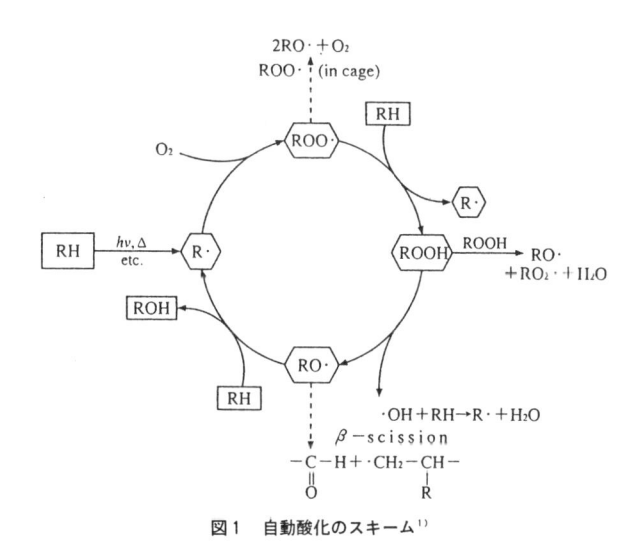

図1 自動酸化のスキーム[1)]

---

* 1　Hitoshi Inata　㈱トクヤマ　徳山総合研究所　樹脂グループリーダー
* 2　Yoshifumi Matsumoto　㈱トクヤマ　徳山総合研究所　主席
* 3　Mitsuyoshi Fujiyama　㈱トクヤマ　徳山総合研究所　主席

2.2 耐熱安定性

PPは熱エネルギーにより活性の高いラジカルを生成する。このラジカルは酸素存在下で図1のような自動酸化反応の開始を促し、劣化反応を進行させる[1]。この際、不純物・触媒残渣・結晶化度などにより劣化の形態や進行速度は異なってくるが、これらについては割愛し、成形時及び製品使用時の耐熱性改良策について述べる。

すなわち、PPの酸化形態とそれに対処する酸化防止対応はともに成形時（200℃以上）と製品となってからの経時状態（各々の使用温度）では大きく異なっている。これらについて酸化防止剤の側面から述べる。

2.2.1 酸化防止剤の種類

酸化防止剤をその安定化機構から分類すれば、ラジカル捕捉剤と過酸化物分解剤に大別される。ヒンダードフェノールに代表されるラジカル捕捉剤は図1で示した酸化反応で生じた各種のラジカルを捕捉し、自動酸化の連鎖を遮断する。このタイプに属するものとしては他に耐候性能を併せ持つHALS類が挙げられる。

一方、チオエーテルで代表される過酸化物分解剤は酸化過程で生成されるヒドロペルオキシドを分解し、新たな自動酸化サイクルの開始を防ぐ。ただ、酸化反応の開始時に発生するラジカルを捕捉しないので、単独での使用では酸化劣化を防ぐ効果が少ない。ラジカル捕捉剤との組み合わせによる相乗効果をねらった使用方法が一般的である。

表1にこれら酸化防止剤の分類と代表例を挙げる[2]。

2.2.2 成形時での対応

PPは大体190℃から270℃程度の加工温度で加熱成形される。従って常温付近と比べ酸化の反応速度は極端に早い（ただ空気との接触は少ない）。すなわち、ラジカルの発生が急激に増大することにより分子鎖切断も顕著になる。よって、これを防ぐためには酸化防止剤としてラジカル捕捉剤の中でも反応速度の早いタイプを添加する必要がある。

2.2.3 製品としての対応

一度製品に加工された後はその使用温度における酸化劣化に対応する必要がある。ただ、前述した成形時のような溶融状態での劣化と比べ劣化速度は遅い。また、酸化劣化が起こるのも空気中の酸素と接触する成形品表面に限られる。よって、酸化防止剤の反応速度はさほど速い必要はない。成形品表面に必要な量存在すればよい。このためには酸化防止剤が成形品内部より表面にブリードしてくる必要がある。ブリード速度が遅ければ、表面の酸化防止剤が消費され、内部からの補給が追いつかなくなり劣化が始まる。一方ブリード速度が速すぎれば、初期段階では酸化防止剤が表面に過剰にあるが時間の経過により樹脂中に酸化防止剤が無くなり、劣化が始まる。すなわち、初期及び必要期間にわたって成形品表面に酸化防止剤が必要量存在することが大切で

第5章 高分子材料の長寿命化事例

表1 主なプラスチック用安定剤[2]

安定剤の種類	代表的な化合物
紫外線吸収剤 　ベンゾトリアゾール系化合物	
ベンゾフェノン系化合物	
金属不活性化剤 　オギザミド系化合物	
ラジカル禁止剤 　芳香族アミン系化合物	
フェノール系化合物	
ヒンダードアミン系化合物	
過酸化物分解剤 　ホスファイト系化合物	
チオエーテル系化合物	$(C_{18}H_{37}OCCH_2CH_2)_2S$

ある。従って，使用温度を鑑み酸化防止剤の種類の選択や組み合わせを決める必要がある。またラジカル捕捉剤に過酸化物分解剤を適度に組み合わせると消費されたラジカル捕捉剤を再生する作用があり，大きな相乗作用を示す場合がある。

　フイルムやシートなど薄物の場合は成形品全体が表面であると言えるので樹脂中にできるだけ長く存在してくれる（ブリードしにくい）タイプが好適である。

2.2.4 銅害防止性

高分子が金属や金属化合物と接触した際は劣化反応が一般的に速まる。PPにおいては，一般的に使用される金属の中では銅と接触した場合が顕著である。よって，一般的な酸化防止とは区別して銅害防止性という括り方をされる。

金属類は高分子の劣化過程で生成するヒドロペルオキシドを接触分解し，ラジカル連鎖反応を助長する。この際，PPは他の金属に比べ銅との反応が特に顕著である。よって，この接触反応を阻止するために金属不活性化剤を添加する。金属不活性化剤は銅イオンとキレートを作り安定化させ，金属イオンとヒドロペルオキシドを反応させないようにするものである。

銅害防止剤としてはシュウ酸誘導体・サリチル酸誘導体・ヒドラジド誘導体などが市販されている。

2.2.5 寿命予測

樹脂の劣化も化学反応の一種であるので，樹脂の特性値変化としてとらえることができる。寿命を推定するには温度を3～4点変えて劣化までの時間を測定し，アレニウス式により外挿グラフを描き，求める温度での劣化時間を出す。

劣化時間は製品厚みによっても変化するので，厚みによる補正を行なう必要がある。一例を挙げれば，PPの場合，例えば0.5mm厚みでの値を基準として1mm厚みで1.3倍，2mmで1.5倍を実際の製品での劣化時間とすればよい。

2.3 耐候性

2.3.1 紫外線劣化機構

PPの紫外線による劣化は酸素存在下においては以下のように進行する。まず紫外線により高分子－酸素電荷移動錯体（CT錯体）が生成する。このCT錯体は光照射によりヒドロペルオキシドとなる。ヒドロペルオキシドやペルオキシド基は長波長の光でも開裂し活性なアルコキシラジカル（RO・）を生じる。RO・ラジカルはβ開裂・H引抜・ROOH誘発分解等を起こし劣化が進行する[3]。

2.3.2 耐候剤

紫外線による劣化は熱による劣化に比べ紫外線自身が持つエネルギーが高いため，一般的酸化防止剤を添加しても効果はほとんどない。よって，紫外線劣化を防ぐためには耐候剤の添加が必要となる。耐候剤には大きく分けて紫外線吸収剤とHALSがある。

紫外線吸収剤は外部からの紫外線を自らが励起状態となることにより吸収する。その後樹脂にとっては影響の少ない熱エネルギーとして放出することにより，元の状態にもどる[4]。

一方HALSは紫外線と直接反応するのでなく，紫外線によりできたラジカルや過酸化物を速

第5章　高分子材料の長寿命化事例

やかに捕捉して安定化させる。広い意味では酸化防止剤であるが，ヒンダードフェノール・チオエーテル・フォスファイトなどの一般的酸化防止剤では不可能な紫外線劣化に対応できる[5]。

2.3.3　難燃剤との併用

耐候剤の作用を阻害する添加物は種々あるが，代表的なものとして難燃剤が挙げられる。難燃剤はPPを難燃化させるためには必要不可欠なものであるが，耐候剤に作用し耐候剤の性能を失活させる。よって，PPにおいては難燃性と耐候性の両立は不可能と考えられてきた。

これは難燃剤が紫外線照射により臭素ラジカルを放出し，臭素ラジカル（または臭化水素）が耐候剤に作用し，その性能を失活させるためである。

2.3.4　耐候性と難燃性の両立（解決法）[6]

(1) 難燃剤の選定

一般的PP用難燃剤の紫外線吸収スペクトルを測定すると大きな紫外線吸収を示す。しかし，図2に示すように，PPにはあまり使用されないトリス（トリブロモネオペンチル）フォスフェート（図中IV）はその吸収が非常に小さいことが分かった。よって，耐候剤への影響が少ないことが予想された。各種の耐候剤と併用したところいずれも他の難燃剤併用時に比べ耐候性能が良いことが分かった。

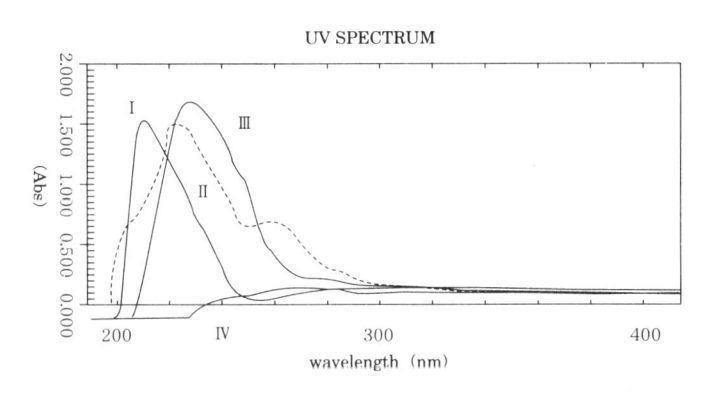

図2　各種難燃剤の紫外線吸収スペクトル[6]

(2) 耐候剤の選定

次に耐候剤の選択については，図3に示すように，紫外線吸収剤よりHALSが良いことが分かった。特にアミノ基がヒンダーされているタイプ（図中E）が非常に良いことも分かった。

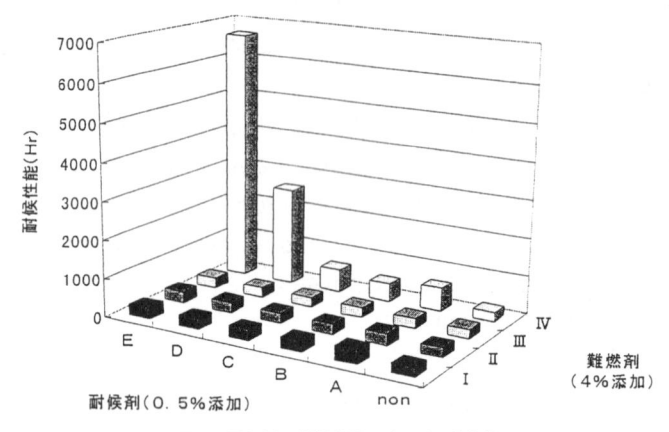

図3 耐候剤-難燃剤併用時の耐候性能[8]

(3) 上記効果の推定理論

耐候剤への悪影響の元凶は臭素ラジカルである。よって，紫外線吸収の少ないトリス（トリブロモネオペンチル）フォスフェートは当然，紫外線照射されたときの臭素ラジカルの発生が少ないことが推定される。従って，耐候剤に与える影響は少ないと思われる。次に耐候剤については，紫外線吸収剤は紫外線により励起状態になっているため，反応性が高くなっていると言える。よって，臭素ラジカルとすぐに反応し紫外線吸収能力を失活させると思われる。

一方HALSはそれ自体が紫外線と直接反応しないため，励起されていない。よって，臭素ラジカルとの反応性は紫外線吸収剤ほど大きくない。このため，紫外線吸収剤に比べ耐候性能の低下は少ない。しかし，紫外線吸収剤に比べて少ないとはいえ，HALSにおいても臭素ラジカルまたは臭化水素と反応を起こし，その耐候性能は失活する。この時HALSのアミノ基の塩基度が低いと臭素との反応性が低くなり，耐候性能の失活はさらに少ない。この様な事から難燃剤トリス（トリブロモネオペンチル）フォスフェートとアミノ基にメチル基が付いているHALSの組み合わせにおいて難燃性と耐候性の両立が出来たものと推定している。

2.4 耐放射線性

滅菌済のディスポーザブル医療器具は院内感染防止および医師や看護婦など医療従事者の省力化に必須の趨勢であり，多種多様のプラスチック製品が使用されている。

これらの医療器具の滅菌には，エチレンオキシドガスが用いられていたが，残留ガスによる患者への毒性，さらには滅菌施設の作業者に対する吸入毒性などの問題があった。そこで，最近は

第5章 高分子材料の長寿命化事例

有害物質を用いず，滅菌工程の管理が容易なγ線や電子線などの放射線照射滅菌が主流になりつつある。しかし，放射線照射滅菌では材料の劣化が問題となる。特にPPの場合，空気中での照射に伴って酸化反応が進み主鎖切断や添加剤の発色などの化学反応を生じてしまう。このため，一般グレードのPP製医療器具は放射線照射滅菌によって黄変するとともに脆くなる。

放射線照射によるPP材料の物性，特に力学的物性の低下は，主としてラジカル連鎖型酸化反応に伴う結晶－結晶間のタイ分子（結晶と結晶を結ぶ分子）の切断によって進行するものと考えられている[7]。従って，耐放射線性を付与するためには，ラジカル反応とタイ分子の切断を抑制することが必要である。PPの耐放射線性を向上させるため，ベースポリマー，耐放射線改質剤，安定剤，及び成形加工方法などからの検討がなされている。

ベースポリマーは耐放射線性が高いランダムコポリマーが用いられている[8,9]。図4にポリマーのエチレン含有量の違いによる照射線量と引張破壊伸びの関係を示す。エチレン含有量が多くなるにしたがい，結晶化度が低くなり，タイ分子の数が多くなるため，耐放射線性が向上するものと考えられる。

耐放射線改質剤として，流動パラフィンなどの可塑剤や耐電子線性を有するポリマーの添加による耐放射線性の向上が試みられている。

流動パラフィン自身は耐放射線性を有していないが，PPに添加するとタイ分子が存在する非晶部分に集まり，あたかもタイ分子が増えたかのような効果，もしくはタイ分子を保護する効果を発現し，耐放射線性が向上する[10]。

耐放射線性を有するポリマーとしては，ポリスチレンや主鎖にイミド基・チオエーテル基・エーテル基，さらにはケトン基を有する芳香族系ポリマーなどがあり，これらのポリマーをPPにブレンドすることで耐放射線性を付与することができる[11]。

これらの方法を考慮し，アルキルジフェニルエーテルが耐γ線性改質剤として用いられている。このアルキルジフェニルエーテルは上述の流動パラフィンと同様に，結晶－結晶間のタイ分子のまわりに集まり，物性低下の

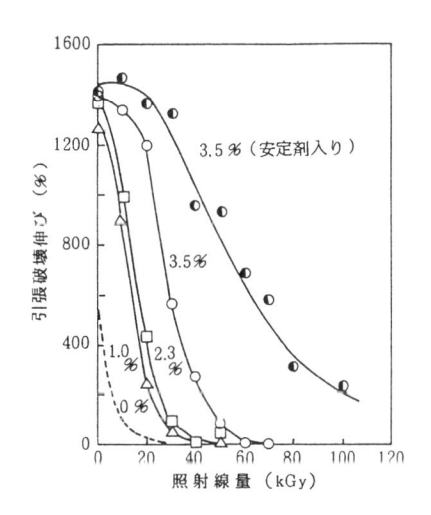

図4 エチレン含有量の違いによる照射線量と引張破壊伸びの関係[5]

エチレン含量
… : 0 %, △ : 1.0%, □ : 2.3%
○ : 3.5%, ◑ : 3.5%（安定剤入り）

原因となるタイ分子の切断を抑制する。また、アルキルジフェニルエーテル自身が芳香族エーテル構造を有するため、優れた耐放射線性を示し分解変質による溶出やブリードアウトなどの弊害もない。アルキルジフェニルエーテルを配合したPPの耐放射線性効果（臨界線量）を流動パラフィン配合品と比較した結果を図5に示す。

先述したようにPPに放射線を照射するとラジカルが発生し、それが酸化の連鎖開始種となって劣化をもたらす。このためラジカルを捕捉する安定剤を配合することは、耐放射線性を付与する上で不可欠である。PPの安定剤として、一般にフェノール系安定剤が使用されているが、その添加量が多い場合や放射線量が多い場合には黄変を生じやすい[12]。黄変が発生し難い安定剤としては、ヒンダードアミン系の安定剤が挙げられる[13]。また、ヒンダードアミン系安定剤はフォスファイト系安定剤などと併用することによって耐放射線性がさらに向上する。

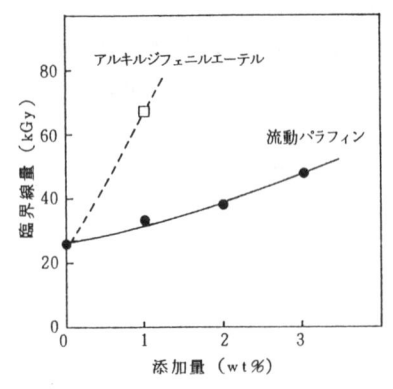

図5 流動パラフィンとアルキルジフェニルエーテルの添加効果の比較

2.5 力学的耐久性

PPはこれまで金属やエンジニアリングプラスチックが使用されていた機構部品や構造材料にまでその用途を広げている。これらの用途においては、長期にわたる荷重、あるいは繰り返し荷重による変形、寸法変化、さらには破壊などが生じ、これら長期力学的耐久性の把握を行うことが重要となる。さらにPPの用途を拡大するため、これら長期力学的耐久性の向上が望まれる。

2.5.1 耐クリープ性

プラスチックに一定の荷重を加えて放置しておくと、変形が時間と共に増加し、最終的には切断や破壊に至る。この現象をクリープ、及びクリープ破壊と呼んでいる。

耐クリープ性は一般に機械強度の大きい材料の方が優れており、耐クリープ性向上のため、高結晶化や高分子量化などによるPP自身の強度向上、フィラーの添加、さらには熱処理などが行われている。

図6に、一般ホモPP、一般ブロックPP、及び高結晶性ホモPPの引張クリープ性を示す。引張強さが大きくなるにしたがい、耐クリープ性も向上する。

また、熱処理を行い、結晶化度を向上させることで耐クリープ性が向上する[14,15]。

第5章 高分子材料の長寿命化事例

　図7に，PPに各種フィラーを添加した時の引張クリープ性を示す。フィラーの補強効果の大きい順に耐クリープ性も向上する。また，フィラーを添加することにより，温度，応力，及び時間の依存性が小さくなり，特に高温での耐クリープ性が向上する[16]。
　さらに，ガラス強化PPでは，長繊維ガラスの使用[17, 18]により，耐クリープ性の向上を図ることができる。

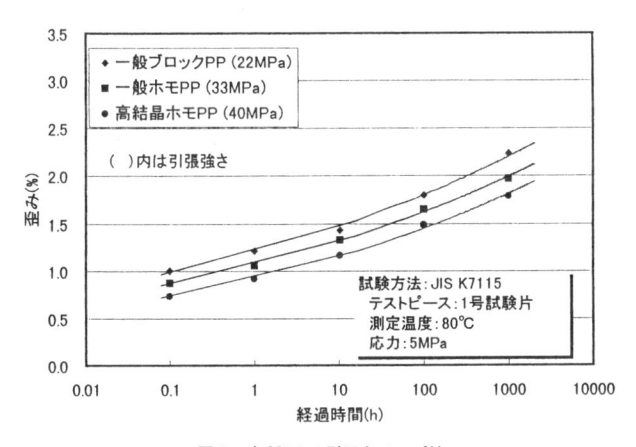

図6　各種PPの引張クリープ性

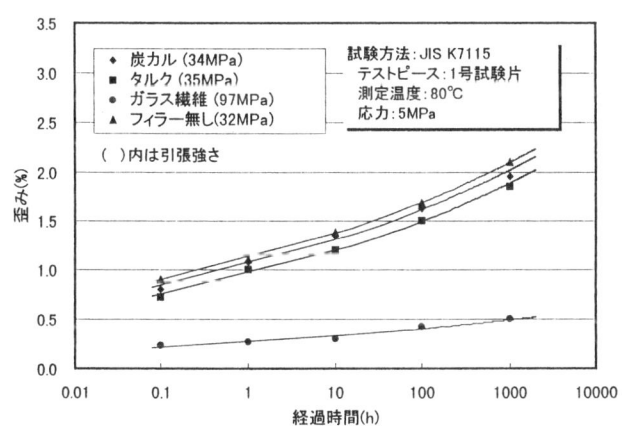

図7　各種フィラー充填PPの引張クリープ性

181

2.5.2 耐疲労性

プラスチックが力,あるいは歪みを周期的に繰り返しうけることにより劣化し,破壊に至る現象を疲労という。

耐疲労性も耐クリープ性と同様,機械強度の大きい材料の方が優れた耐疲労性を示す。

一例として,ガラス強化PPのガラス繊維の充填量を変えた場合の疲労寿命曲線(S−N曲線)を図8に示す。

ガラス強化PPでは,無水マレイン酸変性PPの添加[18]やシラン系カップリング剤によるガラス繊維の表面処理[19]により,PPとガラス繊維の界面接着強度を大きくすることで,耐疲労性が向上する。この界面接着強度の影響は,機械強度と比較し,耐疲労性により顕著に現れる。

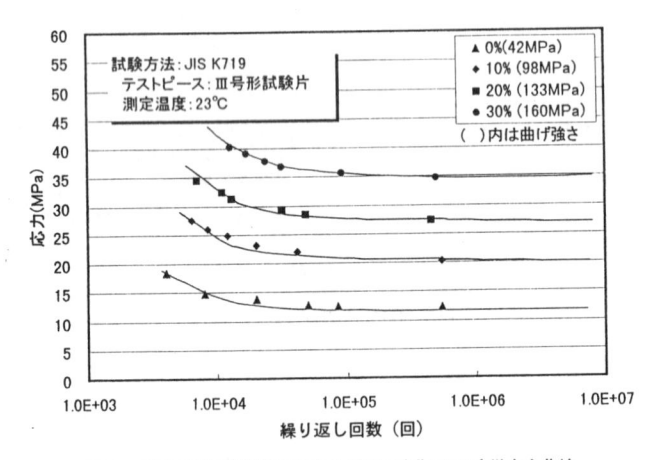

図8 ガラス繊維充填量の異なるガラス強化PPの疲労寿命曲線

2.5.3 耐折り曲げ性

PPの優れた特長のひとつとして耐繰り返し折り曲げ性があり,書類のバインダーや蓋と本体が一体となった容器のヒンジに応用されている。

PPの射出成形品の断面はスキン／コア構造を示し,そのスキン層はMD方向に向いたシシカバブ主構造の間に小さくて不完全なa^*軸配向を示すラメラが存在する。PPの射出成形体の耐繰り返し折り曲げ性が良好な原因は,このa^*軸配向成分が折り曲げ時に構造可塑剤として働くためである[20]。

ヒンジの耐繰り返し折り曲げ性は,ヒンジ構造,射出成形条件,及びゲート位置などの影響を受ける。ヒンジの耐繰り返し折り曲げ性は,一般にヒンジ部のスキン層が厚いほど良好であるの

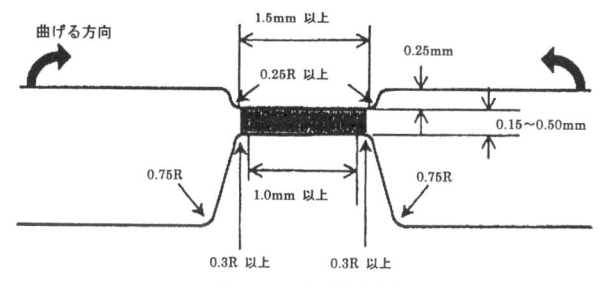

第5章　高分子材料の長寿命化事例

図9　ヒンジの設計基準

で，シリンダ温度を低くする，及び射出速度を遅くするなどスキン層を発達させる射出成形条件が採られる。

基本的なヒンジの設計基準を図9に示す。ここで，ヒンジ部の長さ（l）と厚さ（t）との比（l/t）を2以上とし，ヒンジ部のスキン層の割合を20％以上とすることにより，良好な耐繰り返し折り曲げ性が得られる[21]。

なお，樹脂の流れがヒンジラインと直角になるよう，また樹脂が同時にヒンジラインを通過するようにゲート位置を決定することも重要である。

2.6　おわりに

以上，PPを例にとりその長寿命化技術事例について述べてきた。PP以外のポリオレフィンとして，需要の多いものとしてポリエチレンが，そして需要のそれほど多くないエチレン-プロピレン共重合体，ポリブテン-1，ポリ4-メチルペンテン-1，ポリイソブチレンなどが挙げられる。ここでは，主要樹脂としてポリエチレン（PE）を主として取り上げ，PPとの比較について考察する。

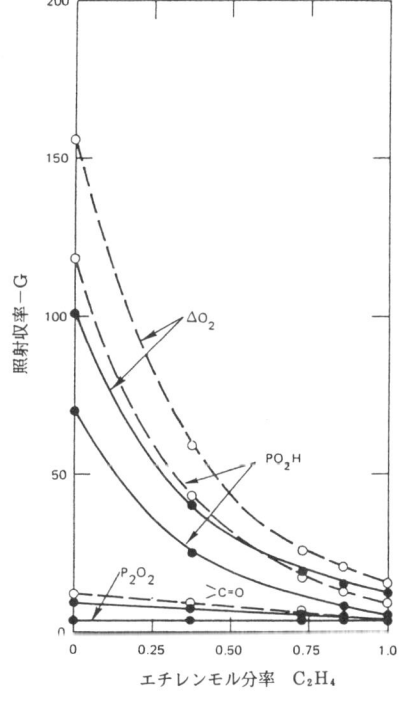

図10　アイソタクチックポリプロピレン，ポリエチレン，及び共重合体のγ線酸化[22]

照射温度：45℃
照射率：○650rad/min，●1750rad/min

PPとPEの化学構造的な違いは，前者が3級C-H結合を有することで，そのため化学反応（主として酸化）が関与する劣化が起こりやすい。PEの中でも低密度ポリエチレン（LDPE）や直鎖状低密度ポリエチレン（LLDPE）は分岐しており3級C-H結合を有するので，高密度ポリエチレン（HDPE）より酸化劣化しやすい。また，PE以外の上記ポリオレフィンも3級C-H結合を有するので，HDPEより酸化劣化を起こしやすい。図10にエチレン-プロピレン共重合体について，γ線酸化反応速度に及ぼすエチレン含量の影響を示す[22]。エチレン含量が増加するにつれて酸素吸収速度やヒドロペルオキシド生成速度が低下し，酸化が起こり難くなっている。同様の傾向は，熱酸化や光酸化についても認められている。以上の理由により，安定剤の種類及び添加量は一般にPEではPPに比べて少なくて済む。

　PPはPEに比べて，一般に化学反応が関与する耐久性に劣るが，耐環境応力亀裂性は良好である。PPの耐環境応力亀裂性は，エチレンと共重合することで改良される。

　PPがPEに優れるもう一つの耐久性として，耐クリープ性や耐疲労特性などの力学的耐久性が挙げられる。この原因は，PPは剛性が高く，また特殊な配向結晶成分を有し，それが構造的可塑剤として働くことなどによる。

　プラスチックの長寿命化技術として，化学的手法や物理的手法など種々の手段が使われているが，これらの長寿命化技術を駆使するとともに，各材料の耐久特性をよく知り，用途に応じた材料選定をすることが正道であろう。その意味で，耐久性だけでなく各材料の総合的特性をよく知ることが材料設計・製品設計において重要なことである。

文　　献

1) 大澤善次郎，高分子の劣化と安定化，武蔵野クリエイト，p.7（1992）
2) 河本圭司ら，高分子材料の劣化と安定化，大澤善次郎監修，シーエムシー，p.21（1990）
3) 大澤善次郎，高分子の劣化と安定化，武蔵野クリエイト，p.45（1992）
4) 同上，p.225（1992）
5) 車田知之，色材，62, No.4, 215（1989）
6) 稲田仁志，JETI, 46, No.11, 112（1998）
7) T.S.Dunn et al., *Radiat. Phys. Chem.*, 14, 625（1979）
8) 西本清一，第三回放射線プロセスシンポジウム要旨集，p.107（1989）
9) 西本清一，第六回高分子の劣化と安定化基礎教室公演要旨集，p.56（1986）
10) 鍵谷勤，西本清一他，高分子の崩壊と安定化研究討論会要旨集，p.17（1985）
11) 仲川勤，高分子加工，32, 101（1983）

第5章 高分子材料の長寿命化事例

12) エドワード・P・ムーア・Jr, "ポリプロピレンハンドブック", 工業調査会, p.24 (1998)
13) R.E.Rick King Ⅲ, *Polyolefins*, 11, 480 (1999)
14) B.E.Read *et al.*, *Polymer*, 29, 2159 (1988)
15) S.M.Chua *et al.*, *J.Mate.Sci.Lett.*, 10, 1379 (1991)
16) 小林亜男ら, 高分子論文集, 43, 489 (1986)
17) 日本機械学会講演論文集（関西支部第255回講演会）, p.207 (1997)
18) E.K.Gamstedt *et al.*, *Comp.Sci.Tech.*, 59, 759 (1999)
19) 日和千秋ら, 日本機械学会論文集, 65, 229 (1999)
20) 藤山光美, 合成樹脂, 43, No.7, 9 (1997)
21) 吉村輝夫ら, 特開昭56-40533
22) C.Decker *et al.*, *J.Polym.Sci.*, *Chem.*, 11, 2379 (1973)

3 ポリウレタン

岩崎和男*

3.1 はじめに

ポリウレタンはポリイソシアナートとポリオールを主原料として使用して,両者の重付加反応によって生成した高分子である。天然界には存在しない,合成原料であるポリイソシアナートのすぐれた反応性を活かした高分子材料である。

ポリイソシアナートは活性水素を含有するあらゆる化合物と反応するが,特にポリオール(ポリヒドロキシル化合物)やポリアミノ化合物(ポリアミンやユリア化合物)との反応が実用化されている。またポリイソシアナートとこれらの活性水素化合物の反応によって生成したポリウレタンやポリユリアは過剰のポリイソシアナートや温度条件などが満たされれば,さらに架橋構造をとるアロファネートやビュレットを生成することが知られている。

このような理由で,実用的なポリウレタン材料は純粋にウレタン結合のみによるポリウレタンホモポリマーは少なくて,何らかの形でコポリマーになっていると見ることができる。

表1 ポリウレタン分野別需要動向[1]

(単位:トン)

種類	用途	1995年	1996年	1997年	1998年	1999年
軟質フォーム	車両	96,700	101,700	109,600	105,800	104,800
	寝具	11,400	9,400	8,600	8,400	8,700
	家具・インテリア	11,800	10,300	10,100	10,100	9,800
	その他	34,800	35,300	34,500	26,800	26,500
	小計	154,700	156,700	162,800	151,100	149,800
硬質フォーム	船舶車両	4,300	5,000	4,800	4,300	4,000
	機器用	41,800	43,500	46,300	41,800	38,600
	土木・建築	49,500	57,300	47,900	42,200	39,000
	その他	24,900	28,500	34,800	32,200	29,100
	小計	120,500	134,300	133,800	120,500	110,700
エラストマー	注型用	6,300	6,400	4,700	4,400	4,500
	TPU用	9,900	10,300	11,100	10,500	10,900
	混合	400	400	400	400	400
	小計	16,600	17,100	16,200	15,300	15,800
	塗料	123,900	128,900	134,700	124,300	125,800
	接着剤	40,200	44,900	52,800	50,900	51,500
	土木建築塗布	66,800	67,000	64,700	65,900	67,900
	シーリング材	29,900	30,100	28,600	25,800	27,300
	レザー・マイクロセルラー	18,500	21,800	19,700	19,300	20,500
	繊維	24,200	24,200	24,400	24,600	25,700

フォームおよび塗料は通産統計生産実績を基礎にして推定。またRIMは含まない。
※塗料は溶剤含む。 ※端数は四捨五入。

* Kazuo Iwasaki 岩崎技術士事務所 所長

第5章 高分子材料の長寿命化事例

従ってポリウレタンはフォーム（発泡体），エラストマー，塗料，接着剤，シーリング材など非常に幅広く使用されている。ポリウレタンの種類別需要を表1に示した[1]。ポリウレタンの需要は約600千トンであるから，高分子材料（合成樹脂）全体の約4％を占めている。

これらを踏まえて，筆者のこれまでの経験を中心にポリウレタンの長寿命化についていくつかの実例を紹介したい。

3.2 ポリウレタンの長寿命化の考え方
3.2.1 基本的な考え方

ポリウレタン（PUR）は前述の如く，ポリイソシアナートとポリオールの重付加反応により生成した高分子体であり，ユリア結合，イソシアヌレート結合などを含む共重合体（コポリマー）と見ることができる。しかも多くのポリウレタンは架橋構造であり，また非常に強い水素結合により架橋体を形成している。このようなポリウレタンの劣化機構は主鎖や側鎖のランダム解重合（劣化）によると考えられている。従って結晶性を高めることや，主鎖の剛直性を増すことはポリウレタンの長寿命化（劣化防止）につながる。このようにポリウレタンそのものの改質が重要な長寿命化になるという考え方である。

またポリウレタンはその大半（約50％）が発泡体，または多孔質体である。従ってポリウレタン成形品（例えばフォーム）の長寿命化（劣化防止）には気泡構造が強く影響することが知られている。

このような理由でポリウレタンの長寿命化には，
① ポリマー自体の改質
② 気泡構造の改質
の両面よりアプローチすることが大切である。

3.2.2 ポリマーの改質

ポリウレタンそのものの改質には耐熱性，耐久性，難燃性，耐候性の向上がある。このうち特に耐熱性の向上ではポリウレタンの融点（Tm）の向上が大きく支配し，溶融時のエントロピー変化をΔS，エンタルピー変化をΔQとするときTmは次式で示すことができる。

$$Tm = \Delta Q / \Delta S$$

エントロピー変化を小さくし，エンタルピー変化を大きくすれば融点は高くなる。すなわち，結晶化度を高め，分子の剛直性を高めれば融点は上昇し，耐熱性は向上することになる。

耐熱性が向上すれば，耐久性，耐候性なども向上する。従って，ポリウレタンの改質では結晶化度の向上，耐熱性の高い化学結合であるポリイソシアヌレート（PIR）結合の導入などが実施されている。

3.2.3 気泡構造の改質

固体ポリマー中に元来存在するキズの大きさよりも小さい気泡（セル）を作れば，機械的強度の低下なしに発泡体（多孔質体）を作ることができるというMITの N.P.Suhらの考え方（マイクロセルラー発泡体）の追求がある。ここまでいかなくとも気泡は小さければ小さいほどあらゆる特性（性能）がすぐれるので，界面活性剤の研究などによる気泡の微細化が進められている。

液状の原料（ポリイソシアナートやポリオールなど）を撹拌エネルギーによって混合するとき，液相の表面積を増加させれば気泡の微細化が可能になる。一定の表面積を増加させるのに必要なエネルギーは，液相の表面張力（界面張力）に比例する。

$$\Delta F = \gamma \cdot \Delta A$$

ただし　F：自由エネルギー（J）
　　　　γ：表面張力（J／cm^2）
　　　　A：表面積（cm^2）

ここで表面張力（界面張力）は単位表面積を増加させるために必要な仕事量，または単位表面積がもつ自由エネルギーと見ることができる。この式は気泡形成時の気液界面における液体の表面張力（界面張力）が小さいほど，より少ない仕事量で表面の増加，すなわち気相の微細化（気泡の微細化）が可能であることを示している。

このように界面活性剤（通常シリコーン系を使用）は，気泡の微細化に非常に重要な作用をもつ。従って，気泡体（ポリウレタン発泡体）を作るときにシリコーンの選定は非常に重要である。

また独立気泡／連続気泡，球型気泡／楕円球気泡なども重要な要素である。それらの要因については紙面の都合で割愛させていただいた。

3.3 硬質ポリウレタンフォームの長寿命化

3.3.1 ポリイソシアヌレート化による耐熱性，耐炎性の改善

通常ポリウレタンフォームを製造するときに，ポリイソシアナートに対するそれ以外の成分の化学量論をNCO／OH指数で表す場合が多い。その化学量論値を100倍した数値をNCO／OH指数という（すなわち化学量論的当量の場合はNCO／OH指数が100であるという）。

過剰量のポリイソシアナートおよび特殊触媒を使用してイソシアヌレート結合を生成させることにより（PIR変性またはPIR化と言い，このようにして生成させたフォームをウレタン変性PIRフォーム，またはPIR変性PURフォームという），耐熱性，耐炎性を著しく改善することができる。その一例を表2に示した[2]。

NCO／OH指数を300～400にすることにより，同程度の密度でもペンシルフレームによる耐炎性試験，150℃の空気浴中での寸法安定性試験ですぐれた結果を得た。

第5章 高分子材料の長寿命化事例

表2 PIR化による耐熱性,耐炎性の改善例[2]

性　能	種　類 NCO/OH 指数		PURフォーム 110	ウレタン変性PIRフォーム		
				150	300	400
密　度	kg/m³		35	35	35	35
圧縮強さ	MPa		22.1	22.5	23.3	24.2
貫炎時間[a]	秒		15	500	1,800	2,300
寸法変化率（Δt）[b]	%		破壊	＋5.5	－0.8	－1.0
同　　　（Δl）	%		破壊	＋13.5	＋0.9	＋0.4
体積変化率[b]	vol%		破壊	＋33	＋1	±0

注：a）米国鉱山局法（厚さ25mmの試験片に1000℃以上のLPガス炎を吹き掛けて炎が貫通する時間を測定する。）
　　b）150℃の空気浴中に48時間放置後の試験片の寸法または体積変化を測定する。

これは熱酸化によりフォームの表面が炭化し,耐熱性,耐炎性のすぐれた炭化層（グラファイトよりもかなり無定形の炭化構造とみることができる）を形成するからである。この炭化層の形成はカルボニウムイオン反応であるから,SN-1反応とみられ,リン酸などのルイス酸の存在で促進されることが知られている。

3.3.2 ポリイソシアヌレート化による機械的強度の保持性改善

前項と同様にPIR化よる機械的強度保持性について検討した結果を表3に示した[2]。

一般のポリウレタンフォーム（PURフォーム）は3カ月の屋外暴露でボロボロの状態になってしまうが,PIR変性により機械的強度の低下が非常に少ないことがわかる。

表3 PIR化による機械的強度保持の改善例[2]

性　能	種　類	PURフォーム	ウレタン変性 PIRフォーム	（参考） PFフォーム
密　度	kg/m³	32	32	40
圧縮強さ	MPa	21.6	21.4	15.3
強度保持率*	%			
初　期		100	100	100
1カ月		40	95	70
3カ月		15	93	45
6カ月		10	92	崩壊

注）　＊屋外暴露試験（4～9月）

3.3.3 気泡構造の改質による断熱性の改善

筆者はオゾン層保護によるCFC類の規制を前にして炭酸ガス発泡の実用化研究を1992年ごろより着手し,完全CO_2発泡により熱伝導率0.017kcal／mh℃（0.019W／mK）を達成できた。

表4 炭酸ガスフォームの性能[3]

項目 \ 種類	新規CO_2発泡フォーム	従来のCO_2発泡フォーム	従来のCFC発泡フォーム
全体密度 (kg/m³)	35.0	41.2	34.1
芯密度 (kg/m³)	33.5	38.7	30.8
圧縮強さ (kg/cm²)	1.8	2.0	1.5
寸法変化率(%) ($-30°C \times 24hr$) Δt	0.1	0.6	0.2
Δl	0.1	0.6	0.3
熱伝導率[1] (kcal/mh°C) 1週間後[1]	0.017	0.025	0.014
6カ月後[2]	0.022	0.040	0.023

注:1) Anacon法による(平均温度:24°C)
　　2) 室内放置

高圧発泡機を使用して50mm厚のサンドイッチパネルを成形し,その性能の測定値を表4に示した[3]。

また気泡モデルとして多泡型モデルを使用してCO_2発泡PURフォームの熱伝導率を計算すると0.017kcal/mh°Cになることから,この値はCO_2発泡フォームの究極値と見ることができる。

6カ月後の熱伝導率の変化も非常に小さいことがわかる。これらの結果は気泡の微細化,独立気泡の高維持など気泡構造の改質により達成できた。製造ノウハウに属することであるため,詳細な技術的説明は省略させていただいた。

3.4 軟質ポリウレタンフォームの長寿命化
3.4.1 酸化防止剤の活用

ポリエーテルポリオールを使用するポリウレタンが熱酸化を受けるとエーテル結合に隣接する炭素が酸化されヒドロペルオキシドを生成し,開裂が開始するといわれる。

これらの熱酸化劣化を防止するために酸化防止剤が使用される。その代表的な例を表5に示した[4]。

また筆者らは軟質PURフォームのブロック発泡時のスコーチ対策として,これらの酸化防止剤のスコーチ防止効果について検討し,複数の酸化防止剤(例えばフェノール類と芳香族アミン類)を組み合わせて使用すると良いという知見を得たことがある。

なお,この種のスコーチ問題はポリオールや発泡剤である水中に存在する金属イオンの影響が大きく作用し,特に比抵抗が$10^4 \Omega cm$以上のイオン交換水を使用することが重要であることがわかっている[5]。

第5章　高分子材料の長寿命化事例

表5　ポリウレタン樹脂の酸化防止剤として有効なラジカル連鎖禁止剤[1]

品　名	構　造
BHT	$(H_3C)_3C$—$C_6H_2(OH)(CH_3)$—$C(CH_3)_3$
Irganox 1010	$[(H_3C)_3C, HO-, (H_3C)_3C]$—$CH_2CH_2COOCH_2$—$C$
Irganox 1076	$(H_3C)_3C$—$C_6H_2(OH)$—$C(CH_3)_3$, $CH_2CH_2COOC_{18}H_{37}$
BBM	$[HO-, (H_3C)_3C]$—$C_6H_2(CH_3)$—$CH(C_3H_7)$
BHA	$(H_3C)_3C$—$C_6H_3(OH)$—OCH_3
Cyanox 1790	イソシアヌレート環構造　A: H_3C—$C_6H_2(CH_3)$—$C(CH_3)_3$
Irganox 259	$[(H_3C)_3C, HO-, (H_3C)_3C]$—$CH_2CH_2COO$—$(CH_2)_6$

3.4.2　ポリオールの種類の影響

　ポリウレタンの原料としてポリオールを使用するが，このポリオールとしてはポリエーテルポリオールとポリエステルポリオールの2種類がある。

　前述の通り，ポリウレタンが熱酸化を受けると，ポリエーテル系ではエーテル結合に隣接する炭素が酸化されるが，ポリエステル系では酸化劣化は受け難い。ポリエステル系およびポリエーテル系フォームの引張強さおよび伸びの影響について図1，図2に示した[6]。ポリエステル系の方が熱劣化に対する耐久性が大きいことがわかる。

ただし，ポリエステル系は耐アルカリ性，耐加水分解性が劣る欠点がある。

3.4.3 後処理含浸法による難燃性の付与

ブロック発泡法で製造した軟質PURフォーム（シート状にスライス加工したもの）を含浸法で処理して高度の難燃性を付与する方法が開発されている。クロロプレンラテックス液中に水酸化アルミニウムなどの無機難燃剤を懸濁しておき，PURフォームをこの液中に浸漬して含浸させ乾燥させてシート状の難燃性フォームを得る。

この方法で得たフォームの難燃性能を表6に示した[7]。あらゆる難燃性試験に合格することができる。地下鉄車両のクッション材，学童スクールバスのクッション材，デジタル家電製品の振動防止材など高難燃性要求仕様分野の用途がある。

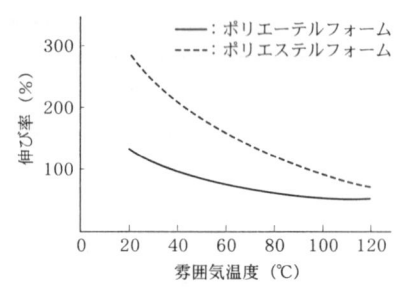

図1 伸び率に対する雰囲気温度の影響[6]

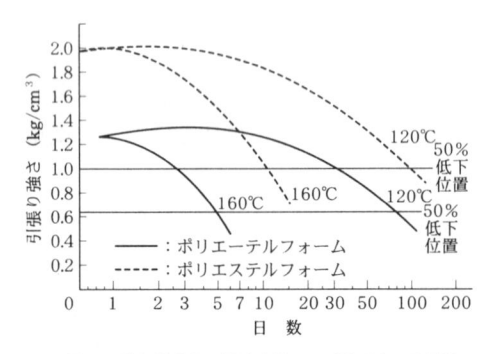

図2 引張り強さの経時変化に及ぼす温度の影響[6]

3.4.4 自動車クッション材の耐久性改善例

自動車のクッション材は乗員による繰返圧縮を受けるので，100〜300千回の繰り返し圧縮試験で評価する場合が多い。これらの耐久性「ヘタリ」（動的疲労）と称するが，その改善例を表7に示した[8]。

3.5 ポリウレタンエラストマーの長寿命化

ポリウレタンエラストマーは原料のポリオール成分により，
① ポリエーテル系
② ポリエステル系
③ ポリカプロラクトン系
④ ポリカーボネート系

第5章 高分子材料の長寿命化事例

表6 後処理含浸法による難燃性の付与(例)[7]

性　能		No.	(Ⅰ)	(Ⅱ)
処　理　前	密度	kg/m³	25	25
	25%ILD	kg	12	12
	引張強さ	MPa	10.5	10.5
	伸び	%	150	150
	難燃性	(ISO法)	可燃性	可燃性
処　理　後	密度	kg/m³	70	50
	25%ILD	kg	12	12
	引張強さ	MPa	9.5	9.8
	伸び	%	110	120
	MVSS-302	—	合格	合格
	ISO 3582	—	自己消火性	自己消火性
	UL-94	—	HF-1	HF-1
	A-A 基準	—	合格	合格

表7 自動車クッション材の耐久性改善例[8]

性　能		種　類	改善TDI処方		従来処方
			(Ⅰ)	(Ⅱ)	(MDI系)
一般性能	密度	kg/m³	40	60	62
	反発弾性率	%	71	76	43
	引張強さ	kPa	149	97	172
	伸び	%	130	118	160
ARCO法 耐久試験[a]	クリープ	%	5.91	4.43	—
	荷重ロス	%	14.81	9.95	—
	厚さロス	%	2.03	1.47	—
BMW法 耐久試験[b]	荷重ロス	%	10.2	8.0	15.5
	厚さロス	%	3.3	2.4	3.2

注：a) 5Hz×306,000回の繰返試験後の変化
　　b) 1.2Hz×100,000回の繰返試験後の変化

に分類される。このうち②の生産量が最も多く，全体の約半分を占めている。
　エラストマーの改質の例として，①では難燃性の向上，②では耐摩耗性の向上，③では耐熱性や圧縮永久歪の改質，④では耐油性の改質などの例がある。これらは各社各様の仕様を発表しているので，詳細説明は省略した。

3.6　おわりに

　これまで，筆者の経験を中心にポリウレタンの改質（長寿命化）を考察してきた。ポリウレタン原料，製造方法，性質ともに非常にバラエティに富んだ材料であるから，改質の方法も多岐に及んでいる。本稿ではそれらの一端を紹介したに過ぎないが，本稿が関係の諸賢において少しでもお役に立てば筆者の喜びとするところである。

文　　　献

1)　フォームタイムス（2000年7月25日）
2)　岩崎：岩崎技術士事務所技術資料，硬質PURフォーム
3)　岩崎：合成樹脂，40 (4), 1-7（Apr.1994）
4)　岩田編（井上著）：最新ポリウレタン応用技術，p.33-36，シーエムシー（1985）
5)　岩崎編（岩崎著）：発泡プラスチックス技術総覧，p.18，情報開発（1989）
6)　岩田編（近藤著）：ポリウレタン樹脂ハンドブック，p.162-164，日刊工業新聞社（1987）
7)　岩崎：岩崎技術士事務所技術資料，軟質PURフォーム
8)　R.Brasington : Utech Conference Papers 9/1-9/10（Mar.1996）

4 PVC

佐々木慎介*

4.1 はじめに

PVCは，2000年で約60年の歴史を歩んできたことになる。これまでの歩みは，多くのPVC製品にとって貴重で重要な実績である。

PVCは，現在までの高分子材料の中では，最もバランスの取れた長寿命化に適した樹脂の1つといえるであろう。このPVCも現在使用されている製品が実用化できるまでには，多くの先達方の努力の積み重ねがあった。すなわち，樹脂製造，加工技術，従来の環境問題などの課題を乗り越えて今日に至っている。

さらに今後もこの樹脂の特性を引き出し，新しい用途開発への努力にも注力していく必要がある。

一方，日本も地球環境問題から資源循環型社会への取り組みを活発に推進している。2000年5月，廃棄物排出削減，再利用のための基本理念をまとめた「循環型社会形成推進基本法」が成立し，さらにPVC用途に一番関係している「建築工事資材再資源化法」も成立するなど，個別の各種リサイクル法が成立した。どの分野においてもプラスチックのリサイクルシステムの構築が重要な課題となってきた。この中でもPVC製品は，多くの分野で使用されており，トップランナーの気構えをもってそれぞれに適切なリサイクルシステムを構築していく必要がある。

さてPVCは，原料の約6割が塩であり，約4割が石油成分であることによる資源枯渇防止，二酸化炭素排出量が大幅に少ないことによって地球温暖化防止に貢献できる樹脂である。さらにリサイクルシステムを構築することにより，資源の節約となり一層地球環境に貢献できることになる。すなわち「資源の少ない日本こそ使用していくべき素材である」といえる。

PVC業界は，昨今の塩ビ忌避への動きに対する広報活動を行うとともに，積極的に各種リサイクルへの取り組みを開始し，広範囲に推進している。このリサイクルの取り組みも長寿命化とともに重要な課題である。

ここでは，PVCの製造と加工，PVCの特長・用途・製品，PVCの耐用年数，新規用途開発，リサイクルへの取り組みについて紹介する。

なお，次の第5章第5節に長寿命化事例として「塩ビパイプの研究事例」を紹介している。

4.2 塩ビ樹脂の製造と加工

(1) 製造技術の変遷[1,2]

1835年，フランスのRegnaultが塩化ビニルモノマーを発見し，1838年，その重合体を観察し

---

* Shinsuke Sasaki 大洋塩ビ㈱ 品質保証室長

たのが最初である。1920年代にドイツのStaudingerにより高分子の概念が提案され，これとともにPVCの技術も大きく発展してきた。

ドイツ，アメリカでの研究が活発化し，ドイツで1935年に工業化された。

一方，日本では1935年頃からPVCが注目され始め，1941年には日本窒素肥料が乳化重合により3T/Mの量産プラントを完成し市販が開始された。

1949年には，三井化学（旧），三菱化成，鐘淵化学，鉄興社，東亞合成などのPVCメーカーが出現し，各社にて企業化された。

その後，1953年には重合法も乳化重合から懸濁重合へと全面切替えに成功し，さらに1970年代には重合機も100m^{3}以上の大型機が出現した。

2000年現在では，PVC会社も縮小され9社により，年間約250万トンの生産が行われている。

(2) 加工技術の変遷

一方，加工技術は，1940年代の戦争中に日本窒素肥料がドイツからPVCの射出成型機を輸入したのが最初であるが，大部分はゴム加工用のロール，カレンダー，押出機を電熱加熱式に改良して研究した。1950年代に入り，各種の加工機械が輸入され，加工技術は一挙に発展し，今日に至っている。

一方，製品の市場としては，1940年代後半から，可塑剤を用いる軟質製品である日用雑貨（レインコート，風呂敷，ハンドバッグ，ベルト，はきものなど）が使用され，「ビニル製品」として貴重がられた。1950年代後半，塩ビレザー，電線被覆材，ケーシング材料，農ビフィルムなどに拡大した。

さらに引き続き，可塑剤を用いない硬質製品を開発して，土建用や水道用のパイプ，建材や工業用の板として使用され始めた。

ここに至って，ほぼ現在の主要な用途の軸が形成され，これらの多くの製品が長寿命化製品なので登場してからすでに約50年の歴史をもつことになる。

4.3 PVCの特長及び用途・製品[3]

PVCは，多くの特長により，基礎産業から最先端の医療分野まで，さまざまな分野で活躍しており，以下に特長と用途・製品について紹介する。

(1) 特長

PVCは，比重約1.4の白色粉末であり，製品の種類は，大別すると硬質PVCと可塑剤を添加する軟質PVCである。主な特長は以下のとおりである。

① 硬質PVC

・難燃性，自己消火性

第5章　高分子材料の長寿命化事例

- 耐久性，耐候性，長寿命
- 耐薬品性，耐油性
- 電気絶縁性
- 意匠性（デザイン，色彩，印刷，光沢，透明性など）
- 加工性，施工性

② 軟質PVC

- 難燃性
- 耐候性
- 電気絶縁性
- 引張り，引き裂き強度
- 意匠性（デザイン，色彩，印刷，光沢，透明性など）
- しなやかさ，柔軟性

(2) 用途・製品

用途別，製品別について図1に示すが，さらに詳しく下記に紹介する。

① 土木・建築分野

腐食せず，長寿命で難燃性に優れ，加工や施工が容易で，しかも自由に色や形をデザインでき

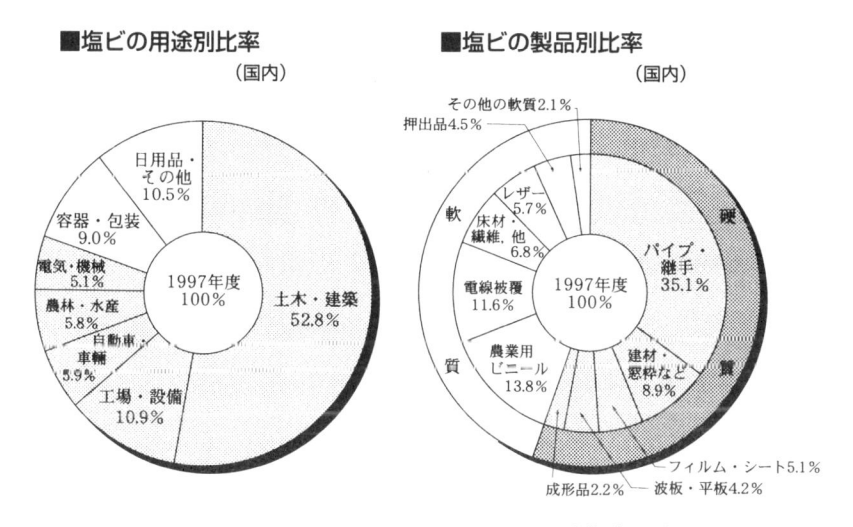

■塩ビの用途別比率（国内）

- 日用品・その他 10.5%
- 容器・包装 9.0%
- 電気・機械 5.1%
- 農林・水産 5.8%
- 自動車・車輌 5.9%
- 工場・設備 10.9%
- 土木・建築 52.8%

1997年度 100%

■塩ビの製品別比率（国内）

軟質
- その他の軟質 2.1%
- 押出品 4.5%
- レザー 5.7%
- 床材・繊維,他 6.8%
- 電線被覆 11.6%
- 農業用ビニール 13.8%
- 成形品 2.2%

硬質
- パイプ・継手 35.1%
- 建材・窓枠など 8.9%
- フィルム・シート 5.1%
- 波板・平板 4.2%

1997年度 100%

出所：塩ビ工業・環境協会

図1　用途・製品別比率

る特長により，上下水道パイプ，排水パイプ，雨樋，デッキ，壁紙，床材・天井材など，土木・建築分野で幅広く利用されている。最近は窓枠が断熱効果が高く省エネルギーに多大に貢献できるので注目を集めており，大きな伸びが期待されている。

ダムやトンネルなどの土木工事で使われる浸水・漏水を防ぐ止水板や防水シートにも使用されている。

② 工場・設備分野

耐久性，断熱性，耐油性，耐薬品性に優れた特長により，配管やタンクなどの工場設備として幅広く利用されている。

③ 自動車・車輌

耐久性，難燃性に優れた特長により，自動車や新幹線などの各種車輌部品などにも広く使われている。

④ 農林・水産分野

耐候性，保温性，透明性に優れ，しなやかで引き裂き強度にも優れた特長により，農業用ビニルハウスとしても広く利用されている。

⑤ 電気・機械分野

絶縁性，耐久性，難燃性，耐候性に優れた特長により，電線被覆材のシェアの過半数を占めている。最近は，光ケーブルの被覆材としても活躍している。

⑥ 容器・包装分野

しなやかで透明性，密着性が高い特長により，ラップフィルムとしても使用されている。また，食品の安全性や衛生管理，品質保持の面からも，果物，卵などの包装に利用されている。

⑦ 日用品・その他分野

塩ビは文具，おもちゃやバッグ，サンダル，ホースなどの日用品としても広く利用されている。

この他，塩ビは清潔で安全な素材として輸液・輸血セットに使われるなど，医療用分野においても不可欠な素材として高い評価を得ている。

4.4 塩ビの耐用年数[3]

PVCは，本書の題目である「長寿命化」をすでに実現している汎用プラスチックである。汎用プラスチックおよび用途ごとに耐用年数から長寿命の比較をしてみる。これらを図2に示し，以下にまとめてみる。

PVCについてみてみると，耐用年数15年以上の寿命の長い製品が全体の50％を占めており，他のプラスチックに比較して圧倒的に長寿命製品が多いことがわかる。

用途別にみてみると，上下水道用のパイプや窓枠をはじめ，さまざまな土木建築物として使用

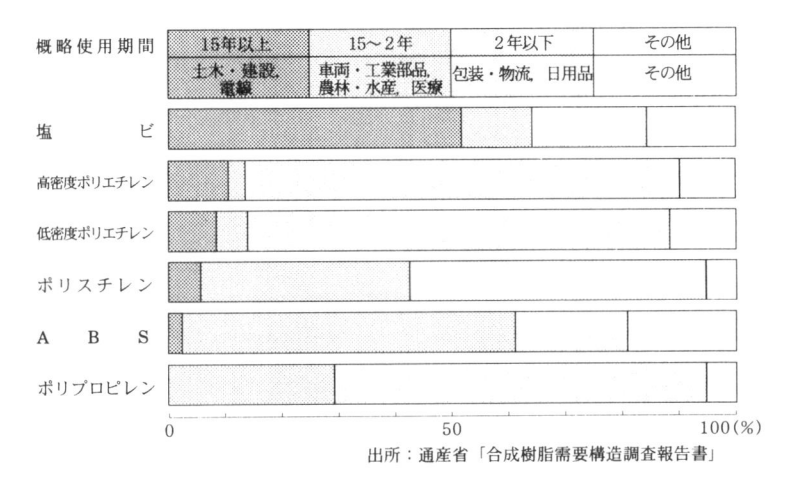

第5章 高分子材料の長寿命化事例

概略使用期間	15年以上	15〜2年	2年以下	その他
	土木・建設,電線	車両・工業部品,農林・水産,医療	包装・物流,日用品	その他

出所：通産省「合成樹脂需要構造調査報告書」

図2　各種プラスチックの用途別耐用年数

されるPVC製品は30年以上，実際にはそれよりも長く使用できるといわれている。また絶縁性，難燃性にも優れた電線被覆材は，長期間にわたって安全で確実な電力の供給に寄与している。さらに車輌の内装材や建物の床材で10年以上使用されている。さらに長い耐用年数が要求される最終製品では半永久的な製品として使用されるケースもたくさんある。

4.5　新規用途開発－住宅用外装材（サイディング）[4]
(1)　塩ビサイディングの位置づけ
　塩ビの用途について日本とアメリカ・ヨーロッパを比較してみると大きな相違がある。アメリカでは住宅の外装材としての塩ビサイディングの需要量が圧倒的に多く，ヨーロッパでは塩ビ窓枠の需要量が非常に多い。特に塩ビサイディングについては，アメリカにおける1999年度の生産量は104万トン（樹脂換算）で塩ビパイプに次ぐ大きな地位を占めている。日本においては，まだ微々たるものであるが，今後，知名度も向上させるなどの普及活動を含めた各種の対応により大きく展開できるものと考える。
(2)　塩ビサイディングの経緯
　1965年にアメリカで製造が始まり，その約15年後，その優れた特長により当初は木造住宅のリフォーム用としてアメリカ，カナダを中心に急速に普及してきた。今日，外装材市場におけるシェアはアメリカでは55％，カナダでは70％を占める商品となっており，最近，新築住宅にも使用され始め，急増してきた。今後リフォーム用や新築住宅へのさらなる拡大が期待される。

一方，日本では，約15年前にアメリカから輸入品が紹介されたが，施工実績も少なかった。
　日本で普及していない原因としては，知名度が低かったことのほかに，従来までは①建築基準法において外壁材の防火性能の規制により認可されないこと，②北アメリカの塩ビサイディングがそのままでは日本人の好みに合いにくいことといわれていた。しかし，最近明るい見通しが出てきたので紹介しておきたい。

(3) 新しい展開

　①建築基準法の問題については，1999年１月に規制緩和の一環として建設省建築指導課より防火性能において法22条区域の「土塗壁同等以上の効力を有する外壁」として，塩ビサイディングを組み込んだ外壁材の個別認定ができることとなり新築でも使用できる。これにより日本の住宅地域の約70％で使用できることとなった。

　さらに最近，建築基準法の改正があり，「仕様規定」から「性能規定」への変更があり，防火性能試験結果しだいでは規制緩和の可能性があると思われる。十分に調査する必要がある。

　②数年前から国内販売を開始した三菱樹脂㈱とゼオン化成㈱が最近，淡色系や濃色系あるいは木目調や石目調など日本人の好みと思われる塩ビサイディングのラインアップを開始しており，今後の展開が期待できる。

　サイディングの施工事例を写真１に示す。

(4) 塩ビサイディングの特長

① 丈夫で長持ち
　・衝撃に対し凹まず，引掻き傷にも強い。
　・寒冷地での凍結によるひび割れや破壊しない。
　・30年以上の長寿命を保つ。

② 錆に強い
　・塩害（潮風），酸性雨，火山灰でも錆びない。

③ 美しい外観
　・樹脂ならではのカラフルな外観が得られる。
　・塗装のように塗替えが不要。

④ 軽　量
　・軽量なので既存の壁に負担がかからず，リフォームにも最適である。
　・軽量のため，運搬，施工が楽にできる。

⑤ 施工が容易
　・既存の壁をそのまま利用するので工期の短縮ができ，廃材もごくわずかである。
　・雨仕舞に優れた設計でシーリングの必要がない。

第5章 高分子材料の長寿命化事例

①サイディング（外装材）②高耐久性③押出成形（硬質PVC）

写真1 塩ビサイディング施工事例

(5) 技術開発

塩ビサイディングには耐候性を付与するために酸化チタンが多く添加されている。この酸化チタン添加が，最近話題となっている光触媒機能の可能性があるため，表面の汚れも取れやすいようである。今後，国内の著名な研究機関と詳細な解析をすすめていく予定である。

4.6 リサイクルへの取り組み[5]

PVCは，これまで紹介してきたように，他樹脂に比べて建材などの長寿命用途に使用されているが，さらに資源の有効利用からも施工時の端材や使用済み廃材などを再資源化すべきであろう。

一方，日本も数年前から資源循環型社会への取り組みが急ピッチにすすんでおり，各種のリサイクル法も相次いで成立している。特に長寿命化が要求される建設分野でも建設省が「建設工事資材再資源化法」を立案し2000年5月に国会で成立している。この制度は建築物の分別解体，建築廃材等の再資源化を推進することであり，2002年4月までに施行される予定である。

このような動きから塩ビ業界は率先してリサイクルの取り組みを推進しており，最近の動向を紹介する。リサイクルの方法を，(1)マテリアルリサイクル，(2)フィードストックリサイクル，(3)サーマルリサイクルに分類して紹介する。

(1) マテリアルリサイクル（再生）

長寿命用途の代表として塩ビパイプと電線被覆材について紹介する。

① 塩ビパイプ

リサイクル方法としては，大部分が「パイプからパイプ」への再生が基本である。塩ビパイプの年間生産量は約50万トンに対して1998年度で排出量は年間約3万トンで，再生量は1万トン強とみられ，リサイクル率は約35％と推定されている。

1998〜1999年に塩化ビニル管・継手協会では，塩ビパイプのリサイクルシステム構築のため，リサイクル拠点として大水産業㈱など全国に15社のリサイクル協力会社を設置しており，配置図

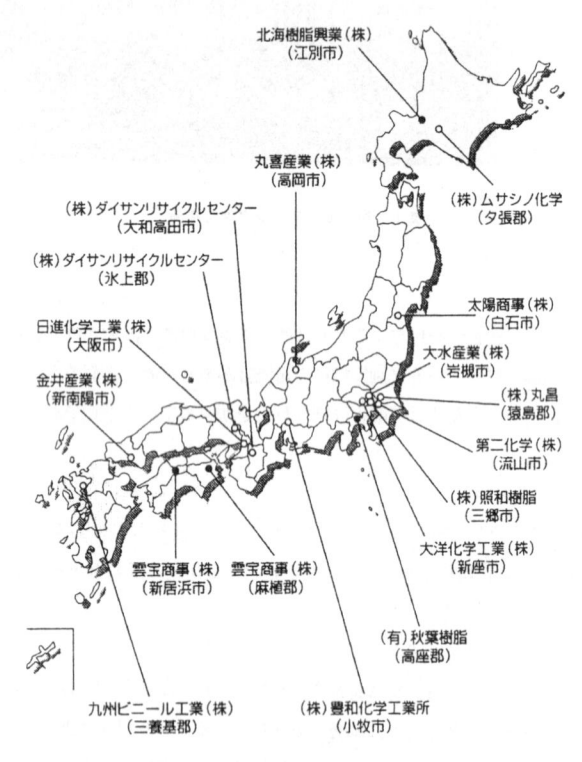

図3 塩ビ管・継手リサイクル協力会社

第5章 高分子材料の長寿命化事例

を図3に示す。この回収・再生システムを活用してリサイクル率を当初の35％から2005年には目標の80％へと向上させる予定である。

リサイクル率向上の一環として再生管の需要促進のため2種類の再生管の協会規格を制定した。建設省へも紹介し、全国の地方建設局などへのPR活動を開始している。なお最近のリサイクル率は40％以上に増加しているものと思われる。

② 電線被覆材

リサイクル方法としては主にマテリアルリサイクルを行い、解体処理（剥線処理）と粉砕処理（ナゲット処理）である。大手電線メーカー直轄の処理会社（材工㈱など7社）および電線ナゲット処理会社（約100社）がリサイクルを推進している。

最近のリサイクル状況は、塩ビ被覆材の回収量が年間約12万トンに対し再生量は4.4万トンであり、リサイクル率は約35％と推定されている。再生用途は一部が電線にリサイクルされており、またほかの再生用途としては床材用としても利用されている。さらにリサイクル率向上には再生用途の開拓とともにフィードストックリサイクルでの有効利用も必要となる。この後者の実現のために塩ビ業界は、㈳電線総合技術センターにおける1998年から2年間事業の「電線被覆材燃料化技術開発」の研究開発に対して支援を行った。銅と塩ビ被覆材の分離技術、塩ビ被覆材からの脱塩酸技術、脱塩酸された炭化物の高炉原料化技術も確立でき、大きな成果が得られている。

(2) フィードストックリサイクル（またはケミカルリサイクル、原燃料化）

汚れがあまりにもひどいものや複合材で分離が難しいものでマテリアルリサイクルが困難な場合にはフィードストックリサイクルを選択して有効処理する。

フィードストックリサイクルの主要な三つの技術として、①高炉還元剤技術、②セメントの原燃料化技術、③ガス化による化学原料化技術があり、最近の状況を紹介するが、それぞれ、実証プラントを建設して実証試験中であり、大きく進展してきている。

① 高炉還元技術

製鉄高炉での鉄鉱石の還元剤としてコークスや微粉炭を使用している。高炉還元技術としては、使用済みプラスチックの前処理にて粒状化を行い高炉羽口から吹き込み可能とし、高炉還元剤として使用するものである。

現在、高炉還元は、容器包装リサイクル法のその他プラスチックの再商品化手法として認められている。

日本鋼管㈱（NKK）は、1996年、塩ビ以外の使用済みプラスチックの利用のため年間3万トンの商業プラントを建設し、最近4万トンまで能力増強を行っている。

一方、使用済み塩ビのみでも高炉還元剤として利用できるようにするためNKK、塩化ビニ

203

ル環境対策協議会，プラスチック処理促進協会の三者が共同研究を行い，各種の実証実験を実施した．

塩ビを利用する技術としては，使用済み塩ビとコークスをロータリーキルンに投入して約300℃での熱分解により脱塩化水素を行い，塩化水素は塩酸として有効利用する．一方，脱塩化水素された炭化物は高炉還元剤として使用する．主要フローを以下に示す．

使用済み塩ビ → 分別 → 粉砕 → 熱分解 → 炭化物 → 高炉還元剤
　　　　　　　　　　　　　　　　　　↓
　　　　　　　　　　　　　　　塩酸（有効利用）

1997年に実験設備として，処理能力年間1,000トン規模のロータリーキルンを設置した．処理対象物には硬質塩ビとして使用済み塩ビパイプを，軟質塩ビとして使用済み農ビを代表に試験を実施し，1998年に順調に試験が完了した．

実験の結果，塩ビは問題なく処理可能であるとの結論で，ロータリーキルンでの脱塩化水素率も約95％，脱塩化水素された炭化物の高炉吹込みテストも良好で実証性が確認できた．

さらに1999年3月，NKK，塩ビ工業・環境協会，プラスチック処理促進協会の三者は，新エネルギー・産業技術総合開発機構（NEDO）の助成を受けて，塩ビの高炉原料化リサイクルの実用化に向け，年間処理能力5,000トンの一貫実証研究設備を建設した．フローおよび技術開発範囲を図4に示す．

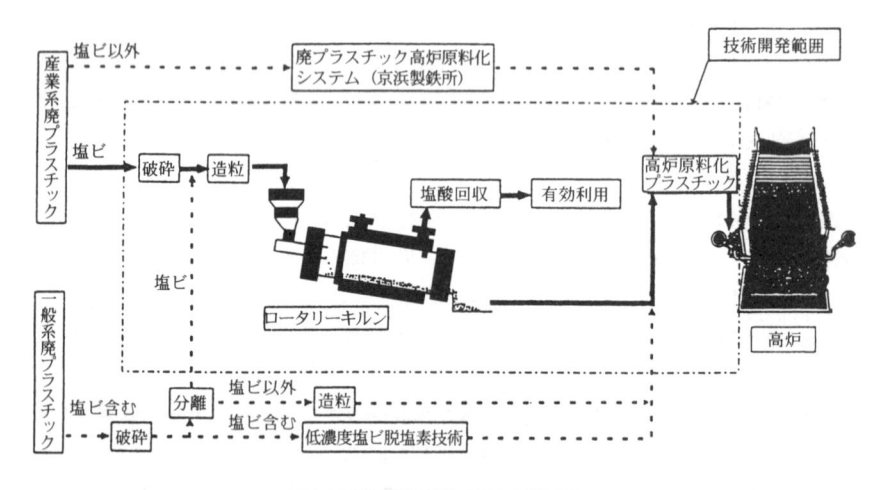

図4　塩ビ高炉原料化リサイクルフロー

第5章 高分子材料の長寿命化事例

1999年5月から建設開始し,2000年1月に工事が完了,2000年4月より使用済み塩ビ製品を対象に実証試験を開始した。2001年3月までに次の実用化技術を確立する。
- 高濃度塩ビからの脱塩酸技術,高炉原料化技術の確立
- 高純度塩酸の回収,利用実用化技術の確立
- 一貫設備による連続操業技術の確立(破砕・造粒,脱塩素・高炉原料化,塩酸回収,高炉吹込み等の一連の諸設備)
- 塩ビ濃度の変動に対応した安定操業技術の確立

これらの試験結果からの実用化評価を行った後,実用プラントとしての運用も視野に考えている。各方面から塩ビ廃棄物処理が早く実現できるよう期待されている。

② セメントの原燃料化技術

技術としては,使用済み塩ビを熱分解により脱塩化水素処理を行い,回収塩化水素は塩ビモノマー工程に利用し,脱塩化水素された炭化物は,セメントの原燃料に有効利用する。下記にフローを示すが,完全で理想的なクローズドシステムとなっているのが大きな特長である。

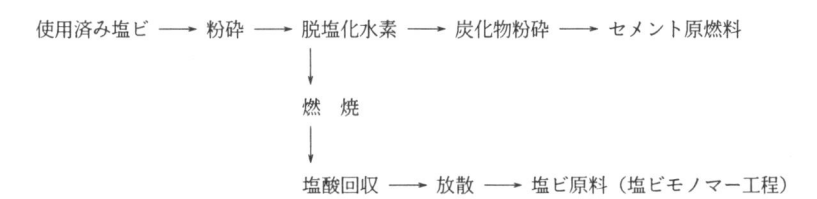

使用済み塩ビ → 粉砕 → 脱塩化水素 → 炭化物粉砕 → セメント原燃料
　　　　　　　　　　　　　↓
　　　　　　　　　　　　燃　焼
　　　　　　　　　　　　　↓
　　　　　　　　　　　塩酸回収 → 放散 → 塩ビ原料(塩ビモノマー工程)

塩ビ業界は,1998年に「使用済み塩ビの有効利用」の一貫として㈱トクヤマ,塩ビ工業・環境協会,塩化ビニル環境対策協議会およびプラスチック処理促進協会の四者で共同研究を開始した。

1998年度に脱塩化水素テストなどの基礎研究を完了し,脱塩化水素率も良好である。1999年7月に年間500トンの実証プラントが完成し,各種の実証試験を実施中である。

現在,軟質塩ビ,硬質塩ビとも問題なく処理可能で2000年中に実験結果をまとめる予定である。次のステップとして大型実用化プラント建設のFSを検討中である。

③ ガス化による化学原料化技術

ガス化とは,プラスチックを熱分解することによりガス留分を得る方法であり,「容器包装リサイクル法」の「その他プラスチック」の再商品化の一つとして認められている。このガス化技術は,塩ビを含んでいても問題なく処理できる方法で,以下に2例を紹介する。

a) 加圧2段ガス化技術(荏原-宇部法)

塩ビを含む使用済みプラスチックを始めに加圧低温ガス化炉(600〜800℃)でガス化し,金属などの不燃物は回収する。次に,加圧高温ガス化炉(1300〜1400℃)で残った固形物は溶解し,

ガスは,水素,一酸化水素主体の合成ガスとする。さらに水素は窒素と反応させてアンモニアなどの化学原料に使用する。使用済みプラスチック中に塩ビが混入しても問題なく処理可能で,塩素分はアンモニアと反応させ,肥料の塩安として有効利用が可能である。

1999年2月プラスチック処理促進協会がNEDOからの委託を受け,使用済みプラスチックの化学原料化を目指してこのガス化技術確立のため,実証プラントを建設した。図5にフローを示すが,処理能力は30トン/日で山口県宇部市に設置した。1999年11月完工,2000年2月より実証試験を開始,現在順調に進んでおり,2000年10月より商業運転に入る予定である。

加圧ガス化溶融炉技術は荏原製作所が担当し,アンモニアなどの宇部興産が担当して推進している。

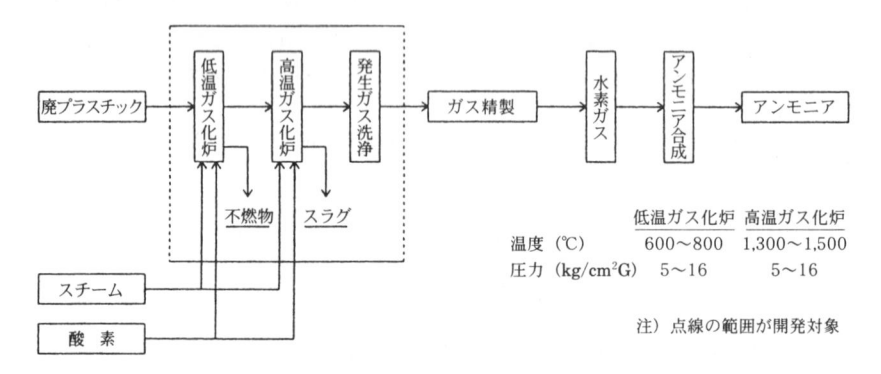

	低温ガス化炉	高温ガス化炉
温度（℃）	600～800	1,300～1,500
圧力（kg/cm²G）	5～16	5～16

注）点線の範囲が開発対象

図5 使用済みプラスチックガス化フロー

b) 一段式ガス化技術（新日鉄-ダイセル法）

2000年5月,塩ビ工業・環境協会は,新日本製鉄とダイセル化学工業が推進する塩ビを含む一廃系および産廃系の使用済みプラスチックのガス化技術開発計画に参画する。塩ビを含む使用済みプラスチックを高温で部分酸化分解の一段法にて一酸化炭素,水素および塩化水素を主成分とする化学原料ガスを生成し,一酸化炭素と水素を反応させてメタノールを合成するとともに,塩化水素を塩酸として回収する一貫技術である。この技術は塩ビを分離することなくリサイクルが可能である。実証プラントは5トン/日の規模であり,2000年7月より建設に着手しており2001年初頭より試験運転を開始し,2001年度半ばには技術確立を目指す。

(3) サーマルリサイクル（エネルギー回収）

サーマルリサイクルのトピックスは,ほとんどの焼却炉メーカーで検討しているガス化溶融炉

第 5 章　高分子材料の長寿命化事例

である。最近のごみ焼却場での問題点であるダイオキシン低減や焼却灰などの無害化処理を一挙に解決できる方法である。もちろん，塩ビなどの塩素源が混入されていても排ガス中のダイオキシン濃度は，0.1ng-TEQ/Nm^{3}以下が十分可能である。方式としては，高炉型ガス化溶融炉方式，ロータリーキルン型ガス化溶融炉方式，流動床型ガス化溶融炉方式，川鉄－サーモセレクト方式などがある。

　流動床型ガス化溶融炉の技術としては，第一段のガス化炉では500～600℃でガス化を行い，鉄，銅，アルミの金属などは無酸化状態で回収する。第二段の旋回式溶融炉では1300～1400℃で高温燃焼させ，ダイオキシンは完全分解が可能，焼却灰は溶融スラグとして無害化される。

　最近の情報として，2000年度の自治体が発注するごみ焼却設備件数が29件となり初めてガス化溶融炉がストーカ炉を抜くようである。

　最近の産廃系処理用の実績としては，自動車シュレッダーダスト処理用がある。タクマ社が㈱カネムラにロータリーキルン型ガス化溶融炉を納入しており，ダイオキシン濃度も全く問題ない。また，荏原製作所は青森リニューアブル・エナジー・リサイクリング㈱に流動床型ガス化溶融炉を納入し，1999年10月から試運転に入り，現在順調に実用運転も進めており商業運転も間近いものと思われる。

　なお，塩ビ業界とプラスチック処理促進協会との共同で「高濃度塩ビを含む使用済みプラスチック燃焼実験」を荏原製作所のガス化溶融炉（能力20トン/日）を使用して行った。実験結果，ダイオキシン規制値もクリアーできたこと，また排ガス中の塩化水素濃度とダイオキシン類濃度の間に相関関係がみられないことなどがあきらかとなっている。

文　　　献

1)　近畿化学協会，「ポリ塩化ビニル－その基礎と応用－」日刊工業新聞社（1988）
2)　佐伯康治，化学経済，2000年 8 月号
3)　塩化ビニル環境対策協議会，「なるほど塩ビ」（1999）
4)　佐々木慎介，プラスチックス，50, No.5（1999）
5)　佐々木慎介，プラスチックス，51, No.7（2000）

5 硬質ポリ塩化ビニル管

榎本真久[*1]，栗山 卓[*2]

5.1 はじめに

PVCは，剛性，引張り特性などの機械特性，耐侯性，耐薬品性，耐油性などに優れ，また，比較的安価であるため，長年，上下水道用管や継手等の管工機材に多く使用されている。現在では，管用途の需要はPVC全体の約30％を占めるに至り，PVCの最大の用途となっている。

上下水道用管は，われわれの日常生活におけるライフラインであり，特に上水道管の役割は，配水場から各家庭まで水道水を供給する上で大変重要であることは言うまでもない。しかし，管をいったん地中に埋設，施工してしまうと，補修工事や取り替え工事が容易でないため，管には最低50年間の長期耐久性能が要求されている。

本項では，硬質ポリ塩化ビニル管（以下，塩ビ管と略す）の長期耐久性保証に関する評価技術の動向と，材料設計からの塩ビ管の長期耐久性技術の事例について概説する。

5.2 長期耐久性保証に関する評価技術の動向

塩ビ管の基本的な性能試験方法および規格は，1954年に一般管が，1956年に水道管がそれぞれ日本工業規格（JIS）に定められ[1,2]，塩ビ管は，今日まで40年以上にわたり使用され続けてきている。この間，破損事故もほとんどなく，管工機材としての信頼を得るに至っているが，わずか一部の管において，本来保証された力学特性を有しているにも関わらず破損事故を起こすケースが散見されている。

このような現象は，海外においてもみられており，イギリスでは，1970年代後半より，塩ビ管の破損事故についてのより詳細な調査が実施された。その結果，管の破損は，生産時に形成された管内部の欠陥や，施工時等に形成された管表面の傷，管下面などに接触した小石などの突起物により形成された亀裂が，埋設された土砂等の荷重により徐々に成長し，最終的に破壊するに至ったものであることが判明した[3]。

つまり，管の長期耐久性保証には，「事前に管に形成された亀裂の成長のしにくさ」の評価が重要であると言えるが，従来の熱間内圧クリープ試験や疲労試験，引張り試験では，管の破損事故発生率との相関が得られていなかった。

その中で，G.P.Marshallらにより，破損事故と相関する簡便な試験法として，破壊力学を援用したC形試験片による破壊靭性試験（FT試験）の有効性が提案された[4,5]。すなわち，

---

* 1　Masahisa Enomoto　大洋塩ビ㈱　四日市研究所
* 2　Takashi Kuriyama　山形大学　工学部　機能高分子工学科　助教授

第5章 高分子材料の長寿命化事例

図1aに示すような鋭いノッチをつけた6個の試験片に対して，異なったK値（応力拡大係数）にて一定の負荷を与える。各K値と破壊時間の関係を両対数グラフ上で直線外挿し，破壊時間15分に相当するK値を管の破壊靭性値K_{1c}（FT値）とするものであり，このような方法で得られた管のK_{1c}と破損事故発生率との間には，強い相関があることが見出された。

日本でも1995年に，㈶水道管路技術センターにて，実際に埋設され4～27年間使用されている管を掘り起こし，管の様々な物性評価と破損事故率との関連性が調査され，同様の結果が報告されている[6]。

K_{1c}と事故発生率との関係を図1bに示す。K_{1c}が3.25MPa・$m^{1/2}$以下の管は，破損事故が発

(a)FT試験方法の模式図

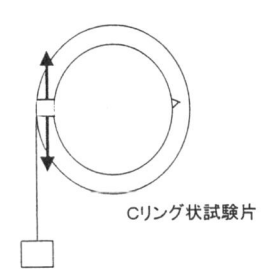

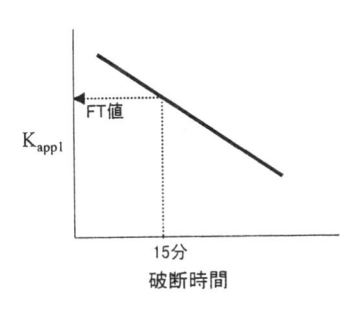

(b) 管のK_{1c}（FT値）と破損事故発生率の関係[6]

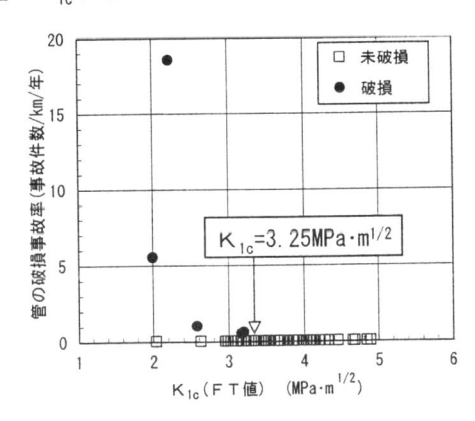

図1　塩ビ管のFT試験方法および管のK_{1c}（FT値）と破損事故発生率との関係

生しやすいことが明らかであり，現在では，塩ビ管の長期耐久性評価方法として，極めて優れているものと考えられている。

欧州主要国ではすでに，塩ビ管の長期耐久性保証として，K_{1c}が規格化されており[7]，国際標準規格（ISO規格）化へ進み出した[8]。日本においても，1994年にISO[8]を基にした塩化ビニル管・継手協会規格[9]が制定されている。さらに現在，ISOとの整合化の流れにより，JIS規格への導入が検討されている。

以上のような評価技術や規格整備の動向に伴い，今後，管工機材としての塩ビ管の信頼性はますます向上するものと期待される。

5.3 塩ビ管の長期耐久性事例

5.2項で述べたように，塩ビ管の長期耐久性保証には，事前に管に形成された亀裂の成長のしにくさ，つまり，K_{1c}の向上が重要となる。塩ビ管のK_{1c}の発現は，押出成形時の成形条件，金型形状，さらには材料の配合技術に大きく影響される。これは，PVC自身の特性と関連する。

塩ビ管の製造に用いられるPVCは，一般に懸濁重合法で製造され，グレインと呼ばれる粒径約50～200μmの粒子構造を有している。グレインは，図2で示すように，PVCの微結晶粒子である粒径約10nmのミクロドメインを起点に，ドメイン（粒径約100nm），1次粒子（粒径

懸濁重合時に階層的な粒子構造を形成
重合時に120～240℃まで幅広い融点分布を持つ微結晶を形成

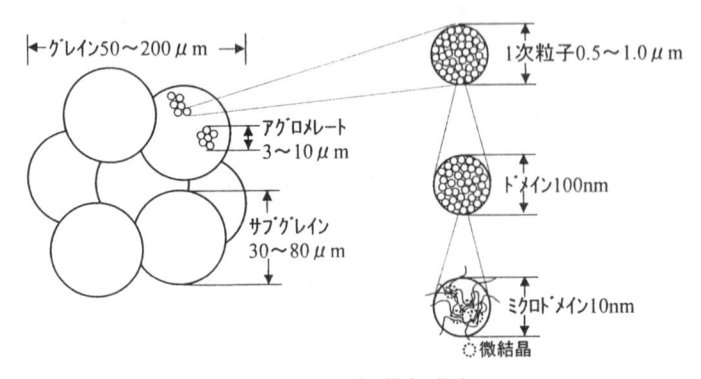

図2　PVCの粒子構造の模式図

第5章 高分子材料の長寿命化事例

約1μm),サブグレイン(粒径約30～80μm)といった階層的な粒子の凝集構造から形成されており,さらに,構成される微結晶の融点が,120～240℃まで幅広い分布を有することが知られている。つまり,PVC分子鎖の分解温度(約220℃)を考慮すると,成形加工時に,重合時に形成されたPVCの階層的粒子構造を分子鎖レベルまで完全に崩壊,溶融させることは困難であり,通常,PVCの成形加工は,粒子構造が残存した状態で行われる(粒子構造や結晶構造の崩壊の程度を一般にゲル化度合いと称する)。従って,塩ビ管製造の際の成形条件により,PVCの残存粒子構造が変化し,管のK_{1c}の発現に大きく影響を及ぼすわけである。

ここでは,最近筆者らが検討した事例を基に,まず,混練条件に伴う残存粒子構造の違いによるPVCの靱性発現機構への影響について述べ,次に材料設計からの塩ビ管の高K_{1c}化技術の事例を示す。

5.3.1 残存粒子構造によるK_{1c}への影響

図3に,PVC成形体中の残存粒子構造によるK_{1c}および破壊挙動への影響を示す[10]。図から明らかなように,グレインが未崩壊で多数残存している成形体では,ノッチ近傍に応力集中が生

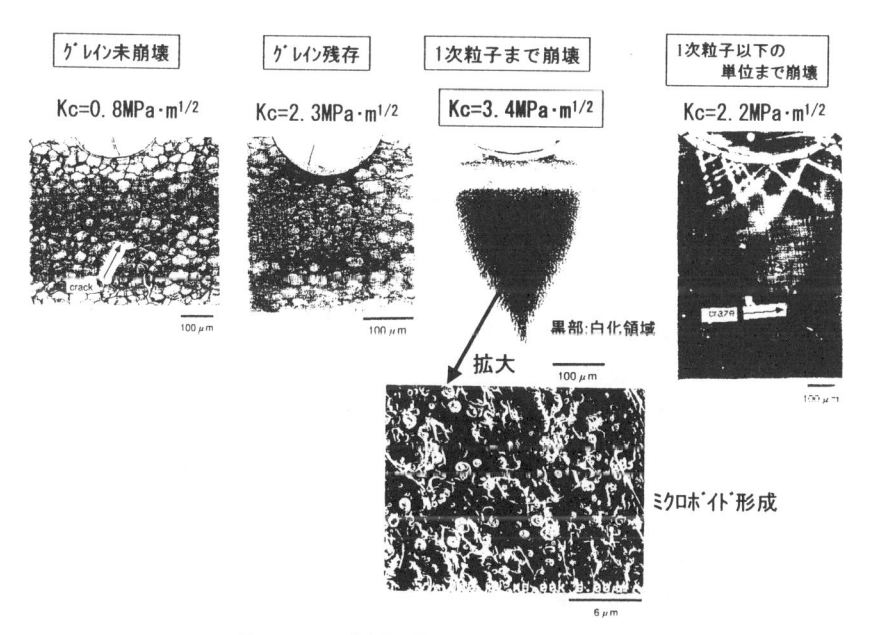

図3 PVCの残存粒子構造による破壊挙動への影響
　　　(損傷領域のモルフォロジーの比較)[10]

じた場合，残存グレイン界面に沿ってクラックが形成され，容易に亀裂が進展し，非常に低いK_{1c}を示す。これに対し，グレインの崩壊が進行し，1次粒子レベルまで均一に崩壊すると，ノッチ近傍での応力集中に伴い白化領域が生じ，高いK_{1c}を示すようになる。この応力白化部は，ノッチ近傍で生じた3軸引張り応力により残存1次粒子が剥離し，粒径約1μmのミクロボイドが多数形成されたものであり，このミクロボイドが，3軸引張り応力を分散させ，亀裂進展を抑制させ，高いK_{1c}を示すこととなる[11]。

さらに1次粒子より小さな単位粒子まで崩壊が進行した成形体では，ノッチ近傍での応力集中に伴うミクロボイド形成は全くみられず，見かけ上，典型的な延性非晶性ポリマーでみられ

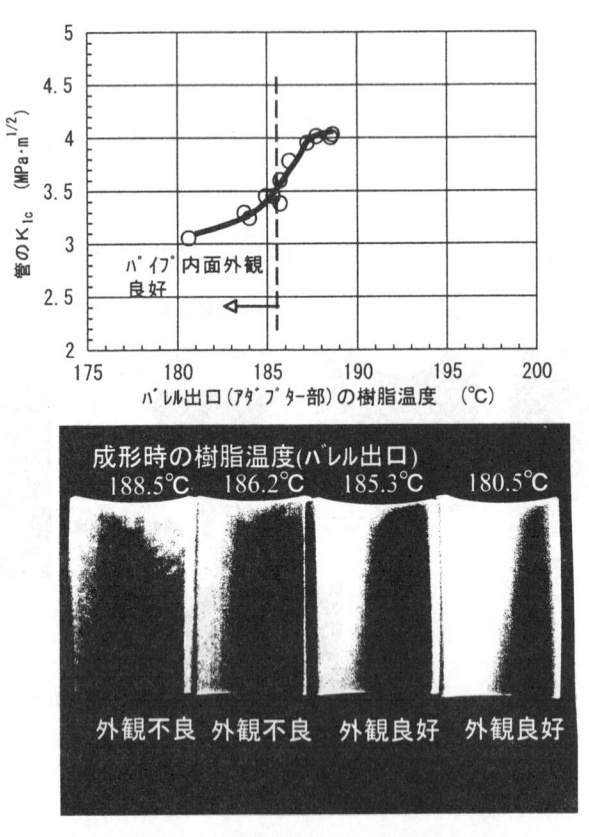

図4 塩ビ管（VP-75）製造時のバレル内樹脂温度による管のK_{1c}および管内面の外観への影響[12]

第5章　高分子材料の長寿命化事例

る3軸引張り応力による剪断降伏変形のみが生じ，クレーズの成長とともに亀裂進展が生じ，低いK_{1c}を示すようになる。

以上のように，PVCの靭性機構は，混練条件によるグレインの崩壊の進展により大きく変化する。つまり，適度に残存した1次粒子の界面剥離により形成されたミクロボイドが，一般のゴム粒子充填延性ポリマーの靭性機構でみられるゴム粒子のキャビテーションと同様の機能をもたらし，高靭性化する[11]ことがPVCの大きな特徴と言える。

図4に，塩ビ管（VP-75）製造時のバレル内樹脂温度による管のK_{1c}への影響を示す。バレル内での樹脂温度の上昇とともに，ゲル化が進行し，残存粒子構造が徐々に最適化され，管のK_{1c}は上昇する[11,12]。しかし，一方，ゲル化の進行は，管内面の外観荒れの発生をもたらし，製品品質上大きな問題となる[12]。これは，PVCのゲル化の促進に伴う金型内流動時の樹脂の高弾性化[13]や金型壁面との滑り挙動の変化[14]に起因しているものと推定される。したがって，塩ビ管の高K_{1c}化には，管製造時の成形条件や金型設計，材料設計の3要素の最適化により，いかにゲル化と流動特性のバランスを制御するかが重要な要素技術と考えられる。

5.3.2 材料設計からの塩ビ管の高K_{1c}化技術の事例

5.3.1項での事例で示したように，塩ビ管の高K_{1c}化には，PVCのゲル化制御（残存粒子構造の最適化）が重要である。しかし，ゲル化の促進は管内面の外観悪化を招くため，実際の塩ビ管の製造においては，ゲル化制御のみによる高K_{1c}化には限界がある。そこで，筆者らが検討した，ゴム分散系による，低温成形でも高K_{1c}化が可能で，管内面の外観との両立がはかられた塩ビ管の製造技術の事例を示す。

検討に用いたゴム分散系PVCは，大洋塩ビ㈱製のアクリルゴム塩ビグラフトマー，TA-E200である。これは，図5に模式的に示したように，アクリル系共重合体ゴムにPVCがグラフト共重合された分子構造を有し，PVC1次粒子界面にアクリルゴムが分散された形態を有している

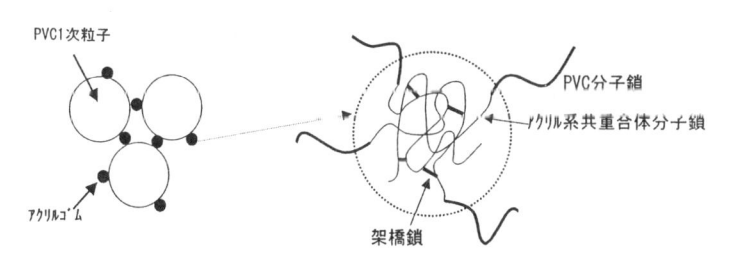

図5　TA-E200（大洋塩ビ㈱製アクリルゴム塩ビグラフトマー）の構造の模式図

ことが特徴である。

図6に，PVCにTA-E200をブレンドし，アクリルゴム含有量1.4%に調整した材料を用いて押出成形した塩ビ管（VP-75）のK_{1c}を示す[12]。TA-E200が無添加の通常の塩ビ管と比べ，明らかに，バレル内樹脂温度が低い成形条件下でも，高いK_{1c}の塩ビ管を得ることができ，管内面

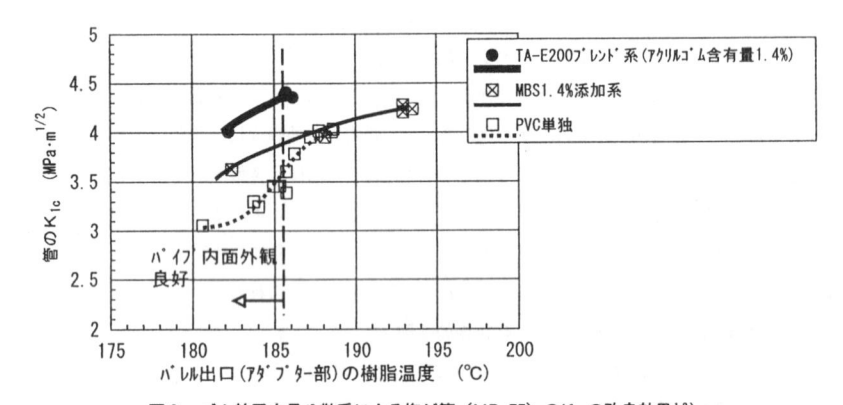

図6 ゴム粒子少量分散系による塩ビ管（VP-75）のK_{1c}の改良効果[12]

（管製造時のバレル内樹脂温度によるK_{1c}および管内面の外観への影響）

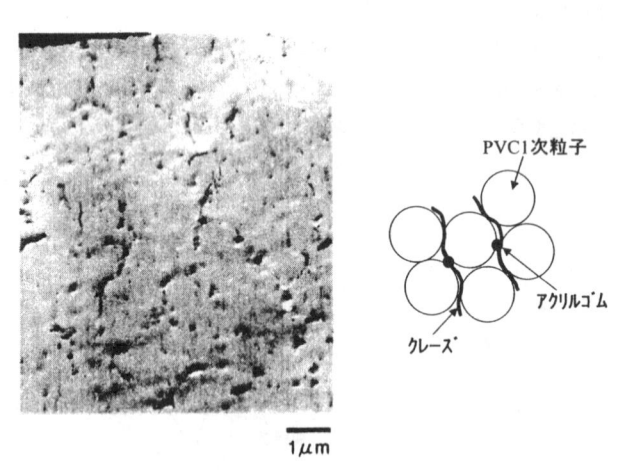

図7 TA-E200が少量添加された塩ビ管の破壊挙動[15]

（損傷領域のモルフォロジー観察）

の外観を損ねることなく，$K_{1c} \geq 4.0 \text{MPa} \cdot \text{m}^{1/2}$の高靭性塩ビ管を成形することが可能となる。PVCの改質剤として一般に使用されている市販のMBSを1.4％含有させた塩ビ管と比較しても，その改良効果が優れていることがわかる。これは，アクリルゴムがPVCとグラフト化されているため，あらかじめ1次粒子界面に均一に分散され，成形時のゴムの分散形態が，PVCのゲル化にあまり依存しないことによると推定される。

図7に，TA-E200添加系で得られた高靭性塩ビ管の破壊時のノッチ近傍での挙動のTEM写真を示す[15]。グラフト化により1次粒子界面に強固に付着したアクリルゴム（黒色部）を起点に，1次粒子界面に沿って多数クレーズが形成されていることがわかる。つまり，TA-E200を添加することにより，破壊時に，通常の塩ビ管でみられる1次粒子界面の剥離（多数ボイドの形成）に伴う界面の剪断降伏変形が生じる前に，1次粒子界面に沿って多数クレーズ変形を促し，界面の局所的な塑性変形を可能とさせ，更なる高靭性化が達成できる。

以上のように，TA-E200を少量添加することにより，管内面の外観を損ねることなく，$K_{1c} \geq 4.0 \text{MPa} \cdot \text{m}^{1/2}$の塩ビ管を成形でき，管の高靭性化に極めて有効であることがわかる。

文　　献

1) JIS K 6741
2) JIS K 6742
3) G.P.Marshall et al., Proc. 3rd BPF Int.Prastic Pipe Symp., University of Southampton (1974)
4) G.P.Marshall, Plas.Rub.Process.Appl., 2, 169 (1982)
5) G.P.Marshall et al., Plas.Rub.Process.Appl., 2, 369 (1982)
6) ㈱水道管路技術センター：水道用硬質塩化ビニル管調査報告書（報告No.20）(1995)
7) British Standard Institutin, BS 3505
8) ISO/DIS 11673 (1993)
9) 塩化ビニル管・継手協会規格．硬質塩化ビニル管の破壊靭性試験方法（1994）
10) 明戸，栗山，榎本，第10回プラスチック成形加工学会講演集，p.57 (1999)
11) T.Kuriyama et al., J Vinyl Addi Tech, 4, 164 (1998)
12) 榎本，笠原，明戸，栗山，成澤，第11回プラスチック成形加工学会講演集 (2000)
13) 榎本，栗山，第10回プラスチック成形加工学会講演集，p.59 (1999)
14) 藤谷，志村，古川，六代，第46回高分子討論会予稿集，p.3534 (1997)
15) 笠原，明戸，栗山，榎本，第11回プラスチック成形加工学会講演集，p.237 (2000)

6 ゴム・エラストマー

西沢 仁*

6.1 まえがき

ゴム・エラストマーは，天然ゴム，SBR，BR，NBR等のジエン系ゴムから，EPゴム，IIR，CR，ACM，CSM，Q，CHR，FKM，ClPE等多くの種類が使われており，合計1930万tに達している。又TPE（熱可塑性エラストマー）も最近伸びており，110万t近くになっている。その用途も表1に示すように自動車用タイヤをはじめ広範囲に及んでいる。

ゴム・エラストマーは，分子内を加硫剤，架橋剤で橋かけしているため弾性，可撓性に富み，プラスチックスと異なった独自の応用分野に使用されている。

最近のゴム・エラストマーに要求される性能として，高性能化と長寿命化があげられる。

今回は長寿命化の課題について，各種ゴム製品に要求される性能とゴム・エラストマー材料としてとらなければならない長寿命化のための対策を中心に考察してみたい。

6.2 ゴム・エラストマー製品の長寿命化に要求される性能とゴム・エラストマー材料の対応策

6.2.1 ゴム・エラストマー製品の長寿命化に要求される性能

ゴム・エラストマー製品の中で自動車用タイヤ，自動車部品，建築用免震アイソレーターとダンパー，電線，ケーブル，OA機器用ロール，半導体製造用製品等の代表的な製品に要求される性能と，ゴム材料からみた対策，構造設計からみた対策をまとめたのが表2である。

長寿命化のために要求される性能は，製品によって異なるが，機械的性質，耐摩耗性，剛性（ヤング率），耐クリープ性，屈曲疲労特性，摩擦抵抗，動的粘弾性（$E'E''$, $\tan\delta$），耐熱性，耐候性，耐水性，難燃性，耐プラズマ性等極めて広範囲の性能が要求される。

長寿命化のためには，まずこれらの性能が製造直後においてすぐれた高いレベルであることが必要である。さらにこの性能が長期間維持できることが重要となってくる。

初期の製品性能のすぐれたものを得るためのゴム・エラストマー材料設計を，ポリマーの選択・配合設計の面からまとめたのが表3である。

機械的性質，耐摩耗性，剛性（ヤング率），疲労劣化等の機械的に強いゴム・エラストマー材料は，いかに適正なベースポリマーを選び，さらに配合剤（加硫系，補強剤，軟化剤，老化防止剤等）を決めていくかによって左右される。

現在，NR，SBR，BR，EPDM等が自動車タイヤ，防振ゴム，免震アイソレーター，ベルト等の機械的物性の強いゴム材料のベースポリマーとして使用され，補強剤としては，粒子径の細

---

* Hitoshi Nishizawa　西沢技術研究所　代表；芝浦工業大学　客員研究員

第5章 高分子材料の長寿命化事例

表1 各分野で使用されるゴム製品の例[1]

ゴム製品の分野／原料ゴムの種類	履物・衣料	自動車・車両	航空宇宙・原子力	工業用品・機械	電気・電子・光	情報・通信	建築・土木・海洋	バイオ・医療	エネルギー・環境	接着剤・粘着材・バインダ	樹脂改質	スポーツ・ファッション・ソフトほか
汎用ゴム NR, BR, SBR, IR	レインコート	タイヤ 防振ゴム 鉄道用パッド	タイヤ 放射線遮へい	防振 ベルト ホース	防振ゴム 家電 トナー	電線 磁性ゴム	免震ゴム 防舷材 オイルフェンス 防音制振	コンドーム 手袋	再生ゴム	ゴム糊	ポリスチレン用	ゴルフボール サッカーボール
特殊ゴム(1) NBR, ACM, Q, FKM	安全靴底	エンジンマウント ホース パッキング・シール	ホース	ベルト ロール	耐熱電線 ポッティング シール	光ファイバ	シーリング	抗血栓材料	石油採掘	各種	エポキシ樹脂改良用 塩ビ用	人工芝 各種床
特殊ゴム(2) EPDM, CR, IIR, CSM, U	引布	バンパー ウェザーストリップ タイヤ	チューブ タイヤ	ベルト ロール	キーボード ベルト	電線	防音材 ルーフィング シーリング	抗血栓材料	ソーラー部品	各種	AES, ACS樹脂用	人工芝 各種
機能ゴム		光ファイバ	接着剤	ロボット センサ	フォトレジスト センサ 電池	導電性ゴム 磁性ゴム	光ファイバ コード材 ロボット センサ 止水材	コンタクトレンズ 紙おむつ 抗血栓材料	ソーラー部品 廃棄物場	構造接着剤		
ラテックス	引布	塗料		塗工紙用			道路用 カーペット 窓シール	コンドーム 診断薬用		水系接着剤	ABS樹脂用	人工芝 トラック
新しい形態のゴム (TPE, 液状ゴム, 粉末ゴム)	サンダル ジョギングシューズ スキー靴底	バンパー ノーズ類 吸音材	ロケット バインダ 内装	ロボット 絶縁用	家電	包装用	フィルム	抗血栓材料 道路用		ホットメルト接着剤 粘着材	エンジニアリング樹脂改良用 エポキシ樹脂改良用	アクアラング 防寒衣グリップ

高分子の長寿命化技術

表2 各種ゴム製品長寿命化に要求される性能とゴム材料，構造設計からの対策[2, 3]

製品	要求される性能	ゴム・エラストマー材料からみた対策	構造設計からみた対策
(1)自動車タイヤ	1) 耐摩耗性（疲労摩耗，機械的摩耗） 2) クリープ特性 3) 摩擦抵抗 4) 軽量化ところがり抵抗 5) 道路騒音の低減	1) 耐摩耗性ゴム配合 　ゴム材料，NR, SBR, BR, EPDM加硫系，硫黄加硫（EV加硫），カーボンブラック，SAF, ISAF, HAFホワイトカーボン 2) クリープ特性のすぐれた配合 　耐摩耗性配合と同等 3) 転がり抵抗とヒステリシス 　ホワイトカーボン 　ホワイトカーボン＋カーボンブラック 　（動的tanδの調整） 　溶液重合SBR 　（転がり抵抗とヒステリシスのバランス） 4) 疲労寿命と耐熱性配合 5) 金属スチール，繊維との接着性のすぐれたゴム配合	タイヤ基本構造の設計 補強（スチールラジアル等） 接着（繊維，金属） トレッドパターン等
(2)自動車用伝動ベルト	1) 屈曲疲労 2) 機械的強度，伸び 3) 摩擦抵抗 4) 耐油性	1) 屈曲疲労性配合 　NR, BR, SBR, CR, HNBR加硫系（ポリサルファイド結合） 　補強剤は機械的強度とのバランス 2) 機械的強度の高いゴム材料 　疲労性とのバランス 3) 耐油性ゴム材料 　CR, HNBR	ゴムと繊維，布金属との複合化 歯形構造
(3)自動車用オイルシール	1) 耐熱性 2) 耐油性 3) クリープ特性	1) 耐熱性，耐油性ゴム材料 　HNBR，シリコーンゴム 　フッ素ゴム	シール構造
(4)自動車用防振ゴム	1) 動的疲労特性（バネ常数変化） 2) 耐熱性 3) 耐油性	1) 低周波高振幅領域での力学的損失特性の大きいゴム 2) 騒音については動的倍率の小さなゴム 3) 圧縮永久歪みの小さいゴム 4) 耐熱性，耐油性のすぐれたゴム 　HNBR, NBR, CR, NR, SBR, EPDM	金属との組合せ ゴム部の構造 バネ常数（ヤング率）

（つづく）

第5章　高分子材料の長寿命化事例

製　品	要求される性能	ゴム・エラストマー材料からみた対策	構造設計からみた対策
(5)建築用免震アイソレーター	1) バネ定数（軟質） 2) クリープ特性 3) 動的tanδ（高減衰ゴム） 4) 耐候性	1) バネ定数が軟らかく，経時変化が小さい 　　NR，(CR) 2) クリープ特性のすぐれた材料 　（面圧，約100〜120kg/cm²） 　　常温，60年 3) 高減衰ゴムで，動的tanδが大きい	形状係数の設定 （1次，2次） 鉄板との積層構造 （12〜15層） 外被構造 （耐候，耐油） 耐火被覆構造
(6)建築用減衰ダンパー	1) 動的tanδ 2) 剛性 3) 耐候性	1) 動的tanδが大きく，温度依存性が小さく，経時変化が小さい材料	積層構造 高せん断ひずみ （住宅用）
(7)電線ケーブル	1) 電気特性（ρ，ε，tanδ，V_{BD}） 2) 耐熱性，耐候性 3) 耐水性，耐油性 4) 難燃性	1) 絶縁材料 　EPM，EPDM，SBR，NR，Q 　（過酸化物架橋） 2) シース材料 　CR，CSM，ClPE	絶縁シース積層構造 半導電ゴム−絶縁ゴム−シースゴム （高電圧ケーブル）
(8)OA機器用ロール	1) ゴム弾性 2) 耐摩耗性 3) 摩擦係数 　給紙用ロール寿命　10万枚 　クリーニング用寿命　8万枚 　定着用ロール寿命　10〜20万枚 4) 画像鮮明度	1) 給紙用，クリーニング用 　SBR，EPDM，PUR 2) 医療用 　EPDM，PUR 3) 定着用 　Q	ヒートロール （Q+TFE又フッ素ゴム）
(9)半導体製造用ゴム	1) 耐プラズマ性 2) シール性 3) 耐熱性	1) フッ素ゴム	シール材構造

かなストラクチャーの発達したSAF，ISAF，HAFのようなカーボンブラックと，最近は補強性，分散性のすぐれたシリカ系補強剤（ホワイトカーボン）が使われるようになってきている。

加硫系としては，硫黄促進剤加硫が主体であり，硫黄量，促進剤の種類と量，金属酸化物（ZnO）の量を調整して架橋点間の架橋構造を，モノサルファイド，ジサルファイド，ポリサルファイドの各構造の割合を調整する事が行われている。

過酸化物架橋，オキシム架橋，アミン架橋，金属酸化物架橋等はこのような機械的性質のすぐれたゴム材料の要求には使われていない。

耐油性，耐薬品性，電気特性，耐水性等は，ポリマーの分子構造の選択によってほとんど決

表3 ゴム製品長寿命化のためのゴム材料配合設計のポイント[3〜5]

特　性	ポリマーの選択と配合設計のポイント
(1)機械的強度の向上	1) ポリマーの選択　NR, SBR, BR（高分子量ほど機械的強度高い） 2) 補強剤　カーボンブラックは、粒径が細かく、粒度分布が狭いストラクチャーの発達したタイプの選択 3) 加硫系　ポリサルファイド＞ジサルファイド＞モノサルファイドの順に高い、架橋密度を高くする

加硫系と引張強度

イオウ結合形式	TT加硫	イオウ＋MBT系	イオウ＋DPG系
	モノサルファイド	ポリサルファイド多し	ポリサルファイド非常に多し
引張り強さ(kg/cm^2)	175	216	220
伸び（％）	600	630	685

過酸化物架橋、オキシム架橋は強度が低い。
今後、亜鉛石けん、カチオン界面活性剤などの分散剤によるカーボンの分散改良と、機械的強度、引裂強度、耐摩耗性の改良に期待がかかる。
高ストラクチャーブラック（EB-109）、インバージョンブラック（ナノ構造ブラック）、シリカとカーボンの併用による$\tan\delta$の低下、物性の向上も期待される

(2)耐摩耗性の向上	1) ポリマーの選択　NR, SBR, BR 2) 補強剤　カーボンブラックは平均粒子径の小さな程補強性大、分散性に注意。 SAF＞ISAF＞HAF＞FEF〜MPC＞LB＞FT

耐摩耗性と引張強さに対する分散の影響
（SBRにISAF50phr.分散格付：分散の不良→良に応じて1→10の10分割に分けて評価する）

カーボンブラック補強加硫天然ゴムの摩耗抵抗のカーボンブラック種、添加量依存性

	3) 加硫系　加硫はタイトにする。低硫黄、TT加硫や過酸化物架橋は老化、疲労、耐屈曲性に強いが耐摩耗性は劣る。硬度と耐摩耗性は最適領域がある。
(3)耐疲労性	1) ポリマーの選択　NR＞BR＞SBR 2) 補強剤　粒子径が小さく、表面活性の高いカーボンは疲労し易くなる。充填剤の配合量を増やすと同じ傾向になる。

（つづく）

第5章 高分子材料の長寿命化事例

特 性	ポリマーの選択と配合設計のポイント
	3) 老化防止剤 疲労は，分子間相互作用の変化によって安定構造へ転移して行く現象であり，老防の効果は殆どない。 4) 軟 化 剤 可塑化効果のある軟化剤は疲労防止効果がある。 5) 加 硫 系 架橋系は，ポリスルフィド結合の多い比較的ルーズな架橋結合の方がモノスルフィド結合の多い方よりも疲労寿命はすぐれている。 架橋密度の低い方が疲労寿命が長い傾向にある。しかし定歪試験と定応力試験では若干異なり，後者では最適架橋密度が存在する。 ポリマーブレンドの場合は，2つのポリマーの疲労寿命とその混合比から直線的な関係にあることが認められている。 NR/BRブレンド比と疲労寿命回数N_bの関係 回転せん断型疲労 SBR/BRブレンド比と疲労寿命回数N_bの関係 回転せん断型疲労
(4)制振特性の向上	1) ポリマーの選択 動的$\tan\delta$の大きな，IIR，ノンソレックス，PUR，TPE，ベイマック，ゴムアス，シリコーンゲル等がすぐれている。下図に示す$\tan\delta$のピークを示す温度領域が実用温度にマッチすることが重要 樹脂の粘弾性挙動の模式図 ここで取扱う高分子材料の粘弾性は図に示す挙動を示すが，高分子材料は，弾性と粘性の両方の性質をもち，分子運動による摩擦によってエネルギー損失が起り，熱エネルギーに変換される。Tg(ガラス転移点)領域において最も高いエネルギー吸収効果を示す。 エネルギー吸収特性は，複素弾性率，損失弾性率，貯蔵弾性率，$\tan\delta$で評価される。 $E^* = E' + iE''$　　E^* …複素弾性率　　$H = \pi E'' \varepsilon_0^2$ 　　　　　　　　　E' …貯蔵弾性率(スプリングG)　ε_0 =ボールの最大変形量 　　　　　　　　　E'' …損失弾性率(ダッシュポットη) H =発熱量 　　　　　　　　　i …$\sqrt{-1}$複素数 ポリマーブレンドによる$\tan\delta$の温度依存性の調整も可能である。

(つづく)

特 性	ポリマーの選択と配合設計のポイント
	2) 充填剤　マイカ，フェライト，板上タルク，グラファイトのような偏平構造が良好。表面処理によるポリマーとの親和性の調整も重要である。 3) 加硫剤　架橋点間の長さの長いものが有効。ひずみ振動の距離が長くなるため分子間の摩擦が大きくなる。 4) 軟化剤　Gが小さくなるとtan δが上昇する傾向にあるが，製品形状にもよるが，一定の剛性を保持する必要がある。 今後，IPNポリマー，グラフト化ポリマー等の研究も重要となる。
(5)耐熱性，耐劣化性の向上	ゴムの長寿命のために最も重要な特性である。ポリマーの選択と老化防止剤，老化防止剤の選択基準は表4～表6を参照の事。
(6)電気特性の向上	1) ポリマーの選択　絶縁用ゴム材料としてEPM, EPDM, IIR, Q, CSM, NR, SBR 2) 加硫系の選択 | 配合上の留意点 | 備　考 | |---|---| | (1) 硫黄加硫系……適正硫黄量の選定〔誘電特性（ε, tan δ），導体変色〕 (2) 過酸化物架橋系の効果 　　耐熱性と電気特性のバランス良 　　ポリマーブレンドの共架橋に有効 　　共架橋剤(coagent)による耐熱性，耐水性向上 (3) オキシム加硫系……IIRに有効 (4) 水蒸気架橋における留意点 　　加水分解しやすい加硫系に対する注意（ポリアミン加硫） 　　耐熱性のアップ……共架橋剤の採用 　　加硫戻りの阻止……EV加硫系 | EPDM+CIPE EPM, EPDM+NR, SBR D.C.P+オキシム化合物 D.C.P+官能性モノマー 　　　（TAIC） | 3) 充填剤の選択 | 配合上の留意点 | 備　考 | |---|---| | (1) 電気絶縁用フィラーの選定 　　充填剤の形状効果，鉄分異物の管理，疎水性タイプの選択による耐水性向上〔クレー，タルク，板状タルク，ホワイテックスクレー，マイカ，Al(OH)$_3$〕 (2) 表面処理フィラー……脂肪酸，シランカップリング剤による処理（A-172, A-174） (3) 粒子径の粗いカーボン……FTカーボン (4) トラッキング性向上効果……Al(OH)$_3$の効果 | 充填剤配合の破壊パス ニューカップ，トランスリンク37 EPゴム各種充填剤のtan δ温度特性 |

（つづく）

第5章　高分子材料の長寿命化事例

特　性	ポリマーの選択と配合設計のポイント
(7)耐油性 耐溶剤性	耐油性，耐溶剤性は，ゴム・エラストマーの化学構造に依存する。SP値の近いゴムと油，溶剤は膨潤し易い。 極性の高いNBRは非極性溶剤に強いが，ケトン，エステル等の極性溶剤に弱い。一方，NR，SBRはケトン，エステルに強いが，非極性溶剤に弱い。 代表的なゴムと溶剤とのSP値を示す。 　　ゴム・エラストマー　　　　　　　溶　　剤 　　IIR　　　　　7.9〜8.1　　　ガソリン　　　7.0 　　EPM　　　　8.0　　　　　　キシレン　　　8.8 　　NR　　　　　7.9〜8.4　　　ベンゼン　　　9.2 　　SBR(75/25)　8.1〜8.6　　　アセトン　　　9.9 　　NBR(75/25)　8.9〜9.5　　　n-ヘキサノール 10.7 　　ウレタンゴム　10.0　　　　　　エタノール　　12.7 　　PBT　　　　10.7

まってしまう特性で，加硫系，補強剤，充填剤，軟化剤等の配合設計はそれほど大きな影響はないと考えられる。

6.2.2　長寿命化のための劣化対策

　長寿命化のために最も重要な課題は，劣化によるこれら初期性能の低下をいかに阻止するかであり，ゴム・エラストマー材料の劣化対策について考察したい。

　ゴム・エラストマーの劣化は，熱酸化劣化反応と考えられ，ラジカル反応によって推進されるものと考えられる。ゴム・エラストマーの劣化は主として表面で起こると考えられる。ゴム・エラストマーの劣化は表面の極めて薄い層の酸素と接触する部分で劣化し，内部は殆ど劣化しないことが報告されている[7,8]。ゴム分子をRHとすると，外部からの熱，光，放射線等の強いエネルギーによって次に示すような反応によってポリマーパーオキシラジカルを始めとする各種ラジカル（R・，RO・，ROO・）とラジカル発生源となるROOHが生成する[9]。

　ゴム中に配合された老化防止剤は，これらラジカルをトラップして安定化し，一連の連鎖反応を停止すると考えられる。

　このように劣化を阻止し，初期の性能を保持する役割をもつ老化防止剤が長寿命化に大きな役割をはたすことになる。

$$RH \longrightarrow R\cdot \qquad (1)$$

$$R\cdot + O_2 \longrightarrow ROO\cdot \qquad (2)$$

$$ROO\cdot + RH \longrightarrow ROOH + R\cdot \qquad (3)$$

$$ROOH \longrightarrow RO\cdot + HO\cdot, ROO\cdot + RO\cdot + H_2O \qquad (4)$$

$$RO\cdot + RH \longrightarrow ROH + R\cdot \qquad (5)$$

$$ROO\cdot + InH \longrightarrow ROOH + In\cdot \qquad (6)$$

$$R\cdot + InH \longrightarrow RH + In\cdot \qquad (7)$$

$$ROOH + Dec. \longrightarrow ROH + Dec.(O) \qquad (8)$$

$$In\cdot + In\cdot \longrightarrow In-In \qquad (9)$$

$$In\cdot + ROO\cdot \longrightarrow In + ROOH \qquad (10)$$

$$In\cdot + ROO\cdot \longrightarrow In-OOR \qquad (11)$$

$$(In\cdot + RH \longrightarrow InH + R\cdot) \qquad (12)$$

(RH；ポリマー（エラストマー），InH；一次老化防止剤（フェノール系老化防止剤，アミン系老化防止剤等），Dec.； 次老化防止剤（ホスファイト，硫黄化合物等））

現在ゴム用老化防止剤として使用されている代表的な化合物を表4に示す。又この老化防止剤を選択する上で基準となる老化防止剤の汚染性，ゴムに対する溶解度，加熱減量，経時変化による残存量および安全衛生性について表5に示すので参照されたい。

表4　代表的老化防止剤一覧表[6]

構造式	略号 (製品名)	老化防止性能			ブルーム性	汚染性	適用ゴム
		耐熱性	耐屈曲性	耐オゾン性			
	TMDQ (224)	◎	○	△ (CRでは○)	○	△	NR, SBR, NBR EPDM (PO加硫)
	PAN (PA)	◎	◎	×	△	×	CR, NBR
	ODPA (AD)	◎	◎	×	◎	△	NR, SBR, NBR
	(CD)	◎	◎	×	○	△	ACM, CR, NBR NR, EPDM (PO加硫)
	DNPO (White)	◎	◎	×	△	△	NBR, CR, ACM
	DPPD (DP)	◎	◎	○	×	×	CR, NBR
	IPPD (810-NA)	○	◎	◎	×	××	NR, SBR, NBR, CR
	(6C)	○	◎	◎	△	×	NR, SBR, NBR, CR
	NDBC (NBC)	○	○	○	×	×	NBR, ECO, ACM
	MBI (MB)	○	△	×	○	◎	EPDM (PO加硫) ECO, NR, NBR, CR

第5章 高分子材料の長寿命化事例

表5 ゴム長寿命化のための老化防止剤選択基準[6, 10, 11, 12]

項　目	選　択　基　準　の　内　容
(1)老防の着色性汚染性	アミン系老防は着色性，汚染性が有，熱，日光によってキノン構造に変化し着色する。ゴムと接触する他の材料への移行性にも注意が必要

白色塗板に対するアミン系老化防止剤配合NR加硫ゴムの移行汚染性

左図：熱処理（70℃×24h）　右図：熱処理／光照射（サンシャイン，24h）

老防種類：224, AW-N, B-N, PA, ODA-N, AD-F, CD, TD, White, DP, 810-NA, 6C, 8C-NS, G-1, 無添加（ΔE値）

項　目	選　択　基　準　の　内　容
(2)老防のゴムに対する溶解度	溶解度が大きい程ブルームし難い。アミン系老防は，極性ゴムに対して相溶性が良い。化学構造により相溶性が異なり，置換アルキル基の大きい6Cは810-NA（IPPD）より相溶性が良い

EPDM＜IR＜BR，SBR＜CR＜NBR　→　極性ゴム（老化防止剤の溶解度大）

(810-NA)　　　(6C)

	(810-NA)	(6C)
EPDM	0.5	1.9
IR	0.9	4.1
BR	1.6	6.8
SBR	1.9	8.1
CR	5.5	19.8
NBR（中高ニトリル）	26.8	

g/100gゴム，22℃

項　目	選　択　基　準　の　内　容
(3)老防の加熱減量	同一系化学構造では，分子量が大きいほど加熱減量は小さい。CD，Whiteは高温でも揮発し難いため持続性がある

		揮発性（Δ%）	
老防種類	分子量	120℃×10hr	150℃×10hr
White	360	0	0
CD	405	0	0
DP	260	1.2	7.1
224	約350	2.3	11.9
6C	268	10.1	74.9
810NA	226	23.7	82.4
AW	217	84.6	87.1

（つづく）

項　目	選　択　基　準　の　内　容
(4)老防のゴム中の残存量	老防は揮発，酸化によって減量する。6Cは酸化されキノン構造に変化する。このキノン構造は熱によりゴムと反応して初期構造に変化する事が知られている

NR，カーボン配合に下記の老防を配合し，回収率（100℃加熱）を測定

(CD)
(DP)
(224)
(6C)

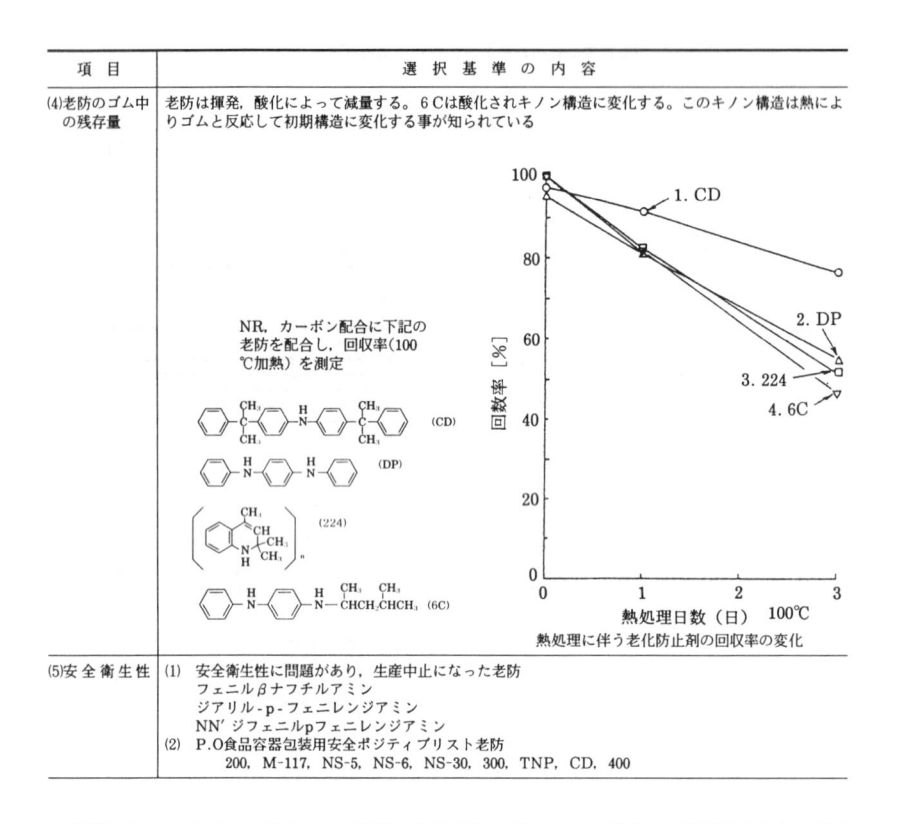

熱処理に伴う老化防止剤の回収率の変化

(5)安全衛生性	(1) 安全衛生性に問題があり，生産中止になった老防 　　フェニルβナフチルアミン 　　ジアリル-p-フェニレンジアミン 　　NN′ジフェニルpフェニレンジアミン (2) P.O食品容器包装用安全ポジティブリスト老防 　　200，M-117，NS-5，NS-6，NS-30，300，TNP，CD，400

　製品によってはベースポリマーの選択の余地がないが，ベースポリマーが限定されない場合には，同一成分のポリマーでも，耐熱性のよりすぐれたグレードの選択に留意する必要がある。同じEPDMでも第3成分によって熱劣化特性に差がある（表6）。

　また，老化防止剤のみでなく加硫系によっても劣化特性に差が認められ，EPDMの場合過酸化物架橋と共架橋剤の組合せと硫黄加硫系では大きく異なり，前者の方が数段すぐれた特性を示す。

　ブチルゴムの樹脂加硫の耐熱劣化性のすぐれている事も良く知られている。

　ポリマーブレンドによる熱劣化，耐オゾン性の改良も重要な技術である。

　安定剤をゴムに共重合させ，安定剤の揮発，抽出を防ぐ試みもなされており，N-アニリンフェニルメタアクリルアミドをNBRに共重合させた技術も完成されている。

　耐オゾン性付与剤としてのマイクロクリスタルワックスの効果，屈曲疲労特性に効果の高い1PPD，6PPD（N-アルキルN′-フェニル-β-フェニレンジアミン）の効果も留意しておか

第5章 高分子材料の長寿命化事例

表6 代表的エラストマーの分子構造と耐熱性[3]

エラストマー	分子構造	耐熱性と分子構造

CR（クロロプレンゴム）	(1) $-[CH_2-C=C-CH_2]_n-$
	     $\quad\quad\quad\mid\ \ \mid$
	     $\quad\quad\quad C\ \ H$
		(1) $\quad Cl$
		  $\quad\ \ \mid$
		 $-CH_2-C-$ 1.2結合が脱塩酸のもとになり、耐熱性に悪影響
		  $\quad\ \ \mid$
		 $\quad CH=CH_2$
		(2) $-[CH_2-CCl=CH-CH_2]_n-Sx-$ は硫黄変性のため、非硫黄変性より耐熱性がある

EPDM	$-[CH_2-CH_2]_n-$第3成分 $-[CH-CH_2]_n-$
	$\quad\quad\quad\quad\quad\quad\quad\quad\quad\ \ \mid$
	$\quad\quad\quad\quad\quad\quad\quad\quad\quad CH_3$
		(1) 第3成分の種類と耐熱性
		    ENB＞1.4HD＞DCPD（酸素吸収）
		    ENB＞DCPD＞1.4HD（機械的物性）
		    DCPD＞ENB＞1.4HD（応力緩和）
		(2) 第3成分の量が少ないほど耐熱性良
		(3) E/P比、プロピレン含量の増加により耐熱性が低下の傾向あり
		(4) 灰分（触媒残渣）が多くなると耐熱性低下

エピクロルヒドリンゴム	$CHR_2-[CH_2-CH-O]_n-$ $\quad\quad\quad\quad\quad\ \ \mid$ $\quad\quad\quad\quad\quad CH_2Cl$ $CHC_2-[CH_2-CH-OCH_2CH_2O]_n-$ $\quad\quad\quad\quad\quad\ \ \mid$ $\quad\quad\quad\quad\quad CH_2Cl$	(1) EOの増加により耐熱性低下 (2) 側鎖にF（二重結合）を有するACOアリルグリシジルエーテル共重合タイプが耐熱性に劣る
NBR	ブタジエン－アクリルニトリル共重合体	(1) ブタジエンの量が多いものは耐熱性劣 (2) アクリルニトリル－ブタジエン－アクリレート共重合体（T484）の耐熱性向上 (3) 抗酸化基の分子中への共重合

アクリルゴム	アクリレート系（ACM）
	エチレンアクリレート系（E/A）
		(1) 主成分モノマーと耐熱性の関係
		    EA＜BA＜MEA＜EEA
		    （アクリル酸2-エトキシエチル）
		(2) 架橋サイトモノマーと加硫剤の組合せにより耐熱性が異なる

ブチルゴム	イソプレン・イソブチレン共重合体	(1) 不飽和度の増加と耐熱性向上（架橋密度の向上による）
ハロゲン化ブチルゴム	$\quad\quad\quad CH_3\quad\quad\quad CH_2$ $\quad\quad\quad\ \ \mid\quad\quad\quad\quad\ \ \|$ $-CH_2-C-[CH_2-C-CH-CH_2]-$ $\quad\quad\quad\ \ \mid\quad\quad\quad\quad\ \ \mid$ $\quad\quad\quad CH_3\quad\quad\quad Cl(Br)$	(1) ハロゲンを含む構造により、加硫が速く耐熱性が向上、ブチルゴムよりも耐熱性の要求される用途に適す

（つづく）

エラストマー	分子構造	耐熱性と分子構造
シリコーンゴム	$\left[\begin{array}{c} R \\ -Si-O- \\ R' \end{array}\right]_n$	(1) Rは，メチル，フェニル基が耐酸化性に優れ，密封耐熱性に対しては主鎖にフェニレン基，アルキレン基を導入したりすると有効
ふっ素ゴム	・ふっ化ビニリデン－ヘキサフルオロプロピレン ・ふっ化ビニリデン－三ふっ化エチレン ・ふっ化ビニリデン－ペンタフルオロプロピレン	(1) 分子構造により耐熱性，耐寒性，耐薬品性のバランスを考慮して選択する 耐熱性……四ふっ化エチレン－フルオロビニルエーテル系 耐薬品性……四ふっ化エチレン－プロピレン系 耐寒性……フルオロシリコーンおよびフルオロホセファセン系

なければならない。

ゴム・エラストマー製品の長寿命化で忘れてはならないのが金属との接着力の耐久性の向上である。特に腐食環境下で使用される製品の長寿命化は重要な課題の一つである。長期使用時の接着剥離は，殆どが下塗り剤と金属間の剥離といわれている。特に金属の処理の一つである化成品処理法としてりん酸塩処理がこの問題を解決するポイントになる。

文　　献

1) 小松公栄，山下晋三：ゴム・エラストマー活用ノート
2) 西敏夫：ゴム材料選択のポイント，日本規格協会（1988）
3) 西沢仁：ゴム材料選択のポイント，日本規格協会（1988）
4) 右田智彦：工業材料，10月（1969）
5) 西沢仁：poly file, 35, No.411（1998）
6) 小林幸夫：第70回ゴム技術シンポジウム，平成12年2月（日本ゴム協会）
7) 中内秀雄：日本ゴム協会誌，64, No.9（1991）
8) 斉藤孝臣：日本ゴム協会誌，68, No.5（1995）
9) 太智重光：日本ゴム協会誌，68, No.5（1995）
10) NOC技術ノート，No.443：日本ゴム協会誌，70 (11)（1997）
11) Fred Ignate Hoover et al., *Rubber World*, 218 (2)（1998）
12) Rabin Datta et al., Int Rubber Conference 99′ Seoul（IRC 99′）April（1999）

7 ポリカーボネート

岩切常昭*

7.1 はじめに

ポリカーボネート (PC) は, 透明性, 耐熱性, 耐衝撃性, 耐候性に優れ汎用エンプラの中ではバランスのとれた性質をもっており, 広範囲の産業用途にその需要を拡大してきた。これもPCの基礎研究により劣化機構が徐々に解明され, それに伴い安定化技術が飛躍的に進歩したためである。また同時に, 加工技術の進歩とユーザーの多様なニーズに応えて材料と加工技術をシステム化し, 高品質な製品を生み出す努力が続けられたことに負うところが大きい。

最近では加工温度の上昇, リサイクル性, 長期耐候性などPCが曝される使用環境も厳しくなってきており, 更なる安定化技術が求められている。

本稿では, 長寿命安定化に焦点を当てPCの優れた特性のなかでも耐候性, 熱安定性について劣化挙動および安定化の事例を紹介する。

7.2 耐候性

7.2.1 劣化挙動

PCは, 短波長紫外線の良好な紫外線吸収能を有しているので, PC自身の紫外線吸収剤的作用により優れた耐候性を示す。しかし, 長時間屋外に暴露されると, 表面層から徐々に劣化を起こす。

PCの屋外暴露による劣化は, 太陽光の波長分布のうち主に290nm近傍の紫外線の作用で光酸化反応を受ける。このことは, 分光照射による劣化特性の波長依存性の研究より明らかである[1,2]。すなわちキセノン光源からの光を回折格子で200～700nmの波長分光した光を照射し, 図1の結果を得ている[2]。未照射試料の紫外線吸収スペクトルは, カットオフ波長約280nm付近から立ち上がる単調なカーブで, 分光照射により320nm付近に極大を示しながら全体として吸収が増加する。この変化は極めて迅速で, 1時間の照射により最大変化では極大吸収付近で透過率が5～10％に低下する。図1で変化の大きい320nmにおける吸光度増加量ΔA_{320}の波長依存性を調べ, その結果を図2に示している。ΔA_{320}は転位生成物の生成に基づくこと, または空気中ではその他に酸化生成物の生成に基づく可能性などが知られている。ΔA_{320}の変化は330nm以下の光の照射で急激に激しくなり290nm付近に変化の最大ピークがあり, 以下短波長側へ向かって少なくなる。

紫外線照射により赤外吸収スペクトルは, 図3のように変化する[3]。図3より水酸基の増加,

---

* Tsuneaki Iwakiri 三菱エンジニアリングプラスチックス㈱ 技術センター 主任研究員

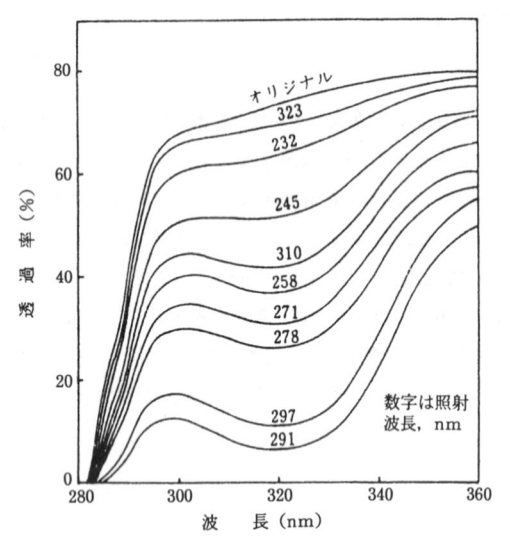

図1 PCの紫外線吸収スペクトルの変化（照射1h）

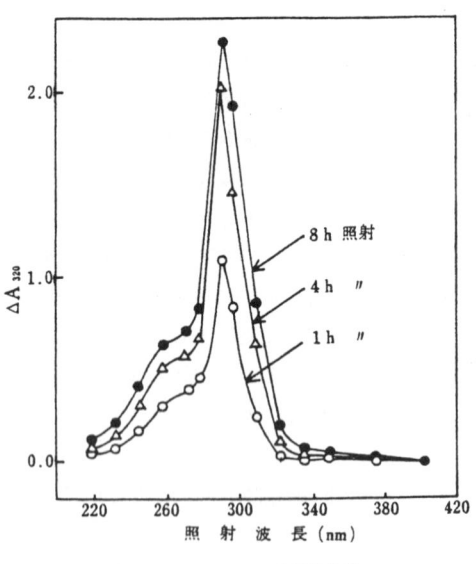

図2 PCのΔA_{320}の波長依存性

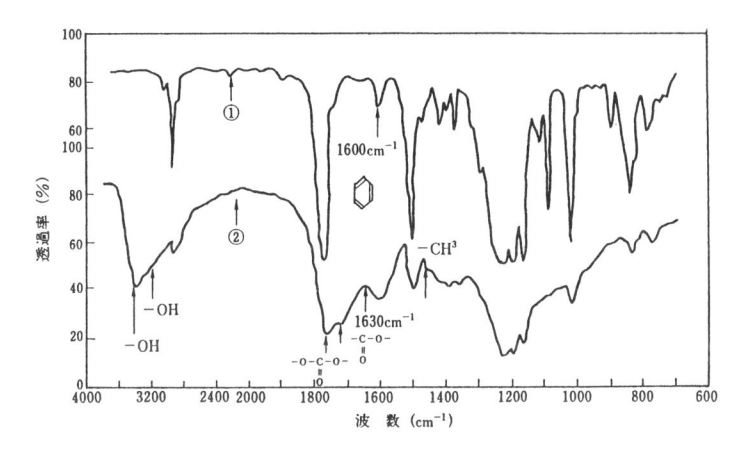

第5章 高分子材料の長寿命化事例

図3 紫外線照射による赤外吸収スペクトルの変化
①未照射試料，②照射試料塩化メチレン不溶物

メチル基およびカルボニル基の減少が認められ，PCの主鎖の切断が示唆されている。また，$1720cm^{-1}$，$1630cm^{-1}$にエステル，ベンゾフェノン型の吸収が現れており，劣化した表面層には，メチレンクロライドに不溶なゲル成分も含まれており，分岐や架橋反応が起こっていることが考えられる。

厚さ$50\mu m$のPCフィルムを屋外暴露すると，紫外線透過率が急激に低下し，黄変度も，暴露時間とともに直線的に高くなる[2]（図4）。

このように，約290nmの紫外線照射による主鎖切断，黄変，分子量の低下，架橋，ゲルの生成などの化学構造の変化を引き起こし，さらにクラックが発生し，機械的強さや柔軟性が低下する[3]。紫外線照射による化学構造の変化は，照射雰囲気により異なるが[4~6]，図5[7]や図6[7]に示すようにPC骨格であるビスフェノールA（BPA）の芳香環上で光フリース転移が起き，次いで環酸化，フリーラジカル攻撃，側鎖酸化が起こり分解が進行すると考えられ

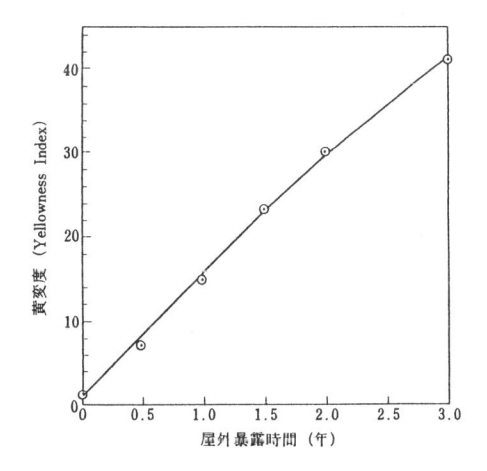

図4 屋外暴露による黄変度の変化

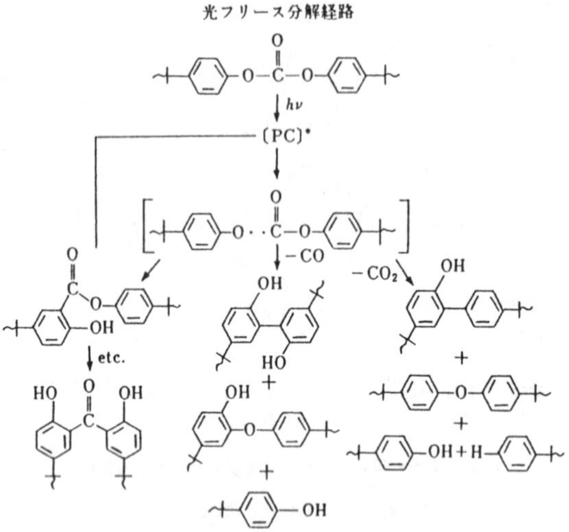

図5 光フリース分解経路

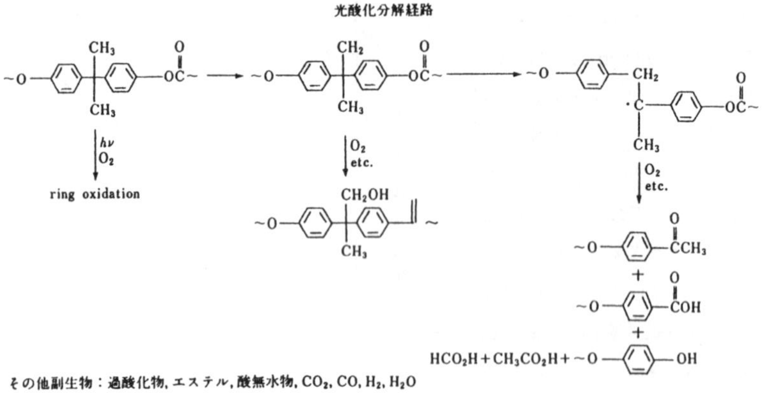

図6 光酸化分解経路

ている[8]。

7.2.2 耐候性の長寿命安定化

　以上のようにPCは屋内外の紫外線環境下の使用で諸物性が劣化するので，この劣化を防止するために紫外線吸収剤（UV剤）をPCに添加することがある[3]（図7）。

　UV剤としては，ベンゾトリアゾール系，ベンゾフェノン系が知られており，最近ではトリア

ジン骨格を持ったUV剤も知られている[9]。いずれも基本は水酸基のHのケト－エノール互変異性により吸収UVエネルギーを熱エネルギーに変換し放出している。効果としてはいずれの系でも大差はないが，ベンゾフェノン系は経時的にベンゾキノンを生成し微黄変をするため，主にベンゾトリアゾール系が使用されている[10]。UV剤には樹脂内からの揮散，化学変化などによる減少があり，効果低減が認められている[10]。OlsonらがPC中からのUV剤の揮散性について検討しているが，ベンゾトリアゾール系，ベンゾフェノン系ともに加熱揮散性の大きいことを認めている[11]。傾向としては，分子量の高いほうが，より揮散性が少なくなる[12]。このようにUV剤使用上の問題点は揮散性が高いことから，ビニル基を有するUV剤を合成し，その単独重合または他のモノマーと共重合することにより，高分子量化したUV剤を添加する方法[13,14]もあるが，PCの透明性を損なうという新たな問題が発生する。以上の問題点を解決するUV剤として，ベンゾトリアゾール系UV剤の二量体とBPAを共重合した変性PCも報告されている[15]。

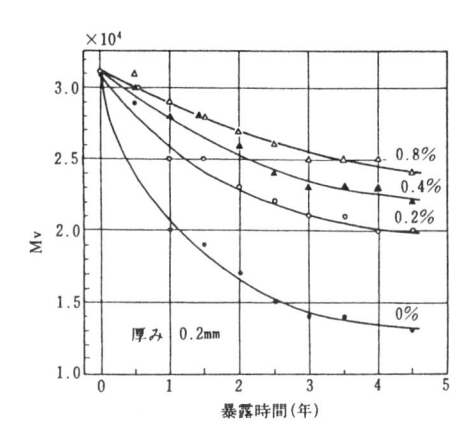

図7 紫外線吸収剤含有量と暴露試験による分子量(M_v) 低下

このほか光安定剤としてヒンダードアミン系（HALS）がある。しかし，PCはアルカリなど塩基成分には常温においても不安定で，HALSに対しても加水分解を受けることが報告されており[16]，単独系での実用性は少ないと考えられる。

7.3 熱安定性

7.3.1 劣化挙動

PCの熱安定性は極めて良好であるが，さらに詳細に検討すると，種々の温度域（実使用温度域，成形加工温度域，分解燃焼域）および環境（酸素中，空気中，窒素気流中，真空中，蒸気中）において，変化の様子が異なることが認められる。

(1) 低温域

PCは，他の樹脂と比較して耐酸化性に優れている[17]。しかしながら，PCをガラス転移点（Tg）以下の温度で熱処理すると，硬化現象によって物性変化が起こることはすでに知られて

おり，その原因を固体構造の変化に求められる多くの研究がある。しかし，この温度域においても空気中で長時間加熱した場合，変色，分子量の低下，酸化や分解などの化学変化が起こることが認められている。図8[3]は，75～180℃の温度範囲で熱処理した場合の黄変度についてまとめたものである。曲線（1）は黄変速度の温度依存性を示すものであるが，T_gの上下域の変化の様子が違っている。これは分子鎖の熱運動の差，すなわちT_g上下域における酸素の拡散速度のちがいによるものと考えられる。曲線（2）は，黄変度が等価となる処理時間と温度の関係を示すものである。

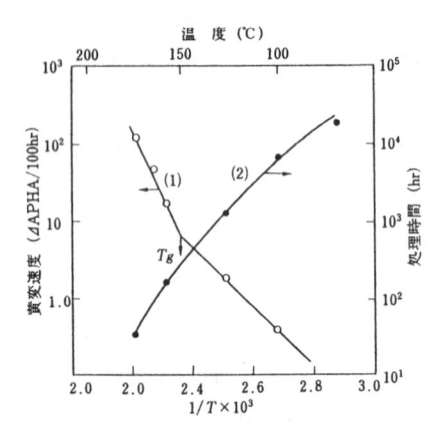

図8 処理温度と黄変速度

(2) 高温域

PCは，450℃以上より漸く重量減少が認められるようになる[3]が，このような高温域では，雰囲気，不純物，添加物の影響は大きく，特に酸素，水分は熱劣化を著しく促進する。

PCの熱分解は，図9[3]に示した示差熱分析の結果より，1つの発熱域と2つの吸熱域よりなっている。発熱域は分解の最初の段階で，酸化反応は340℃近辺より始まる発熱ピークとして観察され，470℃付近で最高となっている。酸化劣化の場合は，イソプロピリデン結合部分に優先的に起こると考えられている。酸化により過酸化水素化合物が生成し，さらに熱分解して水および水酸化物を生じ，次の解重合の加水分解に影響を及ぼす[18]。

第一の吸熱域は解重合に基づくもの

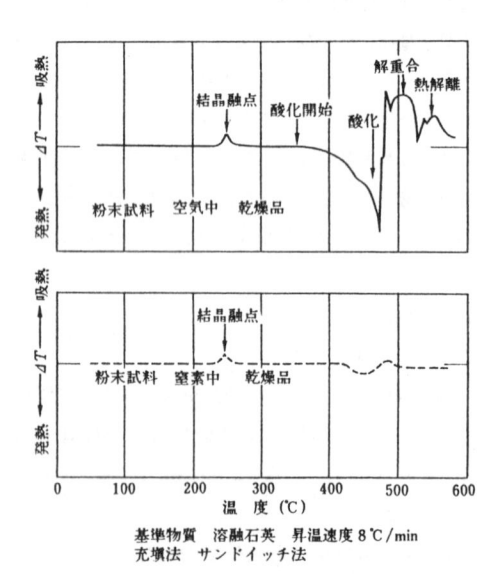

図9 示差熱分析

第5章 高分子材料の長寿命化事例

で,そのピークは500℃にある。解重合では,水および水酸化物による炭酸結合部の加水分解反応により分解し,CO_2,BPA等を生じる。分解物の一つであるBPAは,微量の酸性触媒の存在下で,フリーデル・クラフト反応の逆反応に類似した分解機構を呈し,フェノールおよびp-イソプロペニルフェノールを生じる。ここで生じたp-イソプロペニルフェノールの互変異性体は,PCの着色の一因となる。またフェノールはアルコーリシスや酸触媒として働き,分子切断をさらに促進させる[18]。

第二の吸熱域は,結合エネルギーが熱エネルギーと等価になり,あらゆる結合の解離が起こりランダム型鎖切断現象を呈する領域である[18]。

窒素中においては,熱酸化に基づく発熱ピークはもちろん,吸熱ピークも大幅に減少し,酸素の影響の著しいことを示している。熱分解により発生するCO_2の量も空気中より高温側へシフトするが,窒素中といえども高温下で長時間滞留すると分子量が低下する[3]ため,十分注意する必要がある。

このようにPCは分解条件により,発生ガス量も変化し,図10,図11に例示するように熱分解挙動も異なってくる[18]。

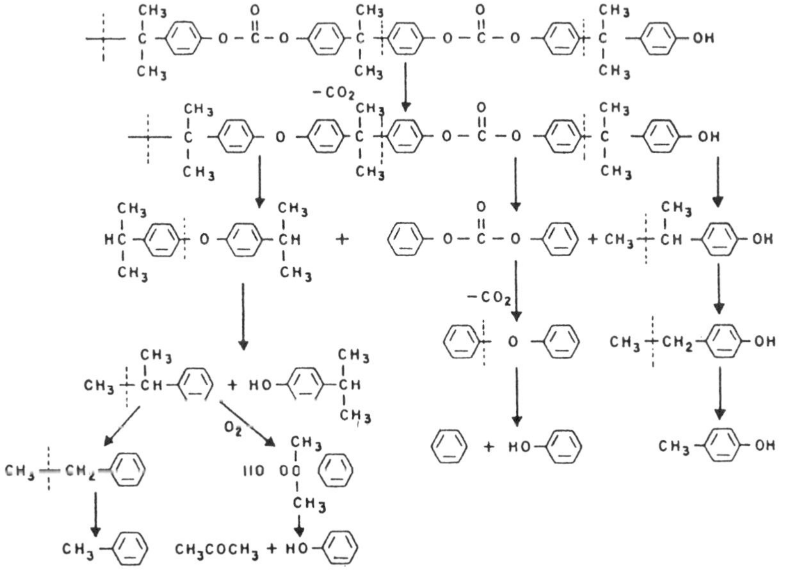

図10 熱分解機構例(1)

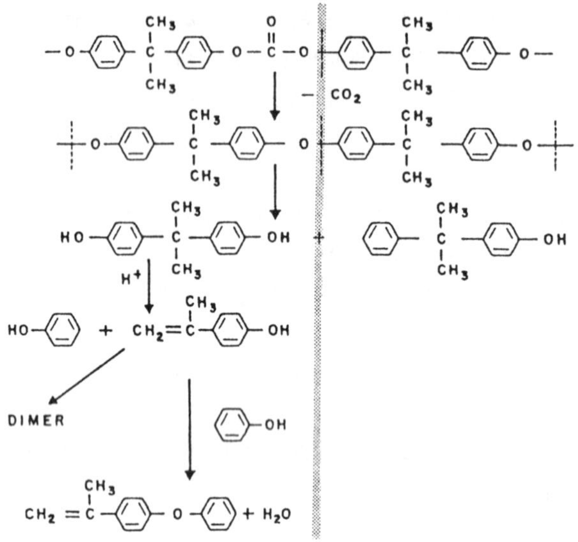

図11 熱分解機構例（2）

7.3.2 熱安定性の長寿命安定化

PCは透明であるだけに色相変化は顕著に現れる。そこで熱安定剤として酸化防止剤をPCに添加することにより，加工時の熱分解を抑制し，溶融粘度の変化防止，物性低下の防止，色調変化の防止が結果として得られる。酸化防止剤としては，ラジカル連鎖を防止する一次酸化防止剤としてフェノール系，過酸化物分解剤となる二次酸化防止剤としてリン系，硫黄系がある[19]。PCに使用される例としては，リン系酸化防止剤（MARK2112, PEP36等）が多く使用されている。リン系でも吸水性のものは，PCの濁りが発生し透明性を損なうため，用途により選択が必要である。またリン系安定剤の色相改善効果は，安定剤分子量に依存し，一般に低分子量品が有効であり，トリスアルキルホスファイトの効果は，一般に安定剤のP含有量に依存し，高含有率品が有効である。また結合アルキル基が大きく影響し，フェニル基またはジ-t-ブチルフェニル基（メタ）を多く有しているものが有効である。このほか加工安定性，オーブンエージング性，熱水安定性の観点から，従来のような加水分解性の大きなリン系安定剤の単独系より，加水分解性の少ないフェノール系安定剤とラクトン系化合物との併用がPCの安定化に有効である[9]（図12）。

PC中に無機充塡材や滑剤等の有機添加物を加える場合，これらの添加物はわずかの濃度で

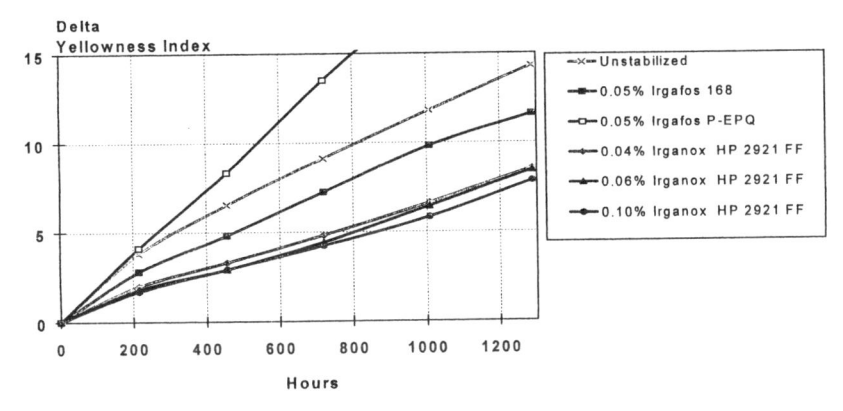

第5章 高分子材料の長寿命化事例

```
Delta
Yellowness Index
```

凡例:
- ×　Unstabilized
- ■　0.05% Irgafos 168
- □　0.05% Irgafos P-EPQ
- ◆　0.04% Irganox HP 2921 FF
- ▲　0.06% Irganox HP 2921 FF
- ●　0.10% Irganox HP 2921 FF

図12　熱エージング後の黄変度変化（135℃）

あってもPCの熱分解を促進することがあり注意しなければならない。例えば，無機顔料をPCに加えると，炭酸ガスの発生量がかなり多くなる。また金属塩類の中でも炭酸塩類の影響はきわめて大きく，その他の金属塩類も大なり小なり影響を与える。PCに有機添加物（例えば紫外線吸収剤，帯電防止剤，発泡剤，可塑剤など）を加える場合も，PCと化学反応を起こすものは使用できない。またPCの成形加工温度は高く，300℃を超える温度域では，有機物の分解温度に近いので，反応性だけでなく，添加剤自身の熱安定性も考慮して使用しなければならない。すなわち水酸基を有する化合物，塩基性を示す化合物，反応性の高い置換基を有する化合物はほとんど使用できない。

このように添加剤の性質により熱安定性は大幅に変化するので，各材料組成に適した安定剤の選定も必要となってくる。

7.4　おわりに

以上，PCの長寿命安定化について，耐候性および熱安定性について述べてきた。PCは，冒頭でも述べたように耐熱性，耐候性に優れた特性をもっているが，過酷な使用環境によっては限界があり，その場合には，安定剤等で安定化させなければならない。しかしながら，市販されている安定剤は，分子量が比較的低く，PCとの親和性が低いものが多いため，一般の高分子材料より成形温度が高いPCには，選択肢がまだ狭いと思われる。

今後はPCの優れた特性がさらに引き出され使用範囲が拡大されるような，高温でもより高い性能を発現する安定剤，あるいは安定剤と反応させた変性PC材料等が期待される。

文　献

1) P.A.Mullen and N.Z.Searle, *J.Appl.Polymer Sci.*, 14, p.765 (1970)
2) 村山三樹男, 矢野彰一郎, 日本産業技術振興技術振興協会技術資料 [106], p.111 (1979)
3) 三菱エンジニアリングプラスチックス, ユーピロン技術資料
4) A.Factor and M.L.Chu, *Polym.Degradation Stab.*, 2 (3), p.203 (1980)
5) A.Rivaton, J.Lemaire, D.Sallet, *Polym.Degradation Stab.*, 14 (1), p.23 (1986)
6) M.C.Gupta, R.R.Pandy, *Makromol.Chem.makromol.Symp.*, 27, p.245 (1989); A.Factor, J.C.Lynch, F.H.Greenberg, *J.Polym.Sci.*, *Polym.Chem.Ed.*, 25, p.3413 (1987)
8) A.Factor, W.V.Ligon, and R.J.May, *Macromolecules*, 20, p.2461 (1987)
9) チバ・スペシャリティケミカルズ社技術資料
10) 車田知之, 色材, 62, 215 (1989)
11) D.R.Olson and K.K.Webb, *Macromolecules*, 23, 3762 (1990)
12) G.Capoccci and J.Zappia, *Soc.Plast.Eng.Annu.Tech.Conf.*, 46, 1016 (1988)
13) D.Tirrell, D.Bailey *et al.*, *Macromolecules*, 11, p.313 (1980)
14) D.Tirrell and O.Vogl, *Makromol.Chem.*, 181, p.2097 (1980)
15) 金山, 梅村ほか, 高分子学会予稿集, 40, No.8, p.3031 (1991)
16) G.L.Gaines, Jr., *Polym.Degradation Stab.*, 27, 13 (1990)
17) P.G.Kellehere, *J.Appl.Polym.Sci.*, 10, p.843 (1966)
18) L.Lee, *J.Polym.Sci.Part A*, 2, 2859 (1964); A.Davis and J.H.Golden, *J.Gas Chromatog.*, 81 (1967); A.Davis and J.H.Golden, *J.Chem.Soc.* (B). Phys.Org., 45 (1988)
19) 星山, 林田, プラスチックエージ, 34, p.134 (1988); 八木, プラスチックエージ, 34, 138 (1988)

8 変性ポリフェニレンエーテル

石川弘昭*

8.1 はじめに

　変性ポリフェニレンエーテル（以下m-PPEの略称を用いる）は，寸法安定性，耐熱性，難燃性，電気絶縁性，耐水性，耐酸・アルカリ性に優れるほか，主要なエンジニアリング樹脂の中において最も比重が小さい特長を有している。このため今日では製品のコストダウン，軽量化などを目的に，テレビ，パソコン，複写機，プリンターなどのハウジング，シャーシ，高電圧部品等の電機・電子分野で広く使用されている。また優れた耐熱水性を有していることから，給排水用途などにも用いられている。

　ところで環境問題を背景に循環型社会への移行が進んでおり，我が国においても2001年には「家電リサイクル法」が施行されるなど，法的な面からも規制が加えられつつある。このような事情を背景に家電・事務機メーカーでは，リサイクル，リユースの体制を一段と進めつつある。このため樹脂材料には，従来以上に耐久性，長寿命化が求められてきている。

　後述するように，m-PPEはリン化合物を配合することにより，良好なノンハロゲン難燃材料となり，加えて耐加水分解性やリサイクル性にも優れているので，環境問題が高まるなか，近年ますますその重要性が増してきている。

　以下にm-PPEの長寿命化を図るための技術的方策について述べる

8.2 m-PPEの構成成分

　m-PPEは，ポリフェニレンエーテル（PPE）とポリスチレン（PS）をブレンドして得られる均一アロイである。PPEは2,6-キシレノールを酸化カップリング重合して得られる非晶性樹脂で，耐熱性，難燃性に優れた材料である。しかしながらPPEは軟化温度が著しく高く，流動性に乏しいため，単独で成形材料として用いるのが困難である。このため，成形材料としてはもっぱらPSとブレンドしたPPE/PSアロイが用いられる（PPE/PSアロイは数少ない均一アロイの1つであり，工業的に最も成功したものである）。

　PPE/PSアロイとすることにより，成形加工性が著しく向上し，大型成形への展開が可能となる。しかしながらPS成分が易燃性であるため，そのままではアロイの難燃性はPPE単独よりも劣ったものとなる。したがって，難燃性を必要としない給排水用途などの分野を除いては，難燃剤を配合したものが用いられる。

　また事務機シャーシ用途などにおいては高剛性が要求されるため，ガラス繊維，ガラスフレー

＊　Hiroaki Ishikawa　旭化成工業㈱　川崎支社　家電OA材料技術部

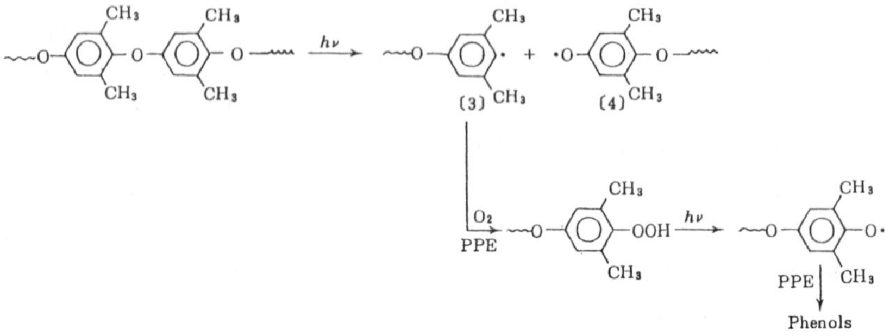

図1　ポリフェニレンエーテルの光劣化機構[1]

ク，マイカなどの無機フィラーが適宜配合される。

以上の成分は，押出機などの混合機にて溶融混練される。

以下の項では，各成分ごとに検討または採用されているm-PPEの長寿命化の方策について述べる。

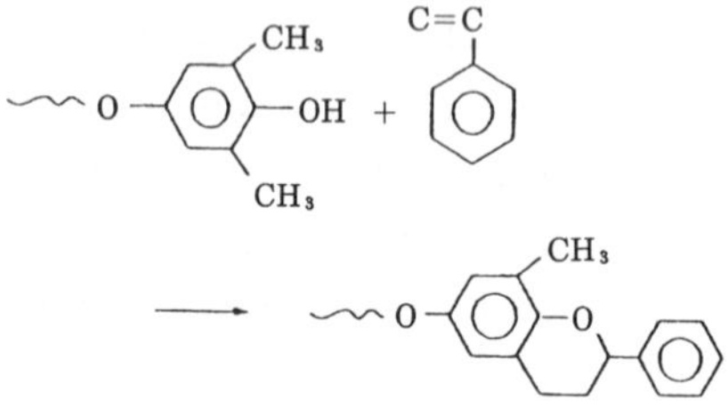

図2　ポリフェニレンエーテルとスチレンの反応による末端クロマン環構造

8.3　PPE成分の安定化

m-PPEは，主成分たるPPE自身が光劣化し，変色しやすい。このため淡色系に着色されることが多い事務機ハウジング用途などよりも，シャーシなどの内装部品に多く用いられている。

PPEの光劣化機構については，多くの研究がある（図1）[1, 2]。しかしながらそれらの知見によっても，実用レベルで適用可能な抜本的光劣化抑制手法は確立していない。現状では，組成物中のPPE含量を下げたり，酸化チタンなどの遮光剤を添加するなどの手段が採られるが，m-PPE本来の特性を犠牲にするため，良策とはいえない。

他方PPEは過度に加熱すると分子間のカップリングにより分子量の増大が生じることがある。この傾向は，m-PPE中のPPE含量の増大に伴い増幅される。このような難点を克服する手段として，PPEの末端をスチレンなどの特定のビニル化合物と反応させ，より安定な構造に修飾する方法が提案されている（図2）[3, 4]。

第5章 高分子材料の長寿命化事例

8.4 PS成分の安定化

PPEと配合されるPSは,一般にはゴム強化HIPSが用いられる。これによりm-PPEに良好な成形加工性と衝撃強度を付与することができる。

周知のごとくHIPSはポリスチレン樹脂相にポリブタジエンのゴム粒子を分散させたものである。HIPS中のゴム粒子はHIPSの衝撃強度を最大化させるため適度に架橋させてあるが,熱履歴を,過度に加えたり,繰り返し加えるとゴム粒子の架橋度が進んで弾性を失い,衝撃強度が低下してしまう。このため,PPEとHIPSの混練工程での熱履歴に耐える樹脂設計をする必要がある。特にPPE含量の高い組成物を混練する際は,樹脂温度が高くなるので,熱劣化しにくいゴ

表1 HIPS中のゴムの部分飽和化によるm-PPEの熱安定性の向上

HIPS中のゴム種	高温滞留成形 (320℃,シリンダー滞留時間) アイゾット衝撃強度(kg・cm/cm)			試験片熱暴露 110℃ 500時間 アイゾット保持率 (%)
	0分	10分	30分	
ポリブタジエン	10.8	3.3	2.4	55
部分飽和型ポリブタジエン	15.3	9.7	5.7	85

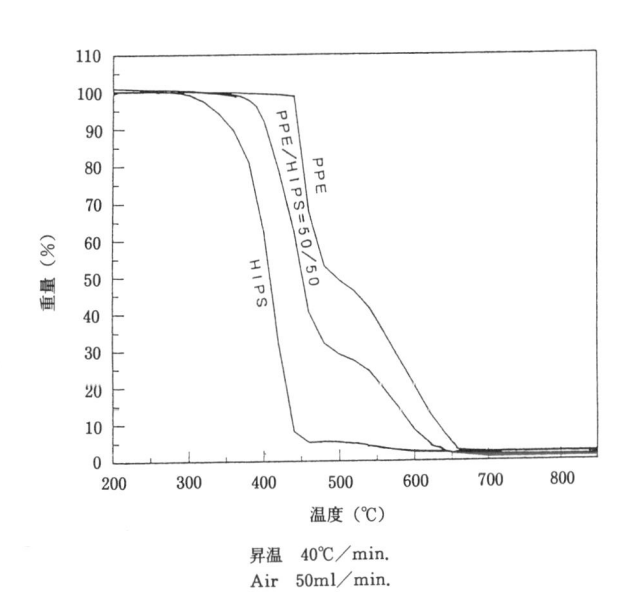

昇温 40℃/min.
Air 50ml/min.

図3 空気中でのPPE,PPE/HIPS,HIPSの加熱減量

ム粒子とする設計が重要となる。またリサイクル使用にも耐える樹脂とする上でも，上記設計が要求される。

このような視点に立ち，従来のポリブタジエンゴム粒子を分散させたHIPSに代え，ゴムの二重結合の一部を水素添加した部分飽和型ポリブタジエンの粒子を分散させたHIPSを用いる方法が提案されている[5]。

この方法によれば，過度の熱履歴にも十分に耐え（表1），またリサイクル使用時の強度低下の少ないm-PPEの設計が可能となる。このような樹脂設計は今後の循環型社会に向けてその重要性がますます高まっていくものと思われる。

ところで，m-PPEの混練および成形加工工程では，ポリスチレンの分解温度を超える300℃以上の高温にさらされることになるが，実際には予想されるほどポリスチレン成分の分解はみられない。これはPPE/PSアイロ中において，PPE成分のベンジル水素がポリスチレンの分解したマクロラジカルを停止する作用を持つ[6]ためとされている。実際にPPE/PSアイロのTGAデータから，混合物中のポリスチレンの最大分解速度を示す温度が高温側にシフトする様子が読み取れる（図3）。

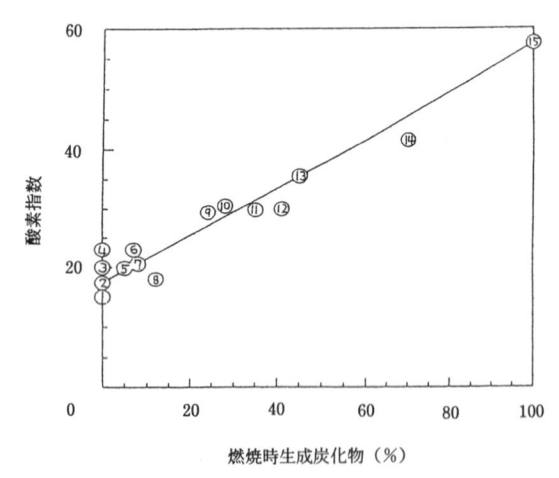

図4 酸素指数と燃焼時生成炭化物との関係

1. ポリオキシメチレン　2. ポリエチレン，ポリプロピレン
3. ポリスチレン，ポリイソプレン　4. ポリアミド
5. セルロース　6. ポリビニルアルコール　7. PET
8. ポリアクリロニトリル　9. ポリフェニレンエーテル
10. ポリカーボネート　11. 芳香族ポリアミド
12. ポリスルフォン　13. ポリフッ化ビニリデン
14. ポリイミド　15. 石墨

第5章　高分子材料の長寿命化事例

8.5　難燃剤成分の安定化
8.5.1　m-PPEの難燃化

図4は，種々の樹脂の酸素指数（酸素－窒素混合気体中で燃焼を持続する最低の酸素濃度の％数）と燃焼後の炭化物（char，チャー）成分の生成割合との関係を示したものである。この図から，燃焼時に炭化物を形成しやすい樹脂材料ほど酸素指数が高く，難燃化しやすいといえる。これは樹脂材料表面に形成された炭化物が，熱・酸素・ガスを遮断するためと考えられる。図4に示すように，PPEは主要樹脂のなかでも，燃焼時に炭化物を形成しやすい部類に属する。他方PSは炭化物形成能力を有しないので，PPE成分をもっていかに有効に炭化物を形成させるかが，m-PPEの難燃化の鍵となる。

含酸素ポリマーの難燃化にはリン化合物が有効であることが知られており，m-PPEの難燃化にも，古くからTPP（トリフェニルフォスフェート）などの有機リン酸エステルが使用されて

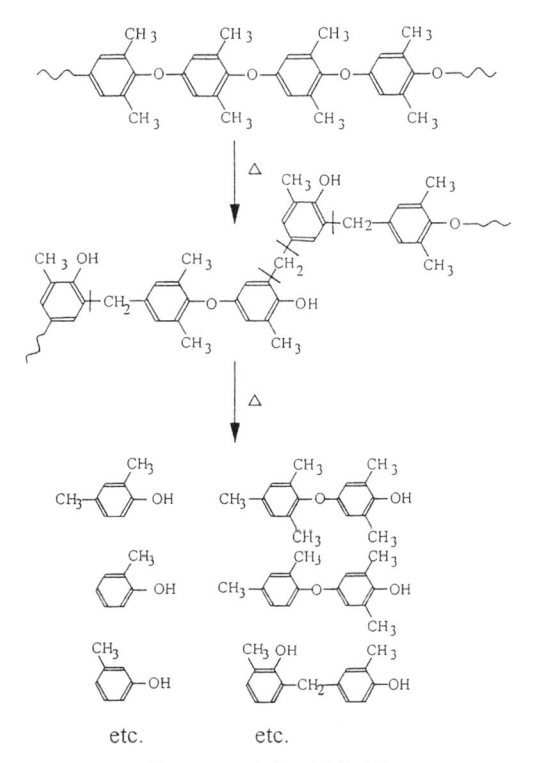

図5　PPEの転位反応と熱分解

きた．

リン化合物の難燃化メカニズムは以下のように考えられている．
1) リン化合物が加熱により非揮発性のポリリン酸となってガラス状の表層を形成し，
2) ついでポリリン酸は脱水剤となって，含酸素ポリマーからの脱水作用により，炭化物の表層を形成し，可燃性ガスの生成を抑制する．

最近の研究では，PPEの熱分解はPPE構造のままで進行するのではなく，分解直前にフリース型転位（メチレンブリッジへの転位）反応を伴っていることが判明している（図5）[7]．PPEが効果的に炭化物を形成するのはこのような前駆体形成が大きな役割を果たしていると考えられている．

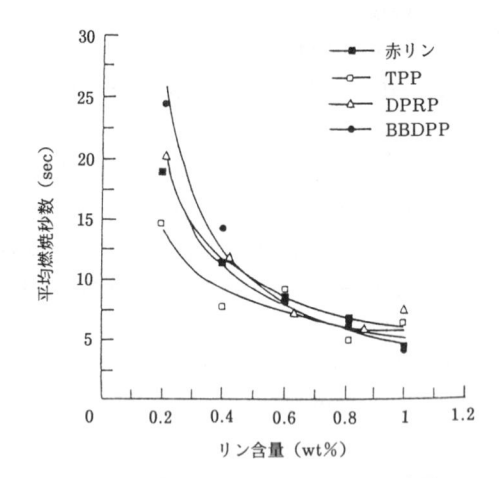

図6 リン系難燃剤配合PPE/HIPSのリン含量と燃焼時間

（UL94テスト，1/16インチ）

リン系難燃剤の難燃効果は，先に述べたように，リン酸の生成がキーステップとなっており，したがってリン系難燃剤の効果は，配合中の難燃剤重量よりもむしろ正味のリン元素含量に支配される．

図6は，表2に示す種々のリン酸エステルを同一組成のPPE/PSアロイに，リン元素含量をそろえて，難燃効果（UL94テストにおける平均燃焼時間の低減）を比較したものである．この図から，難燃性がおおむね組成物中のリン含有量によって決まる様子が理解できる．

8.5.2 m-PPE長寿命化のためのリン系難燃剤の高性能化

先に述べたように，m-PPEの難燃剤としては，難燃効果と経済性の点から，TPPに代表されるモノリン酸エステルが多く使用されていた．しかしながら，モノリン酸エステルは，成形加工温度においても揮発しやすいため，連続成形を行うとガスの凝縮物が金型内に蓄積し（モールド・デポジット，MD），成形品表面の不良を招くという問題を有していた．

モールド・デポジットの量は，リン酸エステルの熱分解性，揮発性と相関があり，m-PPEの成形加工温度である300℃前後において安定であることが要求される．このためMD発生を最小限に抑えるべく，分子量の高い縮合型のリン酸エステルが使用されるようになってきた[8]．

そのような要請にこたえて現在数種の縮合型リン酸エステルが市販されている．しかしながら

第5章 高分子材料の長寿命化事例

表2 リン系難燃剤の構造

名称	構造式	平均分子量	リン含有量（％）
TPP		326	9.5
DPRP		405	9.4
RBDPP		648	10.5
HBDPP		625	10.5
BBDPP		739	8.8
BBDCP		781	8.2

m-PPEは高温・高湿条件で長時間使用される場合もあるため，リン酸エステルにおけるエステル結合の安定性が重要となる。とくに2量体以上の分子量の大きなリン酸エステルでは，結合部

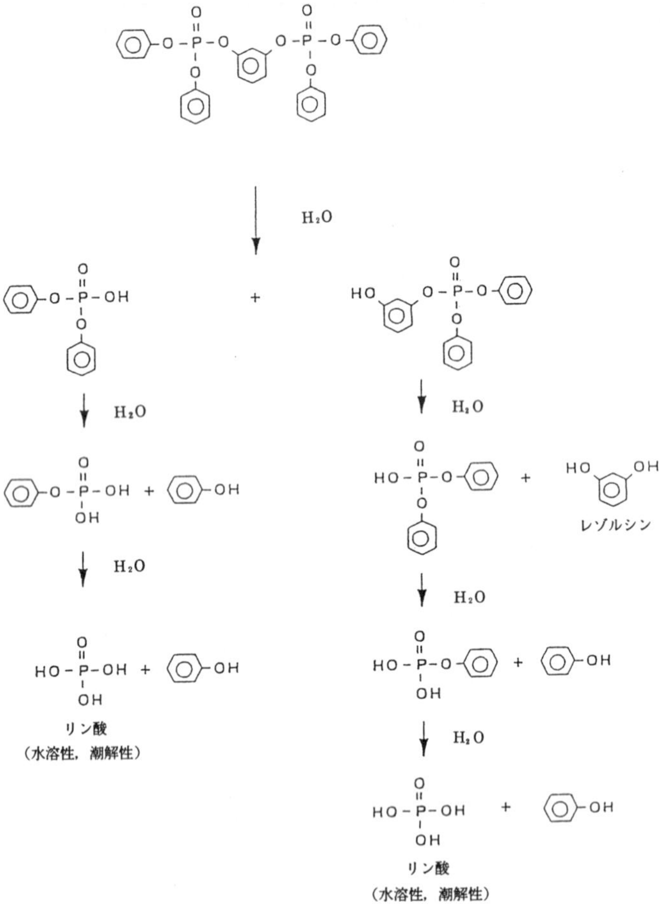

図7 リン酸エステルの加水分解スキーム

分が選択的に加水分解を受ける。リン酸エステルの加水分解は成形品の外観を損ない，難燃性，電気特性の悪化を引き起こすため，安定性の良いものが好ましい。

図7に2量体リン酸エステル（RBDPP）の加水分解スキームを示す。図8には，表2に示した各種2量体型リン酸エステルの加水分解性の比較を示した。これより，ビスフェノールAを結合基として持つ2量体タイプのリン酸エステルが良好な耐加水分解性を有することがわかる。ま

第5章 高分子材料の長寿命化事例

た2量体の末端フェニル基をアルキル置換すると更に大きく耐加水分解性が向上する。

なお一連のリン酸エステルの耐加水分解性は，ハメットの置換基定数で整理することができる（図9）。

他方今後想定されるm-PPEのリサイクル使用を考慮すると，2量体タイプのリン酸エステルにおける結合部分の安定性は，水に対する耐性のみならず，繰り返し加えられる熱履歴にも耐える設計にしておく必要がある。

図10は，表2のリン酸エステルを含むm-PPEをラボプラストミルにて，350℃の温度条件で混練した際の混練トルクの変化を示したものである。これより，レゾル

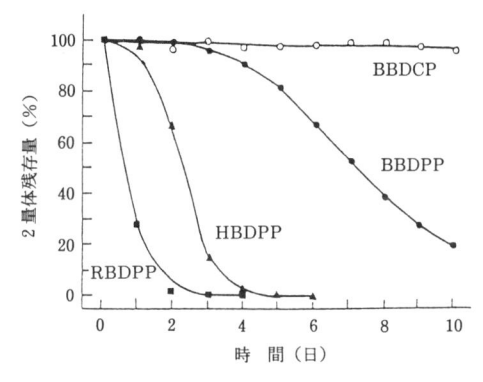

図8 リン酸エステルの加水分解
(90℃，リン酸エステル50g/水50g)

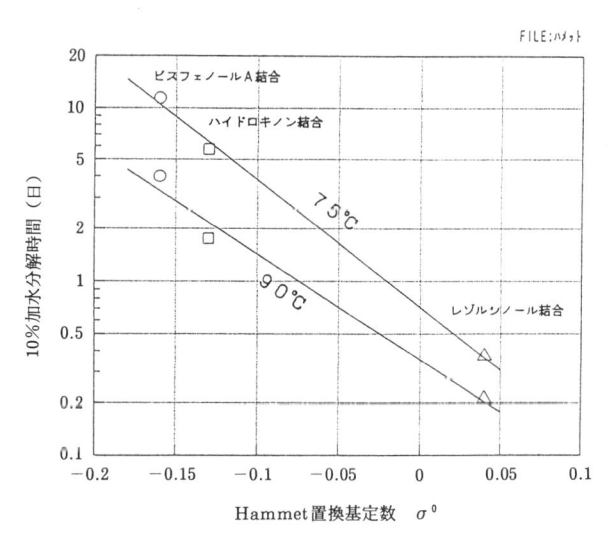

図9 リン酸エステルの加水分解性

末端基は全てフェニル基
リン酸エステル50g/水50g

高分子の長寿命化技術

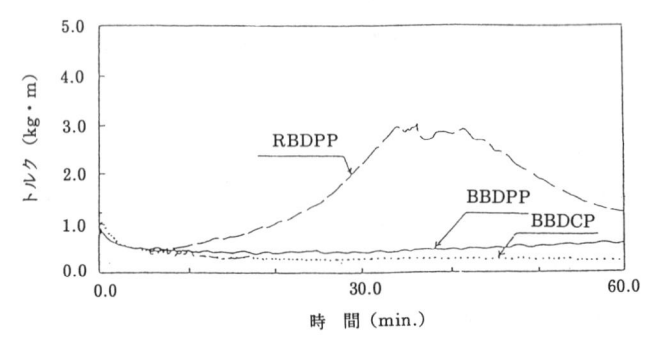

図10 リン酸エステル配合変性PPEの加工安定性
350℃，ラボプラストミル

シノール構造の2量体リン酸エステルは，高温加工安定性に劣ることがわかる。リン酸エステル自身のエステル交換反応による高分子化の過程で，PPE，HIPSを取り込んだゲルが発生したものと考えられる。

従って，リン酸エステルの選定には，単体の分解性のみならず，樹脂との反応性にも注意を払う必要がある。

現在市販されているリン系難燃剤のうち，上記耐加水分解性，熱安定性の要求を満たすリン系難燃剤はビスフェノールAを結合基として持つ2量体タイプのリン酸エステル（縮合型リン酸エステル）である。このほかリン系難燃剤メーカーから上記特性を更に向上させた難燃剤の開発が進められつつあるようである。

8.6 おわりに

以上，過酷下条件に耐えるために採用または提案されているm-PPEの品質向上策について述べた。実際には最終的に用いられる部位に要求される特性に応じて方策が選択される。

しかしながらリサイクルなどを想定した場合，上記方策だけでは必ずしも十分ではなく，ユーザーに満足されるため，今後とも更なる性能向上を目指した一層の技術開発が必要である。

解決すべき課題はまだ多くハードルは高いが，それらを解決してこそ，真に社会に歓迎される材料といえるのであろう。

文　　献

1) *Polym.Degradation Stab.*, 35 (2), 131 (1992)
2) 武田:マテリアルライフ, 9 (3), 127 (1997)
3) 特公H05-061286, USP 5159027, EP 0407584
4) 高分子加工, 44 (12), 25 (1995)
5) 特許登録 02902424
6) *J.Appl.Polym.Sci.*, 53, 121 (1994)
7) 武田:高分子論文集, 53 (5), 284 (1996)
8) 特許登録 03043694

第6章　高分子材料の長寿命化評価技術

1　耐熱性評価法

大西章義*

1.1　序

1.1.1　高分子を長寿命化する意義

　高分子はその優れた特徴（高速成形性，賦形の高自由度，均質性，供給安定性，衛生性，安価，高強度，透明性，耐久性，耐蝕性，電気絶縁性，着色性，軽量性等）により文明にとって必須の素材である。家庭雑貨，家電，自動車，事務用品，情報通信機器，包装材，衣料材，土木建築材，医療材等から軍需品に至るまで，高分子なしには文明は成立しない。

　1998年度世界の高分子生産量は約1億4千万トンである。その内，低密度ポリエチレン2千6百万トン，高密度ポリエチレン1千8百万トン，ポリプロピレン2千3百万トン，ABS樹脂340万トンである。また，1人当たり消費量（kg／年）は日本90，アメリカ160，ドイツ140，フランス80である。

　現代文明は大量の高分子に支えられている。近未来文明も同様であることは自明である。一方，高分子の原料である石油資源は有限であり枯渇を懸念しなければいけない。近年の爆発的人口増加を考えると，資源問題は焦眉の急である。従って，高分子の耐久性を向上させ，使用可能期間を長くし，資源の使用量を削減すること（Reduce）は地球的規模の要請である。また耐久性の向上は使用中の変質を抑制することでありリユース（Reuse）性，リサイクル（Recycle）性を向上させることでもある。さらに，プラスチックスごみを減らすことにも繋がる。

　すなわち，高分子の3R（Reduce, Reuse, Recycle）は地球的規模の大命題であり，3Rの技術的基盤は耐久性である。

1.1.2　高分子の寿命は酸化が支配

　鉄という材料は価格，成形性，物性等が極めて優れており，民生，産業，軍事等のあらゆる用途分野で用いられているが，錆止め処置を施さないと耐久性に欠け実用性に乏しい。これに対し，高分子は鉄と異なり錆びないという認識が一部にあるが，そんなことはない。地球大気という過酷な酸化雰囲気下で高分子は錆朽ちる。特に，紫外線に曝されたり，高温に曝されるとその変化

---

*　Akiyoshi Ohnishi　三菱化学㈱　四日市事業所　技術開発センター　大西特別研究室
　室長　リサーチフェロー

第6章 高分子材料の長寿命化評価技術

は早くなる。主要な汎用高分子であるポリプロピレンは，酸化を防止する添加剤なしには実用に供することが出来ないほど速やかに酸化脆化する。しかし，酸化防止剤を添加することで数十年あるいは百年を越える耐久性を賦与出来る。

高分子の耐久性は酸化挙動だけによって支配されるのではない。機械的応力，電場，薬品，水，生物，放射線，電磁波，大気汚染物質，他の種々の要因に支配される。しかし高分子を大気雰囲気下で使う限り，酸化は最重要因子である。

1.1.3 耐熱性という言葉の意味

酸化が主要因である耐久性の主なものは耐熱性と耐候性である。この節では耐熱性について述べる。この節でいう耐熱性は化学反応，特に酸化反応を伴う変質・劣化に対する耐久性であり，高温まで外部応力に耐え，変形し難い特性ではない。

一般に，耐熱性という言葉は二つの意味で用いる。一つは，酸化とは無関係に，あるいは酸化を伴い，高温での激しい分子運動による分子鎖切断・開裂に対する耐性である。もう一つは，酸化による分子鎖切断（分子量低下），架橋，酸化物生成による化学的特性や物理的特性（耐衝撃性，引張破断強度等）が低下することへの耐性である。本書の主題は長寿命化であるから，主として後者の観点から述べる。この耐熱性は耐熱老化性あるいは耐熱酸化性ともいわれる。しかし，零ではない一定の活性化エネルギーを有する酸化反応への耐性は当然温度依存性を有し，かつ，絶対零度の耐性を論じることはないのだから熱は常にある。耐熱性という表現は適切ではない。実体は耐酸化性である。

しかし，一定の耐久性（寿命）をいかに高温雰囲気まで維持できる特性を有するかを評価するという観点に立てば，耐熱性という表現はあながち不適切だとも言えないかもしれない。本節ではこのような曖昧さを認識しつつ耐熱性という表現を用いる。すなわち，高分子がある温度で酸化によって変質し要求特性を維持できなくなるまでの時間，あるいは，ある耐久性（寿命）を維持できる最高温度を評価することを耐熱性評価と称することにする。

耐熱性評価結果は高分子製品の実用条件下での耐久性（寿命）の設計および予測に繋がって初めて意味を持つ。

1.2 耐熱性評価

1.2.1 必要基礎知識

(1) 寿命という概念の的確な把握

寿命という概念に誤解があっては有効な評価が出来ない。寿命とは，素材あるいは製品が生産されてから，あるいは，使用され始めてから経時的に何らかの価値の減退を生じ，ついには価値を失うに至るまでの時間である。従って，寿命を議論するに当たっては，価値として何を採り上

げるのか，何を尺度にして価値を評価するのかを明確に定義する必要がある．自明のことだが，一般的にはこれが曖昧であることが多い．価値は物理的，化学的特性値で表現し得るものだけではない．例えば，製品の物理的，化学的特性値が変化しなくても，デザイン，機能の陳腐化によって価値の減退が起き得る．この場合は，価値基準の経時変化が寿命を支配する．しかし，一般的には，素材，製品の物理的，化学的な物性値，特性値の好ましくない変化に基づく価値の減退が支配する寿命を論じることが多い．なお，価値の減退は物性値，特性値の低下だけがもたらすものではない．その向上が価値の減退をもたらすこともある．

価値の減退は高分子そのものの化学構造の変化を必ずしも必要としない．例えば，相構造の変化，再結晶化，添加剤のブリードアウトが価値の減退を引き起こすこともある．また，価値の減退は素材高分子そのものの変化を必ずしも必要としない．例えば，添加剤の変色によって価値が減退し得る．高分子素材の寿命と高分子製品の寿命とは異なる．要するに，自分が問題とすべき寿命を的確に，定量的に認識することが肝要である．

(2) ユーザーが要求する寿命の的確な把握

寿命を支配する価値と，価値を科学的表現で定量的に記述できる物性を明らかにすることが必要である．自明のことだが難しい．ユーザー自身が曖昧なことがある．

価値が単一物性の関数として表現できる場合は比較的簡単だが複数物性の関数である場合には価値評価そのものが難しい場合がある．また，複数の環境劣化因子が特定の相関関係なしに変動し，それぞれが複数の物性に別々の影響を与えるときには問題がさらに複雑になる．

(3) ユーザーにおける製品使用環境因子の定量的，有機的把握

環境因子が単一であることはまずない．考察不足であると隠された大切な因子を見落とし，誤った評価に陥ることがある．例えば，ポリオレフィンの空気酸化による耐衝撃性の低下による寿命を問題にするような単純な系を想定しても，多くの環境因子の影響がある．温度の重要性はいうまでもない．温度の変動，分布が見落されることはあるまい．その他，湿度，微量の不純ガス成分（窒素酸化物，試験片から発生する酸化生成体ガス等）の影響は見逃せない．空気の流通の有無，流通速度，空気流通系の密閉性，周辺材からの揮発成分の有無等にも配慮がいる．一番重要な温度そのものを正確に測定するのが意外に難しい．雰囲気温度ではなく，高分子の温度を知らなければいけない．環境雰囲気からの伝導以外に，周辺材からの輻射，支持体からの伝導も忘れてはいけない．環境因子が複数の場合，単一の因子のみではほとんど影響がないのに，複数因子の組み合わせで，大きな影響を及ぼすことがある．

(4) 高分子の劣化，安定化に関する豊富で正確な知識

評価技術の基本であり，必須事項である．

(5) 高分子構造の把握

一次構造のみならず,結晶化度や結晶型等の高次構造は寿命に大きな影響を及ぼす。ブレンド系,アロイ系の高次構造の重要性はいうまでもない。高次構造は成形加工法や製品デザインによって変わり得る。

高分子の製造工程についても精通し,品質の安定度や溶媒,触媒残渣等の不純物についての知識もいる。

(6) 成形加工条件の把握

成形加工条件が成形加工寿命を支配するのはもちろんだが,高分子製品使用時の寿命も支配する。

(7) 高分子用添加剤の熟知

実用に供される高分子は何らかの添加剤を含有することが多い。ほとんどの高分子物性が添加剤によって支配されるといっても過言ではない。特に,耐熱性に代表される耐久性は安定剤を抜きにしての議論は不可能である。従って,添加剤挙動に関する知識なしには,信頼性ある寿命評価は出来ない。

帯電防止特性,表面濡れ特性,スリップ特性の寿命は高分子そのものの経時変化にはほとんど依存せず,添加剤挙動のみによって決定されることすらある。

添加剤は一種類だけ添加することはまれであり,多くの場合は複数添加するが,単独時と複数共存時とでは全く挙動が異なる場合が少なくない。

(8) 製品デザインの正確な把握

同一高分子素材を用いても,製品デザインが異なれば寿命が異なることがある。ほとんど全種類の寿命が温度の影響下にあるから,輻射熱の受けやすさ,熱伝導,対流等の観点からデザインの影響を勘案する必要がある。

(9) 寿命の予測に有用なデータの豊富な蓄積

寿命を支配する因子は非常に多い上,互いに影響を及ぼし合い,しかも,それらは普遍性ある法則性を持たないことが多い。従って,あらゆる状況下での寿命を予測する理論式を構築することは不可能である。ただし,個々の高分子製品の寿命予測においては,因子数は相当に限定され,かつ,各因子の精細な把握が可能なはずであるので,十分な精度が期待できる。このような場合にも,一般的には,何らかの形で促進評価を行い,実用条件下の寿命を予測することが多い。しかし,促進評価の結果のみから高精度の実用寿命予測をすることには困難を伴う。実用条件下,あるいは,それに準じる条件下での類似評価結果をあらかじめ準備しておいて,促進評価からの寿命予測式に経験的修正を加えて予測精度の向上を図ることが望ましい。実用条件に準じる経験が少ない場合には,意外な予測攪乱因子を見落としてしまう危険があるので,可能な限り,実用条件に近い評価結果を準備しておくと良い。長寿命を必要とする製品用途に供される高分子素材

に関しては，日頃から計画的に，基礎的長期物性データを採るようにすると共に，実用に供している高分子製品について，定期的に市場から回収し，各種物性データを採っておくと重要な財産になる。

(10) 寿命評価に関する豊富で正確な知識

耐熱性評価に関しては参考とすべき膨大な報文がある。採用すべき，あるいは，創出すべき評価法の選定に当たっては，まず，理論的妥当性を第一とすべきであり，手軽，促進性が高い等の見かけの実用性に重点を置き過ぎると本質を踏み外す。

1.2.2 耐熱性評価の実務

(1) 成形加工時の耐熱性

成形加工時の高温における，高分子の劣化に対する耐性，すなわち，安定性を評価するのだから，評価機器，評価条件については工業生産条件をそのまま採用すれば，最も精度良く評価できる。しかし，一般的には，機器の準備，評価に供する試料量，評価時間に制約があり何らかの簡便法を採用することが多い。成形加工時の劣化を支配する主要因は酸素，剪断，熱，水，添加剤である。従って，簡便法の選定に当たっては，これらの因子がどのように作用するかということや劣化と安定化機構を十分勘案しなければいけない。

評価項目については，問題とすべき品質を的確に把握していれば自ずと決定できる。評価項目は品質そのもので良いが，品質を支配する高分子構造であっても良い。

長期間成形加工を継続しないと発生しない射出成形機内の樹脂焼け，フィルム成型機押出口周辺の焼け樹脂発生等の加工時耐熱性評価の如きは，一般的な既存法から適当な簡便法を選出するのが困難にみえることがある。しかし，前述の如く劣化，安定化機構を十分勘案すれば，自ずと有効な方法を案出出来るはずである。

次に代表的な加工時耐熱性評価法を略述する。

① 評価法

a）押出機を使う繰り返し押出法

これは最も一般的な方法である。高分子を押出機へ繰り返し供給して通過させ，繰り返し押出回数と高分子の品質または構造との関係を考察する。目的に応じて，押出機の大きさと形式，スクリュー形状，スクリュー回転数，ベント機構，雰囲気，温度と分布，押出高分子の冷却法・切断法・乾燥法等を選択する。押出機の大きさは，評価に供することが出来る試料量によって決定されることが多いが，大きさの違いは高分子に負荷する剪断速度に影響するから，剪断速度が重要因子の場合は，押出機の大きさの選定には注意を要する。射出成型器を用いて同様評価が出来る。

b）MFR測定機法

MFR測定器に高分子を装填し，一度の装填で経時的に多点MFRを測定し，押出高分子の品

第6章 高分子材料の長寿命化評価技術

質や構造を解析すると，品質や構造の熱処理時間依存性を簡便に評価できる。また，MFR測定用荷重を変えて測定すると，分子量分布に関する知見を得られる。実用成型機とMFR測定機とでは，剪断速度が全く異なることを忘れてはいけない。

c) ブラベンダー法

ブラベンダーで高分子を混練し，混練条件と高分子の品質や構造との関係を考察する。混練中のブレードに懸かるトルクを記録できる装置を使うと，分子量変化やゲル化挙動の経時変化を把握できる。空気解放下で行うと酸化の影響が過大になり，実用条件との対応に問題がでる可能性がある。

d) ロール法

あまり一般的ではないが，実用成形にロールを使う場合には有効である。実験者の安全に十分な注意が必要である。

e) DSC, DTA, TGA法

本法は少量の高分子試料で評価できる長所がある。熱の出入りや重量変化を定量的かつ自動的に把握できる。昇温速度や定温保持時間等のプログラム制御および雰囲気ガス選択によって各種有益データを簡便に採ることが出来る。加工時熱安定性評価上の重要因子である剪断速度がほとんど零であることに対する配慮が必要である。

f) その他

真空成形，二軸延伸，回転成形，粉体ライニング等における加工時熱安定性評価においては，一般的に知られる評価法がそのままの形では適用できないことがある。また，汎用成型法の場合でも，問題になる品質次第では一般評価法が無力なことがある。この場合でも，劣化と安定化の機構を十分勘案すれば適当な方法を創出出来るはずである。

② 評価実施上の注意点

加工時耐熱性評価に当たり，工業生産条件をそのまま採用出来ることは希であり，何らかの簡便法を採用せざるを得ないことが多い。簡便法選択に当たっては，高分子試料量が少なくて済む，手近な装置を利用できる，短時間で済むという風に，軽薄に，簡便性に重点を置き過ぎると評価を誤る。成形加工条件の本質，問題とすべき品質を十分考察した上で，理論的妥当性を持つ方法を選択すべきである。

(2) 高分子製品使用時の耐熱性（耐熱老化性）

① 評価法

a) オーブン法

これは最も一般的な耐熱老化性評価方法である。高分子試験片をオーブン中で加熱し，品質または品質を支配する高分子の構造変化を測定する。使用するオーブンは試験片が受ける熱的条件

255

を均一にするため，試片支持枠回転機構，試験槽内空気循環機構，換気速度調節機構が必要である。槽内風速分布，温度分布は十分小さいことが必要である。

b) DSC, DTA, TGA法

設定条件が異なりはするが，基本的には加工時耐熱性評価における利用と同じである。

c) 酸素吸収誘導期法

密閉した試験管中に高分子試験片と酸素を封入し，一定温度で加熱し，高分子の酸化によって急速な酸素の吸収が始まるまでの誘導期間を測定する。雰囲気ガスは酸素に限る必要はない。酸素濃度を変えた測定を実施しやすい方法であるから，耐熱老化性の酸素濃度依存性の測定に便利である。

高分子の耐熱老化性は酸化防止剤の逃失挙動に決定的に支配されることがあるが，本法は密閉系であるから，逃失挙動が高分子製品の実使用条件と全く異なる可能性が高い。従って，本法の実験結果の解析は慎重でなければいけない。オーブン法の結果と全く相関性がないことは珍しくない。

d) 化学発光法

本法は高分子試験片の酸化劣化現象の検出方法に基づき命名分類したものである。

酸化反応のエネルギーの一部が変換される微弱な発光現象を測定する。一般的に用いる酸化劣化現象検出法，例えば，機械的強度測定法，分子量測定，酸化生成物のIR測定等に比し著しく感度が高く，酸化劣化のごく初期段階を検出出来る。すなわち，短期間で評価できる特徴がある。ただし，発光量は必ずしも把握すべき劣化現象と比例関係にはないから注意を要する。特に異種高分子間の比較，同一高分子であっても添加剤配合が異なる試料間の比較には慎重でなければいけない。高分子の発光・消光機構を理解した上での高分子構造の変化と高分子製品の品質との関連を議論する能力を持たない者が評価の迅速性に惹かれて本法を採用すると結論を誤る。

e) その他

既存法では満足できない場合があるはずである。その場合でも，劣化と安定化の機構を十分勘案すれば適当な方法を案出出来るだろう。

② 評価実施上の注意点

簡便性，迅速性に重点を置き過ぎて本質を踏み外すことなく，理論的妥当性を大切にすべきである。

a) アレニウス・プロット使用上の注意点

酸化劣化に支配される高分子の寿命を推定する方法としてアレニウスプロットがある。高分子製品が使用される環境温度より高温で促進劣化試験を実施し，実使用環境温度での寿命をアレニウス式により予測する。より高温で促進実験を行えば，より短時間の実験で寿命予測出来るが，

予測精度が低下する。アレニウスプロットを使う時の留意点を述べる。アレニウスプロットは拡散現象のような物理現象にも応用できる。

a)-1 アレニウスプロット（Arrhenius plot）の説明

反応速度論に基づき，アレニウスの式を用いる。

$$k = Ae^{-E/RT}$$

　　k：反応速度定数　　　A：頻度因子
　　E：活性化エネルギー　T：絶対温度
　　R：気体定数

両辺の対数をとると

$$\ln k = \ln A - E/RT$$

縦軸にln k，横軸に1/Tをプロットすると傾きが-E/Rである直線になり，活性化エネルギーを得られる。

一定の反応が進んだ時，寿命に達すると考えると，寿命はkの逆数に比例するから，

$$\ln L = A' + B'/T \text{（L：寿命，A'，B'：定数，T：絶対温度）となる。}$$

従って，高分子製品の実使用温度より高温で最低2点，出来れば3点以上の実験を実施し，寿命と実験温度をプロットして，図上で直線を実使用温度に外挿すると，促進実験結果から寿命予測が出来る。もちろん，傾きから求めた活性化エネルギーを使い計算で寿命予測が出来る。

a)-2 注意点

a)-2.1 広い温度範囲での直線性はない

a)-2.1.1 見かけの活性化エネルギーは温度に依存する

ln Lと1/Tの直線性は活性化エネルギーが温度に依存しないことが前提である。しかし，寿命を支配する化学反応は単一ではない。異なる活性化エネルギーを持つ複数の反応からなる。反応の種，比率が温度に依存する。従って，見かけの活性化エネルギーは温度依存性があり，ln Lと1/T の関係は狭い温度範囲では直線で近似できるが，広い温度範囲での直線性は保証されない。

a)-2.1.2 寿命を支配するのは化学反応だけではない

種々の物理的条件が寿命を支配する。

a)-2.1.2.1 添加剤

寿命を支配する化学反応を抑制する目的で添加剤を使う。樹脂種や寿命を支配する環境次第では添加剤が寿命を決定的に支配する。例えば，ポリプロピレンの熱酸化劣化寿命は酸化防止剤が決定的に支配する。酸化防止剤の化学的反応性の重要性は言うまでもないが，物理的挙動（高分子中の拡散速度や揮散逃失速度等）も寿命を強く支配する。これらもアレニウス式の適用が可能

a) - 2.1.2.2 化学反応場としての高分子のモルフォロジー変化

結晶性高分子は，一般的に言う融点以下において結晶の部分融解再結晶化が起こっており，融点近傍では昇温と共に非晶領域が拡大する。一般的に，上記添加剤は非晶領域に存在するから，非晶領域の添加剤濃度が減少する。当然，寿命支配現象の温度依存性に影響する。

非晶性高分子のガラス転移温度にも同様配慮が必要である。

H-NMRで測定したポリプロピレン結晶化度の温度依存性を図1に示す。厳密性には問題が残る図だが，反応場の物理的条件の温度依存性を模式的に示すには十分である。DSCの結果を図2に示す。

a) - 2.2 実験精度

a) - 2.2.1 温　度

温度T_1の反応速度定数をk_1，T_2ではk_2とすると$k_2/k_1 = eE(T_2 - T_1)/RT_1T_2$である。

活性化エネルギーが126kJ/mol（30kcal/mol），実験温度が150℃の時，1％の温度測定誤差があると，反応速度定数は約40％の誤差になる。正確な温度測定は非常に難しいので，実験温度管理に十分な注意が必要である。

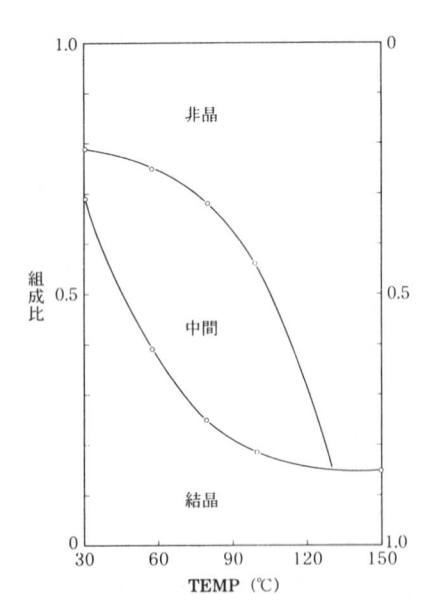

図1　PP結晶化度の温度依存性

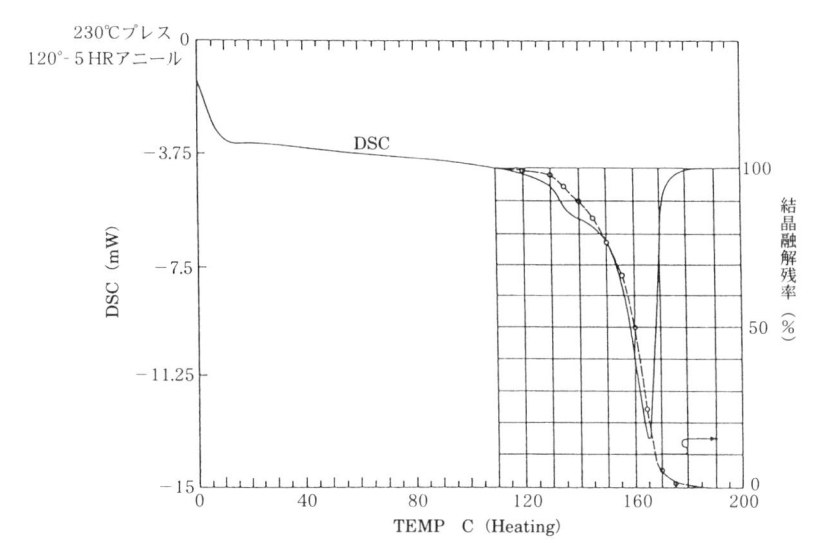

第6章　高分子材料の長寿命化評価技術

図2　DSCによるPPの結晶融解挙動

a）-2.2.2　オーブンの機差

アレニウスプロットのために汎用される熱風循環式オーブンは同一メーカー，同一機種でも寿命測定値に20％を越える機差を示すことがある。測定温度毎に異なる機器を使うときは十分な配慮を要す。熱源からの輻射熱を回避し，温度分布を作らぬようにするほか，あらゆる面から厳密な温度管理が必要である。また，換気量，風速分布，試験片をつかむクランプ材質についても細心の注意が必要である。フェノール系酸化防止剤とイオウ系酸化防止剤の相乗系で安定化した0.5mm厚ポリプロピレンシートのオーブンライフを表1に示す。オーブンは同一メーカー，同一機種である。同一機内の3点の結果は良く揃っているが，機差がある。もっと大きな機差が

表1　オーブンの機差

オーブンNo.	PPのオーブンライフ（時間）		
	試片No.1	試片No.2	試片No.3
1	190	190	190
2	240	240	240
3	250	250	260

あることも珍しくない。

異なる温度に設定した複数のオーブンを使用してアレニウス・プロットをする時には十分な注意が必要である。

a）－2.2.3 試験片の均一性

厚み，形状，結晶化度，分子配向，アロイ組成，添加剤含量，添加剤分散等の均一性は重要である。皮脂等による汚染を避けるべきである。

a）－3 まとめ

高分子の寿命支配機構、実験誤差発生機構を知って行うアレニウスプロットは有効な寿命予測手法である。それでも実使用温度と促進実験温度の乖離が大きくなると，寿命予測精度の低下は免れない。日頃から，基礎資料として広い温度範囲にわたって実験結果を蓄積しておくと共に，寿命が3〜5年に及ぶ温度での実験結果を蓄積しておくと，いざという時，高温短期の実験結果から低温での実寿命予測を精度良く実施する助けになる。実使用温度より何度高温で促進実験を実施出来るかは実験者の解析力や蓄積データ次第であり一概に決められない。

b）酸化防止剤の光劣化

高分子の耐熱老化性は酸化防止剤によって決定的な支配を受けるし，主酸化防止剤として汎用されるフェノール系酸化防止剤は光照射によって比較的簡単に機能を消失する。従って，使用途

表2 フェノール酸化防止剤の光劣化

安定剤配合WT%		光照射時間(時間) 0	100	200	300	400
RA-1010	0.1	610	14	3	—	—
RA-1010 DMTDP	0.1 0.2	1,500	27	0.5	—	—
RA-1010 + (構造式)	0.1 0.2	600	420	280	—	

RA1010

$$\left(HO-\underset{}{\bigcirc}-C_2H_4CO_2CH_2 \right)_4 C$$

DMTDP

$$S\left(C_2H_4CO_2C_{14}H_{29} \right)_2$$

上に強い光照射を受ける機会を持つ高分子製品の熱劣化支配性寿命を評価する場合には注意が必要である。フェノール系酸化防止剤で安定化したポリプロピレンにウエザーメーターで一定時間光照射した後，150℃のオーブン中で耐熱老化性評価をした結果を表2に示す。表中の数字は熱酸化劣化により試験片が脆化するまでの時間（HRS）である。

c) 試験片の厚み依存性

一般には，試験温度にかかわらず，試験片は厚い程耐熱老化性が向上する傾向がある。しかし，厚み依存性が温度依存性を示すことがあることを知っておく必要がある。例を図3に示す。実用肉厚と異なる試験片で評価した結果を使って寿命予測するときには注意が必要である。

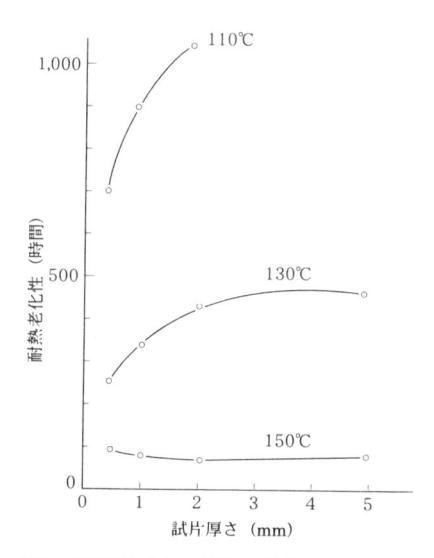

図3　PP耐熱老化性の試片厚み依存性の温度依存性

d) 試験片の形状依存性

欠陥発生率を同一にするため，同一表面積，同一体積にした長方形と円形の試験片についてポリプロピレンのオーブン法による耐熱老化試験結果を表3に示す。一般に角部分は早く劣化する。製品デザインに基づく局部劣化が製品全体の寿命を支配することがある。

e) 共存試験片からの揮発成分の影響

共存する他の試験片から揮発する成分が試験片に吸着し，評価を誤らせる原因になることがある。また，前回までの評価中の揮発物が試験機中に蓄積し，これが揮発して試験片に吸着するこ

表3 PP耐熱老化性の試験片形状依存性

形状	試片No.	試片厚み (mm)	150℃オーブンライフ (時間)
10×50mm	1	0.51	294
	2	0.52	308
	3	0.50	283
	4	0.51	295
	5	0.50	284
直径25mm	1	0.51	349
	2	0.51	349
	3	0.51	354
	4	0.52	360
	5	0.52	352

とがある。

2,6-ジ-tert-ブチル-4-メチル-フェノールのごとき低分子量で揮発しやすく,かつ,酸化黄変しやすい添加剤を含有する試験片について,変着色の観点から耐熱性試験を実施する場合には慎重になる必要がある。

f) 熱以外の劣化因子を含む場合の複合劣化

耐熱老化性を支配する環境因子は熱だけではない。酸素はもちろん,光,応力,水,薬品,電気,放射線等がある。これらの複数因子が作用する複合劣化は,単因子劣化の相加的なものになるとは限らない。むしろ相乗的になることが多い。単因子だけではさほど劣化しないのに,複数因子が作用すると極めて速い劣化をすることがある。

熱と光が複合した具体例を示す。

光照射履歴は光照射後に残り,暗時熱酸化反応を促進する。安定剤無添加ポリプロピレンを試験片とし,キセノンタイプウエザーオメーターによる光照射(ブラックパネル温度60℃)と暗黒オーブン中100℃での熱処理を組み合わせて,光照射後の暗反応への影響を検討した。連続光照射すると40時間で脆化した。5時間光照射後,5時間暗黒熱処理,ついで5時間光照射すると,全光照射時間10時間で脆化した。全熱処理時間は5時間である。最初に10時間暗黒熱処理後,光照射を続けると,光照射時間35時間で脆化し,光照射に先立つ熱処理の影響は小さい。最初に10時間光照射し,次いで5時間暗黒熱処理すると脆化し,光照射履歴は暗時熱酸化反応を著しく促進していることがわかる。参考までに,10時間の暗黒熱処理を行い,次いで,ウエザーオメーター中の熱的条件に相当する60℃で暗黒熱処理すると170時間で脆化した。この実験のカルボニル基の変化,密度の変化を図4,図5に示す。

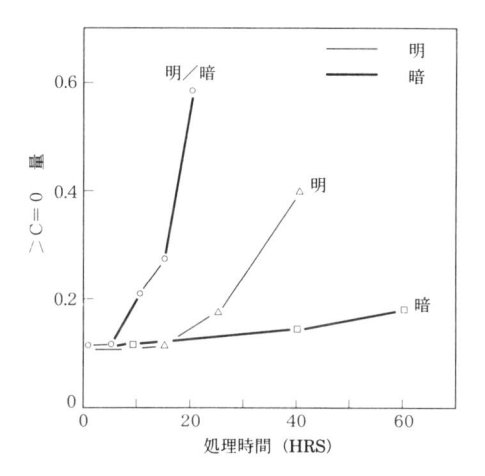

第6章　高分子材料の長寿命化評価技術

図4　明／暗処理によるカルボニル量変化

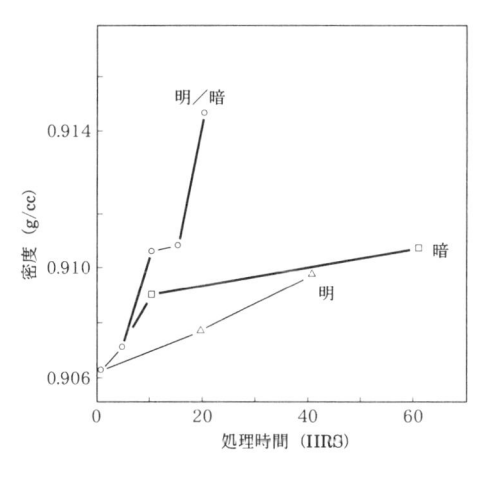

図5　明／暗処理による密度変化

g）初期物性の分布と寿命の分布

　高分子製品，試験片の初期物性および寿命は単分散ではなく分布がある。自明のことだが耐熱性評価，寿命予測においてこれを忘れがちである。高分子製品の最終需要家は大量生産された製品の平均値で寿命を要求するのではない。自分が購入した正にその一点の寿命が問題なのである。

高分子の長寿命化技術

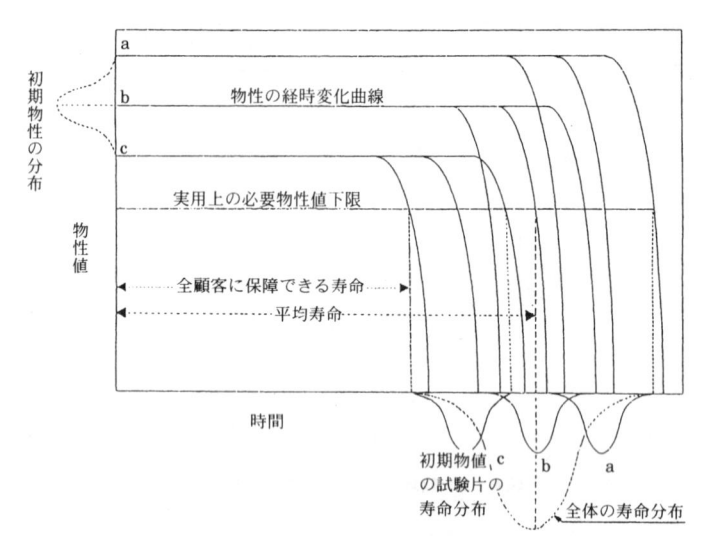

図6 初期物性値・寿命の分布

メーカーは平均値で寿命を語りがちだが，最短寿命との間には相当の乖離があることが多い。
初期物性と寿命分布の模式図を図6に示す。

1.3 おわりに

文明に必須の高分子を長寿命化することは人類の重要課題である。耐熱性評価技術は長寿命設計のための主要素である。今後，一層の発展を図る必要がある。

2 耐候性評価法

大石不二夫＊

2.1 耐候性評価とは

まず「耐候性」とは，屋外の環境条件（紫外線・熱・水分・オゾン・公害ガス・酸性雨や霧など）による材料の複合劣化（ウェザリングという）に対する耐久性のことである。そこで，耐候性評価とはなにか？を考えるに先立って，材料の劣化解析－耐久性評価－寿命予測を明確にする必要がある。

2.1.1 劣化解析－耐久性評価－寿命予測の定義

この劣化解析－耐久性評価－寿命予測の3つは，互いに深い関係を持ち，しかもそれぞれが単独では意義が浅く，連携すれば大いなる効果を発揮する，いわば3本足の鼎のようなものといえる。そこで，これら3つを三位一体させた領域を，「マテリアルライフ」と総称し，筆者らの研究領域である。

まず初めに，筆者らが提唱している「劣化解析」・「耐久性評価」・「寿命予測」の定義を示す。本稿の題目「耐候性評価法」は，屋外での諸条件に対する耐久性の評価であり，「耐久性評価」のうちに含まれる。

(1) 「劣化解析」の定義

材料の成形加工中・保管中・使用中の好ましくない変化を「劣化」（Degradation）と呼ぶ。なお金属材料の「腐食」，生体の「老化」，ゴムの「老化」などもこの劣化に該当する。この劣化を科学的に測定し，使用目的等の意思・意向をまじえずに，科学的な変化の様態や定量的な変化量として把握することを，「劣化解析」（Degradation Analysis）と呼んでいる。したがって，ある目的に対して合否基準の下で行う「評価」とは，次元が異なるために，「劣化の評価」という表現は用いない。

(2) 「耐久性評価」の定義

ある材料からなる機能体（これを材料システムと呼びたい）の構成材料（エレメント）が，それぞれの用途において，それぞれの使用環境・使用条件の下で，どのように期待された機能を維持し，いつまで（使用時間や使用回数等）耐用出来るか？を測定し，目的に合わせて評価することを，「耐久性評価」（Durability Evaluation）と呼んでいる。「劣化解析」が科学的であるのに対して，「耐久性評価」はいわば工学的である。構成材料の耐久性は，材料システム全体の信頼性を支える重要な大黒柱の1本である。

＊ Fujio Ohishi 神奈川大学 理学部 化学科；大学院理学研究科 教授

(3) 「寿命予測」の定義

ある材料からなる機能体の構成材料（エレメント）が，それぞれの用途において，それぞれの使用環境・使用条件の下で，実使用・模擬試験・統計的手法等を活用してシミュレートすることにより，定量的に推算し，それぞれの目的において期待される機能をいつまで（使用時間や使用回数等）維持出来るか？を定量的に予測することを，「寿命予測」(Life Estimation) と呼んでいる。「寿命予測」は工学的に加えて，経済性も加味した総合的評価であり，材料のサプライヤー（材料メーカーや成形加工者，商社等材料の提供側）とユーザー（使用者側）の立場の違いから，また当事者の個人差からも，同一材料で寿命の判定が食い違うことが多い。

劣化解析・耐久性評価・寿命予測は，あらゆる分野のユーザーにとって永遠の課題であり，第2次大戦前から高分子材料に関して研究が重ねられてきた。さらに，2年前に「PL法（製造物責任法）」が施行されるに伴い，製品の信頼性確保が製造者に義務づけられ，製造者の関心が最近特に強まっている重要課題でもある[1]。

2.1.2 高分子材料の耐候性評価の原点

まずここでは高分子材料の耐候性について，原点に立ち戻って考える。

耐候性そのものが，材料－環境条件－応力条件－要求寿命によって支配されるが，いずれにしてもそれぞれに因子が多く，プロセスが複雑ないわゆる"ドロ沼"領域に含まれるものである。したがって，耐候性を解くには次のアプローチがある。

A）因子を単純化して一断面から単面的に理解する
B）複合因子を同時に付加して，複断面から多面的にアプローチする
C）実因子の中から支配的因子を選別し，その付加のみにより大まかな傾向を知る

一般的には，A～Cまでを混濁させながら，耐候性にアプローチしている場合が多く，その結果として，耐候性の解明が遅れている。

Aについては，大学等アカデミックな研究としては向いているが，実用性に欠ける。Cについては，企業等の実用指向の研究には向いているが，本質的な解明につながらない。一方われわれは，Bの部類に属する「環境応力劣化」すなわち－環境条件と応力条件との相乗作用による劣化－と「ウェザリング・耐候性」を重点に，これまで研究を進めてきた。

2.1.3 耐候性の研究の進めかた

耐候性の研究は，それぞれの立場によって，次の5つに大別される。

A）学術的，中立的立場からの研究：大学や公的研究所等
B）材料の製造者としての研究：材料メーカー等
C）安定剤・添加剤の製造者としての研究：安定剤メーカー等
D）成形加工者としての研究：モールダー等

第6章 高分子材料の長寿命化評価技術

E) 材料の利用者としての研究：ユーザー等
F) 消費者としての研究：消費者団体等

　以上の中で，数として多い順に並べると，B／C／E／D／A／Fとなるのが現状であろう。とりわけ，大学において耐候性の研究者が，極めて限られている。その理由は，実用的には極めて重視されながら，ウェザリングが複雑な要因からなる難解なプロセスであり，耐候性の予測が困難なことによる。いいかえれば，材料研究の4つの泥沼といわれる腐食・磨耗・疲労・劣化のうちの，劣化の分野の中でもウェザリングは特に因子が多く，論文にしにくい課題であるといわれている。そこで，A／B／C／D／E等の各分野からメンバーを募って，共同研究が進められており，高分子材料に関して，筆者が参加している例を挙げると，次のものがある。

(1) エンジニアリングプラスチックの耐候性共同研究：日本ウェザリングテストセンター主催の技術委員会や通産省APEC共同研究委員会
(2) 合成ゴムの耐候性共同研究：日本ゴム協会の環境劣化研究分科会
(3) 熱可塑性エラストマーの耐候性共同研究：日本ウェザリングテストセンター主催の技術委員会
(4) プラスチック・ゴムの暴露試験用リファレンス試料の研究：NEDO共同研究

　以上はいずれも，配合既知の試料を用いて，標準屋外暴露と促進耐候試験を並行して実施し，各種の手法を駆使して，劣化解析を行ってきている。

2.2　耐候性評価法のポイント

　耐候性に関する劣化解析・耐久性評価・寿命予測それぞれについて，ポイントを示す。

2.2.1　劣化解析－ウェザリングの解明－の急所

① 試料の内容を明確に把握すること。まず主成分のポリマー（高分子）の材種・種別・合成法・平均分子量と分子量分布・重合触媒（残存する）・安定剤の種類と添加率・試片の成形方法，成形条件（温度・圧力・保持時間等）・熱処理，切削等の後処理条件等の試料調整条件を明らかにすること。
② 劣化条件を明確に把握すること。屋外暴露試験や促進劣化試験では，試験方法（JIS規格などに従う）や測定項目，条件を標準条件とする。屋外暴露の気象条件（日射量・紫外線露光量・降水量等）を記録する。屋外暴露試験は㈶日本ウェザリングテストセンターの銚子と宮古島の屋外暴露場に依頼すると，公式データが得られる。世界にはこの2カ所の他に，アメリカのフロリダとアリゾナに標準的な屋外暴露場があり，活用されている。
　　このほかに，実験室での劣化解析実験があるが，この場合も実験条件の明確化が必須である。
③ 測定項目はその研究の最終目標を考慮して選択するが，出来るかぎりミクロレベルからマク

267

ロレベルまで，高分子の1次・2次・高次構造・複合構造まで広く深くまで拡げる。
④ データ解析は科学的に行なうこと。客観的に意趣，意向を交えずに解釈すること。
⑤ 結論は用いた試料と実験条件に限定された結果であることを明示すること。

2.2.2 耐候性評価の急所
① 評価は必ず対象とする目的があるはず，その目的を認識し，それに合致させた実験計画を策定すること。
② 劣化解析－耐久性評価－寿命予測の中で，劣化解析と寿命予測とこの耐久性評価との関連を考え，出来るかぎり寿命予測につなげる。
③ 評価手法の選択は，標準試験法を優先し，既存の試験法がないときは目的に合わせた独自のシミュレーション手法を考案，試作する。
④ 劣化解析や寿命予測と関連が深く，この両者と関係づけながら耐久性評価を行う。

2.2.3 寿命予測の急所
① 耐久性評価は「材料」が主役，寿命予測は「機能」が主役。すなわち，ある製品は機能体（機能とは役割）であり，その製品を構成している材料はエレメントであり，製品は材料システムとも呼べる。そこで寿命予測はエレメントである材料の寿命予測ではなく，機能体である材料システムの寿命予測であることを忘れない。
② まず，機能の寿命を明確に定義づける。同一の製品でもサプライヤーとユーザーとでは，利害や発想がことなり，寿命の定義「どういう状況になった時，寿命がきたと判定するか？」を寿命予測に先立ち，存分に議論して，当事者間で合意に達しておく。
③ この寿命判定基準を目標に，シミュレーション（模擬試験やコンピュータによる予測）を計画する。社内（他部門も含めて）での過去の寿命予測事例や，各種文献調査を行い，専門家のアドバイス（寿命予測の成否は経験に依存する度合いが高い）を受け，限られた制約条件（期限・予算・人工等）の下で，最適な計画を立てる。その計画案を当事者間で討論して承認する。
④ シミュレーションの途中で，当事者間で立会い調査と中間結果の検討を行い，計画を軌道修正する。最終段階で，やり直しや手戻りとなるケースが少なくない。
⑤ 模擬実験や促進試験と同時に，フィールドデータ（事故や破損の事例や実使用試験）を必ず集めて，両者を比較すること。フィールドデータのない場合は，寿命予測と呼ばないで寿命評価と呼ぼう。ただ，統計的手法を主とする信頼性工学の領域では，フィールドデータを用いない場合も多い。われわれ材料工学的な立場では，この両者間には一線を画したい。
⑥ シミュレーションが終了したら，どう判定して結論づけるか？に関して，当事者間で討論して合意に達しておく。その後，報告書をまとめる。

第6章 高分子材料の長寿命化評価技術

2.2.4 耐候性に関する寿命予測法の研究例

　財団法人高分子素材センターの委員会でまとめた「高分子系新素材の寿命予測に関する調査研究報告書（平成5年3月）等を参考に，高分子材料の耐候性に関する，寿命予測法に関する最近の論文，報文を文献1）～9）に列挙した。なお，筆者の論文等については劣化解析－耐久性評価－寿命予測に関するレビュー[1]を参照されたい。

2.2.5 高分子材料の劣化解析－耐久性評価－寿命予測の研究のステップ

　劣化解析－耐久性評価－寿命予測の研究には，どんな種別と段階があるかをステップで示そう。

STEP 1 「部材の構成材料が，ある環境条件の下で，ある使用条件で，どのように変化（劣化）をするか？を促進劣化実験で再現させる」 ― 促進実験装置の開発 ―

STEP 2 「その劣化が，どんな部位で，どんな内容（材質変化）で，どの程度（劣化度）か？を定量的に明らかにする」 ― 新劣化解析法の開発，各種分析法の適用 ―

STEP 3 「その劣化を高分子材料の1次・2次・高次・複合構造の変化として解析し（劣化解析），その劣化のメカニズムを探り，劣化の原因を明らかにする」 ― 劣化解析，劣化スキムの推定，劣化機構の解明 ―

STEP 3-2 「劣化度の相対評価から，材質，グレード，安定剤の最適選択の指針を提示し，耐久性の確保をはかる」 ― 耐久性の比較評価 ―

STEP 4A 「短期間の促進実験から，あるメジャーを提案し，フィールド実験との相関づけや外挿法などにより長期間の劣化を推定する」 ― 寿命予測法の提案 ―

STEP 4B 「劣化反応をエネルギー的（$\Delta E \cdot \Delta G \cdot \Delta H$ などから）に解析し，劣化反応を速度論的に取扱う」 ― 劣化の速度論 ―

STEP 4C 「ある材料の材質的変化と，その材料を用いる製品の実用機能の変化との関連づけは，一般に用途と使用条件が千差万別であるため，概して困難である。そこで，比較的汎用な条件（例えば，屋外用途における耐候性など）での寿命マップを提示する」 ― 寿命マップの作成（試料深さ・特性変化・劣化期間のXYZ三元線図など） ―

STEP 4D 「劣化メカニズムから，表面の防護法や安定剤の最適選択や部材の厚み選択など，耐久性の向上策を提案する」 ― 耐久性の向上策 ―

2.3 プラスチックの耐候性試験方法の規格

　最近の調査から，内外の関連規格を次に示す。試験の実施に先立って，必ず参照する必要がある。

(1) 実験室光源を用いる促進耐候性試験に関する主な規格

◇JIS K7102　着色プラスチック材料のカーボンアーク灯光に対する色堅ろう度試験方法

269

◇JIS B7751　紫外線カーボンアーク灯式耐光性及び耐候性試験機
◇JIS B7753　サンシャインカーボンアーク灯式耐光性及び耐候性試験機
◇JIS B7754　キセノンアークランプ式耐光性及び耐候性試験機
◇JIS B7200　耐光（候）試験機の照射エネルギー校正用標準式試験片
◇JIS K7350　プラスチック－実験室光源による暴露試験方法（ISO 4892-1994 整合）
◇JIS D0205　自動車部品の耐候性試験方法
◇JIS A1415　プラスチック建築材料の促進暴露試験方法
◇JIS K7363　耐候性試験における放射露光量の機器測定－通則及び基本的測定方法（ISO 9370整合化）
◇ISO 4892-1984　Plastics-Methods of exposure to laboratory light sources

(2) 屋外暴露試験方法に関する規格

◇JIS K7219　プラスチック－直接屋外暴露，アンダーグラス屋外暴露及び太陽集光促進屋外暴露試験方法（ISO 877-1994整合）
◇JIS K7101　着色プラスチック材料のガラスを透過した日光に対する色堅ろう度
◇JIS K7219　暴露方法と暴露後の性状変化の測定方法を含む規格
◇ISO 877-1994　Plastics Methods of exposure to direct weathering to weathering using glass-filtered daylight, and to intensified weathering by daylightusing Fresnel mirrors

(3) 屋外暴露試験と促進耐候性試験に関連する規格

◇JIS K7362　アンダーグラス屋外暴露，直接屋外暴露又は実験室光源による暴露後の色変化及び特性変化の測定方法（ISO 4582-1998 整合化）
◇JIS K7363　プラスチック－耐候性試験における放射露光量の機器測定－通則および基本的測定法（ISO 9370-1997 整合）
◇JIS K7200　照射エネルギー校正用リファレンス材料
◇ASTM G156-97　Standard Practice for Selecting and Characterizing Weathering Reference Materials Used to Monitor Conditions in an Exposure Test
◇ISO 9370-1997 Plastics — Instrumination of changes in colour and variations in properties after exposure to daylight under glass, natural weathering or laboratory light sources
◇ISO 4582-1998 Plastics — Determination of changes in colour and variations in properties after exposure to daylight under glass, natural weathering or laboratory light sources

第6章 高分子材料の長寿命化評価技術

◇JIS K XXXX:200X プラスチック－耐候性試験における放射露光量の機器測定－（予定）通則及び基本的測定方法（ISO/FDIS 9370:199?整合）
◇JIS K XXXX:200X プラスチック－ガラスを透過した太陽光，自然暴露又は実験室光源（予定）暴露後の色変化及び特性変化の測定方法（ISO/FDIS 4582:199?整合）

2.4 耐候性の評価方法

(1) 屋外暴露試験

屋外暴露試験には，日光の紫外線による劣化をはじめ全ての天候条件による変化を調べるもの（耐天候性試験）のほかに，ガラスでふたをして日光にさらし，ガラスを透過した光線による変退色などを調べる耐光性試験がある。この耐光性試験には，晴天の昼間，指定の時間帯だけ日光にさらすday light testもある。ガラス自身の劣化による光透過性の低下や，ガラスを透過する赤外線による温度上昇の問題がある。屋外暴露の実施は，製品の実物を用いて実際に使用する場所に，使用状況に合わせて行うのが本来の姿であるが，結果の再現性を高め一般化するためにも標準試験法が必要となる。表1にプラスチックの屋外暴露に関する主な規格の概要を掲げる。なおこれらの規格には暴露地点の指定はないが，ほぼ標準化されている暴露地として，USAのフロリダ（マイアミ）とアリゾナがあり，わが国にも日本ウェザリングセンター（銚子と宮古島）が受託暴露と評価を有料で受けつけている。

(2) 変形暴露試験

変形暴露とは試験片を変形状態で屋外にさらすことであり，天候劣化の促進の意味のほかに，荷重を受け続ける用途や成形歪や加工歪が残る可能性のある実用材料の寿命を推定する上で必要となる。C形法は図1に示した形状に射出成形したあと両端部にボール盤で直径3mmの穴をあけて図1に示したC形試片をつくり，変形用プレート（ステンレス鋼製）で任意の変形を与えてビスどめする。劣化の評価方法は，光弾性スケール（エポキシ樹脂成形板より切り出したもの）を用いて，C形試片をビスでセットして，試片の復元力に比例した数だけスケールの平行部に生じる光弾性じまを簡易偏光板ではかり，試料の劣化による剛性（き裂も含めたみかけの値）の変化を測定する。測定装備は低圧水銀灯とその光源トランス・ポリマー偏光板1組・ルーペ・光弾性スケールと比較的簡便でしかも迅速（1点の測定に1分間位）なうえに，非破壊試験であるため，多数の試験片を暴露現地で測定し，再び暴露を継続するのに便利である。

(3) 促進耐候試験

わが国で広く用いられている促進耐候試験装置と試験条件は表2に掲げたようなものである。水噴射のついていない耐光試験機（フォードオメーター）とついている耐候試験機（ウェザオメーター）とに大別できるが，最近では太陽光の波長分布に近いキセノンランプの光源を点滅し，

高分子の長寿命化技術

表1 屋外暴露試験方法規格[1]

規格	対象	種類	暴露台の傾斜（水平よりの仰角）	設置面からの高さ	ガラス*厚	試料とガラス下面との間隔	暴露前の状態調節	標準サンプルの保存	観察項目	気象条件等の記録	その他
ISO 4607	プラスチック	直接暴露試験	赤道に向かい45°	50cm以上						日照時間（または日射量），気温，相対湿度，降水量など	暴露ステージは下記による．1, 4, 16及び26週1, 1.5, 2, 3, 4及び6年
JIS K 7219	プラスチック	直接暴露試験，アンダーグラス暴露試験	南面 30°	50cm以上	3 mm	5cm以上		JIS K 7100 温度状態3級以上	材料または製品のJIS規定による	日射，日射量，気温，相対湿度	暴露ステージは時間，日射量は劣化の程度を基準として定める．
JIS A 1410 1411	プラスチック建築材料	直接暴露試験	南面 30～35°	75cm以上				JIS Z 8703の常温，常湿以上の暗室	形状，寸法，外観の変化，引張強さ及び伸びる事項と方法	日射または特定波長領域の照度，気温，相対湿度（測定が望ましい項目）	暴露期間1年以上
JIS Z 8703							JIS Z 8703標準温湿度状態 3類以上		塗料の規格に定める方法	天候，日照時間，日射量，気温，降水量，気圧，風向，風速	試験観察の時期は．1年目では3ヵ月ごと．その後は6ヵ月ごと．
JIS K 5400	塗料	直接暴露試験	南面 緯度－5°	70cm以上		5cm以上	最終回の塗付けを終わってから7～14日放置		光沢，変退色，像の鮮明度，透過率，機械的，電気的及び化学的性質（一部省略）	日射量，ブラックパネル温度計の最高指示温度	暴露ステージは，総合受光量または年数を基準とする．暴露開始は春から夏の間が望ましい．
JIS D 0205	自動車部品**	直接暴露試験，アンダーグラス暴露試験，ブラックボックス試験	南面 35°	50cm以上	3 mm			JIS Z 8703の20℃ 5級65% 5級の暗室または光の入らない容器	表面の異常発生の有無，光学的角度偏差		
JIS K 6714	航空機用メタクリル樹脂板	直接暴露試験	南面 45°				温度23±1℃湿度50±4%にて起電気10m以上48時間以上96時間以上				暴露期間6ヵ月

* アンダーグラス暴露試験の場合に適用
** 屋外オゾン試験を省略

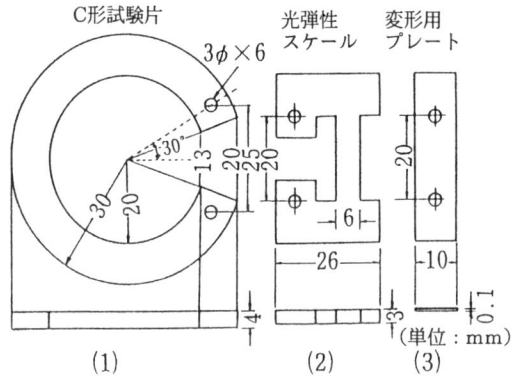

第6章　高分子材料の長寿命化評価技術

図1　C形試験片・光弾性スケール・板ばねの形状

表2　促進耐候試験装置と試験条件

条件＼試験方法	SW試験 サンシャインウェザーメーター	XW-a試験 キセノンウェザーメーター	XW-s試験 キセノンウェザーメーター
サンシャインカーボンアーク燈の数	1 燈		
平均放電電圧電流	50V±2%, 60A±2%		
キセノンランプの冷却方式		水冷式	水冷式
キセノンランプの定格電力		6.5 KW	6.5 KW
試料面放射照度	255±10% (波長域 300～700nm)	0.35W/m² (波長 340nm)	48W/m² (波長域 300～400nm)
ブラックパネル温度	63±3℃	63±3℃	63±3℃
水を噴霧する時間	120分照射中に18分間	120分照射中に18分間	120分照射中に18分間
水を噴霧する水圧	0.8～1.2 kgf/cm²	1.4 kgf/cm²	0.8～1.2 kgf/cm²
アウターフィルター		ボロシリケイト	パイレックス275
インナーフィルター		ボロシリケイト	石英
装置の形式	WEL-SUN-HCH型	Ci65R2型	WEL-6XC-HCH-B ES S型

(日本ウェザリングテストセンター)

　水スプレーと湿度の自動コントロールができ，しかもNOx・SOxなどの大気汚染ガスも自動供給のできる高級装置が市販されている。
　促進耐候試験機は用いる光源の種類によって区分けされている。それぞれの特徴は次の通りである。図2に各光源の波長分布を示す。

表3 近紫外部におけるエネルギーの強度比

波長(nm) \ 光源	太陽光	紫外線ウェザーメーター WE-2 / 太陽光	サンシャインウェザーメーター WE-SUN / 太陽光	キセノンウェザーメーター WE-45AX / 太陽光
300〜340	1	5	10	4.8
300〜360	1	14	9	4.5

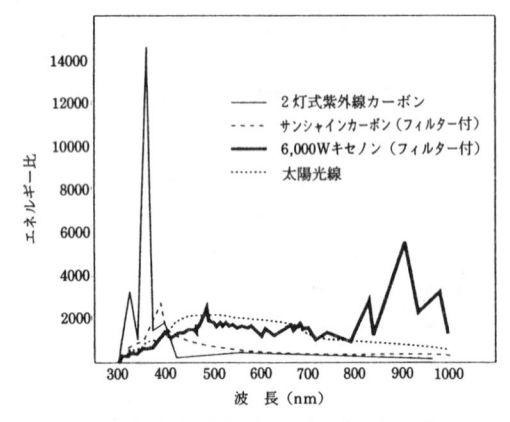

図2 促進耐候試験用光源と太陽光の波長分布

凡例：2灯式紫外線カーボン、サンシャインカーボン（フィルター付）、6,000Wキセノン（フィルター付）、太陽光線

① バイオレットカーボンアーク

　紫外線カーボンや紫カーボンなどと呼ばれ古くから普及しているもので，維持費が安いのが利点である。カーボン棒は1日1回の交換でサンシャインカーボンの1/10の値段で入手できる。

　短所としては，波長分布が太陽光とかなり異なる上に光の強さの時間的変動が大きく再現性が低いことがあげられ，またカーボンの交換の手間を要することなどから，サンシャインやキセノンへ移行した。

② サンシャインカーボンアーク

　太細一対のカーボンを使用し白色光である。グローブがないためカーボンの消耗が大きく，維持経費が年間100万円以上要する。波長分布は紫カーボンより日光に近く，再現性も良い。空気中放電のためオゾンが生成し排出ダクトが必要となる。またブラックパネル温度を標準の63℃に抑えられる利点がある。紫カーボンより促進作用は強いようであるが，照射時間が半分で良いと

第6章 高分子材料の長寿命化評価技術

表4 促進暴露試験機の促進度順位

特 性	促進暴露試験機					
	S-W	X-W	UV-W	S-F	X-F	UV-F
表面劣化層	1	5	4	3	6	3
色　　差	4	5	6	1	2	3
黄 変 度	3	5	6	1	2	4
光 沢 度	1	4	5	2	3	6
引張強さ	1	6	2	5	3	4
破断伸び	1	6	2	4	4	4

する便法は一般的には通用しない。

③ キセノンアークランプ

比較的最近開発されたもので,空冷式もあるがオゾン発生のない水冷式が一般的である。波長分布が太陽光に最も似ており,光の強度も安定していて再現性も良い。バーナチューブとフィラメントの劣化による紫外線の減衰を補うため,使用時間に応じて出力を増加させる処置がとられる。カーボン交換の手間もなく年間経費はランプを5回交換して約30万円程度であり,現在最も一般的なウェザーメーターとして普及している。なお,フィルタに付きやすい噴霧用の水質による汚れは紫外線を吸収してしまうため,塩酸を用いて数日ごとに洗浄を要する[11]。

表4に光源の違いによる劣化の差を示し参考に供する。

光源の種類・出力・本数のほかに水スプレー装置の有無・試料架の形(ラックかドラム)と直径・空気の流通・湿度の調節の有無などにより,数多くの機種に分かれている。これらのほかに耐候試験機に関して重要な因子となるものに,試験片温度がある。一般にはバイメタル型のブラックパネル温度計にて63℃にコントロールすることになっているが,機内温度や試料温度と一致しているか疑問である上に,ラックの場所や機種によるばらつきも大きい。

④ 促進耐候試験と屋外暴露試験との相関性

"紫カーボンアーク2灯式で200時間照射すれば,屋外暴露1年間に相当する"という大胆な換算は,300〜400nmの紫外線強度からはいえないこともないが,残念ながらそのように単純な相関がない。Howard[12]らは同一材料のサンシャインカーボン式耐候試験機の照射時間t_aと相当する屋外暴露年数t_nとの間に,$t_a = B + t_n k$の関係があり,PEの場合$B=150$, $k=2.4$であると提唱している。なお小原[13]らによれば,PS・HI-PS・ABS・AS・PMMA・PE・PP・POM・PA・PC・PVCなどはいずれも紫カーボン式で800〜1200時間の照射が1年間の暴露に対応すると報告している。一方表5のように120〜360hrという例もある。

いずれにしても1年暴露に相当させるには数百時間を要する。そこで最近促進効果の大きな

表5　屋外暴露1カ年に対する人工促進暴露試験機の照射時間の比較[8]

（三刺激値のY値を基準にして判定）

試　料		屋外暴露	紫外線カーボン*
メタクリル樹脂	青	1年	260 hr
	緑	1年	同左
	黄	ほとんど比較なし	
	黄-F	1年	120 hr
	橙	1年	290
	赤	1年	360
ポリプロピレン	赤	1年	230
ポリエチレン	アイボリ	1年	270
塩化ビニル樹脂	透明	1年	210

＊　フェードメーターで水スプレーなし

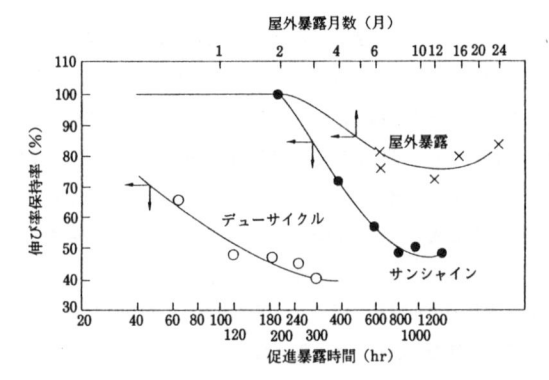

図3　屋外暴露と促進耐候試験の相関[12]（メタクリル樹脂）

デューサイクルウェザーメーターが注目されている。これは塗料の分野で古くから用いられているもので，サンシャインカーボン式のフィルターをはずして300nm以下の短波長紫外線も照射させ，点灯ー消灯を繰り返し，消灯時に機内を高湿にして試料面で結露させ点灯時に蒸発させるという方法である。この結果の一例[13]を図3に示すが，劣化が大きく促進されることが認められる。

2.5　当研究室における高分子劣化の新解析手法の試み
2.5.1　サーモメカノケミルミネッセンス〔TMCL〕〔TMOL〕

高分子の劣化の研究にケミルミネッセンス（化学発光）を利用する例は知られている。例えば，Ashbyはすでに1961年に，加熱により微弱な発光を検出し，高分子化合物からの化学発光を報告している[14]。筆者らは高分子材料の環境応力劣化の分子レベルの解析に，ケミルミネッセン

第6章　高分子材料の長寿命化評価技術

スを応用して，温度をプログラム制御しながら，応力と薬液との相乗効果による劣化（環境応力劣化）を追跡できる新装置「サーモメカノケミルミネッセンス装置（TMCL）」とこれを発展させ，応力の負荷の下で，恒温加熱中の化学発光と酸素吸収を同時に計測できる「化学発光・酸素吸収同時計測装置（TMOL）」を考案試作（協力：東洋精機製作所）し，高分子材料の放射線劣化等の研究に活用中である。図4にTMOLの構造図を示す。試験片の側面から石英ガラス（フォトンを透過する）を介して，超高感度の光電子増倍管（ヘッドオン型ボックスタイプダイノード）により，微弱光（放射されるフォトン）を自動計測する。

図5はTMOL測定の一例として，薬液内で応力を受けるときのき裂現象である環境応力き裂の瞬間を捉えたフォトンの計測データである（ポリカーボネートの四塩化炭素内）。

2.5.2　相関法光音響分析法〔PAS〕

材料表面に光を入射し，表面層に入ったエネルギーが熱エネルギーとして戻り，空気を振動させて微弱な音響を発生する。それを超高感度のマイクロフォンで検出し，入力信号と出力信号との相関を得ることから，材料の劣化による表面層の変化を探ることを，当学科の杉谷・武井氏と共同で進めている。

図6に相関法光音響分析法の試作装置を示す。図7にデータ例として，合成ゴムのSBRのキセノンランプ式ウェザーメーターで促進劣化させた試料の相関強度を示す。また，信号がピークとなる時間（遅延時間）とその後，半減するまでの時間（緩和時間）も劣化と関連が深く，高分

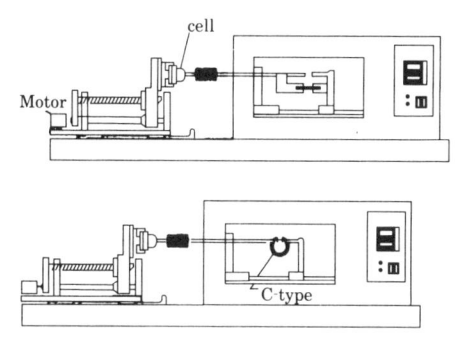

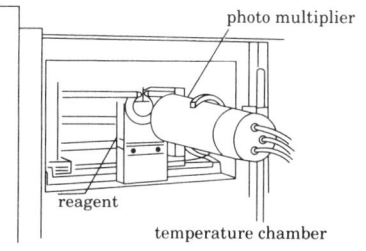

図4　サーモメカノケミルミネッセンス装置

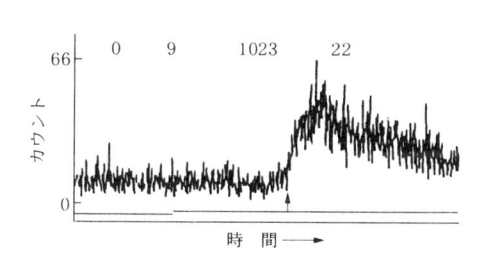

図5　環境応力亀裂の瞬間のフォトンの検出例

277

子の構造変化との関連づけを試みている。

2.5.3 劣化断面解析法〔SAICAS〕

塗膜の剪断強度と接着強度を計るために開発された表面・断面解析装置（大日本プラスチック製）を，高分子材料の劣化解析に応用している。その原理は，図8に示すように，試料表面を鋭利な刃物（ダイヤモンドや超硬合金製）で，切削するときの刃の深さと刃の受ける力（切削抵抗）を自動計測し，比切削抵抗（切削抵抗力／切削面積）−切削深さ線図を描かせて，劣化層の厚み等の断面情報を得るものである。図9にデータ例として，プラスチックの変性PPOの屋外暴露（C：銚子標準暴露場）前後の変化を示す。

2.5.4 深度化熱分析〔ATA〕

熱分析法の高分子劣化解析への応用の試みを，当学科の西本氏との共同研究で進めている。詳細は割愛するが，熱分解の初期・中期・末期の試料について，FT-IR他の分析手法を併用して，劣化前後の高分子の構造変化を調べたり，熱機械分析法〔TMA〕の針入測定や圧縮方式の動的粘弾性の測定などから，劣化を追跡している。従来の汎用されている重量半減温度より，かなり深度化できる見通しである。

2.5.5 剪断強度特性評価法〔超音波モーター式ねじり装置〕

本研究は劣化解析をミクロからマクロまで行うことを目指しており，実用上重視されながら，データのほとんど発表されていない剪断強度特性を調べる試みである。別途研究中の超音波モーターを駆動源に応用し，剪断応力−ねじり角度線図が求まり，しかも一定角度ないし一定応力の繰り返し（ねじり疲労）を付加して，破断回数

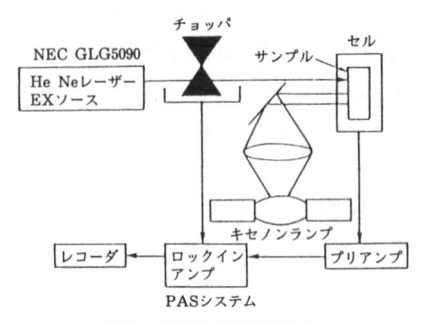

図6　相関法光音響分析法

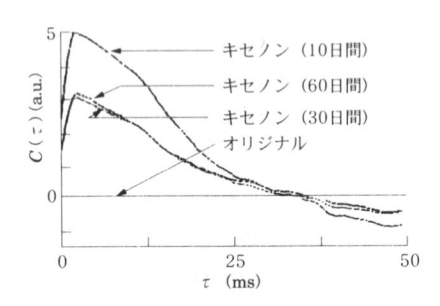

図7　SBRの促進劣化前後のPAS信号

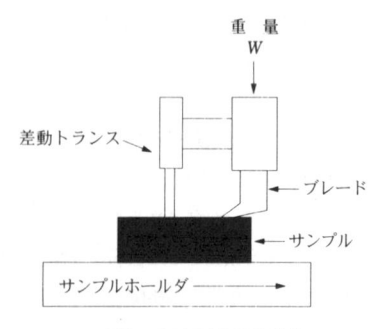

図8　SAICASの原理図

第6章 高分子材料の長寿命化評価技術

や剛性変化を求めることが出来る。現在、ポリマーアロイの特性評価とプラスチックとゴムのリサイクリングの研究に活用を開始している。今後は劣化の実用的評価に応用する予定である。

2.5.6 急速促進劣化法〔プラズマ照射法〕

一般に材料の劣化や耐久性の実験には、長時間を必要とする。促進耐候試験機を用いても、屋外暴露の一年分相当には約1000時間を要するといわれている。そこで、時間と経費の節約を目指して、急速促進劣化法として、低温プラズマ照射法を試みている。詳細は割愛するが、低温プラズマ照射（酸素・窒素ほかのガス雰囲気中）により、原子・イオン・ラジカル・ほかの活性種を試料に照射し、自動酸化反応等を急速促進させる。

図10にデータ例として、ポリカーボネートに酸素プラズマ照射した後のフォトンの計測を示す。照射による試料温度の上昇（80～110℃）と同程度の加熱と比べて、フォトンの発生量が多いことから、プラズマ照射により劣化の進行が推定できる。

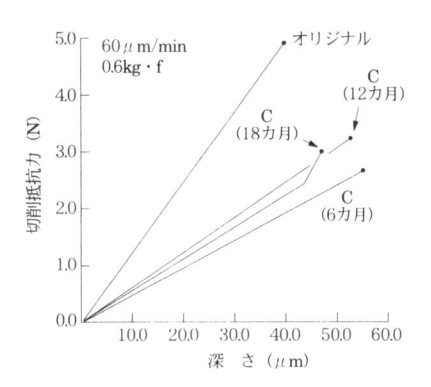

図9　変性PPOの屋外暴露前後の変化

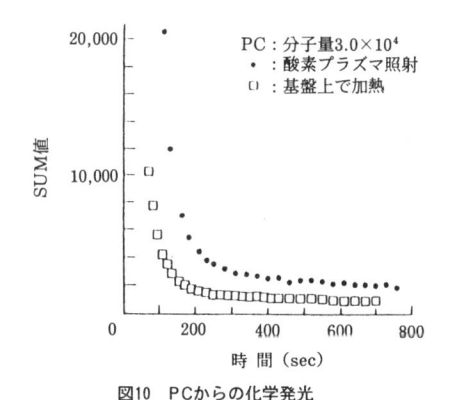

図10　PCからの化学発光

これらの新しい試みに関しては、文献10)～16)に紹介している。

文　　献

1) 小澤丈夫, "材料の寿命予測", 湯浅時報, No.58, p.1～6 (1985)
2) 早川浄, "高分子材料の寿命とその予測法を考える", ゴム協誌, 64巻, 8号, 472～482

(1991)
3) C.Lhymn et al., "繊維状ポリマー複合材料の環境寿命", *J. Mater. Sci. Lett.*, 4 (5), p.575 (1985)
4) 冨板崇, "屋外ばくろ試験におけるポリエチレン試料の特性変化予測-高分子系建築材料の耐久性予測モデル", 日本建築学会構造系論文報告集, No.410, 9～17 (1990)
5) J.W.Martin, "光分解したポリメタクリル酸メチルフィルムの実用寿命を予測する推計模型", *J. Appl. Polym. Sci.*, 29, No.3, 777-794 (1983)
6) 高根由充, 冨板崇, "劣化シミュレーション・パソコンソフトによる高分子材料の耐候性予測", 化学工業, 42, No.11, 878～884 (1991)
7) 鈴木智, 窪田大ほか, "高分子材料の耐久性・(プラスチックの耐候性予知方法)", 北海道工業開発試験所報告, No.24, 205～207 (1958)
8) A.Ram et al., "ポリカーボネートの寿命予測", *Polym. Eng. Sci.*, 25, No.9, 535-540 (1985)
9) C.Lhymn et al., "繊維・高分子複合材料の環境寿命", *J. Mater. Sci. Left*, 4, No.5, 575-579 (1985)
10) 大石不二夫, マテリアルライフ, 10, No.5, 252/259 (1998)
11) 西村興男他, 工技院 研究報告, No.2, 129 (1981)
12) J.B.Howard et al., *Polym. Eng. Sci.*, 9, No.4, 286 (1969)
13) 小原 実, セキスイ技報, 2 (3), 15 (1965)
14) 仏性尚道, プラスチックス, 23 (5), 55 (1972)
15) G.E.Ashby, *J. Polym. Sci.*, 50, 99 (1961)
16) 大石不二夫, 豊田合成技報, 39 (2), 1-9 (1997)

3 安定剤分析法

松岡康子＊

3.1 はじめに

高分子製品は，光・水・熱等の外的環境に対して安定性を維持させるため，高分子の種類や用途に応じて種々の安定剤が配合される。高分子材料の性能研究，改良を行ううえで，また製造工程内における不純物，変質成分の解析を行うため，安定剤の分析技術は重要である。

3.2 高分子材料中の安定剤の定性・定量[1,2]

安定剤には酸化防止剤，紫外線吸収剤，光安定剤等の種類があるが，これらの配合量は，通常0.x％程度であり，また複数成分が組み合わされて処方される。

安定剤の定性・定量を行う場合は，一般に高分子材料から安定剤を分離（抽出）した後，各種機器分析法により，定性・定量を行う。安定剤分析の流れを図1に示す。

3.2.1 高分子材料からの安定剤の分離法（前処理法）

通常，ソックスレー抽出法，再沈法，マイクロウェーブ法にて行う。抽出手法により，所要工数がかなり異なるが（表1），これらの抽出法および抽出溶媒を樹脂，安定剤の性質により使い分ける。

安定剤分析の流れ

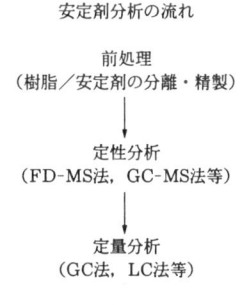

前処理
（樹脂／安定剤の分離・精製）
↓
定性分析
（FD-MS法，GC-MS法等）
↓
定量分析
（GC法，LC法等）

図1 安定剤分析の流れ

表1 高分子材料中の添加剤の各種抽出法による検討例

抽出方法	処理時間	溶媒例
ソックスレー抽出法	10時間	クロロホルム
溶媒再沈法	1時間	THF溶解→メタノール再沈
マイクロウェーブ抽出法	10分	クロロホルム

(1) ソックスレー抽出法

ソックスレー抽出法は最も広く用いられている手法である。一般に，溶媒に溶けにくい高分子に対して適用する。最適の溶媒を選べば，8〜10時間の抽出により80％ないし90％の抽出効率

＊ Yasuko Matsuoka ㈱住化分析センター 大阪事業所 サブリーダー

表2 ポリプロピレンペレット中安定剤のソックスレー抽出事例

項目＼安定剤種	フェノール系酸化防止剤 Sumilizer BP-76	紫外線吸収剤 Sumisorb 300
配合量	0.1	0.1
抽出量	0.09	0.09

（抽出溶媒；クロロホルム，10時間）

が得られる。抽出事例を表2に示す。

抽出時間が10時間を超えると，抽出効率はほぼ一定となるため，過度に長時間の抽出は不要である。安定剤の抽出時間と抽出率の関係についての検討事例を図2に示す。

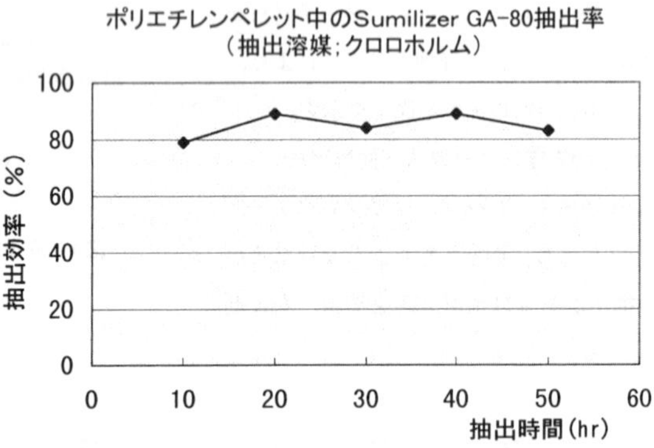

図2 ソックスレー抽出法による抽出効率と抽出時間の関係（検討例）

抽出溶媒としてはクロロホルムが汎用されるが，極性の高い添加剤を抽出するには，メタノールを用いる。

(2) 溶媒再沈法

高分子材料を良溶媒にて完全溶解させた後，貧溶媒中に滴下し，高分子成分を凝集・沈殿させ，安定剤をろ別，分取する手法である。

通常，溶媒に溶解し得る樹脂については，再沈法を選択する。

ABS樹脂製品の安定剤分析事例を図3に，各抽出法による抽出量の比較例を表3に示す。ABS樹脂は，THFのような溶剤に溶解するため，溶媒再沈法が適することがわかる。

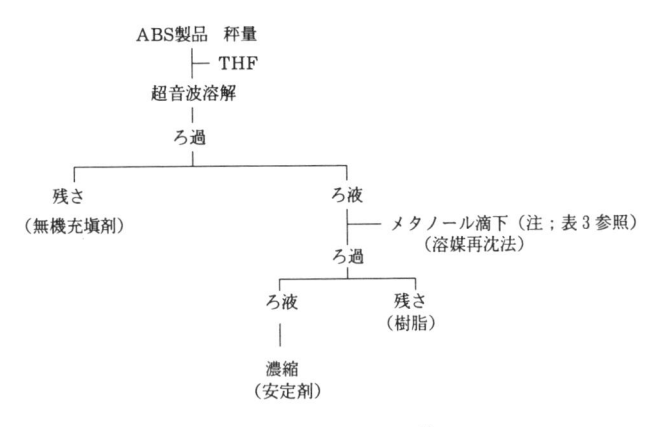

```
ABS製品　秤量
  ├── THF
超音波溶解
  │
 ろ過
  ├──────────────┐
 残さ            ろ液
(無機充填剤)      ├── メタノール滴下 (注；表3参照)
                │    (溶媒再沈法)
               ろ過
                ├──────────┐
               ろ液        残さ
                │          (樹脂)
               濃縮
               (安定剤)

定性；FD-MS, GC-MS等
定量；GC, LC等
```

図3　ABS樹脂製品中の安定剤の定性，定量事例

表3　ABS樹脂製品中の安定剤の各種抽出法による比較例

(単位；%)

抽出法 \ 安定剤種	フェノール系酸化防止剤 Sumilizer BP-76	イオウ系酸化防止剤 Sumilizer TPL
ソックスレー抽出法	0.13	0.18
溶媒再沈法	0.26	0.36
マイクロウェーブ抽出法	0.24	0.34

＊　ABS樹脂はTHFに溶解するため、再沈法が適当。

(3) マイクロウェーブ抽出法

実験室用電子レンジであるマイクロウェーブ照射装置を，安定剤の抽出に応用したものである。高分子試料および溶媒を密閉容器に入れ，マイクロ波を照射して安定剤を抽出する。

5～10分の短時間にて抽出を行えるが，抽出条件が不適当であると，樹脂の変質，溶媒の突沸などを起こすため慎重に抽出条件を設定する。

3.2.2　安定剤の定性法

3.2.1項にて抽出した安定剤について定性を行う。以下に定性法を記す。

(1) 薄層クロマトグラフ法（TLC法）

TLC法は，機器を必要としない最も簡便な定性法である。安定剤標準品とのRf値の比較より，

定性を行う。ヘキサンやクロロホルムをベースとした溶剤で展開する。定性手段として繁用されるが，他の手法と併用する方が良い。

TLC法は精製手段としても用いる。注目する成分について，TLC分取を行い，TLC分取－抽出重量法にて半定量を行うことができる。また，不明成分について分取し，機器分析法による詳細な構造決定（3.2.4項）を行う。

(2) MS法，FT-IR法

クロマト法と結合した機器分析（GC-MS法，GC-FT-IR法等）は混合物のまま定性する手段として有力である。

GC-MS法は一般によく用いられ，GC法にて検出可能な安定剤を定性できる。イオン化法としてはEI（電子衝撃）検出が一般的であり，フラグメントイオンが検出され，構造情報が得られる。データベースの活用により比較的容易に定性できる。このほか分子イオンを検出しやすいCI（化学イオン化）検出もある。

GC-MS法にて検出できない安定剤のEIスペクトルを得るには，あらかじめ単一成分に精製しなければならない。

クロマト的手法と結合せずに混合物に適用できる質量分析法として，FD法（電界脱離法）がある。FD法は高電圧により分子から電子を脱離させるソフトなイオン化法であり，分子イオンピークが得やすいため有効である。

単一成分に精製する必要がなく，樹脂から抽出した安定剤混合物について，そのまま適用することができる。通常，気化し得る化合物なら検出可能であり，分子量2000程度の化合物の分子イオンも観測できる（難揮発性物質や，気化せず熱分解する化合物は不可）。

高分子材料の安定剤抽出物のFD-MSスペクトル例を図4に示す。また，FD法とEI法の両イオン化法の特徴を表4にまとめて示す。

なお，LC/MS（APCI，ESI検出）は近年進歩が著しいが，汎用の酸化防止剤，紫外線吸収剤に限って言えば適当とは言えず，比較的イオン化し難い。極性が高い帯電防止剤（界面活性剤）の検出については有用な手法である。

3.2.3 安定剤の定量法

前項までに定性した安定剤は，一般にGC法，HPLC法で定量を行う。また，標準品との保持時間の比較により，GC法，HPLC法を定性手段として用いることも可能である。

ただし夾雑成分とのピークの重なりにより，判定できない場合も有り得る。

(1) ガスクロマトグラフ法（GC法）

GC法は比較的低分子の安定剤に適する。近年キャピラリーカラムの進歩が著しく，無極性カラム（ジメチルシリコン系）で多くの安定剤を分離検出できる。

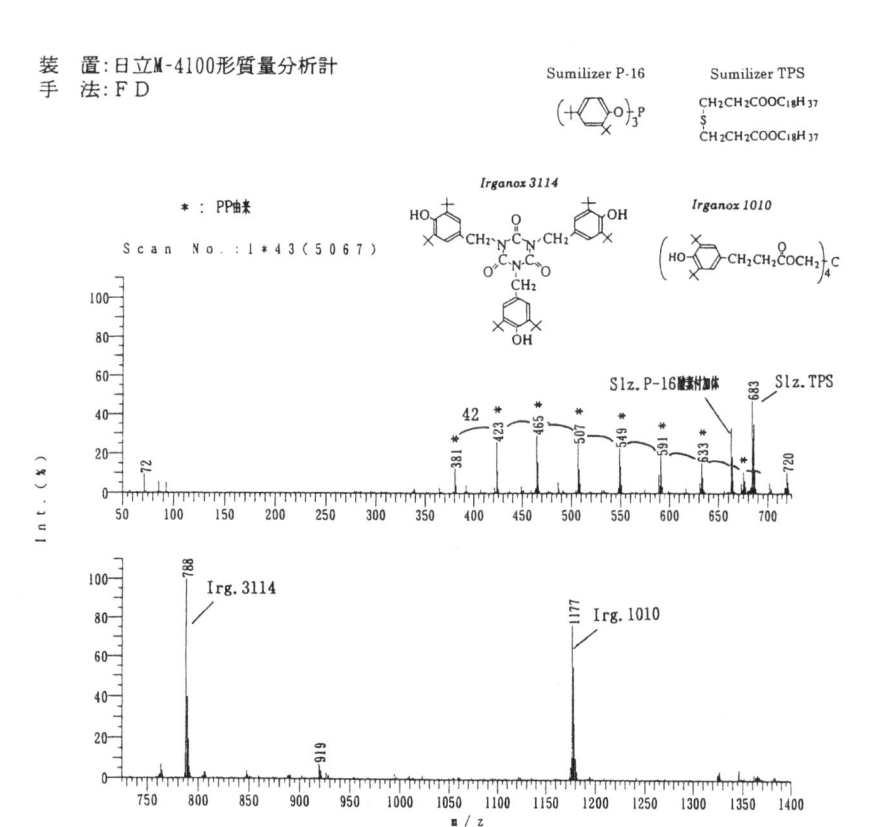

第6章 高分子材料の長寿命化評価技術

装　置：日立M-4100形質量分析計
手　法：FD

Sumilizer P-16

Sumilizer TPS

Irganox 3114

Irganox 1010

図4　ポリプロピレン樹脂製品・ソックスレー抽出物のFD-MSスペクトル

表4　質量分析法のイオン化法の特徴（EI法とFD法の比較）

EI法 (Electron Impact)	FD法 (Field Desorption)
①原理；電子衝撃により試料分子をイオン化する ②特徴；フラグメントピークが得られる ③感度；1 ng ④対象；揮発性のあるもの 　　　　高純度品が必要（GC-MSとして使用するなら，混合物可）	①原理；エミッタ上に試料を塗布 　　　　高電圧により試料分子から電子を脱離 ②特徴；分子イオンピークが得られる ③感度；1 ng ④対象；高沸点化合物，熱不安定化合物が検出できる 　　　　混合物分析可

酸化防止剤（フェノール系，イオウ系），紫外線吸収剤（ベンゾフェノン系，ベンゾトリアゾール系，サリシレート系等）の多くが検出できる。検出器は通常FIDを用いるが，イオウ，リン，ハロゲン等特定の元素に注目する場合は，FPD，AEDのような選択検出器を使える。表5にGC用各種検出器の特徴を示す。

GC法による，各種安定剤の一斉測定例を図5に示す。

表5 安定剤分析に使われるGC検出器

種　　類	原　　理	選　択　性
FID；水素炎イオン化検出器 (flame ionization detector)	水素炎によるイオン化	全ての有機化合物 感度は炭素数に比例 選択性はなし
FTD；熱イオン化検出器 (flame thermoionic detector)	アルカリ金属 → P，N系化合物との反応で イオン化	N, P 別称；NPD 高感度
FPD；炎光光度検出器 (flame photometric detector)	水素炎中で生じた励起化合物が発光	S, P, Sn 有機Sn安定剤
ECD；電子捕獲検出器 (electron capture detector)	^{63}Ni $N_2 \longrightarrow N_2^+ + e^-$ 親電子性の高い成分がe^-を捕獲	ハロゲン
AED；原子発光検出器 (atomic emission detector)	マイクロ波誘導プラズマによる原子発光	注目元素を選択的に検出

(2) 液体クロマトグラフ法（HPLC法）

HPLC法では中極性～高極性の安定剤が適し，やや分子量が大きいものも検出可能である。ODSカラムを用いた逆相条件にて，酸化防止剤（フェノール系），紫外線吸収剤（ベンゾトリアゾール系，サリシレート系，ベンゾフェノン系）の多くが溶出する。検出器は通常UV検出器を用いる。なお，フォトダイオード検出器を用いれば，保持時間による確認と同時に，UVスペクトルを得ることができ，HPLCの定性手段としての確度が増す。

HPLC法による，各種安定剤の一斉測定例を図6に示す。

(3) GC法，HPLC法の比較

酸化防止剤，紫外線吸収剤，光安定剤に関するGC法，HPLC法の適性の比較を表6にまとめて示す。

イオウ系酸化防止剤は，HPLC法では感度が得にくい非芳香族系のジアルキルチオジプロピ

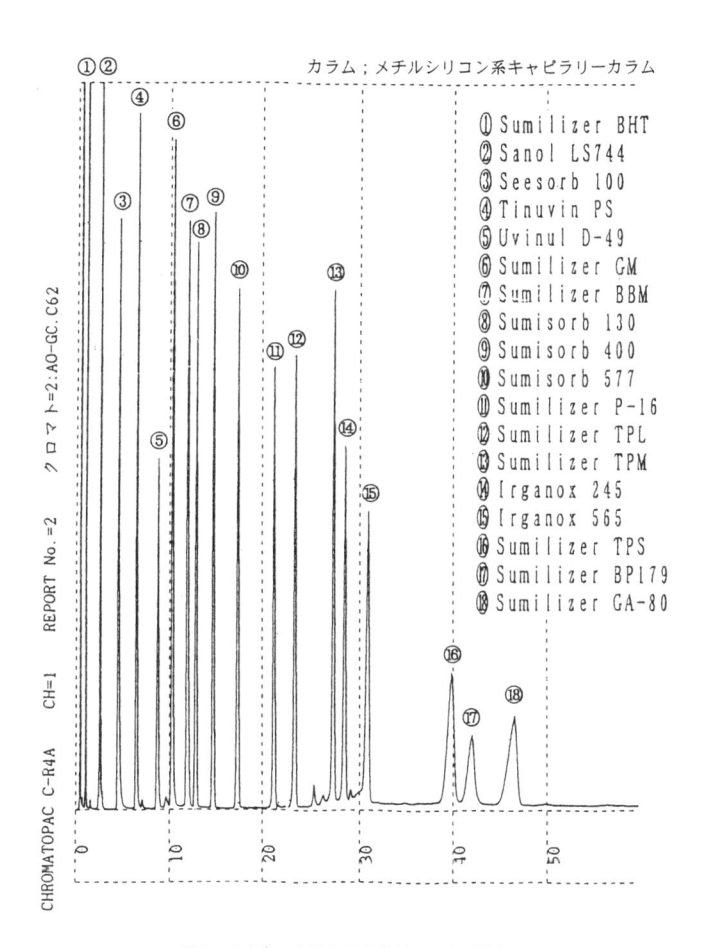

第6章 高分子材料の長寿命化評価技術

図5 GC法による各種安定剤の一斉測定例

カラム；メチルシリコン系キャピラリーカラム

① Sumilizer BHT
② Sanol LS744
③ Seesorb 100
④ Tinuvin PS
⑤ Uvinul D-49
⑥ Sumilizer GM
⑦ Sumilizer BBM
⑧ Sumisorb 130
⑨ Sumisorb 400
⑩ Sumisorb 577
⑪ Sumilizer P-16
⑫ Sumilizer TPL
⑬ Sumilizer TPM
⑭ Irganox 245
⑮ Irganox 565
⑯ Sumilizer TPS
⑰ Sumilizer BP179
⑱ Sumilizer GA-80

オネートを検出でき，GC法の方が優れる。

　リン系酸化防止剤（亜リン酸エステル）は，加工安定剤としての性格から，製品中ですでに大部分が酸化・分解している場合も多い。また，樹脂から抽出する際に酸化しやすい。

　GC法，HPLC法共に検出困難なものもあるため，配合の有無を確認するには，ICP発光法などでリンの定量を行うことが一法である。

　HALS（ヒンダードアミン系光安定剤）は，低分子型のもの（例えばサノールLS770，LS765）については，上記GC法，HPLC法にて問題なく分析可能である。一方，高分子型（例え

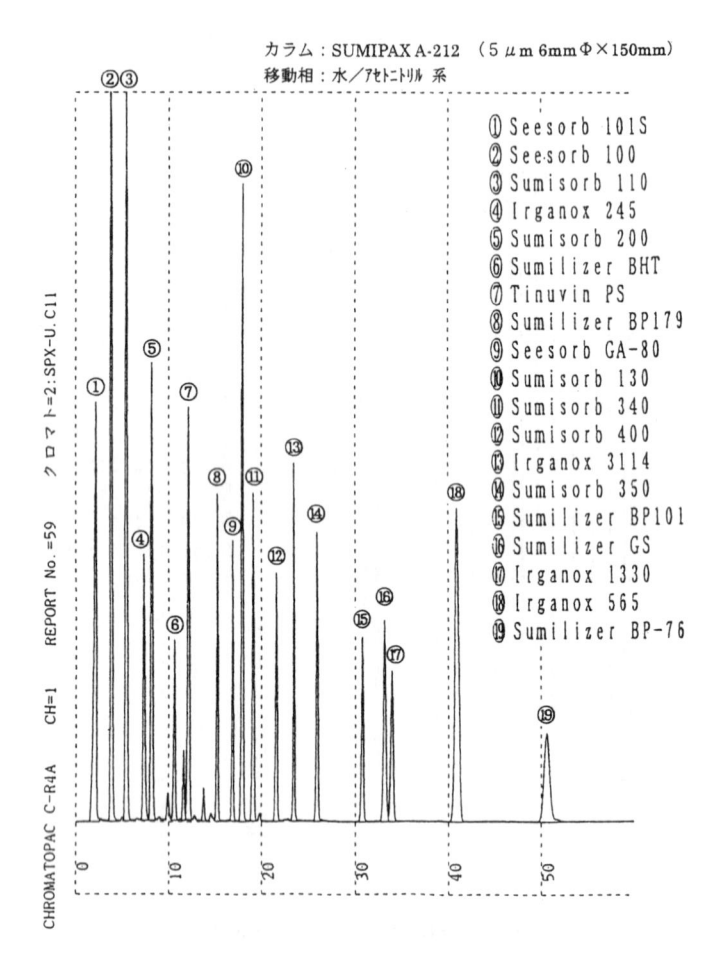

カラム：SUMIPAX A-212 （5μm 6mmΦ×150mm）
移動相：水／アセトニトリル 系

① Seesorb 101S
② Seesorb 100
③ Sumisorb 110
④ Irganox 245
⑤ Sumisorb 200
⑥ Sumilizer BHT
⑦ Tinuvin PS
⑧ Sumilizer BP179
⑨ Seesorb GA-80
⑩ Sumisorb 130
⑪ Sumisorb 340
⑫ Sumisorb 400
⑬ Irganox 3114
⑭ Sumisorb 350
⑮ Sumilizer BP101
⑯ Sumilizer GS
⑰ Irganox 1330
⑱ Irganox 565
⑲ Sumilizer BP-76

図6 HPLC法による各種安定剤の一斉測定例

ばChmassorb944，Tinuvin622）については樹脂からの抽出自体が難しく，HALSの種類に合わせて個別に抽出条件の検討を必要とする。

3.2.4 分取精製－構造解析

上記までの手法にて定性が難しい場合は，安定剤成分をTLC分取，HPLC分取等で単一成分に精製する必要がある。最初にTLC，HPLC法によるパターン分析を行い条件を決定した後，スケールアップして分取・精製する。

第6章 高分子材料の長寿命化評価技術

表6 LC法,GC法の選択(酸化防止剤,紫外線吸収剤,光安定剤)

分類		LC	GC	備考
酸化防止剤	フェノール系	○	△	高分子量型はLC法が優れる
	リン系	△	△	抽出時までに変質するものが多く一般に難しい
	イオウ系	△	○	GC法が優れる
紫外線吸収剤	ベンゾフェノン系	○	○	いずれも良好に検出可
	ベンゾトリアゾール系	○	○	
	サリシレート系	○	○	
光安定剤 (ヒンダードアミン系)	低分子型	○	○	
	高分子型	△	×	樹脂からの抽出が難易度大

精製後,FT-IR法,MS法,NMR法等で構造解析を行う。

まず,FT-IR測定を行う。FT-IRスペクトルは安定剤標準品のデータベース[3]が充実している。

MS法は分子イオンを検出できるFD法やFAB法,構造情報が得られるEI法のいずれも有用である。

特定の原子(P,N,S,ハロゲン等)を含有する安定剤に注目する場合,各々の元素分析(定量)を行う。

3.2.5 その他の定性法

樹脂からの分離・精製なしで安定剤の定性を行う方法として,熱分解GC-MS法がある。近年市販されたダブルショット型熱分解炉(フロンティア・ラボ社製)を用いた熱分解GC-MSでは,低温(100～250℃など)にて熱脱着を,高温(500℃など)で熱分解を行い,未知高分子製品の安定剤/樹脂の同時定性が可能である。

GC法にて検出可能な揮発性安定剤に限られるが,限られた少量試料について精製なしに定性できる利点がある。0.1mgオーダーの微量でも定性できる。ダブルショット熱分解GC-MS測定例を図7に示す。

高分子の長寿命化技術

1) 熱脱着法; 100～250℃
（安定剤の定性）

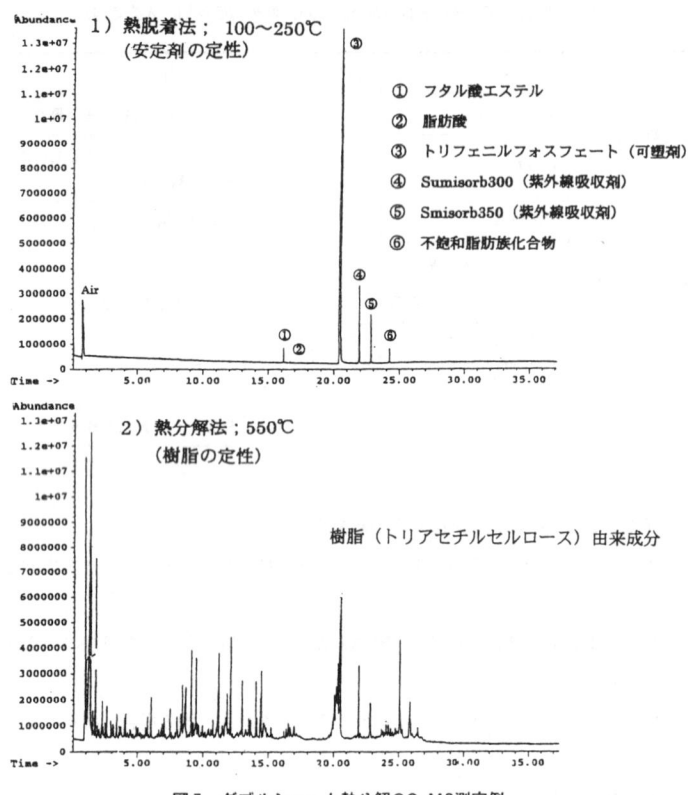

① フタル酸エステル
② 脂肪酸
③ トリフェニルフォスフェート（可塑剤）
④ Sumisorb300（紫外線吸収剤）
⑤ Smisorb350（紫外線吸収剤）
⑥ 不飽和脂肪族化合物

2) 熱分解法; 550℃
（樹脂の定性）

樹脂（トリアセチルセルロース）由来成分

図7　ダブルショット熱分解GC-MS測定例

文　　献

1)　第19回高分子の劣化と安定化－基礎と応用講座予稿集（高分子学会）～添加剤分析の基礎
2)　㈱エヌティーエス；最新の分離・精製・検出法～原理から応用まで～添加剤・不純物成分
3)　（例）日本科学情報；ポリマー用添加剤の標準赤外スペクトル・データ集，プラスチック編，ゴム編

4 高分子劣化の物理化学的評価法

中内秀雄*

4.1 まえがき[1]

近年の成熟したゴム技術の中で，残された問題点の1つにゴム製品の劣化・寿命をさらに向上させる，いわゆる信頼性向上のニーズがある。特に近年制定されたPL法は，メーカーが製品のトラブル・クレームに対し，厳しい原因追及を求められる，いわゆる製造物責任法であり，従来とは異なる製品の劣化・寿命向上技術に加え，トラブル・クレーム要因の高度な解析技術が要求される。ゴム製品の劣化・寿命といっても，表1に示すように製品により様々で，また製品の肉厚も様々で，薄物と厚物では劣化のパターンや状態が異なってくることも考慮に入れなければならない。これらの現象と関連要因との相関を表2に示すが，酸素，熱，応力など，いくつもの外的要因が複雑に絡み合い，さらには製造要因も加わり，原因解明をますます難しくしている。このように，劣化はいずれも製品の内外表面から要因となる気体／液体／固体が，接触－溶解－拡散－反応し，物理化学的に材料に変化を生じさせるものとすれば，表面近傍が特に劣化することが理解できる。

さらには，応力が連続的あるいは周期的に材料に加わり，表面や内部の欠陥部から亀裂が発生・成長して寿命に至る破壊，疲労や磨耗などの力学的な劣化があり，上記の物理化学的な劣化に加え，複雑な様相を呈してくる。

このような状況の中で，製品の劣化・寿命向上を図るためには，①始めに現状分析として，市場で長期に使用された製品の劣化状態を正確に把握すること，②その状態を促進再現する評価法の開発が必須となるが，これまでに十分検討されているとはいえない。最近のミクロな解析技術を用いて長期使用品を解析すると，これまでの見解と異なり，製品の表面と内部を見ても劣化の様子が大きく異なる，いわゆる「不均質劣化」していることがわかってきた。特に肉厚製品は，表面近傍が著しく劣化しているのに内部はまだまだ十分使用可能な性質が残っていることが多い。本文では，このような観点に立ち，使用ゴム製品のミクロな評価・解析に力点をおき，具体例として熱による老化は自動車用ダンパーを，また長期自然老化はオーストラリアで100年間使用された鉄道用軌道パットの解析を紹介する。また並行してモデルサンプルの熱老化品，自然老化品のミクロ解析を行い，製品解析の結果と比較し，ゴム製品の寿命・劣化を考察した。

4.2 ゴム／樹脂／金属の特徴の違い[1]

各種材料の劣化・寿命の特徴は，材料の分子構造に依存することから，本論の前に，ゴムの特徴を明確にするため，金属，プラスチックとの分子構造の差異を整理してみた。

---

* Hideo Nakauchi ㈱ブリヂストン 研究開発本部 研究一部 専門部員

高分子の長寿命化技術

表1　ゴム製品の劣化・寿命現象の分類

老化・寿命現象の分類			化学的変化						物理的変化								
ゴム製品		ゴム肉厚	変色	ブルーム	微小亀裂	オゾン亀裂	硬化	軟化	割れ・破損	疲労亀裂	ヘタリ・クリープ	強度低下	摩耗・摩擦	膨潤	抽出・揮散	接着低下	セパレーション
自動車部品	タイヤ	中~大			○	○	○		○	○		○	●			○	○
	防振ゴム	中			○	○	●	○	○	○	○						
	空気ばね	小~中			○	●			○	○		○				○	●
	ホース	小~中	○	○	●		○		●			○		○	○	○	○
	パッキン	小					○				●	○		○	○		
生産資材	ベルト	中					○			●		○				○	○
	高圧ホース	中			●	○	○		●			○		○	○	○	○
	防振・制振ゴム	中			●		○			○	○						
	ゴムロール	中					○						●				
海洋	防げん材	中~大	○	○	●				●			○					
	マリンホース	中			●	○						○				○	○
土木・建築	ラバーダム	中			●							○					
	ゴムクローラ	中			●							○	●				
	ブリッジベアリング	中			●	○	○				●					○	
	免震ゴム	中			●		○				●					○	
	建築用シーラント	小~中	○	○	●		○	○								●	
	防水シート	小	○	○					●							○	○
レジャー	ゴルフボール	中	○				○		●			○	○				
	弾性舗道	中	○		○		○		●				●				
	ゴム靴	小	○	○	○		○		●	○		●				○	○

●：主な現象
○：関連現象

(1) ゴムの分子運動性

ゴムは常態でエントロピー弾性を有しているが，実用性能でいえば，「軟らかくて，大きく伸び，しっかり戻る」ことにある。最後の「しっかり戻る」という性質はゴム特有のもので，ゴム分子間に3次元的な橋かけを行う（加硫という）ことで得られる。硫黄でゴムを橋かけした構造を図1に示す。この性質を理解するために，変形を与えたときの分子モデルを図2に示す[2]。ゴ

第6章　高分子材料の長寿命化評価技術

表2　劣化・寿命現象と劣化要因の関係

劣化要因	劣化・寿命現象	化学的変化						物理的変化								
		変色	ブルーム	微小亀裂	オゾン亀裂	硬化	軟化	割れ・破壊	疲労亀裂	ヘタリ・クリープ	強度低下	摩耗・摩擦	膨潤	抽出・揮散	接着低下	セパレーション
外的要因	酸素			○		○		○	○	○	○	○				
	熱	○	○	○		○		○	○	○	○	○			○	○
	オゾン				○			○								
	光	○	○	○		○	○									
	応力			○					○	○	○				○	
	水・水分	○	○			○					○		○	○	○	
	油・溶媒	○	○				○				○		○	○	○	
	油中添加物（触媒・重金属）			○			○									
	薬品	○	○			○								○	○	
	塩														○	○
	固体			○			○									
	微生物	○					○						○			
内的要因	配合・混練・成形異常	○	○	○	○	○	○	○	○	○	○	○	○		○	○
	加硫工程異常	○	○					○	○		○				○	○

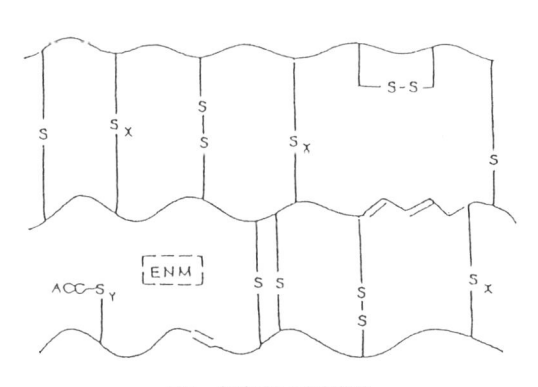

○：関連要因

図1　加硫ゴムの架橋構造

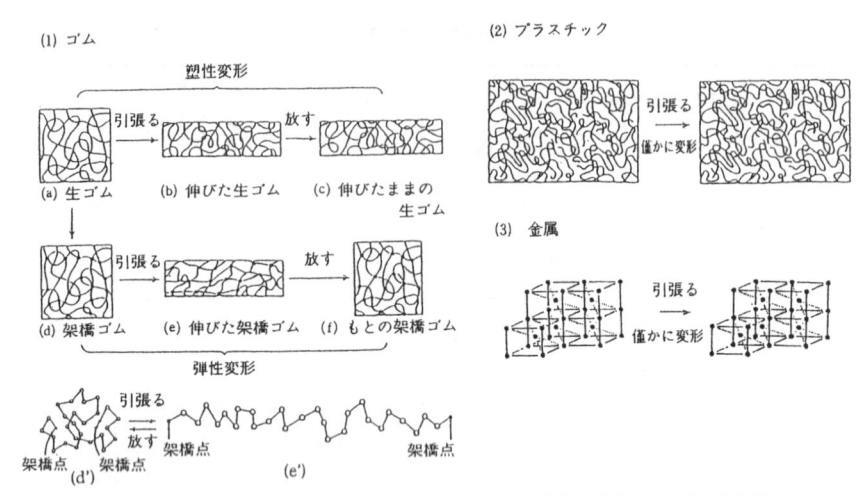

図2 伸張時のゴム，プラスチック，金属のモデル（ゴム技術の基礎：日本ゴム協会編）

ムは分子鎖がミクロブラウン運動により激しく運動して変形自在であるのに，プラスチックや金属は分子運動が凍結されているため，これを変形させるのに大きな力が必要となることで差異が生じている。

(2) 分子運動の温度依存性

次に，弾性率の温度依存性から各材料の温度に対する特徴を見てみる（図3）。

ゴムは，常態では活発なゴム状態にあったが，温度が低下し一定の温度以下では急激に硬化が始まり，ガラス状態といわれる凍結状態になる。この状態は，先のプラスチックの凍結状態に相当する。一方，プラスチックは，温度が上昇し，一定の温度以上では，急激に軟化が始まり，ゴム状態を呈した後，溶融状態になる。また，金属は高温で溶融状態になる。このように温度軸をシフトさせてみると物質の状態も固体状から液体状まで姿を変え，たまたまゴムが常態でゴム状にあるということも知っておきたい。

(3) 分子運動と劣化について

以上のように，ゴムの場合，常態では活発な分子運動状態にあり，またそのことは，分子内にそれだけ多くの運動できる空間があるということでもあり，先述のように劣化の要因となる気体／液体／固体が接触→溶解→拡散→反応しやすく，プラスチックや金属に比較して劣化を受けやすいといえる。

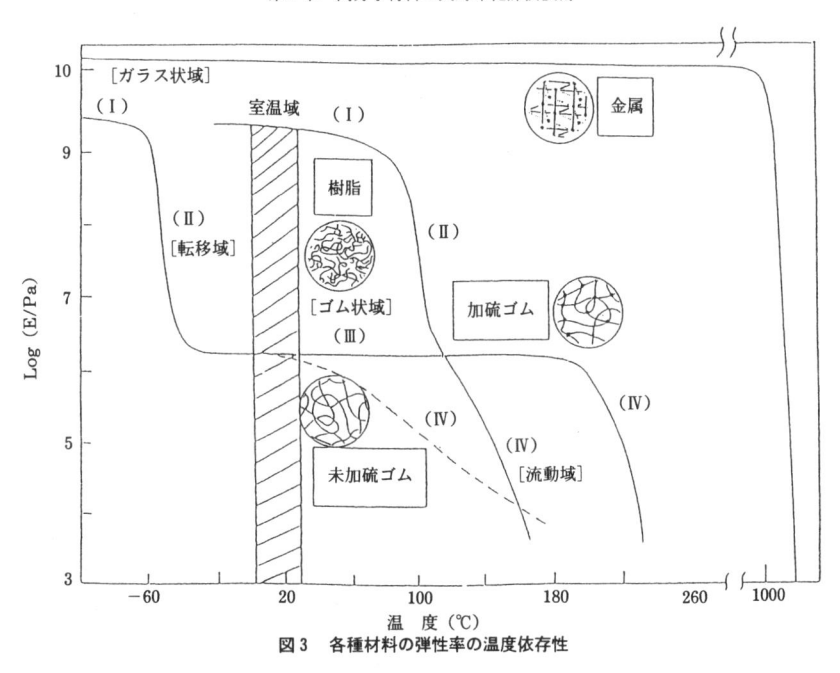

第6章　高分子材料の長寿命化評価技術

図3　各種材料の弾性率の温度依存性

4.3　劣化現象の基本的考え方

製品が長期に使用されたときの劣化要因と現象・結果の体系的な見方として，小林，大石らの考えに従い[3]，筆者が加筆したものを図4に示す．劣化要因としてエネルギー要因と環境要因に

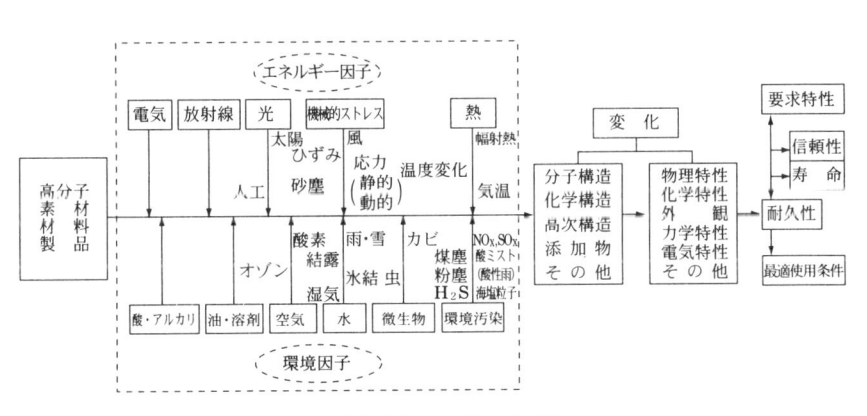

図4　製品使用中の劣化要因と現象

分けられ，前者は熱，応力，光，放射線，電気などがあり，後者には空気，水，酸／アルカリ，油，溶剤，環境汚染，微生物などがある．次にこれらの要因が，製品ゴムの分子構造，化学構造，高次構造などに変化を与え，外観，化学特性，力学特性などに変化を生じ，これを寿命との関係で捉えることを基本アプローチとする．

4.4 ミクロなアプローチ手法について

先述のように，ゴムの劣化は表面と内部で異なるので，解析方法も表面から内部までを4段階に分け，それぞれのミクロな解析法として，筆者が特に有効と選別したものを表3に示す．これらは，図4で述べたように，外観，化学特性，物理特性，力学特性として分類した．このうち最近の方法として，パルスNMR法[4]，DSC法[5]，ミクロ粘弾性法，ケミルミネッセンス法[6]などがある．また筆者らが開発してきた手法として，架橋形態測定法，架橋密度分布法，ミクロ

表3 ミクロ解析法の分類

評 価 方 法		測定範囲 (mm)			
		表 面 (0〜0.05)	表 層 (0.05〜0.5)	外 層 (0.5〜3.0)	内 部 (>3.0)
外観	光学顕微鏡	○			
	ビデオ顕微鏡	○			
	電子顕微鏡 (SEM)	○			
化学特性	IR (配合分析)			○	○
	GC (配合分析)			○	○
	FT-IR (表面分析)	○			
	顕微IR (表面分析)	○			
	XMA (表面分析)	○			
	ESCA (表面分析)	○			
	ケミルミネッセンス	○			
物理特性	膨潤網目密度 (νT)		○	○	○
	架橋形態 ($\nu M, \nu D, \nu P$)		○	○	○
	DSC ($T_g, \Delta H$)		○	○	○
	TG (熱分解温度)		○	○	○
	NMR (緩和時間)		○	○	○
力学特性	引張り特性 (Tb, Eb, Md)			○	○
	ミクロ引張り特性 (Tb, Eb, Md)		○	○	○
	粘弾性の温度分散 ($E', \tan\delta$)			○	○
	ミクロ粘弾性の温度分散 ($E', \tan\delta$)		○	○	○
	ミクロ硬度分布		○	○	○
	ケモレオロジー		○	○	○

第6章 高分子材料の長寿命化評価技術

硬度測定法，ミクロ引張り測定法などがある。本稿に用い，説明を要する方法の概要を以下に示す。

(1) 架橋形態測定法[7]

図1の加硫ゴムの硫黄結合［モノスルフィド結合（-S-），ジスルフィド結合（-SS-），ポリスルフィド結合（-Sx-）：それぞれの網目密度をνM，νD，νPと略す］を2種の試薬を用いて選択的に切断・膨潤させた後，圧縮特性を求め，Floryの「圧縮応力／歪／網目密度」の理論式から各結合網目の割合を求める。

(2) 架橋密度分布測定法（νT分布法）[8]

加硫ゴムサンプルの表面よりミクロトームを用いて，約100μmづつ連続スライスしたシートの溶媒中の膨潤度を求め，Flory-Rhenerの式によりトータルな網目密度（νTと略す）を計算し，表面と内部のνTの差異を求め，νT分布と定義する。その他の測定法の詳細は文献を参照されたい。

4.5 モデル老化品の解析

4.5.1 熱老化品の解析

(1) FTIRによる解析[9]

ここでは，F.Delorらによる熱と光により劣化したCR（クロロプレンゴム）のFTIRによる劣化解析を紹介する。図5は光と熱劣化後のCRの原料フイルム（厚さ200μm）の断面方向のIRスペクトルである。劣化に伴い表面近傍で酸クロリド，酸／ケトン類やヒドロオキシルが著

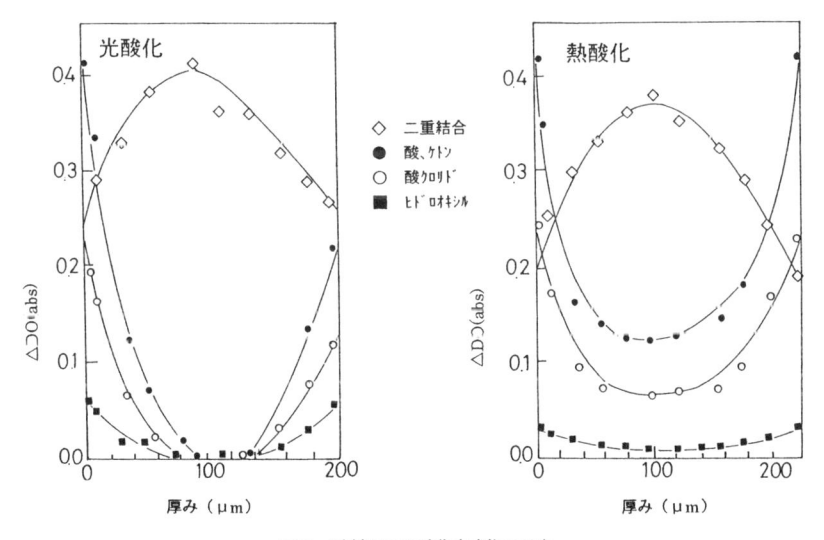

図5 試料断面の酸化生成物の分布

しく増加し，また2重結合は減少している。このように表面と内部で劣化が著しく異なり，不均質な劣化を示している。また，試料の中心部は，光照射では劣化していないのに，熱劣化では劣化が進んでおり，両者の違いを示している。また，図6は光と熱劣化の時間とカルボキシル基の増加を示すが，原料CRに比べ，架橋とカーボンが入ると酸化反応が著しく遅れることを示す。

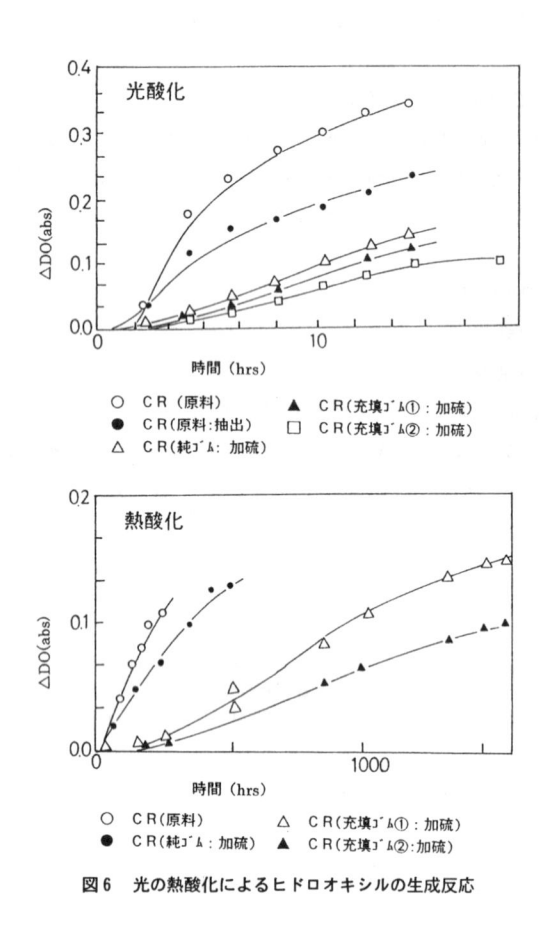

図6 光の熱酸化によるヒドロオキシルの生成反応

(2) 架橋構造解析[10]

NR/SBR（天然ゴム／スチレン・ブタジエンゴム）カーボン配合系加硫ゴムの20mm四方の立方体を80～140℃までオーブン中で時間を変えたものを熱老化サンプルとした。

先の架橋形態測定法により，表面から2mm内部の硫黄結合形態の変化を図7に示す。この結

第6章 高分子材料の長寿命化評価技術

果，老化温度が高く，時間が長くなるに従い，νPが減少し，νMが増加していくことがわかる。一方，同じサンプルの表面からのνT分布を図8に示す。この結果，100℃以下では程度は小

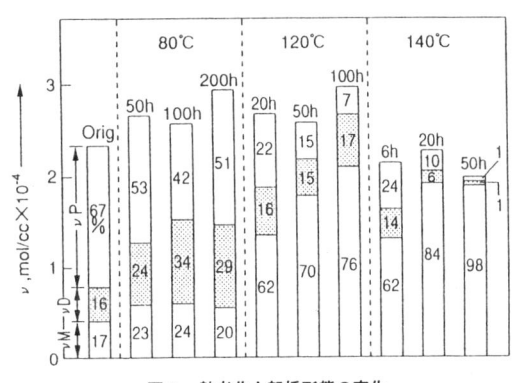

図7 熱老化と架橋形態の変化

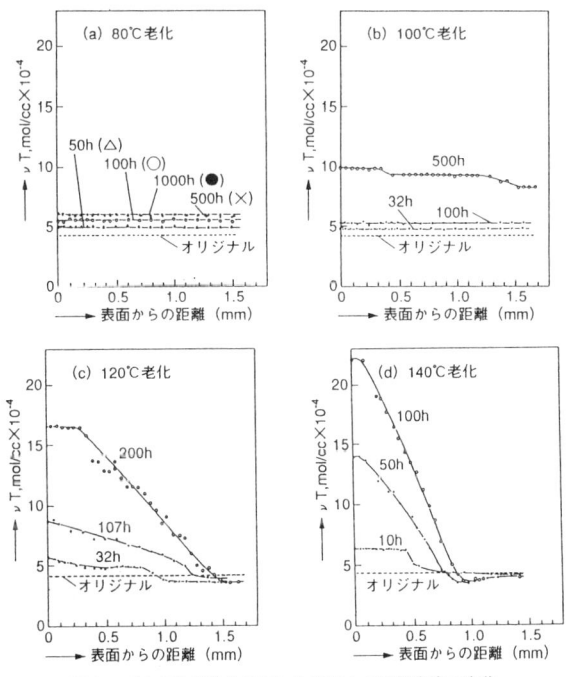

図8 ゴムの熱老化と表面から内部への架橋密度の変化

さいが，硬化が内部まで及んでいるのに対して，100℃以上では表面近傍が著しく硬化するが，内部は未老化と変わらないレベルにある。

この傾向は温度が高くなるほど著しく，反面，硬化域の深さが浅くなっていることがわかる。このような変化は，空気中の酸素とゴムの反応に関係しており，低温域では酸素が十分拡散しつつ内部までゆっくり反応が進行するのに対し，高温域では酸素との反応が早く，表面近傍で酸素が消費され，ゴム表面が樹脂状になり，ますます酸素が入りにくい酸欠状態となり，硬化が進まないことが推定される。

末安は[11]この延長上に，各熱処理温度での酸化の限界を酸化深さ（距離）とし，老化日数でプロットした（図9）。この酸化深さを1次の酸素拡散とし，アレニウスプロットから時間－温度－距離の換算則が適応できるとし，寿命予測法を検討した。

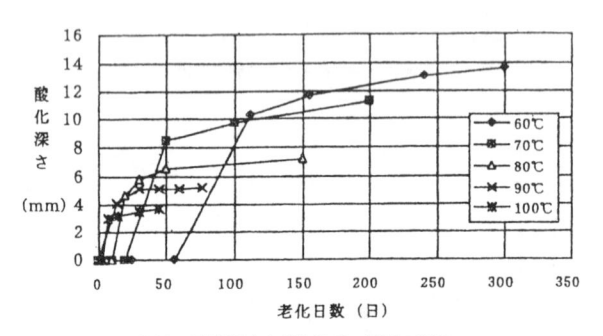

図9　酸化深さと老化温度－時間の関係

(3) ミクロ粘弾性解析[12]

熱老化サンプルの粘弾性解析として，P.Doleらの試みを紹介する。この粘弾性装置は従来のものと異なり，図10に示すように測定部の先端に0.1mmϕの針を持ち，微小な局部の粘弾性を測定するもので，Pinpoint DMA（Perkin-Elmer社）といわれる。耐熱性アクリルゴムVamacの180℃老化品のtanδピーク値を表面から内部へプロットしたものを図11に示す。表面の劣化に比べ，内部の劣化は少なく(1)，(2)の結果と良く一致している。

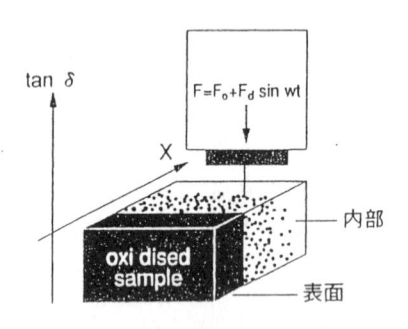

図10　ミクロ粘弾性装置（Pinpoint DMA）の概要

第6章 高分子材料の長寿命化評価技術

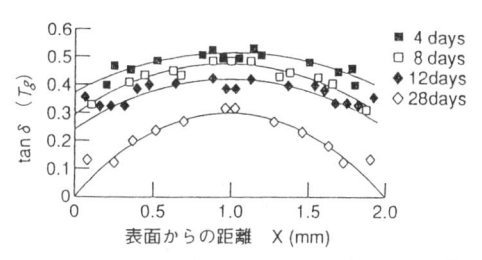

図11 熱老化（180℃）サンプルのtan δ ピークと表面からの距離の関係

4.5.2 自然老化品の解析
(1) 促進老化品の解析[13]

ゴムの老化が比較的早くなるSBR白色配合（炭酸カルシウム）加硫シートの厚みを変えたもの（0.5～5mm）をモデルとし，促進劣化としてアリゾナ（アメリカ）で，約1年間屋外暴露したものについて，ミクロ硬度計で表面から内部へミクロ硬度分布を測定し，劣化状況を解析し

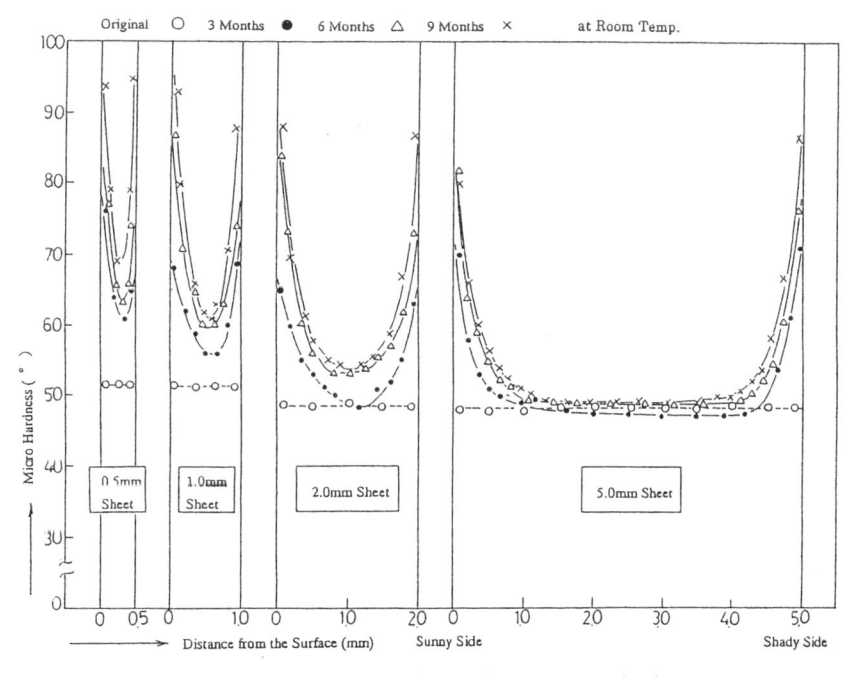

図12 屋外暴露白色SBRの表面から内部へのミクロ硬度分布

た。各シートカット断面の表面から内部まで約150μmおきに測定した結果を図12に示す。日照側表面の硬化が著しいのに対し，内部の劣化が少ない不均質劣化をしており，また裏表面も予想外に劣化していることを示す。一方，同シートを0.2mmずつ薄切りにしたシートのケミルミネッセンスの発光量もミクロ硬度と同様の変化を示した。

(2) 長期自然老化品の解析[14]

ここでは，長野らの28年屋外暴露した天然ゴムカーボン充塡加硫ゴムサンプルの劣化解析を紹介する。屋外暴露シート（120×160×10mm）の表面から0.2mmずつ内部へ連続スライスした各シートの粘弾性を測定し，tanδの温度依存性を図13に示す。内部から表面へと順次tanδのピークが高温側にシフトし，ピーク値も低下していくことから，長期劣化により表面の樹脂状化が進んだことを示す。

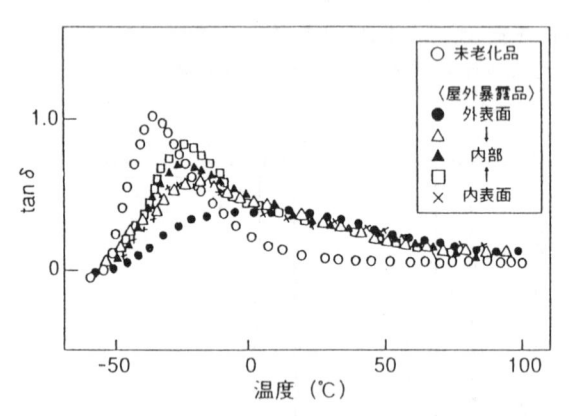

図13 28年屋外暴露NRシート表面から内部へのtanδの温度依存性

4.6 実使用製品の解析

4.6.1 自動車用ダンパーの解析[15]

トーショナルダンパー（図14）は，エンジンの爆発時の振動を緩和するために，クランクシャフトの先端に取り付けた防振ゴムである。エンジンの近くにあるため，歪みは小さいが，高い熱を受ける部位である。20万km以上の正常走行品と破損トラブル走行品の架橋形態を図15に

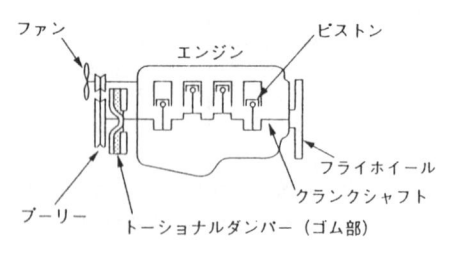

図14 トーショナルダンパーの断面

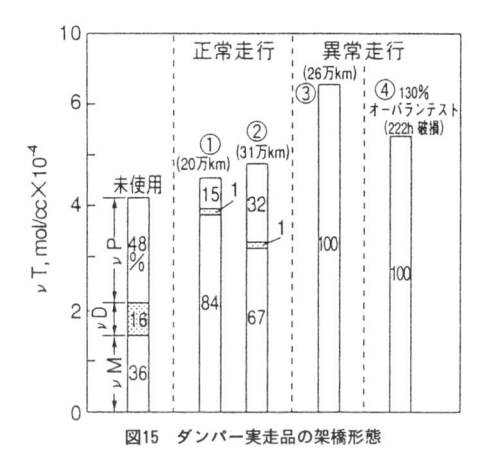

第6章 高分子材料の長寿命化評価技術

図15 ダンパー実走品の架橋形態

示す。未使用品に比べ，前者はνPの減少とνMの増加を示しており，先の図7との比較から，かなりの熱を受けたことがわかる。一方，後者はνM 100％に変質し，異常な熱履歴を受けたことがわかる。また，エンジン側の表面から内部に至るνT分布を図16に示す。正常走行品は距離が長くなるに従い，表面のνTの上昇が著しく，内部の方も上昇しており，かなりの熱を受けたことがわかる。一方，トラブル品は，これらの変化がさらに大きく，異常な熱履歴を受けたこと

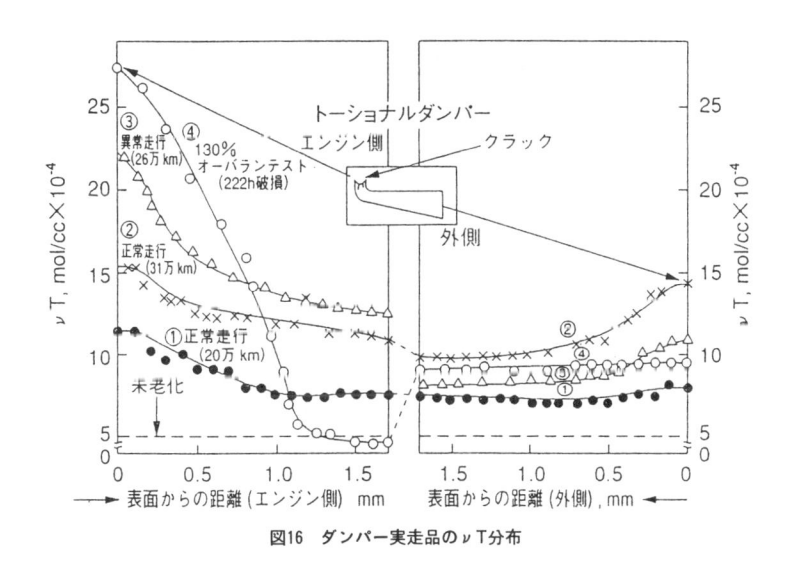

図16 ダンパー実走品のνT分布

303

を示す．このように，架橋形態と架橋度分布は良く対応しており，先のモデル品（図7，8）との比較から「何度（℃）で何時間相当の熱履歴」を受けていたかを推定できる．

4.6.2 100年使用鉄道用防振パットの解析[16]

オーストラリアのメルボルンで100年前に設置され，今でも使用されている鉄道用防振パット（天然ゴム）の概要を図17に示す．この製品の少量サンプルを貰い受け評価する機会を得た．サンプルは，表の日照側（サンプルA，C）と裏の日陰側（サンプルB）の3種を評価した．

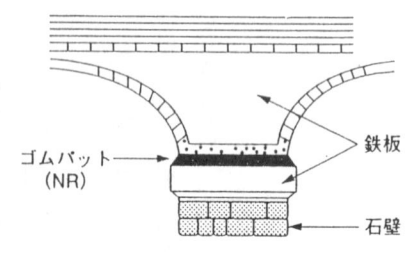

図17　鉄道用ゴム軌道パットの概要

(1) 外観観察

ビデオマイクロスコープによる日照側サンプル（C）の表面および断面観察の結果（写真1），約2mmの深さまで損傷劣化が著しいが，それ以上での損傷は見られない．

(2) 断面の元素分析

X線マイクロアナライザーによりC試料のカット断面の表面近傍について，充塡剤成分であるカルシウム（Ca）と鉄（Fe）の元素分析を写真2に示すが，内部に比べCaは極めて少なく，Fe

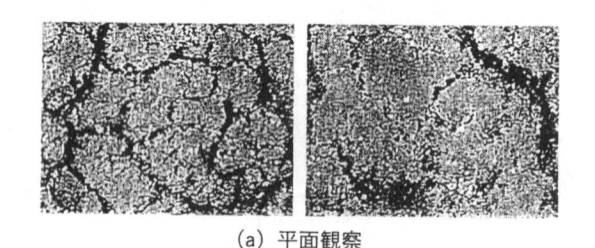

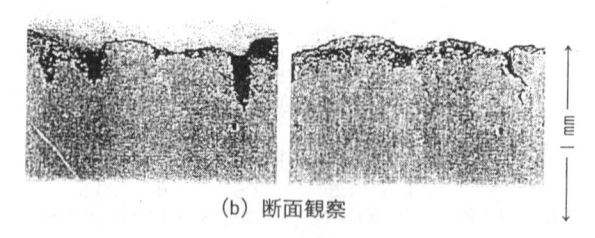

(a) 平面観察

(b) 断面観察

写真1　100年ゴム（C試料）の外観観察（ビデオマイクロスコープ）

第6章 高分子材料の長寿命化評価技術

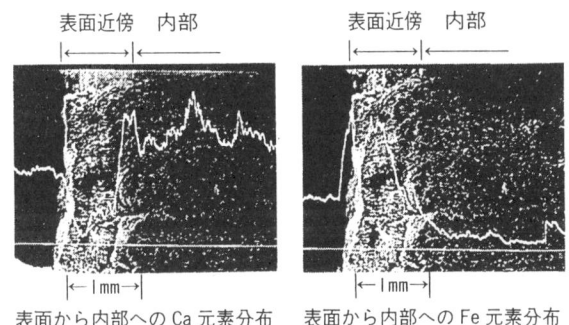

|←1mm→| 表面から内部へのCa元素分布　|←1mm→| 表面から内部へのFe元素分布

写真2　100年ゴム（C試料）断面の元素分析（XMA）

は多い。このことから，100年の風雨に晒され，当時の充塡剤である炭酸カルシウム（$CaCO_3$）が水溶性のため流出したのに対し，もう1つの充塡剤であるベンガラ（Fe_3O_4）は水に不溶で流失されず，そのため見かけ上濃縮されることで，このような結果になったと推定される。

(3) 物性測定

各試料の表面から内部へ連続的にスライスした100μmのシートのνT分布を図18に示す。日照側のA，C試料はνTが高く，表面の劣化も著しいため，表面から1〜2mmまでは測定不可であったが，日陰側のB試料はνTが低く，表面の劣化も小さいことから，同一製品でも場所により劣化の受け方が異なることを示す。

さらにC試料について表面から内部へ測定したミクロ引張り特性の結果を図19に示す。表面近傍の値は低いが，約4mm内部では使用可能な物性が残っていることがわかる。以上のような劣化の物理的背景をみるために，C試料について表層部の粘弾性の温度分散を測定，推定モデル加硫物と比較した結果を図20に示す。前述した長期自然老化品のモデルと同様，ガラス転移温度の大幅な高温側へのシフトとゴム状域の弾性率の大幅な上昇は，ゴムの劣化による樹脂状化がかなり進んだことを示す。100年の風化の過程で，

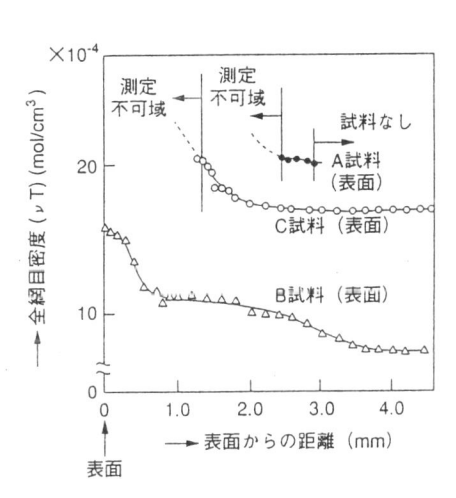

図18　100年ゴムのνT分布

305

光，気温，酸素などにより内部までゆっくりと効果が進むことで酸素の拡散がしにくくなり，内部の物性分布が大きくなったと推定される。

4.7 まとめ

はじめに，金属／樹脂との比較から，ゴム材料の劣化に対する特徴を明確にし，次に，ゴムの劣化について，ミクロな観点からモデルと製品の現象解析を行い，表面と内部で劣化が異なる「不均質劣化」を述べてきた。今後の課題として，このような結果を促進再現する室内試験法の開発と寿命予測法を確立し，製品開発に結び付けていく必要がある。劣化の対策として，製品の劣化が表面から気体／液体／固体の接触―溶解―拡散―反応の過程で進行するとすれば，表面に何らかの保護層を設ければ極めて有効となる。古くからのワックス，老化防止剤の表面への移行による劣化対策もこの1つであるが，最近の方法としてゴム表面の多層化がある。自動車用燃料ホースには内管ゴムのNBR（ニトリルブタジエンゴム）表面に薄肉のフッ素ゴムを積層して耐サワーガソリン性を高めたり，免震ゴムでは60年の寿命の期待保証から，ブリヂストンでは内部に強度の高いNRを使用し，外側にはガス透過性の小さいIIR（ブチルゴム）を被覆し，長期の耐候性を配慮したものなどがある。

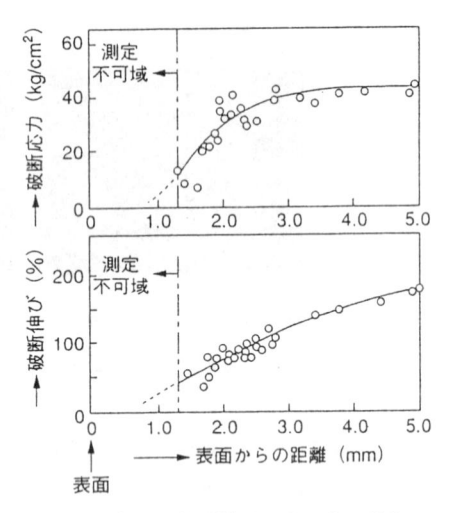

図19 100年ゴム（C試料）のミクロ引張り物性

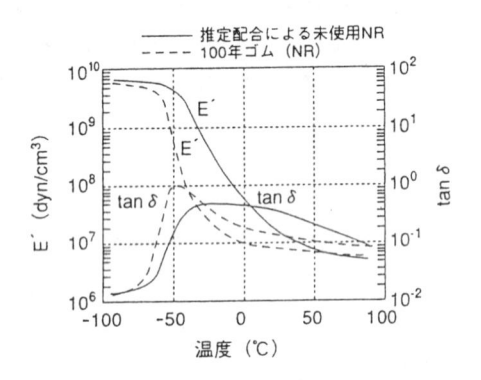

図20 100年ゴム（C試料）の動特性の温度依存性

第6章 高分子材料の長寿命化評価技術

文　献

1) 中内秀雄, 工業材料, **45**, 43 (1997)
2) 編集部, 日本ゴム協会誌, **71**, 378 (1998)
3) 小林力男,「高分子材料の寿命とその予測」, アイビーシ社 (1978)
4) 福森健三, 第25回ゴム技術シンポジウムテキスト, 日本ゴム協会 (1992)
5) 大武義人, 第25回ゴム技術シンポジウムテキスト, 日本ゴム協会 (1992)
6) 細田覚, 第25回ゴム技術シンポジウムテキスト, 日本ゴム協会 (1992)
7) 中内秀雄ほか, 日本ゴム協会誌, **60**, 267 (1987)
8) 中内秀雄ほか, 日本ゴム協会誌, **64**, 566 (1991)
9) F.Delor et al., *Polymer Degradation and Stability*, **53**, 361 (1996)
10) 中内秀雄ほか, 日本ゴム協会誌, **63**, 440 (1990)
11) 末安知昌, 第50回ゴム技術シンポジウムテキスト, 日本ゴム協会 (1998)
12) P.Dole et al., *Polymer Degradation and Stability*, **47**, 441 (1995)
13) 中内秀雄, 日本ゴム協会劣化委員会, 日本ゴム協会年次大会予講集 (1998)
14) Nagano et al., IRC95 KOBE Full Text, 568 (1995)
15) 中内秀雄ほか, 日本ゴム協会誌, **64**, 566 (1991)
16) Nakauchi H., et al., *J.Appl.Polym.Sci.*, Appl.Polymer.Sympo., **58**, 370 (1992)

第7章　各産業分野での高分子長寿命化

1　電線，ケーブル

西沢　仁[*]

1.1　まえがき

　電線，ケーブルは，電流が流れる銅またはアルミ導体の上に絶縁材料を被覆し，さらにその外側に保護被覆材料を設けた構造をなしている。その種類は多種類にのぼるが，高分子材料を使用する代表的な種類を表1に示し，またそこで使用されている高分子材料を表2に示す。主要材料としてはPVC，PE，架橋PE（XLPE），合成ゴム（EPゴム，CR等）である。
　絶縁材料としては，電気絶縁性（ρ，ε，$\tan\delta$，VBD），耐熱劣化性，耐候性，耐水性が，シース材料としては，機械的強度，耐摩耗性，耐熱劣化性，耐候性，耐水性，耐油性および耐薬品等が要求される。
　今回は，耐熱劣化性と電気絶縁性からみた長寿命化のための高分子材料の課題と対策について考察してみたい。

1.2　電線，ケーブル用高分子材料の劣化形態と長寿命化のための対策

　電線，ケーブルは，実用時に導体に電流が流れている時は常時絶縁材料の温度は上がっている。絶縁材料の内部にボイドや異物があると部分的な放電，発熱によりさらに温度が上昇する場合もある。さらに外部から水分が進入すると電圧負荷の状態で発熱し，架橋PEの場合にみられるように水トリー等の発生も認められるようになる。
　絶縁劣化現象は表3[1]に示されるように，複雑な多くの要因が関連している。
　長寿命化の対策としては，本来複合劣化にもとづいた対策を取ることが望まれるが，実際の評価が複雑となるため1つか，2つの複合要因を考えるのが一般的である。
　ここでは主として絶縁材料の熱酸化劣化と電気的劣化による考察を行いたい。

1.2.1　熱酸化劣化からみた長寿命化

　熱酸化劣化による絶縁材料の長寿命化の詳細は，すでに前章で述べられているので省略するが，耐熱性絶縁材料の設計に相当する。
　プラスチックスの場合は，耐熱性のすぐれたベースポリマーの選択と老化防止剤，安定剤の適

---

[*]　Hitoshi Nishizawa　西沢技術研究所　代表；芝浦工業大学　客員研究員

第7章 各産業分野での高分子長寿命化

表1 代表的な電線, ケーブルの構造と製造方法

ケーブルの種類	構造	製造プロセス
機器用電線	フックアップワイヤー（ULケーブル） 導体／耐熱PVC絶縁体	伸　線－撚合せ－PVC押出し （メッキ）（メッキ）
	りぼんケーブル, フラットケーブル サイドマーク(茶) 導体 絶縁体 1.27±0.05 ±0.4 （単位mm） 厚さ1.05	伸　線－撚合せ－PVC押出し－接　着 （メッキ）　　　　　　　　（ラミネート） 　　　　　　　　－括PVC押出し
ゴム絶縁電線	キャブタイヤーケーブル 導体／ゴム絶縁体／キャブタイヤシース／補強帆布	伸　線－撚合せ－押出連続加硫 －撚合せ－押出連続加硫 　　　　　被鉛加硫（被プラ加硫）
	レントゲンケーブル 低圧絶縁線心／半導電層／高圧部絶縁体／しゃへい編組／外部被覆（編組またはシース）／第3線心（アース線心）	伸　線－撚合せ－押出連続加硫 －撚合せ－押出連続加硫 －シールド編組－PVC押出し
電力ケーブル	CVケーブル 導体／内部半導電層／絶縁／外部半導電層／遮蔽軟銅線（または銅テープ）／抑えテープ／シース 単心ケーブル	伸　線－撚合せ－3層同時押出連続架橋 －テープ巻－PVCシース押出し
通信用ケーブル	より合構造 対より　星より 集合構造 層より　ユニット撚	市内PECケーブル 伸　線－対　撚－カッド撚 －層より－ユニット撚 －テープ巻－ラミネートシース －シース－がい装
光ケーブル	コアー／クラッド／光ファイバー／プライマリコート（バッファーコート）／プラスチック被覆　約0.9mm 光ファイバの構造	プリフォームロッド－紡糸 －バッファコート－プラスチック －押出被覆－撚合せ－シース被覆

309

表2 電線・ケーブルの種類と使用されている高分子材料

大分類	中分類		使用されるゴム・プラスチック材料
(1)機器用電線	(a) 電子機器用電線	一般機器, 装置内電線 フラットケーブル, ツイストフラットケーブル 機器間連絡ケーブル	耐熱難燃PVC PVDF PFA 〃 〃
	(b) 民生機器電線	フックアップワイヤー 電子線架橋電線 シールド線 電源コード TV高圧電線	耐熱難燃PVC 架橋塩ビ 架橋PE PVC TPE PVC PE PVC
	(c) 口出線	ゴムケーブル 架橋PE電線	難燃EP CSM CLPE 難燃架橋PE
(2)通信ケーブル	(a) 市内ケーブル (b) 市内ケーブル, 搬送ケーブル (c) 同軸ケーブル, TVカメラケーブル		PVC PE 発泡PE PVC PE 発泡PE PE PVC TPE 発泡TFE
(3)電力ケーブル	(a) PEケーブル (b) XLPEケーブル (c) EPゴムケーブル	EV XLPE.(C.V) PV PN	PE PVC セミコンPE XLPE PVC 水架橋PE セミコンXLPE EPM EPDM PVC CR セミコンEPDM
(4)被覆線	(a) 600Vビニール線 (b) 制御用ケーブル (c) 計装用ケーブル (d) 信号用ケーブル (e) キャプタイヤーケーブル (f) 難燃ケーブル	VV CVV CEV CCV CCE CPV 天然ゴム, 合成ゴム, プラスチック 原子力難燃ケーブル 一般難燃ケーブル ノンハロゲン難燃ケーブル	PVC PVC PE PVC XLPE PVC 水架橋PE XLPE PE EPM EPDM PVC PVC PVC PE NR CR PVC 難燃CSM 難燃EP 難燃Q(シリコーンゴム) 難燃PE 難燃XLPE 難燃EP 難燃PE 難燃XLPE 難燃EP
(5)輸送用ケーブル	(a) 車両用 (b) 自動車用 (c) 航空機用		EPDM CR 難燃XLPE PVC 照射PE フロロポリマー

XLPE;架橋PE, セミコン;半導電, CLPE;塩素化PE, 照射PE;電子線照射架橋PE

正な選択によって耐熱性の向上が図られ,合成ゴムの場合は,その他に充填剤,軟化剤,加硫系の選択が重要となる。

現在実用化されている材料の耐熱グレードは表4に示す通りである。

同一耐熱グレードに分類されている高分子材料でも既述のようなポリマーの選定,耐熱性老化防止剤を主とした配合設計によって20～30℃高い耐熱グレードの材料が開発されている。

例えばEPゴム,架橋PEは通常90℃の耐熱許容温度であるが,このようなポリマーの選定と配合設計によって120～140℃の耐熱許容温度の材料も開発,実用化されている。

PVCは,ベースポリマーの重合度が1200以上のグレードを使用し,耐熱可塑剤としてトリメ

第7章　各産業分野での高分子長寿命化

表3　絶縁劣化現象とその要因

劣化現象		劣化要因
電気的劣化	トリーイング，絶縁破壊	異常電圧による過電流焼損，異物混入によるトリー発生
	部分放電劣化	絶縁体内に空隙部の発生
	トラッキング	絶縁体表面汚損
	絶縁抵抗低下，誘電損増大	吸湿，付着水分による絶縁性低下
機械的劣化	導体との剝離，絶縁体剝離・亀裂・摩耗	機械的外力（曲げ，衝撃）あるいは電磁力（振動）による疲労破壊
熱劣化	絶縁体の変質・炭化	温度上昇による組成変質・分解
	絶縁体の変形	熱軟化による変形，熱膨張・収縮による応力歪
環境劣化	化学的変質・分解	溶剤，酸・アルカリその他薬品による組成変質，酸化
	放射線劣化	紫外線，放射線による組成分解

表4　電線，ケーブル用高分子材料の耐熱許容温度

許容温度	高分子材料	備考
250℃以上	主として無機材料を使用	シリコン系無機ポリマー，例えばシリコン-ボラン系ポリマーを使う場合も有
250℃	テフロン（TFE），ポリイミド	
200℃	テフロン（PFA），フッ素ゴム	
180℃	テフロン（FEF），シリコーンゴム	シリコーンゴムは乾燥状態で180℃
150℃	フッ化ビニリデン，シリコーンゴム 特殊耐熱難燃架橋PE	湿熱条件でシリコーンゴムは150℃
125℃	耐熱架橋PE，耐熱EPゴム	架橋PE，EPゴム共，ベースポリマー，老防，架橋系の検討により90〜125℃で使用可能
105℃	ハイパロン，塩素化PE ナイロン，超耐熱PVC	超耐熱PVCはベース樹脂の分子量，耐熱可塑剤，安定剤が異なる
100℃	PP	
90℃	架橋PE，EPゴム	架橋PVCは，電子線照射前の配合の耐熱グレードより10℃高い温度で使用可能
85℃	高密度PE	
75℃	低密度PE，耐熱PVC NR（耐熱配合），CR，SBR	
60℃	NR，PVC（一般用）	

表5 ハイエチレンEPゴムの初期特性および熱老化特性

項目		材料	従来EPゴム 実用配合	ハイエチレンゴム 純ゴム配合	ハイエチレンゴム 実用配合
初期特性		100%引張応力(kg/mm²)	0.29	0.35	0.49
		引張強さ (kg/mm²)	0.75	1.95	1.57
		伸 び (%)	520	603	548
		硬 さ (JIS-A)	62	75	83
		体積固有抵抗 (Ω・cm)	1.8×10^{18}	2.2×10^{7}	4.4×10^{18}
		誘 電 率	2.7	2.4	2.5
		誘電正接(%)	0.45	0.08	0.18
		交流破壊電圧(kg/mm)	48	62	59
熱老化 121℃×168hr		引張強さ残率(%)	95.0	93.8	94.5
		伸び残率(%)	98.0	94.7	93.6
熱老化 158℃×168hr		引張強さ残率(%)	58.3	52.4	96.6
		伸び残率(%)	9.6	69.7	74.4

リット酸エステル系を使用したものは,通常60℃の耐熱許容温度を105℃まで上げることができる。また最近は,鉛系安定剤の代わりに,ハイドロタルサイトと脂肪酸Ca,脂肪酸Baの組み合わせを使用した非鉛安定剤系PVC,さらには微粒子炭酸Ca(粒子径が100mμ以下)と表面処理されたTiO₂の組み合わせや有機脂肪酸金属塩の組み合わせで,HClガス発生量,ダイオキシン発生量を低減させた低有害性PVCもほぼ同じような手法によって耐熱許容温度の調整が可能である。

また,電子線による架橋塩ビは,ベースコンパウンドの耐熱許容温度を約10℃上昇することが可能であり,長寿命化の一つの手法と考えられる。

シリコーンゴムは,通常の乾燥された条件では,180℃での常用が可能であるが,湿熱条件では,150℃前後と考えられている。

高分子材料の劣化が表面の薄い層で起こることから,表面に耐熱性のすぐれたポリマーを極めて薄い層被覆して老化を抑える方法や,同じく表面に極難燃性の薄い層を被覆し,内部を通常の可燃性材料を設けた難燃性ケーブルも長寿命化を意図した手法といえよう。

1.2.2 電気絶縁性能からみた長寿命化

電線ケーブル用絶縁材料としては,表3に示す絶縁劣化現象に抵抗性のすぐれた特性を有することが長寿命化につながることはもちろんであるが,絶縁抵抗(体積固有抵抗),誘電率(ε),誘電正接($\tan \delta$),破壊電圧(V_{BD}),耐トラッキング性,耐アーク性がすぐれた材料であるこ

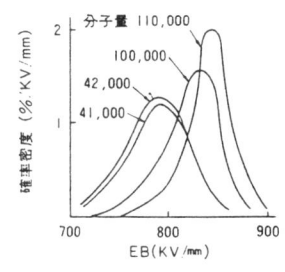

図1　分子量と破壊電圧の関係

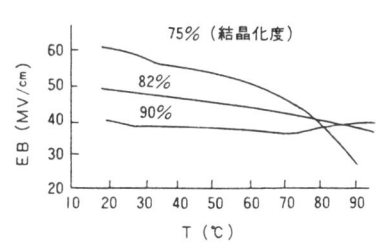

図2　結晶化度と破壊強度

とが要求される。ベースポリマーの分子構造（分子量，側鎖構造，結晶性等）によって大きく変わってくる。PEについての一例を示すと図1～図3に破壊電圧と分子構造との関係を示す[2]。加工性とのバランスで実際の分子構造が決められている。

現在，電線ケーブル用絶縁材料として代表的なEPゴムと架橋PEについて考えてみる。

(1) EPゴム絶縁材料

図3　分子形状と破壊強度

EPゴムは大部分EPDMが使われている。電気絶縁性のすぐれた分子構造は，エチレン含有量の高いハイエチレンタイプである。エチレン含有量とともに結晶性が増加し可撓性は落ちるが，絶縁性能と耐熱性はすぐれている（表5）。配合設計としては，過酸化物架橋系で，オキシム化合物，TAIC，TMPTMA，ZnMMA等の共架橋剤と併用することに，充填剤としては，表面処理剤（シランカップリング剤，チタネートカップリング剤）による処理を行ったトランスリンク37，platy talc等が絶縁性能のすぐれたものとして使用されている。

耐熱性は，ハイエチレンタイプで特殊耐熱老化防止剤か，ハイパロンを少量（5～8部）添加した配合系がよく知られている。

第3成分としては，DCPD，ENBが好ましく，14HDは一部トラッキング性に問題があるというデータが報告されている。最近は3者の差は小さくなってきている。

硫黄加硫系は，導体の変色や耐熱劣化性で過酸化物架橋系に劣るが，140～160℃での加硫速度が速くプレス圧縮モールドや射出成形加硫では多く使われている。

過酸化物架橋系は，高圧連続架橋では問題ないが，金型成形加硫での架橋時に生成するガス（メタンガス，H_2O等）が多く，絶縁体中のボイドの除去が課題であり，特に接続部，終端部

に使われているEPゴムモールド品架橋時の金型の構造に注意しなければならない。

また長期劣化時の表面酸化による劣化に対して，過酸化物が残存すると，生成するラジカルによる劣化の促進に注意する必要があり，適正配合量と架橋のコントロールに充分注意が必要となる。

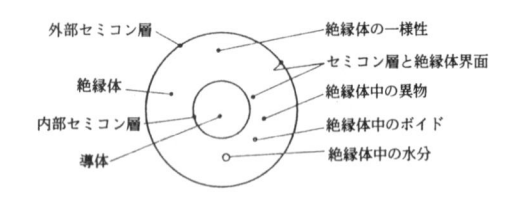

図4　CVケーブルの電気的性能を決める要因

外部セミコン層／絶縁体の一様性／セミコン層と絶縁体界面／絶縁体／絶縁体中の異物／内部セミコン層／絶縁体中のボイド／導体／絶縁体中の水分

(2) 架橋PE絶縁材料

高分子材料を絶縁材料とした電力ケーブルの中で最も絶縁性能のすぐれた材料が架橋PEである。現在高電圧用主要材料として使用されており，154kV級ケーブルの90％以上に架橋PEが使われ，275kV級も長距離電送が実用化され，500kV級もすでに完成している。

このようなCVケーブル（架橋PEケーブル）も多くの課題を克服してきている。その最も大きな課題がトリー破壊現象に対する改良技術である。詳細な過程は多くの成書で記述されているので省略するとして，結論だけを記述することにしたい。CVケーブルの構造は，表1および図4に示すが，絶縁体内部，絶縁体と半導電層の界面等に電気絶縁性能を左右する要因を含んでいる。

まず絶縁体中に含まれるボイド，異物，水分がこのトリー破壊の大きな原因となる。また絶縁体と半導電層の界面の平滑性も重要な一つの要因である。このような要因が原因となって表6[3]，図5[4]に示すようなトリーと称する木の枝状に進展する破壊が発生する。

表6　各種トリーの比較[3]

項目＼名称	サルファイドトリー Sulfide Tree	吸水トリー Water Tree	電気的トリー Electrical Tree
管路の中身	Cu_2S, Cu_2O共存	水	絶縁中空
発生の主原因	Cu_2Sの生成	交流電界と水	局部高電界
進展の主要因	硫化物拡散	電気的，機械的 ポリマーの破壊	放電侵食 電気的機械的 ポリマーの破壊
発生，進展に対する最低必要条件	銅と硫化物の存在	水と電圧	高電圧
発生の見られた絶縁材料	PE, XLPE, EPR, PVC	PE, XLPE, TFE	PE, XLPE, PMMA PP, エポキシ等

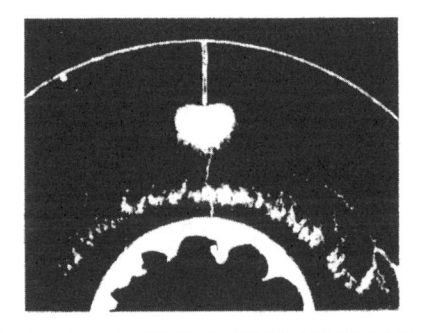

第7章 各産業分野での高分子長寿命化

(1) XLPEケーブル絶縁体へ針を挿入した時の電気トリー

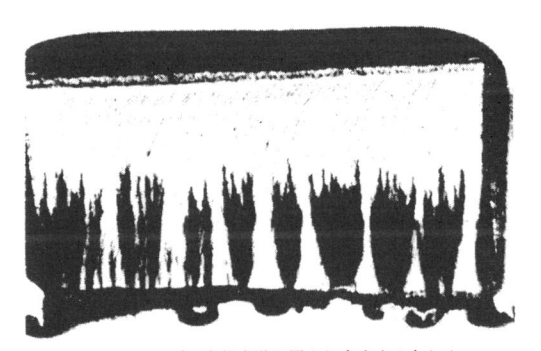

(2) XLPEケーブル内部半導電層より生成する水トリー

図5 XLPEケーブルに発生するトリー

現在このような課題は，次のような対策によって大きな改良がなされている[3~8]。

① 導体上に電位傾度を緩和し，絶縁破壊現象を抑えるため半導電架橋PE材料が設けられており，絶縁体との界面との平滑性と均一な接触が極めて重要である。初期は半導電テープを使用しており，ここから水トリーの発生が認められていたが，3層同時押出しで，同一押出機で内部半導電層と絶縁層，さらには外部半導電層を同時に押出し架橋を起こすためにこの問題が解消されてきている。なお外部半導電層もシールド効果のために設けられているが，同じように絶縁層との界面の平滑性が重要で，ここからも水トリーが発生する。

② 乾式架橋方式の導入

当初飽和水蒸気の中で架橋していたが，水蒸気の透過によって架橋PE中に水分がたまり，また水分が揮発した後の微少ボイドが水トリーの生成，破壊電圧の低下につながっていた。これに

高分子の長寿命化技術

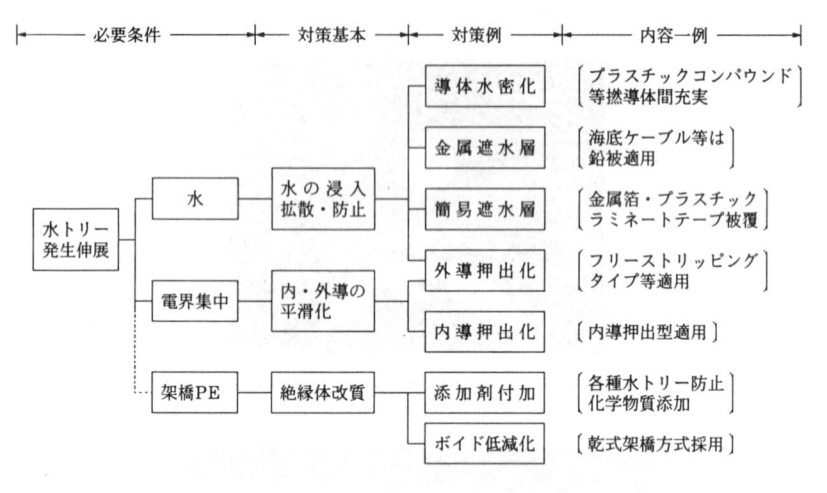

|← 必要条件 →|← 対策基本 →|← 対策例 →|← 内容一例 →|

```
                    ┌─ 導体水密化 ──〔プラスチックコンパウンド等撚導体間充実〕
         ┌─ 水 ─┬─ 水の浸入 ─┼─ 金属遮水層 ──〔海底ケーブル等は鉛被適用〕
         │      │ 拡散・防止 └─ 簡易遮水層 ──〔金属箔・プラスチックラミネートテープ被覆〕
水トリー  │      │
発生伸展 ─┤      │                ┌─ 外導押出化 ──〔フリーストリッピングタイプ等適用〕
         │      └─ 電界集中 ─ 内・外導の ─┤
         │                    平滑化    └─ 内導押出化 ──〔内導押出型適用〕
         │
         └─ 架橋PE ─ 絶縁体改質 ─┬─ 添加剤付加 ──〔各種水トリー防止化学物質添加〕
                                └─ ボイド低減化 ─〔乾式架橋方式採用〕
```

図6　CVケーブルの水トリー対策（一例）[5, 6]

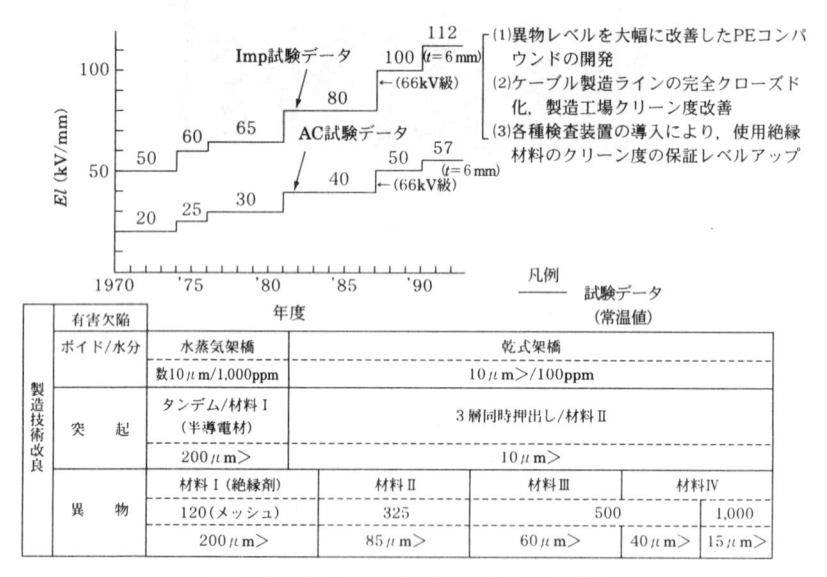

(1) 異物レベルを大幅に改善したPEコンパウンドの開発
(2) ケーブル製造ラインの完全クローズド化、製造工場クリーン度改善
(3) 各種検査装置の導入により、使用絶縁材料のクリーン度の保証レベルアップ

凡例 ──── 試験データ（常温値）

製造技術改良	有害欠陥		水蒸気架橋	乾式架橋		
	ボイド/水分		数10μm/1,000ppm	10μm>/100ppm		
	突起		タンデム/材料Ⅰ（半導電材）	3層同時押出し/材料Ⅱ		
			200μm>	10μm>		
	異物		材料Ⅰ（絶縁剤）	材料Ⅱ	材料Ⅲ	材料Ⅳ
			120（メッシュ）	325	500	1,000
			200μm>	85μm>	60μm>	40μm>	15μm>

図7　製造方法と最低絶縁破壊強度El向上の変遷[7]

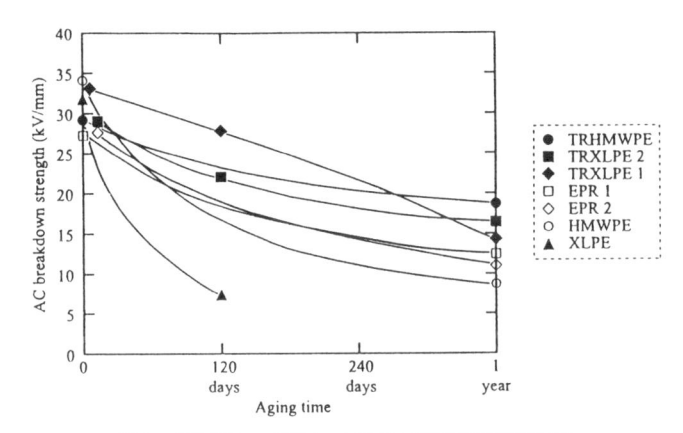

図8　各種ポリマー絶縁ケーブルのAC破壊電圧の経時変化

（60Hz　6.0kV/mm定電圧負荷）
XLPE……一般架橋PE絶縁，　TRHMWPE・耐水トリー添加剤入高分子量PE
HMWPE…高分子量PE絶縁　TRXLPE1 ｝耐水トリー添加剤入架橋PE
EPR1 ｝EPゴム絶縁　　　　TRXLPE2
EPR2

対する対策として乾式架橋（例：N_2ガス，約5～6atm）方式に変えることが行われ改善されている。

③　異物の除去と管理

架橋PEメーカー，ケーブル製造メーカーの努力で，架橋PE製造工程中のクリーン化，搬送搬入時のクリーン方式の導入，ケーブル製造ラインのクリーン化等によって異物の除去管理が徹底され，異物から生成する水トリー等の現象を改善してきている。

④　耐水トリー用添加剤の開発

①～③がメインの改善策であるが，耐水トリー用添加剤の研究も（脂肪族カルボン酸誘導体，極性ポリマー，無機フィラー系添加剤等）貢献していると考えられる。

さらには図6[5,6]に示す総合的な方策と相まってCVケーブルの絶縁性能が大きく改良されている。経時的な破壊電位傾度の上昇を神永[7]が示した図7を示すので参照されたい。

実際のCVケーブルでV-t特性による破壊電圧の経時変化による特性の比較例を図8[4]に示す。すでに多くの研究者によってデータが報告されているので，詳細は引用文献を参照されたい。

電線ケーブルの長寿命化については，この他耐油，耐化学薬品，耐白アリ，防蟻，バクテリア等多くの対策が講じられており，高分子材料が貢献している。紙面の都合もあり，課題をしぼって考察させてもらい，不充分な点も多々あることをお許しいただきたい。

文献

1) 佐藤文彦ほか,耐熱・絶縁材料,共立出版(1988)
2) 家田正之,電気学会誌,90, No.5(1975)
3) 植松忠之,古河電工時報,No.88(1991年6月)
4) R.Bartnikas et al., Power and Communication Cables (Theory and Applications) Mc Graw Hill (1999)
5) 反町正美,高分子材料の劣化と安定化,シーエムシー(1990)
6) 福田輝夫ほか,古河電工時報,No.76(1985年11月)
7) 神永建二,電気学会論文誌B, Vol.114-B, p.964(1994)

2 光通信

村田則夫*

2.1 はじめに

通信ネットワークは，社会生活や企業活動などに欠くことのできない社会のインフラストラクチャであり，極めて高い信頼性，高寿命が要求される。このような通信ネットワークで使用される機器・部品は，高性能，高信頼度，長寿命などが当然求められる。

近年，本格的なマルチメディア時代となり，光通信システムで使用される光通信機器・光部品の大量供給と低価格化が要望され，光デバイスの組立工程が簡略化できる接着剤を使用することが増えている。この光デバイスの組立に用いられる接着剤の接着耐久性は，光デバイスの信頼性を大きく左右する。特に，水分は接着界面結合力を低下させ，光デバイスの信頼性を低下させるという問題がある。

本報告では，光デバイスの組立あるいは光ファイバの接続などに使用する接着剤における耐久接着性について，特に耐湿性を中心に，具体例を用いて，材料設計的な耐久性向上技術を述べる。

2.2 光デバイス組立用接着剤

光部品の組立においては，ミクロンオーダの精密接着固定を要求されることがあり，最近では，室温・短時間で簡単に接着固定できる紫外線（UV）硬化型の接着剤を使用することが多い。

2.2.1 UV接着剤の耐久接着性向上[1]

光デバイスの組立や光ファイバの接続においては，ガラスが被着材料になることが多い。ガラスに対する接着性を向上させるには，シラン系カップリング剤で表面処理する方法がよく知られており，ガラスと接着剤間に強い界面結合を形成できる。しかし，直径が$10\mu m$以下の細かい光路における接着結合部の信頼性では，微少な面積の接着面でのミクロンオーダの剥離発生の有無が問題となるが，光路接着結合部において，シラン系カップリングを用いた表面処理・接着接合をミクロンオーダの均質さで実施するのは極めて困難である。また，シラン系カップリング剤は接着時に確実に活性化させるとともに，保存時の安定性を確保することが条件でありその取り扱いは難しい。

シラン系カップリングを含有する接着剤において，その接着性を左右するアルコキシシラン基の反応性は，エポキシ系UV硬化樹脂では光重合開始剤から紫外線照射で発生する酸，アクリレート系UV硬化樹脂では遊離酸の濃度，配合樹脂中のエポキシ基などによって影響を受ける。これを上手く利用し，相反する性質である使用前の保存安定性と接着時の反応性を両立できる技

---

* Norio Murata NTTアドバンステクノロジ㈱ 光デバイス事業部 担当部長

術が開発された。

このカップリング剤の接着活性と保存安定性の相反する性質を適切にコントロールする技術を利用して，光部品の組立が短時間で簡単にできる高耐久接着性のUV硬化型光学接着剤が開発された。

図1に，シランカップリングとカチオン系光重合開始剤との混合物の紫外線照射前後の赤外線吸収スペクトル変化を示す。30秒間の紫外線照射によって，波数3400cm^{-1}のシラノール基に起因する吸収が増大した。これは，紫外線照射によって生成した酸〔式(1)〕がアルコキシシラン基をシラノール化〔式(2)〕したことを示している。

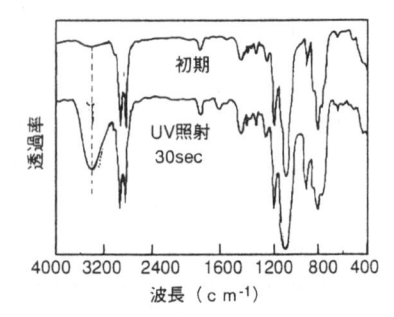

図1 シランカップリング剤とカチオン系光重合開始剤との混合物のIRスペクトル

$$\text{カチオン系光重合開始剤} \xrightarrow{h\nu} \text{H}^+(\text{Brönsted acid}) \qquad (1)$$

$$\underset{\text{(silane)}}{-\text{Si-OR}} \xrightarrow{\text{H}^+} -\text{Si-OH} \qquad (2)$$

$$\underset{\text{(silane)}}{-\text{Si-OH}} + \underset{\text{(galss)}}{\text{OH-Si}-} \longrightarrow -\overset{\text{H}}{\underset{\text{H}}{\text{Si-O}}}\text{O-Si}- \qquad (3)$$

$$\xrightarrow{-\text{H}_2\text{O}} -\text{Si-O-Si}- \qquad (4)$$

一方，冷暗所に保管した場合には，式(1)の反応が進まず，式(2)の反応が起こりにくく，シランカップリング剤は活性化されない。すなわち，冷暗所保存時には反応活性化が抑制されるため，保存安定性が良い。

図2に，エポキシ系UV接着剤組成物におけるシランカップリング剤の耐水接着性に及ぼす影響について，ガラス接着試験片の煮沸試験結果を示す。エポキシ系シランカップリング剤を2wt%添加した接着剤を用いた接着試験片は，24時間煮沸しても接着強度200kgf/cm^{2}以上を保持してい

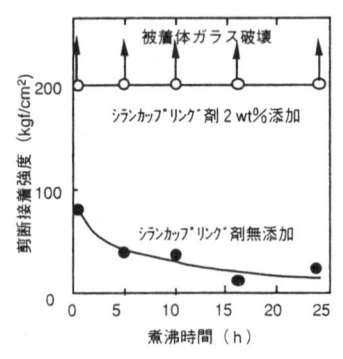

図2 シランカップリング剤の効果
（エポキシ系UV接着剤のガラス接着試験）

る。樹脂中のカップリング剤により，接着界面に強い水素結合あるいはシロキサン共有結合が形成されるため〔式(3)と(4)〕，接着剤とガラスとの界面結合力が大きくなり，接着界面に水が侵入しても，接着界面が破壊されにくい。適切なシランカップリング剤を使用すると，接着硬化時にカップリング剤が効力を発揮するため，接着強度や耐水接着性を著しく向上できることがわかる。

また，図3に，各種UV接着剤の耐湿接着性を示す。アクリル系接着剤-1，-2やエポキシ系-1は，75℃90％RHで5,000時間後も接着強度の低下が少ない。これらのUV接着剤は，接着硬化時に接着促進剤（シランカップリング剤）が効力を発揮しているために耐湿接着性に優れている[2]。

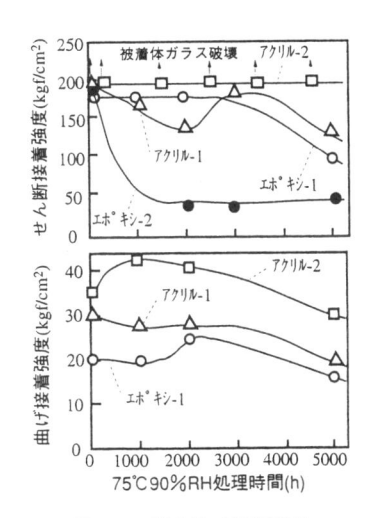

図3 UV接着剤の耐湿接着性

2.2.2 光学的接着結合部の耐久信頼性

直径が$10\mu m$以下の細い光路における接着結合部の耐湿信頼性では，ミクロンオーダの剥離発生の有無，接着界面の形態の安定性が問題となる。従来，接着剤は材料特性やその耐久性を評価し要求条件に合うものを選定したが，実際の部品の耐久信頼性と一致しないことがあった。そこで，優れた耐久性接着剤を選定するための信頼性評価法として，図4のような実際の光部品に近い構造を持つ光結合部モデル試験が提案された[3]。

図5に，光結合部モデル試験と耐湿接着性試験結果を示す[4]。

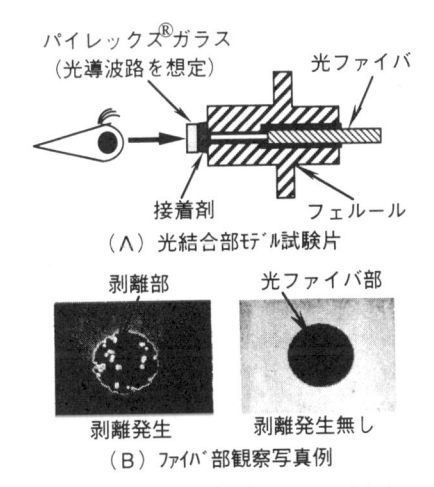

図4 光結合部モデル試験片とファイバ部観察写真例

光結合部モデル試験結果は，せん断接着強度の耐湿性試験結果と一致しないが，曲げ接着強度の耐湿性試験結果とほぼ一致する。曲げ接着強度が$15kgf/cm^2$以下になり接着界面結合力が低下すると，光結合部モデル試験片の接着界

面に剥離が発生しやすい状態になる。しかし，接着剤Bのように，耐久接着性の良い接着剤を用いたとしても，耐久信頼性の良い光部品の結合部を形成できるとは必ずしも言えない。これは，マクロな評価尺度である耐久接着性（接着界面強度の安定性）とミクロな評価尺度である光部品モデル試験の耐久性（結合部形態の安定性）が一致しないことがあるためである。

表1に，光結合部モデル試験結果を示す[5]。高温高湿条件の75℃90％RH試験で，2種類のUVアクリル系接着剤-2，-3は500時間を超えるとファイバ端面に剥離が発生している。接着界面に侵入した水分が，硬化時のミクロな濡れ不良箇所や硬化／温度変動時に発生した応力によって生じた接着界面形態の不安定性箇所に，ミクロンオーダの剥離を発生させた。この界面剥離は，光損失増による部品故障の主原因となる。添加した接着促進剤が有効に働いたアクリル系とエポキシ系の接着剤は5,000時間後でも剥離が発生せず，耐湿性に優れている。

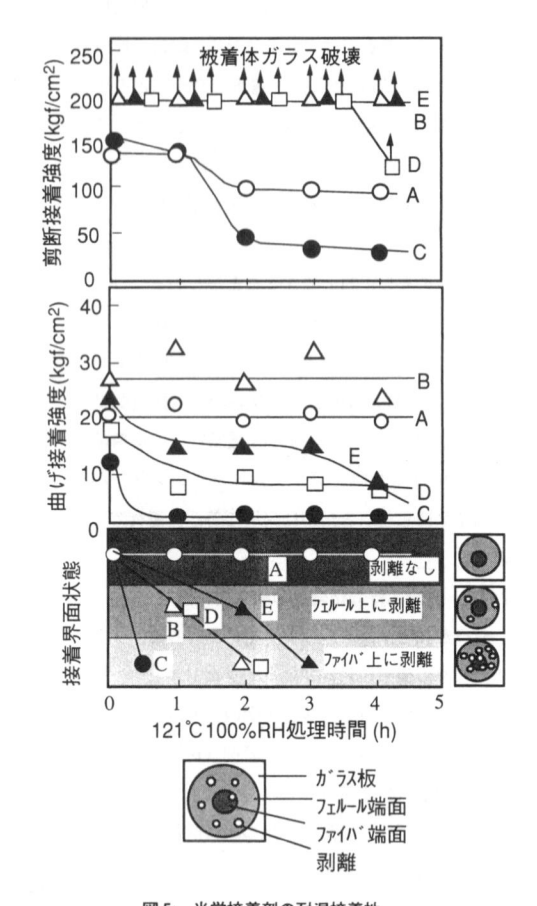

図5　光学接着剤の耐湿接着性

2.2.3　高耐久性UV接着剤の適用

(1) 光ファイバと光導波路の結合

図6に示すようなプレーナ型光導波路回路（PLC）と光ファイバアレイを，高耐久性のエポキシ系UV硬化光学接着剤で結合し，簡易防湿パッケージすると，75℃90％RHの環境雰囲気に5,000時間以上放置しても接着接合部に剥離などが発生しないなど（表2），極めて信頼性に優れたモジュールが実現されている[6]。

第7章 各産業分野での高分子長寿命化

また，高耐湿性のアクリル系UV光学接着剤（表1のUVアクリル-1）を用いて，PLCと光ファイバアレイを結合したデバイスは，パッケージフリーの裸状態で，図7に示すアレニウスプロットの25℃におけるメジアンライフから算出した故障率が，25℃90%RHの環境条件下30年で0.6Fit以下（メジアンライフ100年以上）という極めて高い信頼性が推定されている[7]。

(2) 光導波路中の光フィルタ挿入固定[8]

導波路型光デバイスのフィルタ部を耐久性アクリル系UV接着剤で固定した光デバイス（図8）は，75℃90%RHで5,000h以上，-40〜85℃のヒートサイクル試験で600サイクル近くまで特性の低下が認められず，信頼性の高い光デバイスを実現している。

(3) ボールレンズの固定の精密接着

ミクロンオーダの精密固定用として開発されたUV硬化型の精密接着剤[9]は，エポキシ樹脂を

表1 光結合部モデル試験

接着剤	75℃90%RH処理時間（h）				
	500	1000	2000	3000	5000
UVアクリル-1	0	0	0	0	0
UVエポキシ-1	0	0	0	0	0
UVアクリル-2	1	1	5		
UVアクリル-3	1	3	3	5	

ファイバ部剥離発生試料数（試料数各5個）

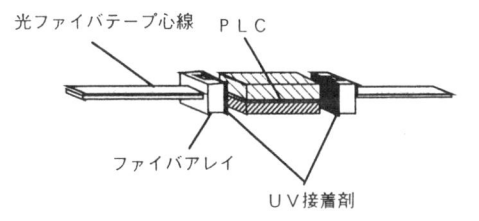

図6 プレーナ（PLC）型光導波回路と光ファイバアレイの接合に用いられたUV接着剤

表2 PLC1×8スプリッタの長期信頼性試験

試　験 （条　件）	試験時間	試験片数	平均光損失 変動（dB）	最大光損失 変動（dB）
Damp heat(75℃, 90%RH)	5,156h	19	0.01	<0.4
Dry heat(85℃, <40%RH)	5,090h	11	0.09	<0.3
Low temp.(-40℃)	5,003h	11	0.03	<0.3
Temp.cycle(-40℃〜+75℃)	503cycles	11	0.05	<0.3
Temp.humid.cycle (-40℃〜+75℃, 90%RH)	5cycles	11	0.09	<0.3
Heat shock(ΔT=100℃)	20cycles	11	0.01	<0.2
Water immersion(43℃)	168h	11	0.01	<0.2
Salt apray(35℃, 5%RH)	168h	11	0.02	<0.3
Vibration(10〜2,000Hz)	12cycles	11	0.1	<0.2
Airborne contaminants	30days	11	0.05	<0.2

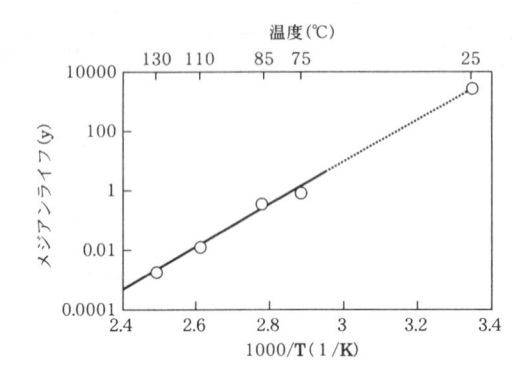

図7 パッケージングレスのPLC光部品の信頼度推定

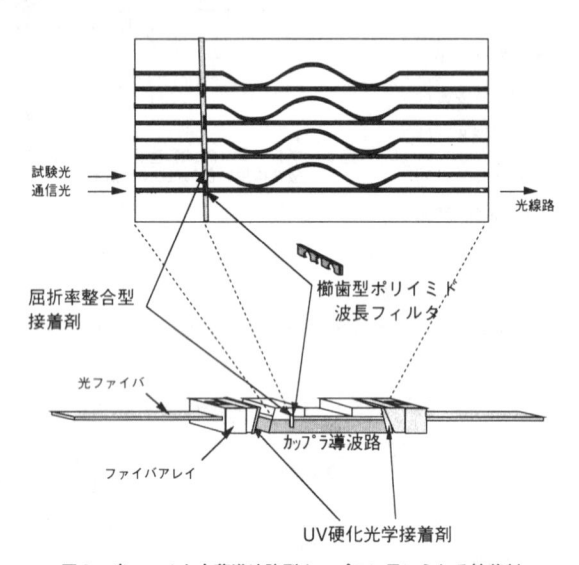

図8 光フィルタ内蔵導波路型カップラに用いられる接着剤

ベースレジンに,硬化収縮率と硬化物の熱膨張率を小さくし,かつ接着促進剤を添加したペースト状の組成物である。硬化時の収縮率が2％以下と小さく,接着固定の位置精度をミクロンオーダで制御できる。また,硬化物の線膨張率がアルミニウムやハンダ金属並の熱膨張率（$2 \sim 3 \times 10^{-5}$/℃）であり,温度変化に対する固定位置変動は極めて小さい。この精密接着剤の耐水接着

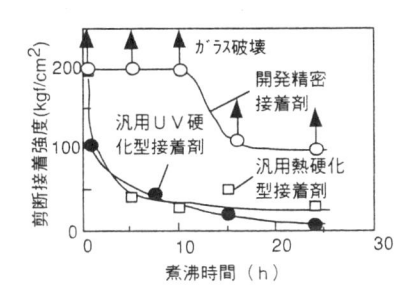

第7章 各産業分野での高分子長寿命化

図9 耐水接着性

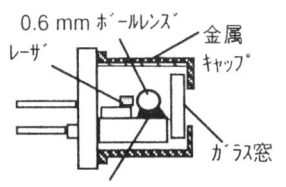

図10 ボールレンズをUV精密接着剤で固定したLDモジュール

剤は，図9のように，24時間煮沸しても接着強度の低下が少なく，耐水性に優れている。開発された精密接着剤で接着固定したマイクロボールレンズ（図10）は，過酷な湿熱条件121℃，100％RHに200時間置いても剥がれず，極めて優れた耐久性を有する（表3）[2]。

表3 ボールレンズ固定部の耐湿試験

接着剤	121℃100％RH処理時間(h)				
	5	10	50	100	200
精密接着剤	0	0	0	0	0
汎用品-1	2	3			
汎用品-2	0	0	0	3	

レンズ剥離数（試料数 各3個）
汎用品-1：UVアクリル，-2：可視光アクリル

2.3 光ファイバ接続部用接着剤
2.3.1 光ファイバ接続部の補強と防湿

わが国の光ファイバ接続は，その端面を熱溶融して接続する方法が主に行われている。この方法では，接続部の裸ファイバを保護・補強する必要がある。現在，性能の安定性や作業件の面から，熱溶融接着剤を用いた熱収縮チューブ補強法[10]やサンドイッチ補強法[11]が行われている（図11）。

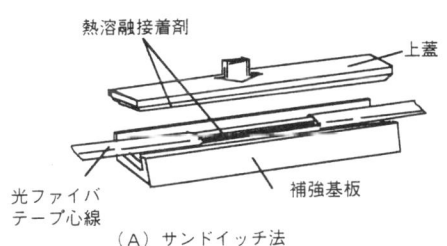

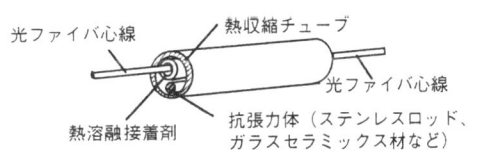

2.3.2 熱溶融接着剤の耐湿性向上と保存安定性[12]

光ファイバ接続補強部に用いる

図11 光ファイバ接続部の補強方法
（A）サンドイッチ法
（B）熱収縮チューブ法

熱溶融接着剤としては，当初，エチレン・酢酸ビニル共重合体（EVA）が使用されていた。しかし，耐水接着性が不十分なため，水によって接続部の光ファイバが破断しやすくなるという問題があった。これを防止するため，石英ガラス用の耐水性熱溶融接着剤が開発された。

この開発接着剤は，エポキシ基を有するエチレン系共重合体にシラン化合物をグラフト重合したもので，石英ガラスに対して強固な結合を形成でき，接着性および耐水接着性に優れている。また，反応活性の高いシラン系接着促進剤の反応性を制御するように材料設計されており，接着活性と相反する保存安定性を両立させている。

シラングラフト変性エチレン系接着剤（EVA-g-Si）は，加熱接着時に脱酢酸反応〔式(5)〕が起こり，そこで生成した酸（H^+）がアルコキシシラン基を活性化〔式(6)のシラノール化反応が起こる〕し，生成したシラノール基がガラス表面のシラノール基と比較的強い水素結合あるいは共有結合を形成する。このため，接着界面に水分が浸入しても，接着界面の破壊が起こりにくく優れた耐水性を示す。

$$EVA \xrightarrow{\text{加熱}} H^+ \text{（酢酸）} \tag{5}$$

$$\underset{\text{（シラングラフトポリマ）}}{P\text{-}Si\text{-}OCH_3} + H_2O \xrightarrow{(H^+)} P\text{-}Si\text{-}OH + CH_3OH \tag{6}$$

開発されたシラン変性エチレン系接着剤では130℃，3分間の加熱で石英ガラスに対して，4 kgf/cmの剥離接着強度を発揮するとともに，60℃温水中で1年間以上，3～4 kgf/cmの接着強度を保持し，接着強度が低下しない（図12）。

また，表4に示すように，接着性向上の目的で極性基を導入した変性EVA系ポリマは，ガラス，金属などに対して良好な接着性を示すが，石英ガラスに対しては，60℃水浸漬20日後に接着強度がゼロになる。開発品のシラン変性エチレン系接着剤では，60℃水浸漬20日後も接着強度が低下せず，石英ガラスに対する耐水接着性が極めて優れていることがわかる。

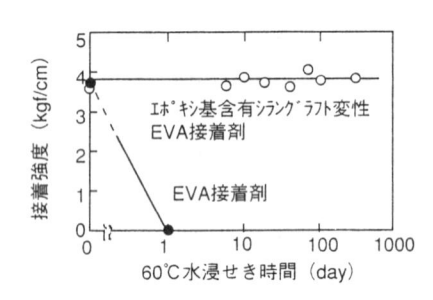

図12 光ファイバ接続部補強用の熱溶融接着接着剤の耐水性

この耐水性接着剤を用いた光ファイバ接続補強部の引張強度は約3 kgfであり，補強前の接続部強度の約4倍となり，強度信頼性が大きく向上する。また，60℃の水浸漬20日後においても2.5kg程度の引張破壊強度を保持し，ほとんど強度低下しない（図13）。この接着剤を使用した

第7章 各産業分野での高分子長寿命化

表4 熱溶融型接着剤の接着性

接着剤	剥離強度 (kgf/cm)							
	石英ガラス		鉄		ソーダガラス		PET**	
	DRY	WET	DRY	WET	DRY	WET	DRY	WET
開発品*	4.2	6.0	5.9	6.9	6.8	5.6	1.0	0.9
EVA	1>	0	1>	0	0	0	0	0
ケン化・酸変性EVA	3.9	0	6.5	5.4	3.5	0	0	0
エポキシ基含有EVA	5.1	0	5.7	5.3	7.1	0	1.0	0.7
酸変性EEA	1.2	0	5.2	4.8	1>	0	0	0

*シラングラフト変性エポキシ基含有EVA **ポリエチレンテレフタレート
DRY：初期，WET：60℃水浸漬20日間

光ファイバ接続部は，20年間の水中で光ファイバの破断率を0.01％以下にできる（従来のEVAでは1％程度）[13]。

図14に，80℃，75％RH処理前後の熱溶融接着剤シートのATRスペクトル観測結果を示す。エポキシ基のないエチレン系共重合体（EVA-g-Si）の場合は（図14-C），短期間の湿熱処理によりメトキシ基（1087cm^{-1}）が減少し，シラノール基（3300〜3800cm^{-1}）が生成され，さらに，そのシラノール基同士の縮合反応が起こり，Si-O-Si結合（1000〜1150cm^{-1}）が生成される。ベースポリマのエチレン－酢酸ビニルの脱酢酸反応により生成した酢酸（H$^+$）がシランカップリング剤のアルコキシシラン基のシラノール化を推進し，さらにシラノール基の縮合反応（架橋反応）が起こるため，保存時に溶融流動性や接着活性が低下する。

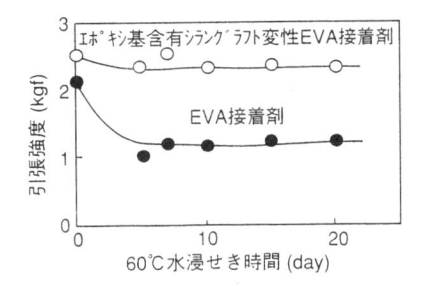

図13 光ファイバ接続補強部の耐水性
（熱収縮チューブ補強法）

$$P\text{-Si-OH} + HO\text{-Si-}P' \longrightarrow P\text{-Si-O-Si-}P' + H_2O \qquad (7)$$
（シラングラフトポリマ）（シラングラフトポリマ）

一方，エポキシ基を有するエチレン系共重合体（EGMAVA-g-Si）の場合（図14-A，B）は，脱酢酸反応により生成した酢酸がエポキシ基の開環反応に消耗され〔式(8)〕，シラノール化反応を促進する酢酸量を低減し，また，開環したエポキシ基（水酸基）とシラノール基との間に水素結合を形成し，シラノール基同士の縮合反応を起こりにくくする。従って，保存時に湿熱処理によるシラノール基の生成速度が，エポキシ基のないエチレン系共重合体の場合よりも遅く，かつ

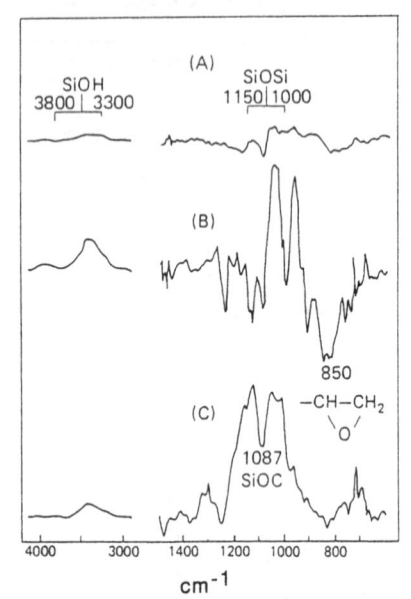

図14 シラングラフトエチレン系共重合体の湿熱処理前後のATR-IR差スペクトル
(室熱処理条件：80℃, 75%RH)

(A) エポキシ基を有するシラングラフト変性EVA系シート：5日間処理後
(B) エポキシ基を有するシラングラフト変性EVA系シート：50日間処理後
(C) エポキシ基フリーのシラングラフト変性EVA系シート：5日間処理後

シラノール基の縮合反応も遅いので，保存安定性が向上する。

$$P''\text{-CH-CH}_2\underset{O}{\diagdown\diagup} + HO\text{-COCH}_3 \longrightarrow P''\text{-CH-CH}_2\text{-O-COCH}_3 \atop |OH \tag{8}$$

　図15に，各種シラン変性EVA系シートの保存安定時間をアレニウスプロットで示す。シランを含浸したEVAポリマシートは，25℃75%RH雰囲気下の保存安定時間が6日間と短く実用性に劣る。シランを含浸したEVAシートは，シランの空気中への飛散，シラノール基同士の縮合などにより短時間で活性が失われる。シランをEVAポリマにグラフト重合すると，保存安定時間は1年近くまで延びる。さらに，エポキシ基を有するEGMAVAポリマにシランをグラフト重合すると，その保存時間はさらに延び，保存安定時間は5年以上になると予想され，実用上十分なレベル（通信用部材の保存保証期間：〜2年間）まで達する。

　エポキシ基を含有するシラングラフト変性エチレン系共重合体シートをポリエチレン袋に入れ

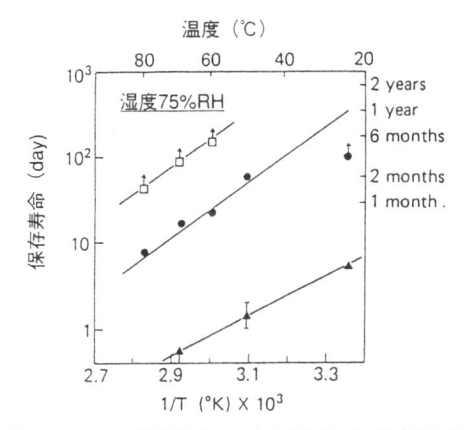

第7章 各産業分野での高分子長寿命化

図15 エチレン系共重合体シートの保存寿命*の温度依存性

□エポキシ基含有シラングラフト変性EVA
●シラングラフト変性EVA
▲シラン含浸EVA
＊ 耐水接着性が低下するまでの放置時間
（60℃水浸漬5日後の剥離接着強度1 kgf/cm以下）

室内に保存すると4年以上シランの接着活性は失われない。

2.4 おわりに

　本格的なマルチメディア時代を迎え，光モジュールの低コスト化や高信頼化が要望されている。接着剤を用いた光モジュールの簡便な組立技術は，今後ますます普及すると考えられる。そこで使用される接着剤には，さらに高性能化や耐久信頼性向上が望まれている。

文　　献

1) 村田則夫，中村孔三郎，日本接着学会誌，26 (5)，pp.179-187 (1990)
2) 村田則夫，村越裕，1996年電子情報通信学会エレクトロニクスソサイエティ大会，C-282
3) 村田則夫，西史郎ほか，1993年電子情報通信学会秋季大会，C-195
4) 村田則夫，1996年電子情報通信学会総合大会，SC-5-1
5) 村田則夫，村越裕，1997年電子情報通信学会総合大会，C-3-119
6) 堉文明，山田泰文ほか，1992年電子情報通信学会秋季大会，C-210およびC212，Y.Hibino

and F.Hanafusa *et.al.*, *Electron.Lett.*, 30 (8), pp.640-642 (1994)
7) F.Hanafusa and F.Hanawa *et.al.*, *Electron.Lett.*, 33 (3), pp.238-239 (1997), および花房廣明, 塙文明ほか, 1996年電子情報通信学会エレクトロニクスソサイエティ大会, C-158
8) T.Oguchi and F.Hanawa *et al.*, *Electron.Lett.*, 29 (20), pp.1786-1787 (1993)
9) 丸野透, 村田則夫, *NTT R&D*, 40 (7), pp.961-966 (1991)
10) M.Miyauchi and M.Matumoto *et al.*, *Electron.Lett.*, 17 (24), pp.907-908 (1981)
11) M.Tachikura and N.Kashima, *J.Lightwave Technology*, LT-2 (1), pp.25-31 (1984)
12) 村田則夫, 日本接着学会誌, 28 (4), pp.132-141 (1992)
13) 村田則夫, 松本三千人, 電子通信学会技術報告, CS84-19 (1984)

3 自動車

濱野信之*

3.1 はじめに

 自動車に用いられている高分子材料は，樹脂，ゴム，塗料，油脂製品など，非常に多岐にわたっている．近年，自動車の高性能化と耐用年数の長期化にともない，材料には，より過酷な条件下での耐久性が要求され，車両として使用環境を考慮した材質の選定，評価が重要となっている．特に長期間，熱負荷や高応力にさらされる場合には，変形や亀裂などが生じないように充分な信頼性保証実験が不可欠である．本節では高分子材料の自動車部品への応用例を紹介し，その際に考慮すべき材料特性と耐久性の向上を図った事例について述べる．

3.2 自動車への高分子材料の応用

3.2.1 樹脂材料

 樹脂材料は軽量であることと成形加工性が良いという特長を生かして，使用量が年々増加している．図1に樹脂材料の乗用車への応用例，図2にトラックへの応用例を示す．

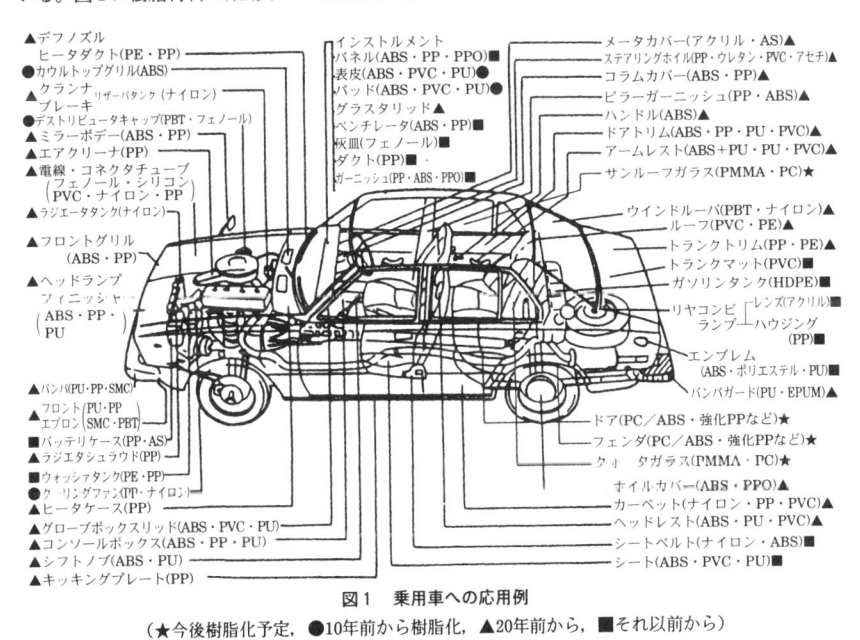

図1　乗用車への応用例
（★今後樹脂化予定，●10年前から樹脂化，▲20年前から，■それ以前から）

---

* Nobuyuki Hamano　日野自動車㈱　製品開発部　主査

高分子の長寿命化技術

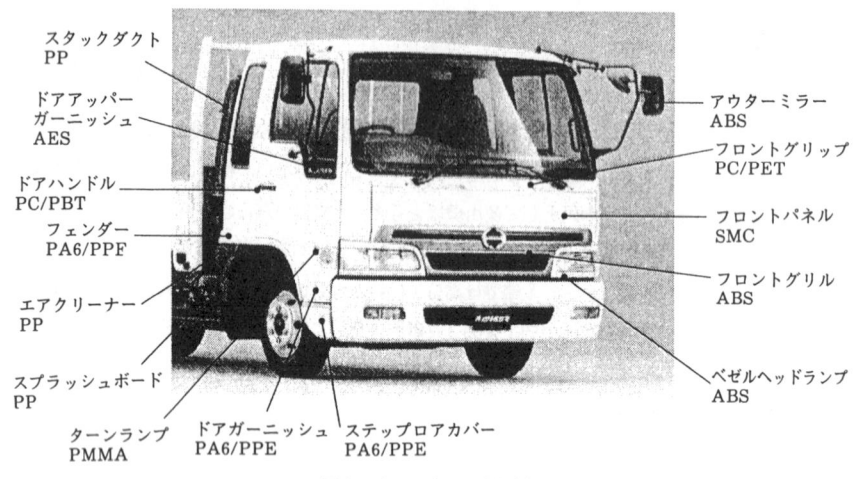

図2 トラックへの応用例

(図中ラベル)
- スタックダクト PP
- ドアアッパーガーニッシュ AES
- ドアハンドル PC/PBT
- フェンダー PA6/PPF
- エアクリーナー PP
- スプラッシュボード PP
- ターンランプ PMMA
- ドアガーニッシュ PA6/PPE
- ステップロアカバー PA6/PPE
- アウターミラー ABS
- フロントグリップ PC/PET
- フロントパネル SMC
- フロントグリル ABS
- ベゼルヘッドランプ ABS

樹脂材料の中でもポリプロピレン樹脂（PP）は耐熱性，コストなどの物性バランスの良さを活かして内装部品，外装部品を中心に使用比率が高まっており，年間約45万tが自動車用途に用いられている[1,2]。

乗用車では内装部品の大部分に樹脂が使われているほか，バンパーやラジエータグリル，サイドガーニッシュなどの外装部品が樹脂部品として定着している。近年，フェンダーパネルやドアパネル，ボンネットフードなどの車体を構成するボデーパネルへの応用事例も米国などにおいて一部あるが，長期にわたる外観品質の維持や，鋼板パネルとのコスト競争の面から，国内では採用される例はまだ少ない。

大型の商用車においてはステップ，フェンダー，スプラッシュボードなどの下回りの腐食環境の厳しい部品を中心に樹脂の応用が進んでおり，ボデー架装時の焼き付け塗装の温度に耐えるように，不飽和ポリエステル樹脂とガラス繊維を混合したシート状成形材料（SMC），ナイロン系アロイ材（PA/PPE），ポリカーボネート系アロイ材（PC/ABS，PC/PBT）などの耐熱性と耐衝撃性の高い樹脂が用いられている[3,4]。

従来の内装外装部品への応用が定着する中，材料の技術進歩による樹脂の強度や耐劣化性の向上が図られたことで，エンジン部品や車体部品などの機能，構造部品へ応用が進んでいる。用いられる樹脂は，複合強化PPや強化ナイロン樹脂（PA-G），ポリエステル樹脂（PET，PBT）などのいわゆるエンジニアリングプラスチックスで，その使用量が拡大している。エンジン部品への応用例として図3にラジエータタンク，図4に吸気マニホールドを示す。

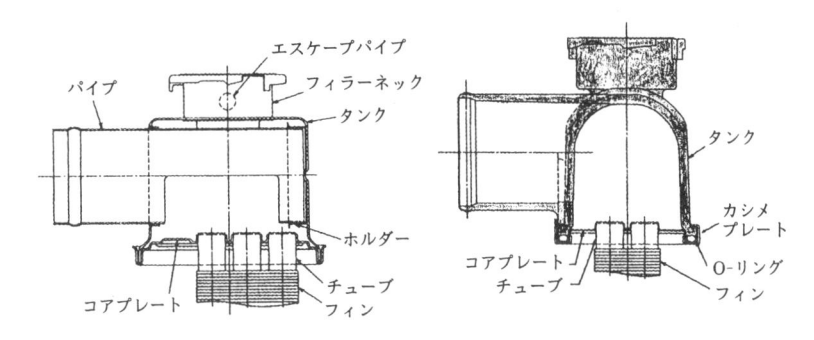

金属タンクラジエータ　　　　　　　　　樹脂タンクラジエータ

図3　ラジエータタンクへの応用例

図4　樹脂製吸気マニホールド

　樹脂製ラジエータタンクは軽量化，耐食性向上，パイプ部の一体成形による構成部品の低減などが図られるため，乗用車，商用車とも実用化が進んでいる。ラジエータタンクはエンジンルーム内の高温雰囲気や高温冷却水に常時さらされており，それらの使用環境の中で長期に耐える材料特性が必要とされることより，一般に強化66ナイロン系樹脂が用いられている。材料選定に対する考え方と材料評価の結果は後述する。

　吸気マニホールドは近年，急速に樹脂化が進んでいる部品の1つで，軽量化への寄与が大きく，今後，乗用車を主体に採用拡大が予測される。複雑な内部形状をもった吸気マニホールドの成形のために，ブロー成形とインジェクション成形の組み合わせや，可溶中子とインジェクション成形，インジェクション成形と振動溶着など複数の成形加工を組み合わせた生産技術開発が進められている。材料としてはガラス繊維を充塡した強化6ナイロン樹脂または強化66ナイロン樹脂が

用いられている[5～8]。

3.2.2 ゴム材料

ゴム材料は防振ゴムマウンティング，弾性カップリング，ホース，シール，ダイヤフラムなど，弾性特性を生かした幅広い部品に使われている。

ゴム材料の応用部品として，エンジンマウンティングなどの各種防振ゴムにはスチレンブタジエンゴム（SBR），天然ゴム（NR）などが使われている。ブレーキ装置に用いるホース，シリンダーカップシールなどにはブレーキフルードとの相性の良いSBR，エチレンプロピレンゴム（EPDM，EPM）などが用いられている。これらSBR，NR，EPDM，EPMなどはゴム材料としては非耐油性ゴムとして分類されている。

一方，燃料ホースや潤滑系部品のシールには鉱油成分に対して耐性の優れたニトリルブタジエンゴム（NBR），クロロプレンゴム（CR），クロロスルホン化ポリエチレンゴム（CSM）などが用いられており，これらは耐油性ゴムと呼ばれている。近年では熱安定性の良い耐油性ゴムとして，水素添加NBR（HNBR）が多用されている。

エンジンのターボホースやシール部品にはさらに高い耐熱性と長期耐久性が必要とされるため，アクリルゴム（ACM），シリコンゴム（Q），フッ素ゴム（FKM）などの高耐熱性ゴムが用いられている。また，これらのゴム材料は材料価格が高いため，部品の要求特性に合致させながらも材料コストの改善を図るため，単一なゴム素材だけでなく複数の素材構成からなるゴム材料が注目され，EPDM/Q，EPDM/ACM，Q/FKMなどが開発され，一部のエンジン部品に応用されている[9]。

図5に自動車部品に用いられる主なゴム材料の耐熱性とコストの指標を示し，図6には主な耐

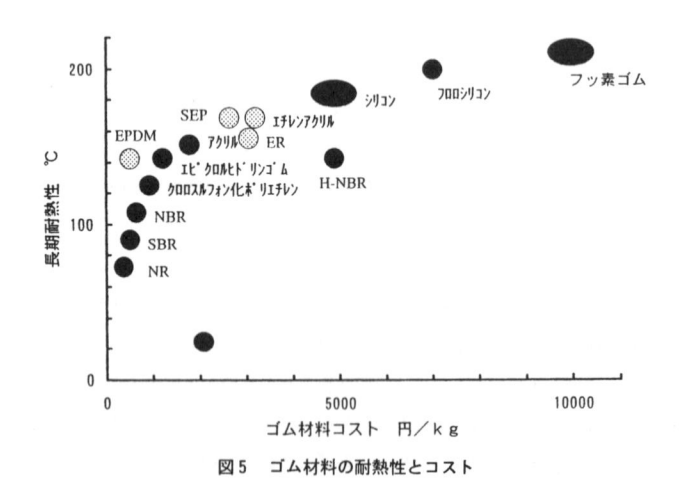

図5 ゴム材料の耐熱性とコスト

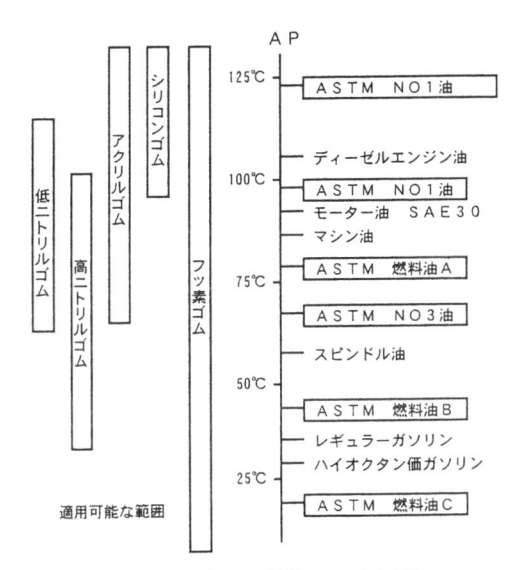

第7章 各産業分野での高分子長寿命化

図6 耐油性ゴムの燃料，潤滑油適合性

油性ゴムの燃料，潤滑油に対する適合性を示す。これらは材料選定の一次スクリーニングに用いることができるが，ゴム材料の硬さや強度特性，長期劣化性などの材料物性は使用環境によって大きく影響を受けることから，実際の使用にあたっては車両の使用条件に即した材料の選定と評価が必要である。

3.2.3 塗料

自動車外板の塗装に用いられている塗料は加熱硬化型の樹脂を成分としており，主な樹脂材料としてはアミノアルキド樹脂，エポキシ樹脂，熱硬化アクリル樹脂，ポリウレタン樹脂が用いられている。塗料には外観仕上がり面に美観を与えると同時に，被塗物表面の腐食，劣化などを防止するという性能を有する。車両の使用過程では太陽光や雨水，油分や排気ガス成分などの環境負荷に長期間にわたって耐える特性を必要とする。特に上塗り塗装には，近年，酸性雨などの環境変化に対応すべく塗料の耐久性向上が図られている[10]。

3.3 車両用高分子材料の要求特性

高分子材料を自動車部品に応用する場合，それぞれの部品に要求される性能，機能を満足すると同時に車両の遭遇する環境条件のなかで長期間にわたって所定の性能を維持することが必要である。表1に車両の使用過程で受ける環境負荷と，材料として具備すべき特性を検討した1例と

表1 車両の環境条件と材料の要求特性(大型商用車用樹脂製冷却水タンクの例)

車両の環境条件		遭遇する負荷要因	材料の要求特性
車両の組立過程	ボデー塗装工程	塗料の焼付乾燥	耐熱性
		塗料の付着	耐溶剤性
車両の使用過程(走る,曲がる,止まる)	一般路	長期熱負荷	耐熱老化性
	悪路	振動負荷	疲労強度
	登坂路	圧力変動	強度,耐久性
		高温負荷	耐熱性
	狭さ路	軽衝突	耐衝撃性
	夏場炎天下	オーバーヒート	耐熱性
	降雨と直射日光	紫外線劣化	耐候性劣化
	冬場寒気	低温収縮~膨張	冷熱サイクル性
車両整備	給脂作業	油脂類の付着	耐油性
	洗車作業	スチーム洗浄	耐熱水性

して大型商用車用樹脂製冷却水タンクの例を示す。自動車部品の開発にあたっては,このように,それぞれの部品に対して負荷要因を洗い出し,材料としての要求特性,必要な特性値を明確にして材料の選定と評価を実施していくことが必要である。

3.4 自動車部品の長寿命化

自動車の耐久性は近年の技術開発の進歩で飛躍的に向上し,大型商用車では走行距離が100万kmに達するようなものもあるが,それらの長寿命化達成には高分子材料の技術進歩が密接に関係している。

自動車用高分子材料の長寿命化事例1として樹脂製ラジエータタンクの耐冷却水劣化性について示す。同部品は,先に示したように高温の冷却水やエンジンルーム内の高温雰囲気に長期間にわたってさらされるため,使用する樹脂材料には長期にわたる高温冷却水に対する耐久性が必要である。図7に各種ナイロン樹脂の分子構造を示し,表2にその基本物性を示す。ナイロン樹脂は官能基の種類や分子鎖の長さ違いで耐熱性(熱変形温度)や引張強度などの材料特性が若干異なる。自動車の冷却水には凍結防止と防錆のためにエチレングリコールと防錆添加剤からなるロングライフクーラント(LLC)を用いているが,ナイロン系樹脂はエチレングリコールによって分子構造の骨格であるアミド結合が加水分解反応を起こし,強度低下を示すことが分かってい

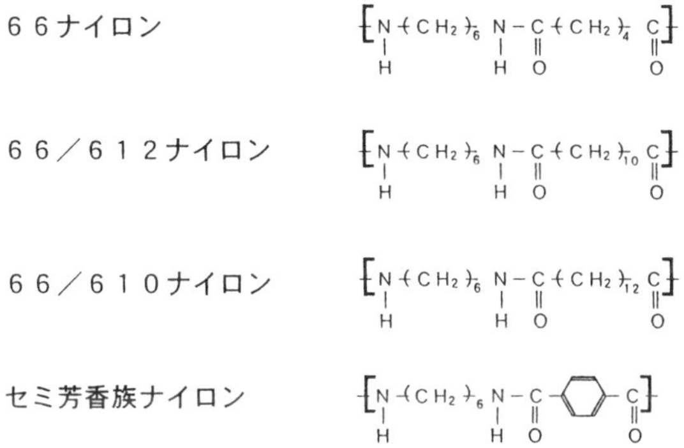

第7章 各産業分野での高分子長寿命化

66ナイロン $\quad$ $\left[\mathrm{N}\!-\!(\mathrm{CH_2})_6\!-\!\underset{\mathrm{H}}{\mathrm{N}}\!-\!\underset{\mathrm{O}}{\mathrm{C}}\!-\!(\mathrm{CH_2})_4\!-\!\underset{\mathrm{O}}{\mathrm{C}}\right]$

66/612ナイロン $\quad$ $\left[\mathrm{N}\!-\!(\mathrm{CH_2})_6\!-\!\underset{\mathrm{H}}{\mathrm{N}}\!-\!\underset{\mathrm{O}}{\mathrm{C}}\!-\!(\mathrm{CH_2})_{10}\!-\!\underset{\mathrm{O}}{\mathrm{C}}\right]$

66/610ナイロン $\quad$ $\left[\mathrm{N}\!-\!(\mathrm{CH_2})_6\!-\!\underset{\mathrm{H}}{\mathrm{N}}\!-\!\underset{\mathrm{O}}{\mathrm{C}}\!-\!(\mathrm{CH_2})_{2}\!-\!\underset{\mathrm{O}}{\mathrm{C}}\right]$

セミ芳香族ナイロン $\quad$ $\left[\mathrm{N}\!-\!(\mathrm{CH_2})_6\!-\!\underset{\mathrm{H}}{\mathrm{N}}\!-\!\underset{\mathrm{O}}{\mathrm{C}}\!-\!\bigcirc\!-\!\underset{\mathrm{O}}{\mathrm{C}}\right]$

図7 各種ナイロン樹脂の分子構造

表2 各種ナイロン樹脂の基本物性

候補材 物性	66ナイロン	66/612ナイロン	66/610ナイロン	セミ芳香族ナイロン
比重	1.37	1.37	1.36	1.5
ガラス含有量 %	33	33	35	45
熱変形温度 ℃	248	200	225	300
引張強度 MPa	200	196	186	210

る。各種ナイロン樹脂のLLCに対する長期劣化特性を図8に示す。基本物性で耐熱性と強度が優位であったセミ芳香族ナイロン樹脂は，分子の結合度が高く，最も劣化されにくい性質を示すと予測されたが，高温のLLCに対しては短時間で著しい強度低下を示した。これは分子骨格そのものの劣化ではなく，樹脂とガラス繊維との密着部が劣化されたものと考えられる。ほかのナイロン樹脂ではPA66/612ナイロンが最も優位な耐LLC性を示した。実際の材料選定にあたっては，これらの耐劣化性を重要視しながら，車両としてほかの使用環境や条件を考慮の上，総合的に判断すべきである[11]。

自動車用高分子材料の長寿命化の事例2としてエンジンの冷却水のシールに用いるゴム材料の事例を示す。

エンジンの寿命を向上させるためには主としてシリンダー回りの摩擦，摩耗など，潤滑，冷却問題の解決を図ることが必要であったが，それには，オイルシール，O-リングなどに用いてい

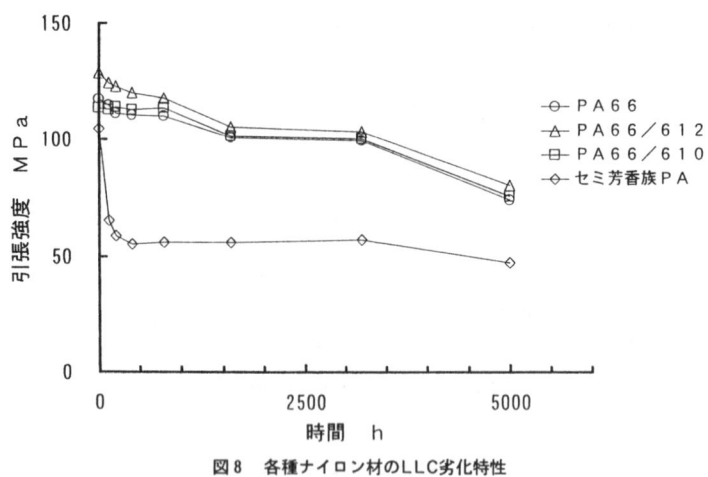

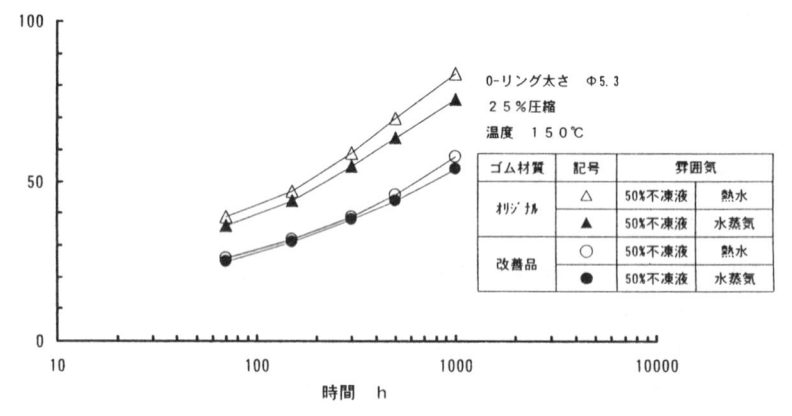

図8 各種ナイロン材のLLC劣化特性

図9 冷却系シール用シリコンゴム材の圧縮永久歪み

る高分子材料の長寿命化が必要であった。図9に大型ディーゼルエンジンの冷却水のシールに用いているシリコンゴム材料の耐熱, 耐冷却水劣化の特性を示す。シリコンゴムは熱水や高温の加熱水蒸気に長時間さらされると徐々に硬化し, 弾性を失って永久変形を示す性質を持っている。事例は, シリコンゴムの耐熱劣化性を向上させて, オリジナル材に対して, 4～5倍の寿命向上が図られた例である。

3.5 まとめ

自動車部品に高分子材料を応用する場合，車両に装着された部品が受けるすべての使用条件，環境条件を洗い出し，その環境因子のなかで長期間さらされることを考慮して，設計段階でそれらの負荷に耐えうる材料の選定と構造の検討が必要である。

文　　献

1) 小島昌治ほか，自動車技術，54, No.8 (2000)
2) 日経メカニカル，498 (1997)
3) 春藤聖二ほか，自動車技術会学術講演会前刷集 892178 (1989)
4) 永野昭義，豊田合成技報，42, No.1 (2000)
5) 日経メカニカル，531, 12 (1998)
6) 茂呂田健二郎ほか，TOYOTA Technical Review, 46, No.2 (1996)
7) 福永勝ほか，自動車技術，46, No.5 (1992)
8) 福島守，合成樹脂，42, No.5 (1996)
9) 西沢保敏ほか，自動車技術会学術講演会前刷集 9536061 (1995)
10) 塗装技術，35, No.13 (1996)
11) 木村昌裕ほか，日野技報，49 (1996)

4 建築材料

田中　誠[*]

4.1 はじめに

プラスチック材料はその材料ごとにすばらしい性質を持っている反面，弱点もまた併せ持っている。一般的に三つの大きな弱点があり，その一つは熱（高温）に弱いこと，二つ目は耐候性が弱いこと，三つ目は剛性が小さいことである。

これらの欠点を克服し，我々フクビ化学はプラスチックを建材に応用した草分け的メーカーとして，数多くのプラスチック建材を世に送り出してきた。今やこれらの製品を全く使っていない建物はないのではないかと自負している。しかしそれらを実用化するには色々な工夫や努力，また失敗などを経験して今日に至っており，それらについて紙面の都合上プラスチックの異形押出成形製品に限定して述べる。

4.2 内装建材

内装には非常に多くの種類の建材が使われているが，その中でも代表的なものを述べる。

(1) 巾木

巾木は床と壁との間のジョイント部をきれいに仕上げ壁を保護する部材である。ビル用は軟質PVCを接着剤で接着して用いるが，戸建用は図1のように発泡硬質PVCまたは発泡ABSを釘打

図1

---

[*]　Makoto Tanaka　フクビ化学工業㈱　常務取締役　生産本部　本部長　本社工場長

第7章 各産業分野での高分子長寿命化

●ハウスメイク巾木 WH-75

ワイピングシート
MDF（中質繊維ボード）
PVC
軟質PVC

●ダークメイプル D　●ミディアムメイプル M　●ライトメイプル L

図2

取合いを邪魔しない薄さを実現
強さと軽さで鉄筋の代わりに使われる、アラミド繊維を長手方向に結束したロービング材入り

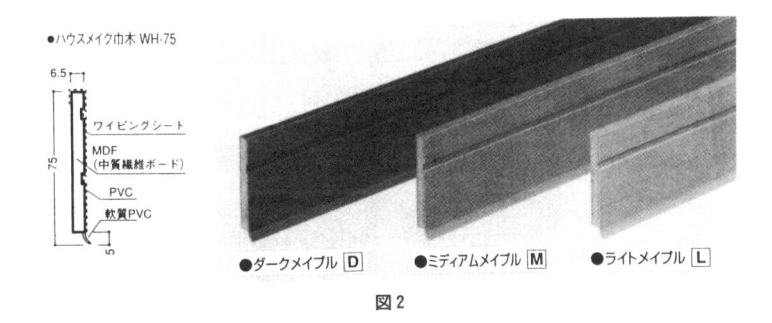

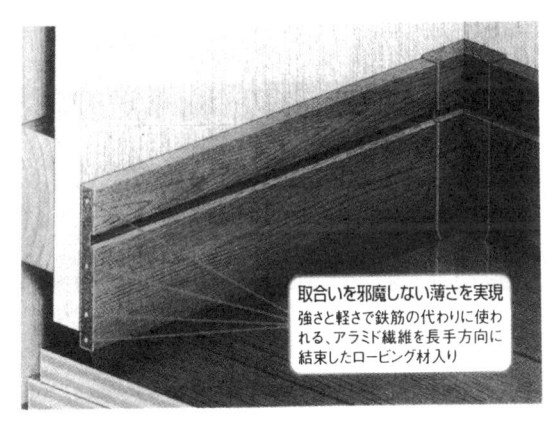

図3

ちで用いる（一般的に大工さん用にはのこぎりと釘内仕様とし，内装向けつまり床タイル，壁紙施工関係には接着剤およびナイフ仕様とする）。

　戸建用の巾木は縁側など直接太陽光線を浴びかなりの温度上昇があり，線膨張による変形が起きうることから，取り付け釘の間隔や線膨張に耐えうる剛性の断面形状の設計が必要となる。また樹脂たけでは剛性がでない場合や線膨張が抑えられない場合には，図2のように芯材として木質系の材料に樹脂を被覆したものや，さらにできるだけ薄い肉厚の巾木が必要な場合には，図3のようにその断面部にアラミッド繊維のロービングを入れ，線膨張を抑えたものも商品化されている。

(2) バスパネル

　バスパネルは浴室，脱衣場の天井や壁に使われる部材である。材質はPVCが多く，その裏面

■製品図 S=1/3

バスライフに個性と主張を。
ハイグレードなデザイン13種。

● 表面は特殊配合硬質塩ビで，耐水性・耐薬品性にすぐれているので，入浴剤を使っても表面が黒ずんだりせず，美しく清潔。
● 裏に硬質発泡ウレタンを充填，アルミ蒸着フィルムでカバーしてあるため，断熱・保温効果に優れている。
● ジョイント部は防水ダブル構造で気密性・水密性がいちだんと向上した。
● 200mmの広巾タイプで，嵌合部（メス部）は細かく釘用長穴があけてあるので，作業の省力化がはかれる。

図4

には発泡ウレタンが裏打ちされており，その保温効果によりお風呂場の保温と天井からお風呂の湯気の水滴が落ちにくい設計になっている（図4）。

　バスパネルの場合，最大の問題は線膨張による変形である。一般家庭用の小さな面積のお風呂の場合はほとんど問題ないが，業務用風呂場，たとえば温泉，あるいは公衆浴場のような大きな面積の場合には，線膨張を吸収できるように設計しなければならない。

　特に北海道，東北地方の冬に施工する場合が一番厳しい条件となり，夏場の温度上昇による線膨張によりバスパネルが変形し問題が生じることがあるため，バスパネルの設計に当たり重要なことは，いかに線膨張を抑えるかである。これを防止するにはまず，パネルの剛性をあまり上げず1枚づつ線膨張を吸収させる構造とすること（巾方向），また周囲を仕上げる廻り縁，コーナー材などの部材にクッション性を持たせ，ここで線膨張を吸収させること，施工時には若干の隙間を持たせ施工することで線膨張による変形の問題は解決できる。もちろん釘打ち部は長穴と

図5

し膨張，収縮に動けるようにすることも重要である。これらは米国で盛んに使われているPVCサイジングについても同様な考えである。

パネルの材質としてはその優れた性質からほとんどがPVCで，この安定剤として昔はPbを使用していたが，温泉やトイレあるいは入浴剤からの硫黄分と反応して黒ずむことがあったり，また最近は非Pb化の問題もありPb以外の安定剤を使用している。

お風呂の中にはカビが発生しやすいことから，パネルの表面にはUV樹脂コートを施し，表面を硬くし平滑にすることにより手垢の付着を防止，さらに防カビ剤を配合することによりカビの発生を抑える設計としている場合もある。

(3) 浴室ドア

浴室ドアは昔はほとんどが木製だったが水を浴びて腐ることからAl製に変わった。しかし冬場に手触りが冷たいことや腐食の心配から，樹脂製が開発され商品化された。図5のようにプラスチックガラスや把手（材質はスチロールを使う，アクリルの場合は水分吸収率が高いのでソリがでる）以外は全て異形押出成形品で構成されている。表面は手で触れるため，UV塗料をフローコターでかなり厚く塗り平滑にすることによりゴミや垢の付着を抑えカビの発生を防止している。さらにバスパネルと同様にUV塗料に防カビ剤を配合し，カビの発生を防ぐ場合もある。

(4) 階段手摺

樹脂製品の欠点の1つである剛性がないことをカバーしているのが階段手摺である。

これはAlの押出材との複合化によりこの弱点をカバーしている。手摺は手で握るためAlよりも温かみがある発泡樹脂を使うことによって一層その効果が得られ，さらに握りやすい形状が検討されている（図6）。

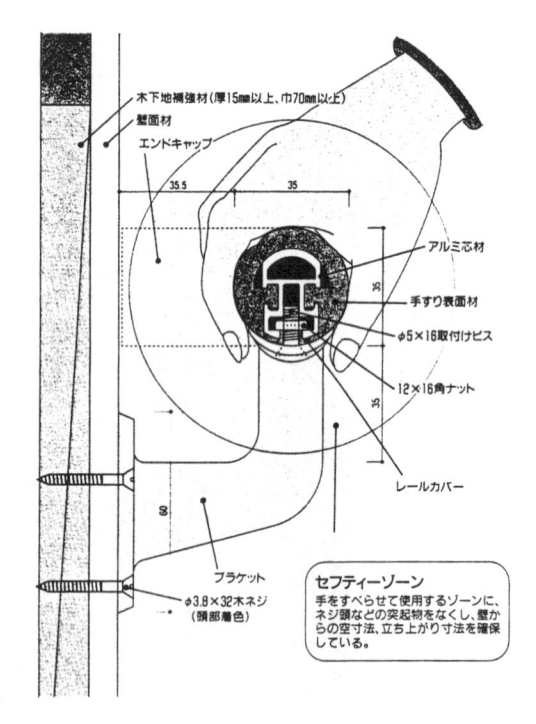

図6

また最近は樹脂に木粉を50％以上配合することにより剛性を持たせ，Alの芯材を必要としない商品も発売されている。これは木質感が見た目と触感の両方ともに満足されており，また大量生産が歩留まり良くできる。この材質は樹脂の性質も持っており曲げ加工も可能である。特に木粉は廃木材から転用されるためエコマテリアルとして自然に優しく，木質が50％以上の場合は樹脂というよりは木材に分類されるといわれている。これらの製品は木製で発生する手にトゲがささるということは全くなく安全性の面でも優れている。

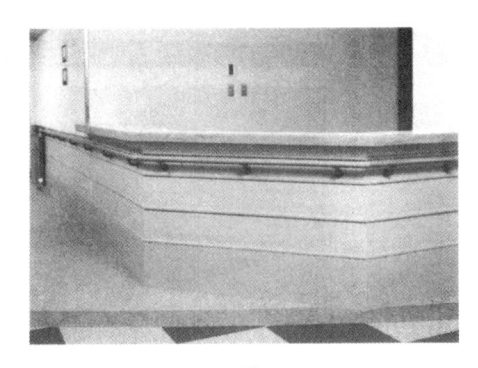

図7

(5) 腰壁システム

木粉配合のPVC，あるいはABS樹脂と言うか木粉に樹脂をバインダーとして使用すると言ってほうが良いかは，樹脂加工業と合板メーカーで考え方は違うもののこのような材質で最近発売されてきているものに腰壁システムがある（図7）。

特に病院や老人ホームなどの廊下に採用されることが多く，木材の欠点をカバーし木質感が非常に美しい仕上がりで，今後一般家庭にも浸透していくものと思える。

4.3 外装用建材

(1) コンパルソリー

これは外装サイジング材のアクセント部材としての「まくいた」や「破風板」あるいは「付け柱」「笠木」など図8，図9に示す部材で木目模様とカラー品がある。

ベースの樹脂はPVCまたはABS樹脂の発泡樹脂で，表面は耐候性の良いアクリル樹脂を押出二層成形（コエクストルージョン）したものである。

樹脂成形品は後収縮と線膨張が問題として挙げられるが，特に長い成形品はこの影響が著しくでてくる。そのため後収縮対策としては成形法や樹脂の配合に工夫を加えたり，あるいはアニーリングなどの処置が必要である。線膨張についてはPVCの場合にはAlに比較して約3倍位と大きいので線膨張を抑える配合処方をしたり，施工時釘うちの間隔を規定したり，あるいは接着の場合には接着条件を規定し，しっかりした施工マニュアルと確実な施工が不可欠である。

これらの問題は，線膨張による変形は冬場施工したものが夏場に膨張し波打状に変形として現

図8

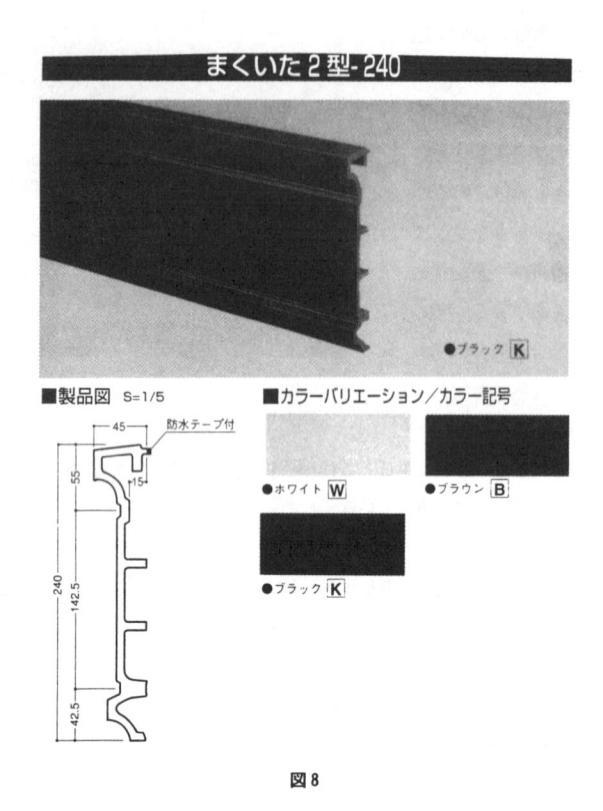

れ，逆に冬場に収縮によるシーリング切れが生じる場合がある。この現象はこれらの製品の断面形状による製品剛性と密接に関連しており，熱変形しない形状の設計はコンピューターの熱解析で行うことができる。

(2) 樹脂サッシュ

　北海道でのサッシュとしてすでにポピュラーとなっている樹脂サッシュは最初のころは白色のみでスタートした（図10）。

　PVCの配合技術を駆使し耐候性，耐衝撃性を始めとしての特性をクリアーし販売されたが，その後外装部のカラー化が求められるようになった。しかしPVCでは濃色系のブラウン，黒，グリーン等のカラーではチョウキングが抑えられず経時とともに白化してしまうので，外装部のみアクリル樹脂の2層押出成形で処置せざるをえなかった。アクリルとPVCの接着性，アクリルへ配合する顔料の耐候性，濃色に対する太陽光線の吸収による温度上昇で引き起こされる，外

図9

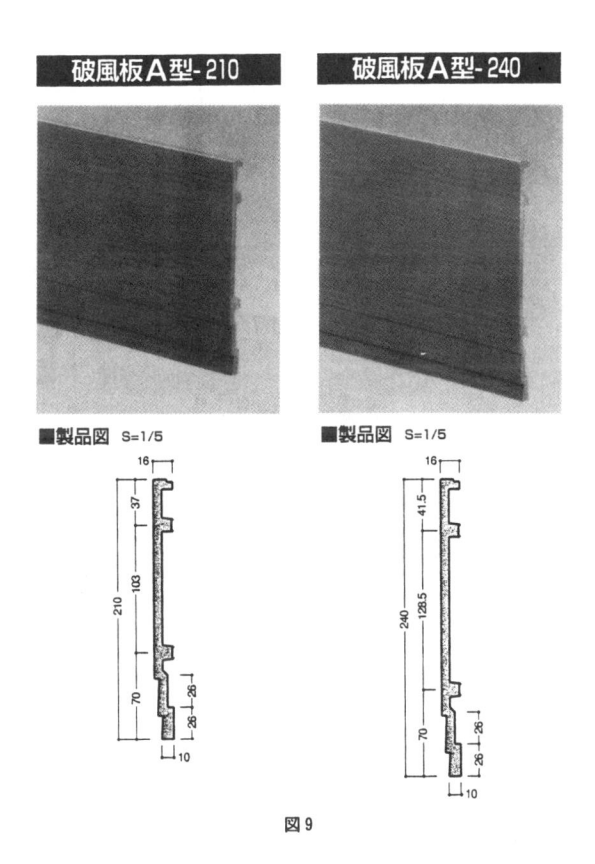

装面のみの膨張による部材のソリ,複雑断面への均一肉厚2層押出などの問題があった。ただ単に白系と濃色系の色との問題が,技術的にこのようにいろいろの問題を引き起こし,この解決には多くのエネルギーがついやされた。

　最近本州でも省エネの推奨からペアガラスを使ったサッシュを使用することが多くなってきている。このサッシュには外装部にAlサッシュを使い内装部には木目模様を施した樹脂を組み合わせたものがサッシュメーカーより発売され,断熱性能と内装部の木目感が好評で普及してきている（図11）。この複合サッシュの場合には,先に述べた外装部も樹脂のものに比べ樹脂は内装部のみに使用するので耐候性はそれほど必要としないものの,Alと樹脂との線膨張率が大きく異なるためにこれらを組み合わせる場合に線膨張を吸収する方法が必要である。また樹脂に繊維やウイスカーなどのフィラーを配合することにより線膨張を抑制し,Al同等にして組み合わせ

高分子の長寿命化技術

図10

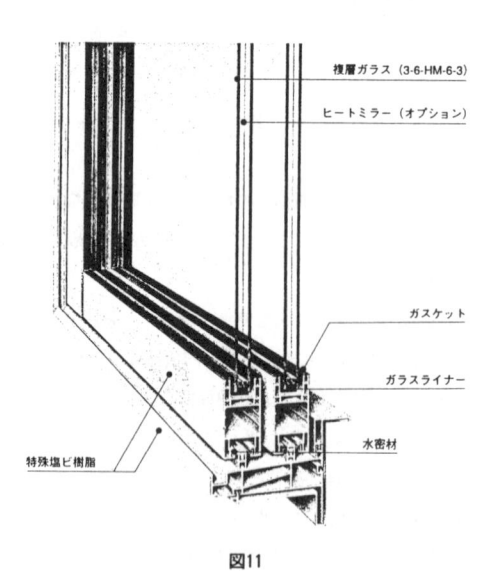

図11

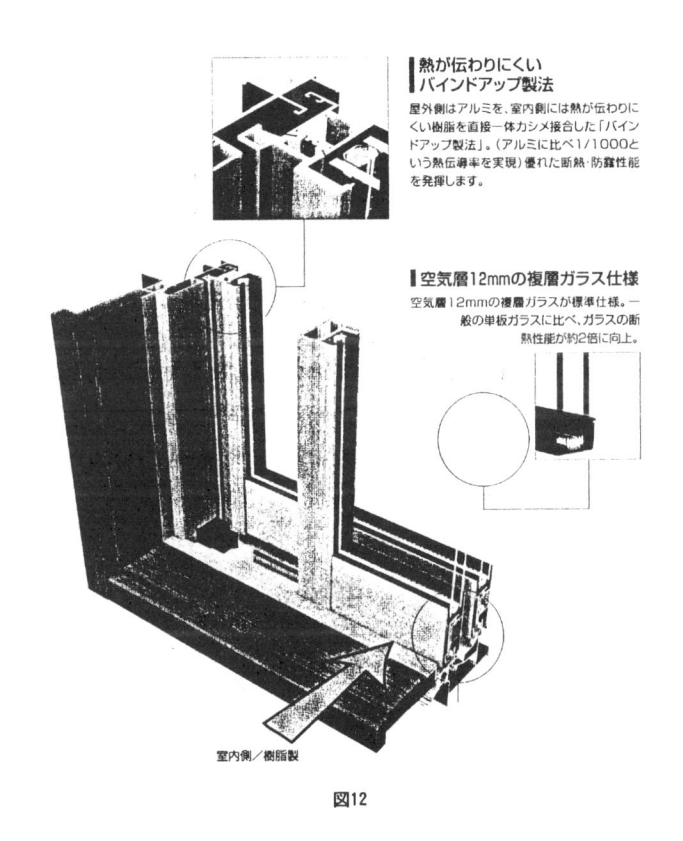

第7章　各産業分野での高分子長寿命化

**熱が伝わりにくい
バインドアップ製法**

屋外側はアルミを、室内側には熱が伝わりにくい樹脂を直接一体カシメ接合した「バインドアップ製法」。(アルミに比べ1/1000という熱伝導率を実現)優れた断熱・防露性能を発揮します。

空気層12mmの複層ガラス仕様

空気層12mmの複層ガラスが標準仕様。一般の単板ガラスに比べ、ガラスの断熱性能が約2倍に向上。

室内側／樹脂製

図12

る場合もある（図12）。また最近急速に普及してきている木粉配合の樹脂も使用されつつある。

4.4 おわりに

以上建材に使用されている樹脂製品を、紙面の都合によりほんの一部説明した。今回取り上げたものは全て現在商品として販売されているものである。先に述べたようにここに記載したものは全て異形押出成形の製品で、このほかインジェクション、ブロー成形製品など非常に多くの製品を上市しているので、今後機会があればまだまだ多くの商品について説明したいと思う。また今後より一層の技術開発を行い、快適な住まい造りの一端を担っていきたく努力していきたい。

349

5 塗　料

田中丈之*

5.1　はじめに

塗料は各種の基板（金属・プラスチックス・木材・他）上を被覆して各種の機能を果たす材料である。これらの材料は自動車，家庭電気製品，建築物，等多くの消費財に使用されている。これらは色々な環境下で使用されながら劣化し，与えられた機能を果たせなくなる。この機能をより長く維持させるための材料情報について述べる。

5.2　塗膜の構造と機能

塗膜は三次元構造による橋架けで固化する。すなわち，溶液状態である塗料が熱，光等のエネルギーによって橋架けを生成する。この橋架けは図1に示すように4種から形成されている。橋架けの1つに主ポリマーと架橋剤の化学反応による化学的橋架け（架橋）がある。橋架けの2つ

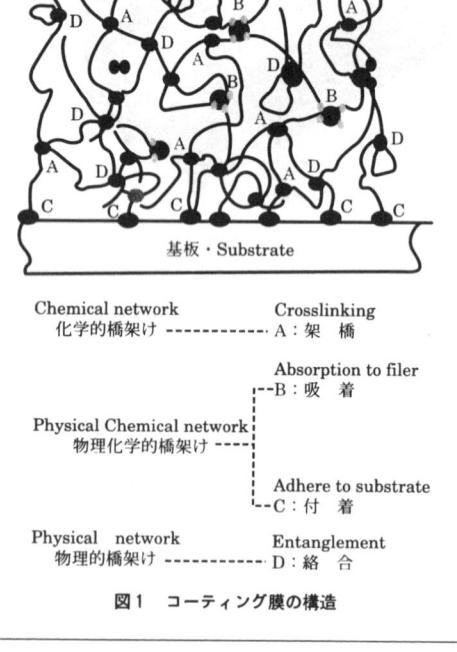

Chemical network
化学的橋架け ----------- A：架　橋　Crosslinking

Physical Chemical network
物理化学的橋架け ---- B：吸　着　Absorption to filer

C：付　着　Adhere to substrate

Physical network
物理的橋架け ----------- D：絡　合　Entanglement

図1　コーティング膜の構造

---

* Takeyuki Tanaka　㈲かきとう

第7章　各産業分野での高分子長寿命化

目は乾燥・硬化過程の途中で溶剤が蒸発しポリマー濃度の上昇や溶剤の移動・熱による対流で高分子の鎖が絡み合い生成する物理的橋架け（絡合）である。混入する顔料等固体材料を安定に分散させるにはポリマーを顔料表面に吸着させる必要がある。また，塗料は鉄，木，プラスチックなどの基板や下層塗膜に付着させる必要がある。これらの吸着（第3の橋架け）や付着（第4の橋架け）も橋架け（物理・化学的橋架け）といえる。

塗料は基板の上を薄く被覆することによって基板が持たない特性を付与する役割を担っている。その役割の1つは被覆される材料を環境の劣化要因から保護する機能である。その2は被覆された材料に艶や色彩等の美称を付与する機能である。その3は被覆された材料が持たない特性を与える役割である。

一般的に塗膜の橋架けには化学的架橋が最も多いように考えられるが，化学的橋架けは反応性基の接触タイミングに依存するが，物理的橋架けは長時間に渡って生成するため多くなっている[1]。この物理的橋架けは乾燥・硬化条件や使用環境によって増加したり，緩和（橋架けの解れ）する。また，塗膜の伸縮によって解れたり，生成し切断し難い構造でもある。したがって，この特性は各種の劣化性を大きく左右する。

5.3　塗膜の使用環境[2]と劣化の発生

使用環境は地域・季節によって大きく異なる。太陽の放射エネルギーは1つであるが地表に到達するまでには大気中のオゾン，浮遊微粒子，水蒸気，酸素など地域差のある成分の影響を受け，一部の波長を有する光は吸収されて波長や強度に地域差を生じる。したがって，塗膜に照射される光の波長や強度は各地で異なる。

雨も劣化には重要な熱冷効果や酸素・酸性物質を溶存させて固化物の内部まで運び内部から劣化させる要因となる。したがって，降水量も重要な要因である。

環境因子は単独で劣化に寄与することはほとんどない。沖縄地区では劣化が早く，紫外線が強いためと考えられがちである。しかし，沖縄地区の紫外線量は本土とほとんど差がない。しかし，気温は大きく異なり年間平均気温22.4℃と高い。そのため，紫外線の反応性がよくなっている。

G Kaempfらは暴露過程における酸化チタン含有塗料の塗膜が劣化すると顔料である酸化チタンが表面に露出する白亜化（Chalking）を発生することを示した[3]。すなわち，塗装面に照射する紫外線によってポリマーが劣化し雨水などの要因により劣化部が除かれる。そのためポリマーの下にあった顔料が露出する現象である。筆者の実験によると，まず，塗装面表面に存在する歪みに微小クラックを発生する。このクラックが成長し顔料とポリマーの界面が離れポリマーが脱落して発生する経路もある。

塗膜は日光の直射や高温度，または高湿度環境下で黄味を帯びることがある。ポリマーが劣化

351

することにより起こる現象で黄変（Yellowing）と呼ばれている。フィラーとして使用する顔料の性質に起因する現象で，彩度が小さく，明度が大きくなる変色（Discoloration）または退色（Feding）が起こる。

塗膜が高温，多湿環境に置かれると，表面の一部が持ちあがるフクレ（ブリスター）が発生する。これは基板を被覆され，固化した塗膜を水中に浸漬するか，高温多湿条件下に置くと塗膜は膨潤し，浸透圧によって水が塗膜中に侵入する。その侵入した水分によって塗膜内部に形成される溶液と，外界の溶液との間の浸透圧の差で，水はさらに浸透していく。基板との界面に到達すると蓄積し，付着性の低下を起こし，ブリスターを発生する。また，腐食が起こることもある。

種々の基板を被覆した面の光沢劣化に似た現象が発生することがある。この部分を拡大すると"ひび割れ（ワレ）"が観察される。ワレはその形状，大きさによってヘアクラック，チェッキング，クレージング，クラッキングに分類される。皮膜のワレは内部応力などの物性や，化学構造と環境因子との関連によって複雑な経路をたどって発生する。塗膜が受ける熱冷によって内部歪み（収縮応力：P）は増大し，破断強度（τ）は低下する。その応力の関係が$P \gg \tau$となると亀裂が発生する。図2に塗膜が受ける熱冷（100℃〜20℃）による応力とワレ発生時間を示す

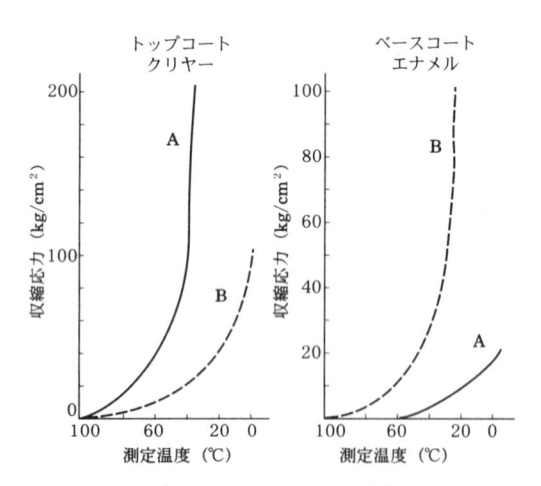

		抗張力 σ	収縮力 P	P/σ
トップコートクリヤー	A	180kg/cm^2	220kg/cm^2	1.2
	B	160kg/cm^2	40kg/cm^2	0.3
ベースコートエナメル	A	260kg/cm^2	50kg/cm^2	0.2
	B	200kg/cm^2	60kg/cm^2	0.3

ワレ発生塗膜(A)：1000時間
ワレ非発生塗膜(B)：1000時間以上

図2　収縮応力とワレ

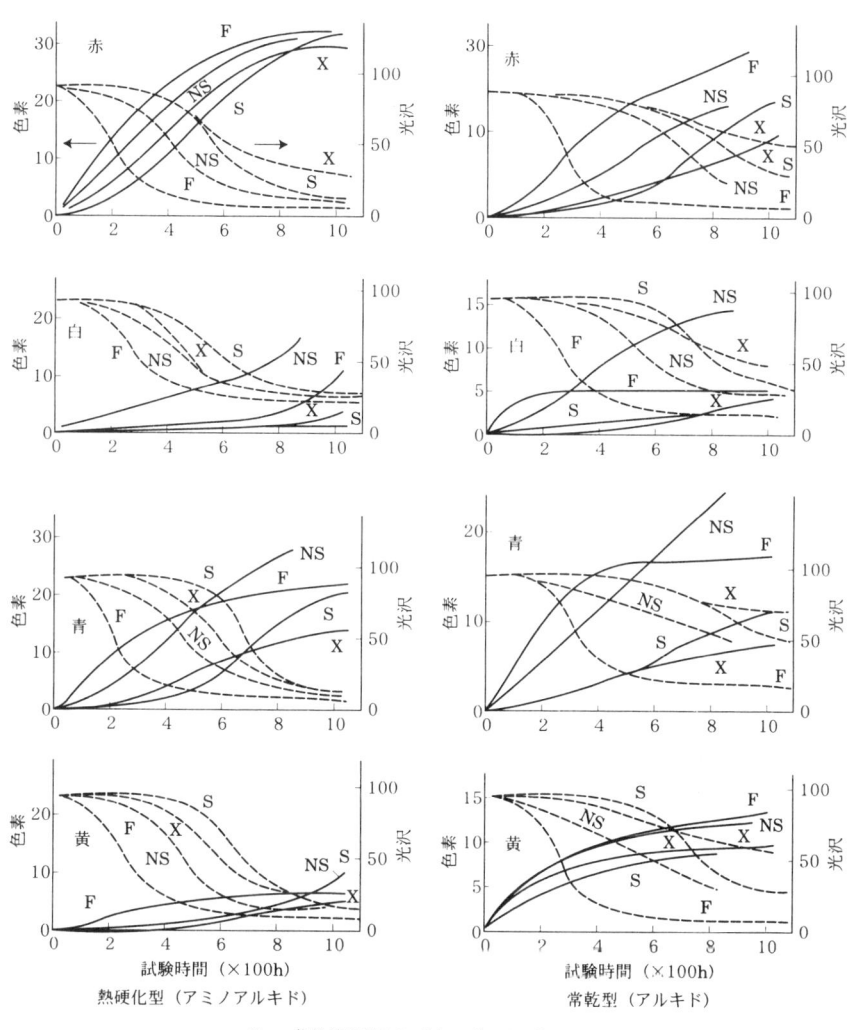

第7章 各産業分野での高分子長寿命化

熱硬化型(アミノアルキド)　　　　　　常乾型(アルキド)

F ：紫外線蛍光ランプウェザーメーター
NS：サンシャインウェザーメーター (NAW)
S ：サンシャインウェザーメーター (JIS)
X ：キセノンウェザーメーター

図3　劣化条件効果

とP≫τに合致している。

劣化に影響する因子は光（紫外線）と考えられている。塗膜を劣化させる波長は400nm以下の短波長である。この短波長の光は地表に到達する間に空気中の酸素などに吸収されて少なくなる。また、酸素をオゾン化する。酸素分子は・O－O・の型のラジカルと考えられる。その反応性の強さはスチレンラジカルの10^6倍といわれている。塗膜の中に励起された水素原子があると、これと容易に結合（酸化）して劣化の主因となる。

水分は雨・露・湿気の形で環境中に存在し、塗膜中に浸透して塗膜を膨張させる。これらの変化は塗膜の吸水性、透過性、密着性現象に寄与する。また、水分は塗膜内部への酸素のキャリヤーとしての役割もある。塗膜が紫外線や熱冷によって主鎖の切断、橋架けなどを起こして新たな極性基を生じた場合、水分によって運ばれた酸素の作用を受けやすくなる。

温度は紫外線による化学反応等の速度に寄与する。また、膨張・収縮や、塗膜の構成セグメントの絡合にも寄与する。

図3に試験条件による劣化過程差を示す。この中でサンシャインウェザーメーターでの条件でJIS仕様とNAW仕様ではNAW仕様の方がJIS仕様より劣化が早い。JIS仕様とNAW仕様の違いは表1のように熱冷条件の違いである。すなわち、熱冷差が大きいと劣化が早い。紫外線照射条件は同じであるので熱冷による伸縮性の劣化が大きく作用していることになる。塗膜表面のワレは同一試料での地域、促進試験条件によって異なり、ハワイで8カ月で発生したワレは宮崎で4年と大きな差がある。促進試験サンシャインウェザーメーターにおいてJIS仕様では1900時

表1　暴露条件一覧

	促進試験条件					天然暴露条件			
	JIS(1), JIS(2)	NAW**	蛍光ランプ	DEW	UV	フロリダ	アリゾナ	東京	沖縄
平均気温（℃） （　）：BPT	50 (63)	70～35 (93)	85～40 (70～40)	50～30 (66)	50 (63)	24	22	15	22
温度範囲（℃）	15～20	50～60		30～40	15～20	16	20	18	12
湿　度　（％）	70	100～93		100～150	50	74	29	63	76
日射時間（h）	連続照射		照射8 暗黒4	照射1 暗黒1	連続照射	1232	3524	1989	2044
全日射量*	43.1			48.7	63.5	134697	191991	92460	117564
紫外部日射量*	8.6			10.3	28.6	81276			
降水条件*	12min 60min 室温 25.2ℓ	18min 120min 室温 18.8ℓ	6min 30min 7℃ 25.2ℓ	なし	背面噴霧 7℃ 暗黒時	18min 120min 室温 18.9ℓ	1418mm	234mm	1472mm	2091mm

注　＊印は促進試験の場合は単位時間当たり、天然の場合は年間量、日射量の単位はラングリーである。
　　＊＊：日本油脂㈱開発条件

間要するがNAW仕様では1000時間と短くなっている。すなわち光（紫外線）の寄与より熱冷の寄与が大きいことを示している。

劣化は"使用される材料が，使用される地域で，どれだけの期間，性能を維持できるか"である。すなわち，塗膜の耐侯性向上のためには大きく寄与する劣化要因を考慮して，それに耐える組成を設計することが耐久性の向上につながる。

5.4 各種塗膜の耐侯性

環境要因中の酸性雨による塗膜の損傷が問題となり，種々の対応が行われている。メラミン樹脂によって架橋した塗膜は架橋構造であるアミノエーテル構造が弱い塩基性を有しており酸によって分解する。また加水分解によって生成したメチロール化メラミンが酸によって抽出されて塗膜が侵食される。このことは図4からも明らかである。対策としては，①加水分解しやすい化学構造を減少する，②塗膜の疎水性を高める，③塗膜のガラス転移点を高くする，などがあげられる。対策の重要点は①である。新架橋システムとしてカルボキシル基／エポキシ基系と水酸基／シラノール基の利用がある。その硬化反応を図5に，耐酸性比較を図6に示す。大きく改善されている[4]。伏見によ

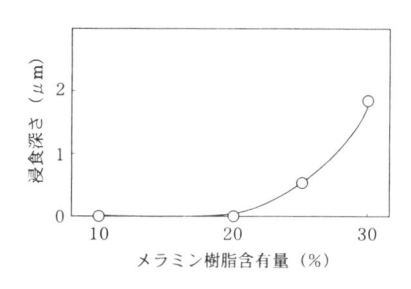

図4　メラミン樹脂含有量と耐酸性

図5　ブロックカルボン酸／エポキシの硬化反応

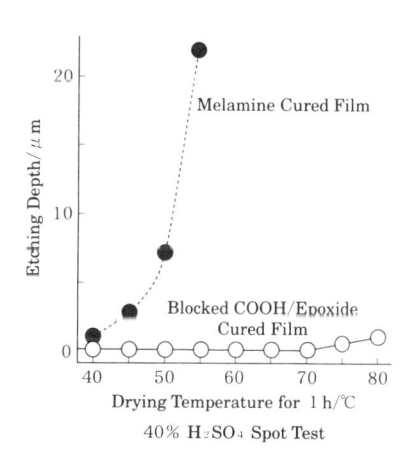

図6　ブロックカルボン酸／エポキシ硬化塗膜の耐酸性

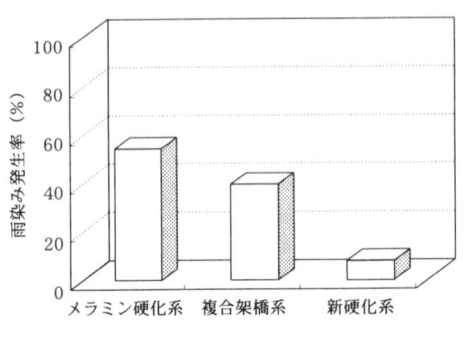

図7 硬化系別雨染み発生率
（97年：南九州ペイントサーベイ）

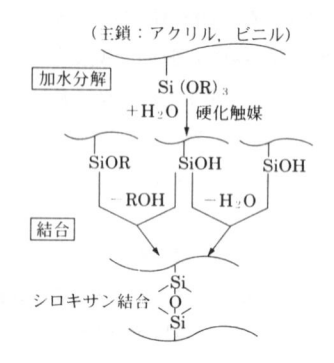

図8 アクリルシリコーン塗料の硬化機構

ると新硬化システムと共に複合架橋系，メラミン樹脂硬化系と他の硬化系の組み合わせによる効果を図7に示している。メラミン樹脂添加量を下げることを意図したものであるが耐酸性雨対策にはならない[5]。しかし，他の性能とのバランスのためには参考となる。

塗膜面の汚染対策が検討されている。一般に外壁面の汚れの傾向は初期には親油基の汚れが付着するが経時変化に伴い親水化して汚れにくくなる[6]。しかし，劣化による面の平滑性がなく汚染物の堆積が起こる。アクリルシリコーン塗料は図8に示す硬化機構を有している。この塗料の構成は表2のようであり，耐候性劣化は図9，図10のように初期劣化が起こりにくい[7]。シリコーンにより親油性の汚染物が付着しにくく，しかも親水性化しにくいことで耐汚染性を付与で

表2 アクリルシリコーン塗料の構成

架橋形式 構成要素	シロキサン架橋	イソシアナート架橋
基体樹脂	（アクリル主鎖） Si(OR)$_3$	アクリルポリオール フルオロオレフィン とビニルエーテル共 重合体 OH
架橋剤	なし	OCN〜NCO
硬化剤	酸, 塩基, 有機金属	(Sn)
架橋構造	Si-O-Si	$\begin{array}{c}H\\-OCN\sim NCO-\\OHO\end{array}$

第7章　各産業分野での高分子長寿命化

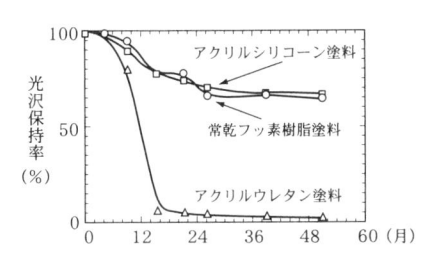

図9　屋外暴露耐候性試験（神戸市南面45度）
鋼板ウレタンサーフェーサー／上塗り

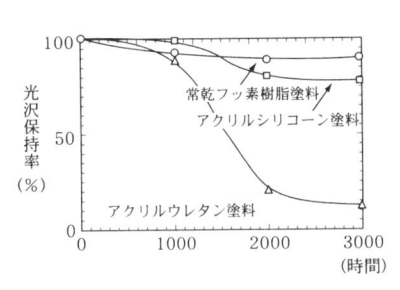

図10　SWOM促進耐候性試験
鋼板ウレタンサーフェーサー／上塗り

きる。塗膜が劣化すると親水化が進み汚染しやすくなる。親水化の進度を遅くすることも対策の1つである。フッ素樹脂の活用もあり，図11にフッ素樹脂の劣化を水の落下塗面に対する接触角で示す。劣化が少ないことを示している。一般的にフッ素樹脂として3フッ化1塩化タイプ（3Fフッ素樹脂）が用いられている。この樹脂はC-Cl結合を持っているため，紫外線によりClの解離が起こる。塩素フリーである4フッ

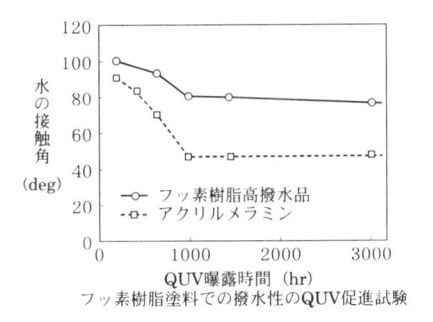

図11　表面性能の維持－接触角の変化
フッ素樹脂塗料での撥水性のQUV促進試験

化樹脂の方が優れているが塗料化に難点があった。これを解決した報告によると，図12のようにより劣化開始が遅くなっている。

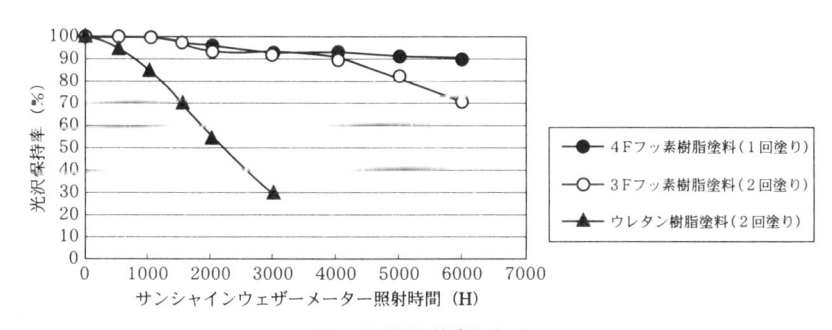

図12　促進耐候性試験データ

5.5 おわりに

劣化環境は地域のみでなく，年によっても異なる。また，劣化項目も数多くあり，簡単には対応しがたい特性である。本報では劣化要因を示し，その要因に対する対策を打つことが 耐侯性の向上につながることとなる。対策の一例として新硬化システム，アクリルシリコーン，フッ素樹脂について述べた。

文　献

1) 田中丈之, 塗装工学, 13, 88 (1978)
2) 田中丈之, 「コーテイング膜の物性と評価法」, p.345～356, 理工出版社 (1993)
3) G.Kaempf, W.Papenrath, R.Holm, *J.P.T.*, 46, 56 (1974)
4) 名倉　修, 塗装工学, 35, 93～94 (2000)
5) 伏見　哲, 工業材料, 48, 43 (2000-5)
6) 松浦俊一, 塗装工学, 31, 264 (1996)
7) 井上正治, 玉井　仁, 塗装工学, 310～311 (1996)

第8章 安定剤の環境への影響

草川紀久*

1 はじめに

　一般に，プラスチックは熱や光に対する安定性が充分でなく，高温となる加工成形段階や熱や光に曝される使用段階で酸化されて劣化する。したがって，プラスチックでは，実用上，酸化防止剤や紫外線吸収剤等の耐久性の向上を目的とする安定剤が不可欠であり，必須な添加剤として配合されている。さらに，プラスチックには，これらの安定剤の他に，難燃性・導電性等の各種物性を改良したり，新たな性質を付与しその用途拡大や商品価値の向上を目的として添加される改質剤，ならびに成形加工性の向上を目的として添加される加工助剤も添加されているのが普通である。
　したがって，ここでは安定剤のみでなく，改質剤や加工助剤も含めて，プラスチックに添加される添加剤（配合剤）の環境への影響について考察する。

2 添加剤の種類と機能

　プラスチック用添加剤は，上述したように，①安定剤，②改質剤および③加工助剤の三つに大きく分類できるが，その種類と機能性についてまとめたものを表1に示す[1]。ここでは，これらの種類と機能について簡単にまとめる。

2.1 安定剤の種類と機能

　安定剤とは，プラスチックの劣化のいずれかの段階で関与してその進行を阻止するものである。プラスチックの劣化は，空気中の酸素によりプラスチックが酸化される酸化反応が主因であり，自動酸化反応と呼ばれるラジカル連鎖反応で劣化は急速に進行し，プラスチックの急激な物性低下や色調変化をもたらす。
　したがって，プラスチック用安定剤としては，自動酸化を抑制するラジカル捕捉剤，ハイドロパーオキサイド分解剤などの酸化防止剤，ラジカル生成の要因である紫外線や金属イオンの影響

---

* Norihisa Kusakawa 高分子環境情報研究所 代表

高分子の長寿命化技術

表1　配合剤の種類とその機能性

機　　能	配合剤の種類
耐候性	酸化安定剤
加工安定性	加工安定剤，潤滑剤，離型剤
加工特性	可塑剤，高分子加工剤
難燃性	難燃剤
帯電防止性	帯電防止剤
着色性	着色剤
摺動性	潤滑剤
表面特性	潤滑剤，離型剤，界面活性剤，表面濃縮配向剤
軽量化	発泡剤，軽量フィラー
抗菌性，防カビ性	抗菌剤・防臭剤
結晶化	核剤
透明化	核剤
衝撃特性	強化剤（MBS樹脂など）
アロイ化	相溶化剤
フィラー効果	フィラー（難燃剤，紫外線吸収剤，抗菌剤，核剤，導電材，耐ブロッキング剤，顔料など）

を低減する紫外線吸収剤，金属不活性化剤などが主体となっている。

しかし，ポリ塩化ビニルなどの含塩素プラスチックでは，自動酸化反応よりも，樹脂中の不安定な塩素がHClとして脱離する脱塩化水素反応の影響が大きく，これが劣化の主反応となっている。したがって，塩化ビニル用安定剤としては，不安定なアリル位塩素を置換したり，生成する塩化水素を捕捉する機能を持つ金属塩類，ホスファイト類，β-ジケトン類などが主体となっている。

このように，プラスチックの安定剤としては，ポリエチレン，ポリプロピレン，ポリスチレン，ABS樹脂，エンジニアリングプラスチックなどの非塩ビ系の一般プラスチック用安定剤と，ポリ塩化ビニルなどの含塩素系プラスチック用安定剤（塩ビ用安定剤）とに分けて考えることができる。

(1)　一般プラスチック用安定剤（酸化防止剤，紫外線吸収剤）

非塩ビ系の一般用プラスチックの安定剤としては，空気中の酸素による酸化反応（自動酸化反応）を抑制する酸化防止剤が主体であり，ほとんどの樹脂で共通の安定剤が使用されている。それらをプラスチックの劣化反応に対する抑制機能別に分類すると，表2に示すように，①ラジカル連鎖開始阻害剤，②ラジカル捕捉剤，③過酸化物分解剤に分けることができる[2]。

また，紫外線（300〜450nm）を吸収し安定化するフェノール化合物（ベンゾトリアゾール系）やヒンダードアミン化合物（HALS）等の紫外線吸収剤（光安定剤）も酸化防止剤と併用して使用されている。

1998年における日本の需要量は，酸化防止剤が全体で約1万8千トン／年であり，その内訳

第8章 安定剤の環境への影響

表2 プラスチック用安定剤の種類

機能大分類	機能小分類		構　　造
ラジカル連鎖開始阻害剤	光安定剤	金属不活性化剤	ヒドラジト系，アミド系
		紫外線吸収剤	ベンゾトリアゾール系，ベンゾフェノン系，トリアジン系
		クエンチャー	有機ニッケル系
		HALS	ヒンダードアミン系
ラジカル捕捉剤	酸化防止剤	フェノール系酸化防止剤	ヒンダードフェノール系，セミ・ヒンダードフェノール系
		アミン系酸化防止剤	フェニレンジアミン系
過酸化物分解剤		リン系酸化防止剤	ホスファイト系，ホスホナイト系
		イオウ系酸化防止剤	チオエーテル系

はフェノール系（BHT等）が約1万トン／年，リン系（TNP）が約6千トン／年，硫黄系（チオプロピネード化合物）が約2千トン／年となっている。また，紫外線吸収剤は全体で約4,200トン／年であり，その内訳はベンゾトリアゾール系が約2千トン／年，ヒンダードアミン系（HALS）が約2千トン／年等となっている[3]。

(2) 塩ビ用安定剤

塩ビ用安定剤は，加工時や使用時に熱・光・酸素などの作用を受けてPVCが劣化する性質を防ぐために用いられるもので，鉛系を中心に，バリウム・亜鉛系，カルシウム・亜鉛系，スズ系や有機安定化助剤などが使用されている。これらは，表3に示すように，①熱安定剤，②安定化助剤，③酸化防止剤に大きく分類できる[4]。

① 熱安定剤は，塩ビ樹脂の劣化の開始点となる不安定塩素を無害化したり，劣化反応を連鎖的に促進するHClを捕捉する働きで塩ビを安定化する。熱安定剤としては，金属せっけん類，有機スズ系安定剤，鉛系安定剤などが使用されている。

② 安定化助剤は，金属せっけんなどの主安定剤と併用し，よりハイレベルの熱安定性，着色性などの性能を付与するもので，ホスファイト，エポキシ化合物，β-ケトン類，ポリオールなどの有機系安定助剤とハイドロタルサイトなどの無機系安定化助剤がある。

③ 酸化防止剤には，ヒンダードフェノール類などのようなフェノール系酸化防止剤と，HALS,ベンゾフェノンおよびベンゾトリアゾールなどの光安定剤（紫外線吸収剤）がある。

塩ビ用安定剤としては，これらの安定剤の組み合わせによる相乗効果が大きく，多くの場合用途に応じて適切な安定剤が数種類組み合わせて使用されている。

表3 塩ビ用安定剤の種類

機能別分類	構造分類	化合物
熱安定剤	金属石けん	Ba/Zn系, Ca/Zn系
	有機スズ系	有機スズマレエート系, 有機スズメルカプタイド系
	鉛系	ステアリン酸鉛, 三塩基性硫酸鉛
安定化助剤	エポキシ化合物	エポキシ化植物油
	ホスファイト	アルキル・アリル・ホスファイト, トリアルキル・ホスファイト
	β-ジケトン	ジベンゾイルメタン, デヒドロ酢酸
	ポリオール	ソルビトール, マンニトール, ペンタエリスリトール
	無機化合物	ハイドロタルサイト類, ゼオライト類
酸化防止剤	フェノール系酸化防止剤	ヒンダードフェノール類
	光安定剤	HALS, ベンゾフェノン, ベンゾトリアゾール

　1998年の日本の需要量は，全体で約6万5千トン／年で，その内訳は鉛系3万2千トン／年，Ba/Zn系約1万トン／年，Ca/Zn系約1万トン／年，Sn系約7千トン／年，有機安定化助剤約5千8百トン／年である。

2.2　改質剤の種類と機能

　改質剤は，プラスチックの用途拡大や商品価値を高める目的で使用され，物性を改良したり新たな性質を付与するもので，多くの種類がある。代表的なものとしては，塩ビに柔軟性を付与する可塑剤，プラスチックに難燃性を付与する難燃剤，ポリプロピレンの透明性・剛性などを改善する造核剤，帯電防止剤，充填剤などがある。

(1)　可塑剤

　可塑剤は，それを使用した材料の作業性（加工性）を改善するとともに，製品に柔軟性や伸張性を付与する物質である。高分子材料の性能を変化させて幅広い用途に適合させ得る物質であり，また加工助剤の性格も有している。表4に可塑剤の種類を示す[5]。一般的に可塑剤と呼ばれる物質は高沸点のエステルがほとんどであり，これらはすべて高分子構造を変えない外部可塑化機能を有する添加剤である[6]。

　可塑剤は，大部分がPVC用として使用され，フタル酸系，トリメリット酸系，アジピン酸系に分類される。我が国の可塑剤の出荷（1999年）は約50万トンであるが，そのうちフタル酸系が

第8章 安定剤の環境への影響

表4 可塑剤の種類

可塑剤	フタル酸系	トリメリット酸系	アジピン酸系	ポリエステル系	エポキシ系	リン酸系
代表品番	DOP	TOTM	DOA	W-2310*)	エポキシ化大豆油	TCP
分子量	391	546	370	約2,300	約1,000	368
構造	R=2-エチル ヘキシル	R=2-エチル ヘキシル	R=2-エチル ヘキシル	R←A-G→$_n$A-R A:アジピン酸残基 G:グリコール残基 R:アルコール残基	CH_2OCO- $CH-OCO-$ CH_2OCO-	

全体の83.3%を占め,次いでアジピン酸系,リン酸系,エポキシ系,ポリエステル系の順となっている。具体的には,98年の需要量(48万8千トン)のうち,フタル酸系が約40万3千トン,アジピン酸系が約3万2百トン/年,リン酸系が約2万6百トン/年,エポキシ系が約2万トン/年,ポリエステル系が約1万4千トン/年である。

(2) 難燃剤

難燃剤は,ハロゲン系,リン系,無機系,その他に大きく分けられるが,我が国の難燃剤の需要動向を図1に示す[7]。図2〜図4に主要なハロゲン系難燃剤,リン系難燃剤および無機系難燃剤の需要動向を示す[8]。

環境問題を持つハロゲン系難燃剤は,1990年以降あまり増大していない。主要なハロゲン化合物の中では,ポリブロモ化合物が圧倒的に多いが,その中でも,テトラブロモビスフェノールA(TBBA)が圧倒的に多く,TBBAエポキシオリゴマー,TBBAポリカーボネートオリゴマーも伸びてきている。臭素化ダイオキシンで話題になったデカブロモジフェニルオキサイド

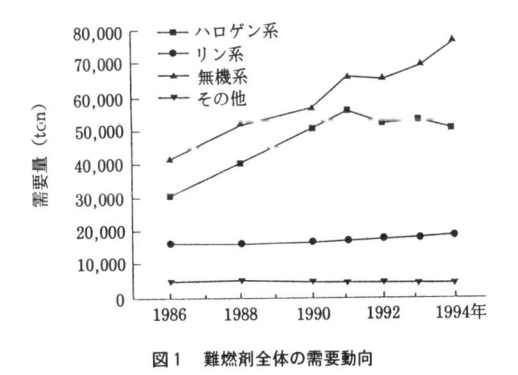

図1 難燃剤全体の需要動向

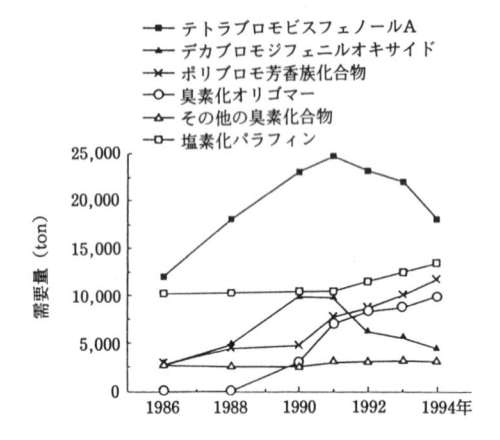

図2 主要なハロゲン系難燃剤の需要動向

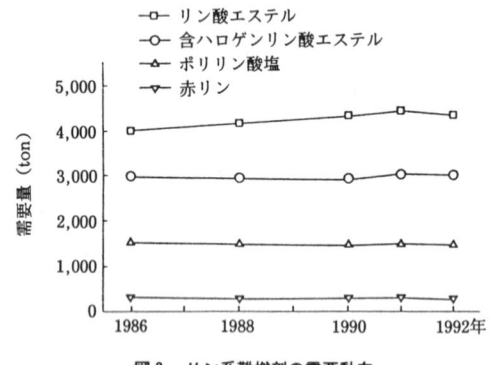

図3 リン系難燃剤の需要動向

(DBDPO)は近年急激にその使用量が減少している。

　ハロゲン化合物と並んで標準的な難燃剤であるリン化合物では，ハロゲンを含むものと含まないものに分類されるが，合計するとリン酸エステルが全体の8割以上になり暫増傾向にある。TPP，TCP，ハロゲン含有リン酸エステルが中心であるが，APP，赤リン，耐熱性の優れた縮合型，オリゴマー型が注目されている。

　これに対して，無機系難燃剤は，水和金属化合物，Sb_2O_3が中心であるが，難燃材料の性能は落ちるが低価格であること，環境問題が少ないことから近年増加傾向にある。今後のノンハロゲン化，低発煙化，低有害ガス化の動向を考えると，N-P複合難燃剤，ホウ酸化合物，スズ化

第8章 安定剤の環境への影響

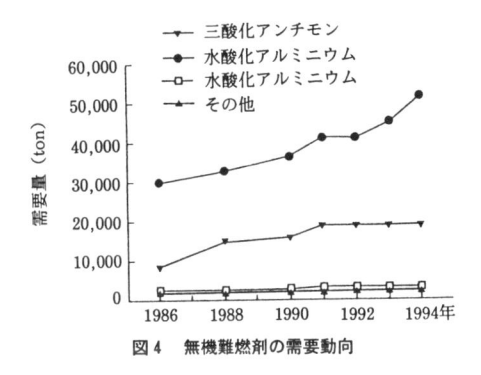

凡例:
- ▼ 三酸化アンチモン
- ● 水酸化アルミニウム
- □ 水酸化アルミニウム
- ▲ その他

図4 無機難燃剤の需要動向

合物，モリブデン化合物，シリコーン化合物等の伸びが期待されている。

1998年の難燃剤需要は，世界全体で約93万トン／年（推定）あり，日本では全体で約15万トン／年となっており，その内訳はハロゲン系約7万トン／年，リン系約9千2百トン／年，無機系約7万1千1百トン／年である。

(3) 充填剤（フィラー）

プラスチックの物性を改良する手法の一つとして，フィラーを充填分散し，複合プラスチック（コンポジット）にする方法が挙げられる。一般に，複合プラスチックの物性は，充填するフィラーの粒子形状，平均粒子径，粒度分布，濃度，分散状態，フィラーとプラスチックとの界面状況，空隙，屈折率，フィラー自身の色等で決定される。

最近では，ナノメーターのモンモリロナイトをポリアミドの中に分散させたナノコンポジットなどの技術開発が進展し，マイクロ化，高機能化に対応した超微粒子タイプのフィラー，ウイスカ，導電性フィラー，抗菌剤（TiO_2）の開発などが進んでいる。

(4) 帯電防止剤

静電気によるほこりの付着防止，衝撃による不快感の除去，エレクトロニクス製品の静電気障害防止等の目的で使用されている。帯電防止剤としては，非イオン系，イオン系の界面活性剤が使用されているが，ポリオキシアルキルアミン，グリセリン脂肪酸アミドなどの非イオン系が中心である。1998年における日本の需要量は約4千トン／年である。

(5) 着色剤

プラスチックの機能性付与，識別を目的として，TiO_2，カーボン，無機顔料，有機顔料が使用されている。

(6) 発泡剤

プラスチックの発泡剤としては，物理的発泡剤と化学発泡剤がある。前者は水，窒素，空気，

CO_2 ガス，炭化水素（ブタン，ペンタン等），ハロゲン化炭化水素を使用するもの，後者は熱分解もしくは反応により窒素，炭酸ガス，アンモニアガスを発生する化合物を用いるものである。化学発泡剤としては，アゾ化合物（ADCA，AIBNなど），ニトロソ化合物（DPT），ヒドラジド化合物（OBSH，TSHなど）等の熱分解型およびイソシアネート化合物の反応型有機発泡剤や，アルカリ金属炭酸塩（炭酸水素ナトリウムなど）や金属等の無機系発泡剤がある。

2.3 加工助剤の種類と機能

加工助剤は，プラスチックの成形加工性の改良・向上を目的として添加されるものであり，滑剤が代表的なものである。

滑剤は，ABS樹脂や塩ビ等に0.5〜2.0％添加することにより，成形加工時の樹脂の滑りを良くし，金属との粘着を少なくする効果がある。滑剤としては，炭化水素系（流動パラフィン，PEワックス），脂肪酸系，脂肪酸アマイド系，脂肪酸エステル系，金属せっけん等が使用されている。1998年の日本の需要量は，全体で約4万1千トン／年であり，その内訳は流動パラフィン約1万8千トン／年，PEワックス約5千トン／年，脂肪酸アマイド約1万5千トン／年，脂肪酸エステル等で3千トン／年となっている。

また，PVCの成形加工時の脱塩酸を阻止するための安定剤（脂肪酸金属（Zn，Ba，Ca等），有機スズ化合物，エポキシ系化合物，亜燐酸エステル系化合物，β-ケトン化合物，ヒンダードアミン，含窒素化合物，ハイドロタルサイト等）や可塑剤（フタル酸系，トリメリット酸系，アジピン酸系）も加工助剤的作用を有する。

3 添加剤の環境への影響

添加剤の環境への影響としては，安定剤では酸化防止剤のTNPが環境ホルモン作用があるとして問題視されており，また塩ビ用安定剤では金属せっけんの金属の有害性問題がある。改質剤については，可塑剤および難燃剤が環境ホルモン問題，フロン問題等で問題となっている。充填剤としても，ウィスカーはその繊維形状から発ガン性等の安全性について議論がされている。また，顔料，発泡剤についても，有毒重金属，フロンなど環境へ悪影響を及ぼすものについては，使用が規制されて製造中止になり，環境への影響のないものに代替されてきている。

つぎに，プラスチックの添加剤のそれぞれについて，環境への影響についてまとめる。

3.1 酸化防止剤

酸化防止剤の中にも，TNP（トリスノニルフェニルホスファイト）などエンドクリン問題

第8章 安定剤の環境への影響

(環境ホルモン問題)で,問題とされる化合物もあり,それらの化合物についてはその使用の減少が課題となっている。

また,酸化防止剤には,窒素系の化合物や,金属塩化合物を含むものが存在するので,これらを含有するプラスチックのリサイクルや廃棄に当たっては,有毒ガスの発生や環境汚染のないよう充分な配慮が必要である。

3.2 塩ビ用安定剤[9]

塩ビ用安定剤に使用されている金属を,毒性,環境汚染の点から分類すると,表5のように3種に大別できる[10]。塩ビ用安定剤の中で,規制があり代替が急がれる金属としてはCdとPbがある。Cd塩,Pb塩はともに,塩ビ安定化能力に優れる上に,欠点が少ないので,その代替は容易でないが,種々の技術の組み合わせによって代替物のレベルアップが可能になり,多くの分野で代替が進みつつある。

表5 塩ビ用安定剤に使用されている金属の分類

分類	金属種
①規制があり代替が急がれる金属	Cd, Pb
②規制の可能性がある金属	Ba, 有機Sn
③使用できる金属	Ca, Mg, Zn, Na

(1) 脱Cd化

脱Cd化はすでに完了している。

(2) 脱Pb化

鉛系安定剤は,下水道パイプ,電線被覆,包装用硬質シートなどに使用されている。脱Pb化については,1993年12月の水道水質基準改正による鉛規制の大幅強化を機に,まず最初に上水道用パイプが非Pb系のスズ系安定剤に置き換わった。

① 水道用パイプ用途

厚生省告示の内容を表6に示す。鉛の基準は従前の100ppbから50ppb以下に強化され,さらに10年後には10ppb以下にする内容となっている。これを受けて,通産省工業技術院はJISの水道管用パイプの鉛溶出量を8ppb以下に改定した。これにより実質的にPb系安定剤は使用できなくなり,代替が一気に進行した。すでに大手塩ビ配管メーカーは,100%移行を終えたとしている。代替用の安定剤としては,コストの点からSn系が使用されている。スズ系安定剤には,

表6 水道水の水質基準（抜粋）

項　　目	基　　準	
カドミウム	0.01	mg/ℓ 以下
水銀	0.0005	〃
セレン	0.01	〃
鉛	0.05	〃
ヒ素	0.01	〃
六価クロム	0.05	〃
亜鉛	1.0	〃
鉄	0.3	〃
銅	1.0	〃
ナトリウム	200	〃
マンガン	0.05	〃
カルシウム，マグネシウム等（硬度）	300	〃
蒸留残留物	500	〃
有機物等（過マンガン酸カリウム消費量）	10	〃

厚生省令第69号（1992年12月21日）

オクチル型とブチル型があるが，上水道パイプに使われているのは毒性不安のないオクチル型で，これは食品包装向けにも伸びている。規制のない下水道用や工業用のパイプについては，コスト要因もあいまって，Pb系が継続使用されているのが現状である（欧州でも引き続きPb系が使用されている）。しかし，将来を睨んで非Pb化の方向で現在検討が行われている。カルシウム・亜鉛系は，将来，脱鉛の中心的な代替材料になると考えられている。

② 電線被覆用途

電線被覆用途はPb系安定剤の三大用途の一つであるが，この分野では最もドラスチックな進展がみられた。これは，シュレッダーダストの廃棄法に端を発して，自動車用ハーネス（組み電線）用の代替が急展開したためである。短期間で日本の自動車は非Pb系に切り替わり，世界的に波及する様相を見せている。これに続いて，機器電線の分野でも代替が始まっており，そのスピードが急速に上がってきている。代替剤としては，Ba-Zn系やハイドロタルサイトが使用されている。

現在，PVCの最も安全で環境に優しい安定剤は，カルシウム－亜鉛系安定剤であり，食品関係，医療用関係にも多く使われている。しかし，亜鉛化合物は，OECDの環境汚染物質排出・移動登録（PRTR）の一般カテゴリーに鉛化合物，スズ化合物とともに登録されており，今後の動向が注目される[11]。

第8章 安定剤の環境への影響

3.3 可塑剤

可塑剤はその主用途であるPVCが燃焼時にダイオキシンを発生すること，ならびに可塑剤の8割強をしめるフタル酸エステルが発ガン性および環境ホルモン作用を有し，安全性に問題があるとマスコミに報道され，社会的に厳しい状況に立たされている。

(1) 発ガン性

DOPは過去半世紀以上にわたって大量に消費されてきたが，この間何らの問題も発生しておらず，その安全性は極めて高い物質とされていた。しかし，1982年に米国毒性研究計画（NTP）はラット，マウスなどの齧歯類に極めて高濃度でかつ長期間にわたって投与すると肝臓に腫瘍が発生すると報告した。この結果，国際ガン研究機関（IARC）はDOPを，人に対して発ガン性がある可能性がある「グループ2B」に分類した。

1998年アメリカの環境保護庁は新しい発ガン評価ガイドラインにしたがってフタル酸エステルの中で広く使われている代表的なDEHP（フタル酸ジ-2-エチルヘキシル）について発ガン分類の再考察をし，遺伝毒性を有しないと発表した。このように，その後の可塑剤工業会を中心にした日米欧の詳細な研究により，齧歯類のガンは霊長類（サル，ヒト）とは異なったメカニズムで発生し，ラットでおきた肝腫瘍はマーモセット（サルの一種）には起きないこと，しかもラットの肝腫瘍も大量投与による一過性のもので，投与をやめると減少することが明らかになり，可塑剤工業会は1998年6月に安全宣言をした[1,2]。

さらに，本年（2000年）2月のIARCの評価見直しで，DOP（DEHP）は「グループ2B」から，より安全な「グループ3」へと改正され，ヒトに対しては非発ガン物質であることが明確になった。表7に改正後のIARCによる発ガン性評価の分類を示す。「グループ4」にはカプロラクタム1物質のみが分類され，「グループ3」にはお茶や塩素処理した水道水などが属し，実質

表7 IARCによる発ガン性評価の分類

グループ	評 価	物 質
1	ヒトに対して発ガン性がある	アスベスト，コールタール アルコール性飲料，煙草の煙，他
2A	ヒトに対しておそらく発ガン性がある	クレオソート，ベンツピレン ディーゼルエンジンの排ガス，他
2B	ヒトに対して発ガン性がある可能性がある	コーヒー，サッカリン，ガソリン 酢漬けの野菜，他
3	ヒトに対する発ガン性について分類できない	DEHP（DOP），DOA，クロフィブレート お茶，水道水（塩素処理した飲料水），他
4	ヒトに対しておそらく発ガン性がない	カプロラクタム（1物質のみ）

上，DOPやDOAはヒトに対する発ガン性が最もリスクの少ないランクとされている[13]。

(2) 内分泌攪乱物質（環境ホルモン）

1998年5月に環境庁が発表した「内分泌攪乱作用を有すると疑われる化学物質」にDOP, DBP, DOAなどの可塑剤がリストアップされた。フタル酸エステル類が環境ホルモンではないかとの疑いは極めて高濃度の試験管試験の結果で，一部のフタル酸エステルに弱いエストロゲン活性（女性ホルモン作用）が認められたことによるものであり，生体に関するデータは示されていない。

その後，可塑剤工業会は5種類のフタル酸エステル（DBP, DOP, DnOP, DINP, DIDP）とDOAのエストロゲン活性について試験管および生体内試験を行いエストロゲン活性のないことを確認し，「通常の使用条件下においてはヒトの健康や環境に悪い影響を与えるおそれは無い」と発表している[14〜16]。

環境ホルモン問題は，まだその評価方法をはじめとして不明確な部分が多く，早期の化学的立証が望まれる。

3.4 難燃剤

難燃剤としては，従来，デカブロを主とする臭素系難燃剤と三酸化アンチモン添加による方法が一般に行われてきたが，焼却時における有毒ガスの発生や臭素化ジベンゾダイオキシンの発生があり，問題とされた。また，難燃剤として使用され，年間30トン生産されているポリ臭化ビフェニール類（PBBs）は，環境ホルモン作用があるといわれる。

このような背景から，現在では脱デカブロが進み，ノンハロゲン難燃化へと進んでいる。特にポリオレフィンについては，ノンハロゲン系での難燃化が水和金属化合物，リン系難燃化剤などの添加による方法が検討されてきている。この場合にもリンや窒素系の場合には，廃棄の焼却時における発生ガスの有害性，環境影響に検討が必要である[17]。

3.5 充填剤

充填剤の環境への影響としては，リサイクル技術に対応したフィラーの再利用技術の開発と廃棄後のフィラーの含有金属等の無害化が重要である。

充填剤の中では，近年ウイスカなどの針状（繊維状）フィラーが自動車，家電，建材等の分野で多岐にわたって使用され，ナノコンポジット材料として注目され，期待されているが，ウイスカは，その繊維形状から，体内に入ったときの発ガン性等の安全性に注意する必要がある。ウイスカ等の無機フィラーの安全性の確認試験については，微生物を用いる変異原生試験やネズミ等の動物による気管内への注入試験などが行われている[18]。万一肺内に吸入されても容易に溶解

第8章 安定剤の環境への影響

し，体内に残留しないことなどの確認テストなども必要である。

3.6 静電防止剤

界面活性剤が使用されており，使用中および廃棄後の環境への影響についての考慮が必要である。

3.7 着色剤[19]

着色剤では，安全衛生面で各種法規制および業界自主規制があり，食品包装用や玩具用にはポリオレフィン等衛生協議会（PL）やFDAで優先的に使用する顔料が決められている。無機顔料においてはCd系やPb系など有毒重金属の使用が禁止され，有機顔料への切り替えが行われてきた。また，有機顔料においても，ドイツ日用品法に規定されている芳香族アミン類を原料とするアゾ系有機顔料の使用を避けることや，ダイオキシンの発生原因と考えられる含ハロゲン系色素も避けることが求められている。

3.8 発泡剤

従来，発泡剤として使用されてきたフロンはオゾン層を破壊するとして世界的に使用が規制され，環境に悪影響のない炭酸ガス，窒素，水蒸気に代替されている。フロンについては，第2世代のフロンの問題解決が重要課題となっている。また，ハロゲン化炭化水素や炭化水素等の有機化合物を発泡剤として使用する場合には，使用時や廃棄時に環境・衛生面に対する配慮が必要である。

3.9 滑剤

滑剤についても，金属せっけん，金属アマイドなどが使用されており，プラスチック製品のリサイクルや廃棄処理方法によっては，有毒ガスの発生や水質や土壌の汚染がある場合も考えられるので，環境への悪影響が無いような配慮が必要である。

4 おわりに

現在，プラスチック添加剤の中で，環境問題との関係でマスコミ等で大きくクローズアップされているのは，ダイオキシン，環境ホルモン問題との関連で，塩ビ系の安定剤，可塑剤，難燃剤が主なものである。これらの物質については，問題のない物質に代替検討を行うと同時に，その環境に及ぼす影響や有害性については，現在いろいろ議論もあり，今後科学的なデータの集積に

より，客観的な判断と方向付けが必要である。

今後，安定剤，可塑剤，充填剤，着色剤，難燃剤等の開発に当たっては，リサイクルや廃棄物処理などまで考慮した技術開発が必要であり，今後の大きな課題である。

文　　献

1) 井手文雄,「プラスチック配合剤 — 況と開発動向」，プラスチックス，51，No.9，p.18，工業調査会（2000）
2) 皆川源信,「プラスチック添加剤活用ノート」，p.16，工業調査会（1996）
3) 西沢　仁,「プラスチック配合剤の役割と最新動向　総論と難燃化の動向」，ポリファイル，p.11，No.6（2000）
4) 皆川源信,「プラスチック添加剤活用ノート」，p.11，工業調査会（1996）
5) 西沢　仁,「プラスチック配合剤の役割と最新動向　総論と難燃化の動向」，ポリファイル，p.11，No.6（2000）
6) 長谷川隆一,「可塑剤の現況と今後の動向」，ポリファイル，p.16，No.6（2000）
7) 武田邦彦,「難燃性プラスチック」，Plastics Age Encyclopedia＜進歩編＞1999，p.128（1999）
8) 同上
9) 中沢健二,「ポリ塩化ビニル安定剤」，ポリファイル，p.20，No.6（2000）
10) 釣賀，塩ビ食品衛生協議会会報，No.104，p.2（1999.3）
11) 野須　勉,「安定剤の最近の活用」，プラスチックス，50，No.10，p.41，工業調査会（1999）
12) 可塑剤工業会,「可塑剤インフォメーション」，No.7（1998.6）
13) 可塑剤工業会,「可塑剤インフォメーション」，臨時号（2000.3）
14) 可塑剤工業会,「フタル酸エステルの卵巣摘出ラットを用いた生体エストロゲン活性試験結果」，1999年12月
15) 可塑剤工業会,「DOAの卵巣摘出ラットを用いた生体内エストロゲン活性試験結果」，1999年12月
16) 可塑剤工業会,「フタル酸エステルの安全性」，1999年12月
17) 矢崎文彦,「配合剤の最近の展開－技術開発の動向と環境問題の指摘を中心に－」，プラスチックスエージ，46，4，p.86，㈱プラスチックス・エージ（2000）
18) 野村良一,「塩基性硫酸マグネシウムウイスカ　ケイ酸カルシウムウイスカ」，51，No.9，p.73，工業調査会（2000）
19) 児玉建治,「着色剤の最近の活用技術」，プラスチックス，50，No.10，p.36，工業調査会（1999）

第9章 高分子材料の長寿命化とリサイクル

伊澤槙一*

1 はじめに

　人類は古代以来，高分子材料を使い続けてきた。天然物そのままの利用の長い歴史のあと，天然物を加工したり化学的に変成したりするようになった。石炭化学を経て石油化学と結びつき，20世紀後半に安価，大量消費の使い捨て時代を迎えた。ようやく性能・機能を活かした産業資材としてのプラスチック利用へと進み，長寿命化も重要な課題となった。

　ローマクラブによる「成長の限界」で警告されてからすでに30年以上が経過したが，資源の消費や人口の増加には歯止めが掛かっていない。プラスチックも過去の地球の遺産としての石油を原料としており，省資源の立場からの取組みを求められている[1]。より高いレベルの文化的生活を少ない資源の消費で可能にすることにプラスチックは大きく貢献している。広義のリサイクルが含む省資源の意味に5つのRがある[2]。すなわち，①Refine，②Reduce，③Reuse，④Retrieve Energy，⑤Recycleである。高分子材料が省資源に果たしている役割とプラスチックリサイクルの持つ意味を考えてみる。Rの選択は，省資源，省エネルギーで一義的に考えられる。

2 長寿命化で省資源に寄与する5つのR

　プラスチックを使うということを省資源の観点から整理する。同一レベルの文化的生活を保つのに使用するエネルギーを削減できる重要な3つのRが，長寿命化によってもたらされる。さらに第4のRとしてプラスチック利用のお勤めを終えてからのエネルギー回収（Retrieve Energy）が大切になる。

　まず他の材料ではなくプラスチックを用いることで，エネルギーが大幅に節約される。家電やコンピューターのほとんどの部品，電話線や光ファイバーの被覆材，水道管やガス管など，生活の全てにわたる用途ではかの材料で置換できないほど，プラスチック利用は省資源を実現している。次にプラスチック間での材料移動が，①原料が石炭から石油化学由来のものへ，②難しいエンプラの構造で初めてその用途がプラスチック化されたものが汎用の基幹ポリマーへと進んだ。

---

　*　Shinichi Izawa　工学院大学　機械工学科　講師；上海交通大学　客員教授

これらは高価なものや環境に対して高負荷なものから，より良い材料の利用へと移る最適化（Refine）であり，第1のRである。

高分子を中心とした材料の複合化（ABC材料化）および添加剤効果によって高性能化・高機能化が達成される。このことは材料使用量の大幅削減に寄与し（Reduce），第2のRとなる。成形加工を単独で工夫したり，組合わせたりすること（加工の複合化）により同じ材料であっても高分子鎖の能力が引き出される。成形品内部の構造，配向，結晶化，高次構造制御などによっても材料の使用量を減らすことができ，（Reduce）に貢献する[3]。

材料の複合化，成形加工の複合化で製品の寿命を延ばしたり，何回でも使えるようにする。これは再利用（Reuse）を可能にし第3のRとなる。寿命の尽きたプラスチック廃棄物は，ゴミではなく資源である。使用済のプラスチックから最後にエネルギー回収（Retrieve Energy）することで燃料が節約され，省資源に役立つことになる。これが第4のRである。

実際にリサイクル（Recycle）する時には，エネルギーバランスを考えて第5のRに取り組む[4]。日本の一次エネルギーバランスの実際例を表1に示す[5]。この10年ほどの間これらの数字にほ

表1 日本における一次エネルギー供給源

種別	区分	年度	1989 数量	1989 比率	1990 数量	1990 比率	1991 数量	1991 比率	1992 数量	1992 比率	1993 数量	1993 比率
水 力		10^6kWh	93,860	4.6	91,164	4.2	99,555	4.6	84,168	3.8	97,812	4.3
原 子 力		10^6kWh	182,869	8.9	202,272	9.4	213,460	9.8	223,259	10.0	249,256	11.1
石 炭		10^3t	113,642	17.2	115,322	16.6	119,304	16.9	116,279	16.1	117,724	16.1
	国 産		11,655		10,487		8,901		8,026		7,554	
	輸 入		101,988		104,835		110,403		108,253		110,170	
石 油		10^3kl	289,686	57.9	307,451	58.3	302,050	56.7	315,775	58.2	310,640	56.6
	国産原油		661		662		946		982		898	
	輸入原油		210,892		238,479		238,645		255,668		256,404	
	輸入製品		78,134		68,310		62,459		59,125		53,338	
	(内LPG)	(10^3t)	(14,212)		(14,340)		(15,502)		(15,318)		(15,068)	
天 然 ガ ス		10^6Nm³	2,137	0.5	2,128	0.4	2,229	0.4	2,206	0.4	2,273	0.4
L N G		10^3t	33,904	9.5	36,312	9.7	38,391	10.2	39,066	10.2	39,952	10.3
地 熱		10^3kl	398	0.1	503	0.1	547	0.1	551	0.1	551	0.1
新エネルギー，他		10^3kl	6,475	1.3	6,592	1.3	6,739	1.3	6,589	1.2	6,270	1.1
合 計		10^3kl	499,166	100.0	525,739	100.0	530,770	100.0	541,326	100.0	541,375	100.1
	国産エネルギー		84,329	16.9	88,165	16.7	92,266	17.4	90,225	16.7	90,223	16.7
	輸入エネルギー		414,838	83.1	437,574	83.3	438,504	82.6	451,100	83.3	451,152	83.3

国産原油は国産LPGを含む。　　　　　　　　　　　　　　　　（出所：通産省（総合エネルギー統計））

第9章 高分子材料の長寿命化とリサイクル

とんど動きはなく，約83％を輸入に依存し続けている。概略3億トンの化石燃料のうちの5％弱がプラスチック原料としての石油化学に回されている。化石燃料のその他のエネルギー消費は書くまでもないが，直ちに燃焼によるエネルギー取出しをする「都市ガス」，「火力発電」，「ガソリン」等として利用されている。

3 高分子ABC技術で材料の高性能化・高機能化を図る（第二次省資源）

プラスチックの使用量は安価に供給される石油化学原料とのつながりで拡大の一途をたどり，世界全体では1億トン／年をすでに超えた（表2）[8]。1970年代の石油危機の頃から，プラスチック用途でも省エネルギー・省資源を目指した高機能化が始まった[7]。これは，性能を上げることができた分に応じてプラスチック使用量を減らすことが最大の狙いであり，結果としてコストダウン・資源節約を達成してきた。この時期までのエンプラ指向の改良による高性能化はコストが上がる一方であった。改良手段はABC材料開発技術に動き，コストパフォーマンスが大きく向上した。長い時間にわたって開発され続けた各種プラスチック材料の登場時期を整理した結果の一部を表3に示す[8]。今後とも汎用プラスチック（基幹ポリマー）のABC化が開発の中心となることが示唆される。他方ポリマーアロイの開発目的を高性能化の視点からまとめたのが，表4である[9]。

この分野の技術こそが長寿命化を実現するための主眼点であるので，汎用樹脂の代表であるPSとPOに絞ってReduceの実体を論ずることにする。

3.1 スチレン系ポリマーの改質

スチレン系ポリマーは硬質・非晶性樹脂の代表である。その改良には，グラフト共重合，ブロック共重合，ランダム共重合の全てが実用的に用いられている。これらは，ポリマーアロイの基礎的データ提供にも大きく役立っている。ポリマーアロイのミクロ構造と物性との関連等，スチレン系ポリマーアロイで得られた解析技術の基礎が，その後の全てのポリマーアロイ研究に活用されている。

(1) ゴム補強型ポリマーアロイ

1948年にゴムをブレンドしたポリスチレンがHIPSとして発表されたことに由来して，数多くの技術が報告されている。HIPS，ABS共に，主な製法はゴム存在下の重合である。塊状重合，乳化重合などにより，スチレンがゴム分子上にグラフト共重合することでゴム粒子の形状も物性も安定化された。これらのゴムのTEMによる観察が60年代末に日本で始まり[10,11]コントロールされている現場が見えるようになった。これ以降，実用特性の改良の速度も著しく早くなった。

表2 世界のプラスチック材料の生産量推移

(単位:1,000ton)

国 名		1989	1991	1993	1995	1997
アジア	日　　　　本	11,912	12,796	12,248	14,027	15,225
	韓　　　　国	2,512	3,731	5,777	6,689	7,621
	イ　ン　ド	350	425	921	1,200	2,000
	台　　　　湾	2,510	3,076	3,465	4,046	4,658
	中　　　　国	2,200	2,490	2,970	3,500	5,746
	タ　　　　イ	—	—	243	300	2,104
	サウジアラビア	1,200	1,200	1,200	1,200	1,200
	インドネシア	—	—	—	841	1,609
	そ　の　他	341	1,160	1,514	1,422	2,676
	小　　計	21,025	24,878	28,338	33,225	42,839
西ヨーロッパ	イ　ギ　リ　ス	2,032	2,259	2,076	2,665	2,065
	オ　ラ　ン　ダ	3,265	3,871	3,900	4,100	4,000
	ベ　ル　ギ　ー	2,808	3,082	3,355	4,100	4,499
	ス　ペ　イ　ン	1,934	1,988	2,123	2,594	2,949
	フ　ラ　ン　ス	4,259	4,457	4,800	5,093	5,800
	イ　タ　リ　ア	2,910	3,020	3,100	3,485	3,740
	ド　イ　ツ	10,178	9,965	9,948	10,330	11,858
	オーストリア	919	943	953	1,100	1,200
	そ　の　他	2,053	2,152	2,052	2,080	1,120
	小　　計	30,358	31,737	32,307	35,547	37,231
東ヨーロッパ	チェコスロバキア	1,186	944	504	430	460
	ロ　シ　ア	4,719	4,150	2,900	2,500	2,400
	そ　の　他	3,068	2,237	2,097	2,400	2,274
	小　　計	8,973	7,331	5,501	5,330	5,134
北アメリカ	ア　メ　リ　カ	26,549	28,480	31,232	35,701	42,110
	カ　ナ　ダ	2,187	2,322	2,600	3,177	3,508
	小　　計	28,736	30,802	33,832	38,878	45,618
南アメリカ	ブ　ラ　ジ　ル	1,884	1,956	2,269	2,630	2,988
	メ　キ　シ　コ	1,100	1,425	1,600	1,412	1,390
	そ　の　他	780	771	1,033	1,320	1,606
	小　　計	3,764	4,152	4,902	5,362	5,984
アフリカ	南アフリカ	536	650	679	700	820
その他	オーストラリア	781	706	915	1,080	1,092
	合　　計	94,173	100,256	106,474	120,122	138,718

(日本プラスチック工業連盟)

(2) 軟らかい材料へのアロイ化（ブロック共重合）

リビング重合で得られるポリブタジエン（PB）に，硬質のポリスチレン（PS）をブロック共重合することで軟らかさ（耐衝撃性）を備えた材料開発が可能となった。可変因子も多く，成分

第9章 高分子材料の長寿命化とリサイクル

表3 ポリマーの上市動向

a. 新モノマーからの新ポリマー材料（数字は工業化の年を示す）

			PET	'49				
		CR '32	POM	'53				
		UF '29	ACM	'47				
		PUR '39	PTFE	'50				
		PIB '33	EPM	'57				
		PEO	EPDM		PSO	'65		
		PA '39	iso.PP	'57	PPS	'68		
		SBR	HDPE	'54	変性PPO	'66		
		LDPE '38	ABS	'48	PPO	'64		
		PMMA '28	PAN	'50	PEEK	'80		
		BR	Epoxy	'43	PES	'72		
		PS '30	PC	'58	PI	'64	PEI	'81
PF	'09	PVC '31	Silicone	'42	PBT	'70	LCP	'84
1900	1920	1940	1960		1980		2000	

b. 既存のポリマー・モノマーからの新ポリマー材料（ABCポリマー）

				動的加硫型TPO
				PBT/LCP
			PC/ABS	PC/ASA
			PC/PBT	PP/PA
			PET/EPDM	PP/EPDM/HDPE
			PA/EPDM	PVC/CPE
			PP/EPDM	PA/PPO/PS
			PVC/ABS	PA/HDPE
		SAN/NBR	PVC/EVA	SMA/ABS
		PS/BR	PS/PPO	POM/PUR
		PVC/NBR	FRTP	PBT/EPDM
1900	1920	1940	1960	1980 2000

比，分子量，分子量分布，PBの立体構造などで多様な商品が作られ，材料として広いベースを築いている。一分子内に異なる特性の構造を有することから，ポリマーアロイのコンパティビライザーとしても活用されている。その実績は枚挙にいとまがないほどであるが，具体的には使用していることを公表していない例も多い。

表4 アロイ化による物性向上の狙い

高性能化	短期物性	耐衝撃性，強度特性，耐トラッキング性，耐薬品性，耐水性，耐熱性
	耐久性	クリープ特性，耐変色性，耐オゾン性，耐環境応力亀裂性
高機能化		難燃性，制振性，制電性，ガスバリヤー性，EMIシールド性，透明性，表面装飾性，摺動特性，表面機能化

注）アロイ化の狙いには，これらのほかに，成形加工性の向上，経済性の付与などもある。

(3) 相溶性アロイの創造（ランダム共重合）

ポリマーとポリマーとは基本的に非相溶であり，唯一の実用的な相溶性ポリマーアロイはPPE/PS系である。これは双方とも単独ポリマーであって，その後の知見からみても極めて例外的で

377

表5 スチレン系ランダム共重合体（SAN）と他ポリマー成分との相溶性を持つブレンド例

ランダム 共重合体	他ホモポリマーまたはコポリマー
SAN	PMMA, PEMA, PnPMA
SAN	MAN（MMA-ANランダム共重合体）
SAN	SMA
SAN	TMPC（テトラメチルビスフェノールAポリカーボネート）
SAN	PC（ビスフェノールAポリカーボネート）
SAN	PVC
SAN	SMI（スチレン-N-フェニルマレイミドランダム共重合体）
SAN	スチレン-AN-N-フェニルマレイミドランダム共重合体

ある[12]。

コポリマーを用いるmissibility windowの研究が，1977年に発表された。この手法はランダム共重合体を構成するモノマー成分が相互に反発力を持つ点を利用して第3のポリマーと分子レベルで相溶させるものである。従って広く応用でき，多くの相溶性ポリマー対が報告されるようになった。研究と実用とが同時に進行したのは，ほかのポリマーアロイの場合と同様である。

分子内反発力が比較的大きいスチレン-アクリロニトリル共重合体は，多くの相手ポリマーと相溶性を示した。共重合組成は，相手ポリマーの種類によって異なるのが常である。例を表5にまとめた[13]。

(4) エンプラとのアロイ

非常に数多くの実用化が行われているので，ここではエンプラ添加の効果による難燃性樹脂への応用を例として取り上げる。

スチレン系材料は，その電気特性が抜群であることから各種の電気絶縁材料として用途を拡大している。1960年代後半から，そうした用途での樹脂の難燃化が求められ，ブロム系，ハロゲン系難燃剤を用いた難燃材料の利用が続いた。近年，環境問題等を中心にノンハロゲン難燃化の要求が高まってきた。主鎖中に芳香族核を持つ熱に安定なエンプラ（特にPPEおよびPC）は，燃焼する際に樹脂の表面が炭化することで消火に力を発揮する[14]。

ABS/PCのノンハロゲン難燃化には，リン酸エステル類が難燃剤として使用されている。ABS/PCの用途に占める難燃樹脂の割合，その難燃樹脂に占めるノンハロゲン難燃化の割合共に，急速に上昇している。

PS/PPE系ではリン酸エステル類を難燃剤とすると，耐熱温度の大幅な低下を招く。従来はPPEの含有量を多くして解決していたが，PSの特徴が失われる傾向にあった。最近になって[15]，この問題を克服する技術が登場してPS/PPE比率が74/26で，実用化された。図1にこれまでのリ

ン酸エステル類との比較を示した。

3.2 オレフィン系ポリマーのポリマーアロイ化

(1) ポリオレフィンのゴム補強タイプアロイ

ポリプロピレン（PP）にポリエチレン（PE）の特徴を導入して低温脆性を向上させたポリマーアロイは，1960年代半ばに上市された。インリアクターアロイという呼び名は，PPの重合系にエチレンをフィードして共重合するプロセス技術から欧米で与えられた[16]。日本ではブロックPPと呼ばれているもので，解析技術の進歩で内容が明らかになった後も改名されていない。この実体は，マトリックスのPPと分散相のPEとはいずれもほとんどホモポリマーで，ごく少量のPP/PE共重合体がコンパティビライザーとして界面に存在するものである[17]。その物性の代表例を図2の脆化温度の比較で示す。また，ブロックPPの電子顕微鏡写真の例を図3に示す。

この技術をベースに，1980年頃から高性能な自動車バンパー用のEPR改質PPが続々と上市されたのである。

(2) ポリエチレンの範囲の拡大

PEは高圧法による低密度品（LDPE）でスタートした。触媒技術であるチグラー–ナッタ法（Z-N触媒）で高密度品（HDPE）が生まれ，それぞれの持つ特性を活かして住み分けていた。メタロセン触媒研究は，80年代には世界のPE研究者の9割近くを巻き込んで実用化へと突き進んだ。メタロセン触媒によるPEの特徴は，①ポリマーの分子量分布が狭い，②コポリマーの組成分布が狭い，③不要なオリゴマーやワックスが少ない，④長鎖の1-オレフィンやシクロオレフィンとも共重合しやすい等がある。

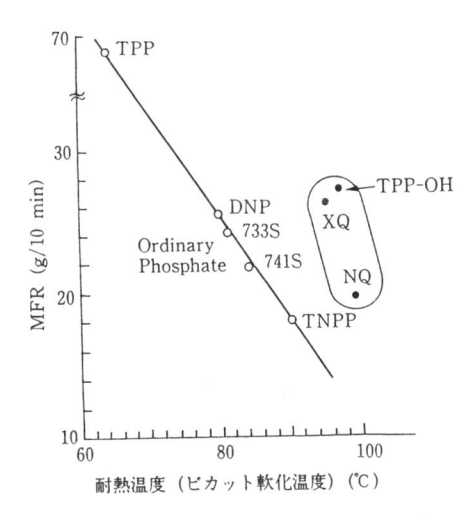

図1　HIPS/PPE/各種リン酸エステル（74/26/31）の耐熱温度と溶融流動性（MFR）の関係

TPP-OH : Resorcinyl diphenyl phosphate
XQ : Hydroquinonyl diphenyl phosphate
NQ : Phenyl nonylphenyl hydroquinonyl phosphate
The phosphates containing no hydroxyphenyl group we used were :
TPP : Triphenyl phosphate
DNP : Phenyl dinonyl phenyl phosphate
733S : Tetraphenyl resorcinol diphosphate
741C : Tetracrezyl bisphenol A diphosphate
TNPP : Tris (nonylphenyl) phosphate

高分子の長寿命化技術

最近のブレンドの実績として注目されているメタロセン系PEを用いるバイモーダルポリマーの具体例を説明する[18]。メタロセン触媒で得られる単分散な分子量分布を持つポリマーを活用して，平均分子量とコモノマー分布（分岐度）とを別々にコントロールしたポリマーブレンドを製造する。図4はこうして得られたバイモーダルポリマーのGPCとコモノマー分布とを同時プロットしたものである。この図の示すところはコモノマーを高分子側に多く導入している点で，従来のZ-N触媒系の延長では不可能であった。この技術でインフレーション成形における加

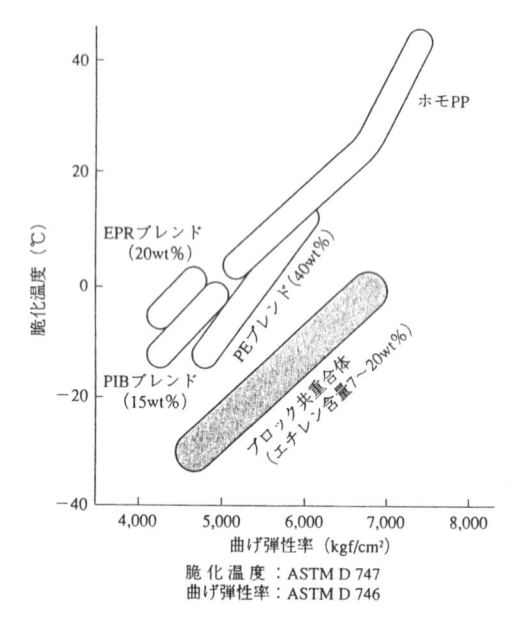

図2　ブロック共重合体とブレンドとの物性比較

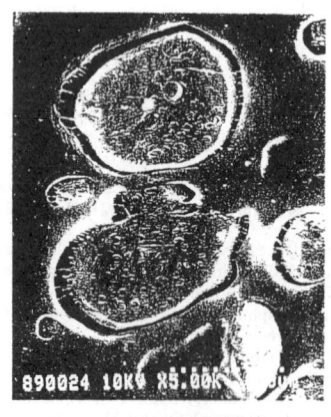

図3　ブロックPPの電子顕微鏡写真
　a) 走査電子顕微鏡　　b) 透過電子顕微鏡

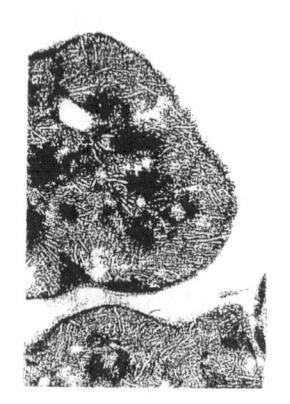

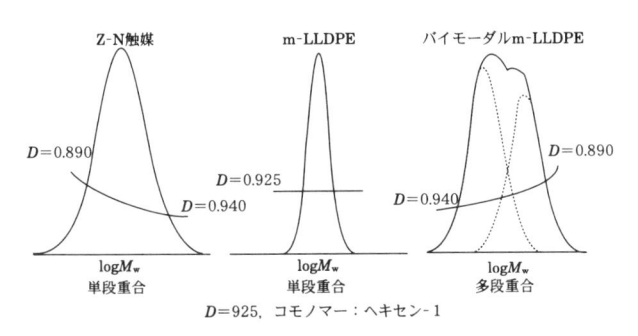

第9章 高分子材料の長寿命化とリサイクル

```
      Z-N触媒                m-LLDPE            バイモーダルm-LLDPE

  D=0.890                                                    D=0.890
              D=0.925
        D=0.940            D=0.940

    logMw                   logMw                  logMw
   単段重合                 単段重合                多段重合
              D=925, コモノマー：ヘキセン-1
```

図4　分子量分布とコモノマー分布（バイモーダルの比較）

表6　m-LLDPE肥料袋の性能

種　類	耐熱温度 (℃)	袋厚み (μm)	落袋強さ（回）(−10℃, 2.5m)
m-LLDPE (＜エボリュー＞SP3010)	105	130	>10
HAO-LLDPE (Z-N触媒)	95	150	8
高圧法PE (EVA 8%)	85	200	7

注）袋サイズ：縦60×横42cm
　　内容物：化成肥料20kg

工性と物性とを高いレベルで両立しうるようになる。この手法で得られた使用量大幅削減（Reduce）の実例として三井化学のm-LLDPEを使用した肥料袋の特性比較を表6に示した。

(3) 耐熱・高強度コポリマー

メタロセン触媒を用いてノルボルネンやテトラシクロドデセンなどと共重合させると，非晶質で高いガラス転移温度を持つ材料が得られる。これらを一括してシクロオレフィンコポリマー（COC）と呼ぶ。COCは耐熱安定性，耐薬品性，耐候性などのポリオレフィンの特性を保持しつつ，耐熱性，機械特性，溶融流動性，寸法精度などが付与され用途が著しく広がる[19]。

Montell社は多孔性ポリマー粒子を生成する触媒によるPPの重合にCatalloy Processと命名し，1990年頃から技術を展開しはじめている[20]。PPに対するコモノマーの質・量の選択で軟質なものから硬いものまで，重合反応器の中でアロイ化して取り出せるのが特徴である。ポリスチレンとのアロイをHivalloy G，ポリメチルメタクリレートとのアロイをHivalloy Wと名付けて大型の成形品分野に拡販している。

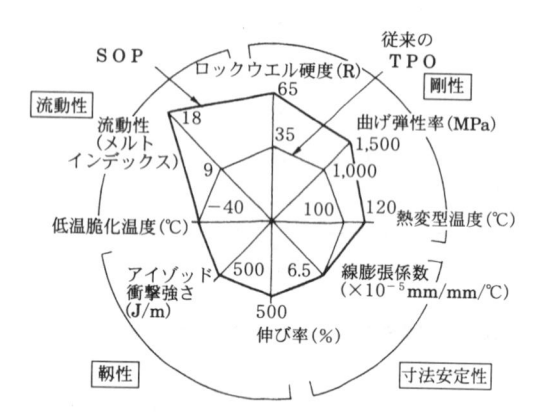

図5　SOPと従来のゴム変成PP（TPO）との特性比較

(4) SOPモデル（マトリックスと分散系の役割分担）の登場

日本のPPメーカー各社とトヨタ自動車との共同開発で，1991年8月にSOPが発表された。この技術はポリマーアロイ化の一つの集大成といえるものであり，ポリオレフィンの可能性を非常に拡大した[21]。技術のポイントは，PPの結晶性と結晶化速度を高めるために立体規則性を最高度に保つと同時に低分子量化を図ったことにある。さらにエラストマー成分とPPの非晶部分とをつなぐエチレン共重合体に工夫が込められている。SOPの特性バランスを従前のTPOと比較したのが図5であるが，一番の特徴は流動性の大幅アップにある。剛性の高さはPPの結晶化度に依存し，衝撃強さは非晶部のゴム的性質が活かされている。

SOPの構造解析は，実用化後も次々とデータが積み上げられ続けている。

(5) PPの発泡体化とセル膜の補強

高分子材料の発泡成形品の持つ高い物性が再認識されている。発泡成

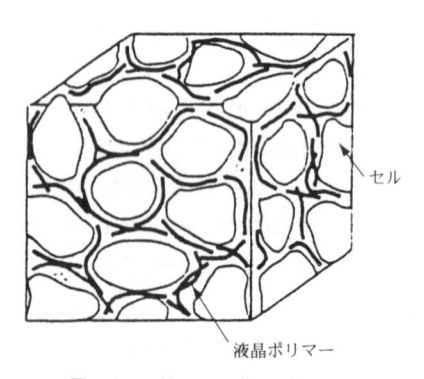

図6　LCP補強PP発泡体の模式図

形体が有する弾性率,強度の高さは,中空のもつ構造物性の発揮に加えて発泡セル膜内での高分子鎖の配向も大きな役割を果たしている。薄膜の中で360度の全ての方向に延伸されているポリマーが,強度・剛性向上の働きをしているのである[22]。

先端をいく実例の一つとして,PP発泡体の液晶ポリエステル(LCP)による補強を取り上げる。これは図6に模式的に示すように,フレキシビリティのあるLCP分子がセル膜補強に配向を伴って大きく寄与しているのである[23]。発泡体としての強度が2～3倍に上がるとともに,耐熱性も改良されると報告されている[24]。

ほかにも様々な高性能化の実例が出てきているが,汎用ポリマーをマトリックスとし,LCPをブレンドすることで物性と加工性とを大幅に向上させる技術は今後の進展が大いに期待される。

4 高機能化と成形加工活用による材料の減量と長寿命化

再利用(Reuse)に相当する技術領域であって,大幅な材料の節約に繋がる。2つの視点から整理してみる。

4.1 安定性の向上

合成高分子よりなるプラスチック材料の寿命は,その歴史が短いこともあって確実なことはわかっていない。例えば15年の寿命を保証されてリサイクルされたビールコンテナの物性劣化に関する評価では,表面のごく薄い層に幾分かの分子量低下などが認められた以外は充分に再利用が可能であった。ポリプロピレン(PP)製のビールコンテナの市場経時9年の物性比較を表7に示す[25]。衝撃特性が少し低下しているほかは,ほとんど維持されている。リサイクルされた成形品の深さ方向の分子量の変化を調べたのが図7である。表面から50μmまでは劣化が認められるが内部は変化していないことがわかる。実際にビールコンテナは再成形されてプラスチックパレットに使われ,20年の寿命保証を受けている。

合成ポリマーの劣化に必要な条件は,①太陽光線,②水分,③空気中の酸素の3つが同時に関与することである。よく知られているようにプラスチックは,光,水,O_2のいずれに対しても不良導体であり,ごく表面しか侵されない

表7 ビールコンテナのリサイクル物性

項目	単位	原点	市場経時9年	
			製品	粉砕成形
MFR	dg/min	1.6	1.6	2.4
密度	g/cm³	0.910	0.915	0.911
引っ張り強度	MPa	34	35	33
引っ張り伸び	%	500	280	470
曲げ剛性	MPa	1,150	1,130	1,170
衝撃強度	kJ/m²	45	17	35

ことはよく理解できる。汎用プラスチックも長寿命用途への広い展開が検討されるようになってきたのは喜ばしいことである。

　実用的な意味での材料の安定化技術も数多く蓄積されている。酸化防止剤の選択で成形加工時の高温と長期使用に耐える材料としている。また，ゴム補強のポリマーアロイでは，ゴム部分などに酸化防止剤を加える改良ばかりでなく，一般のゴムにある不安定な二重結合を持たないエラストマーを用いるなどの技術展開も広い。

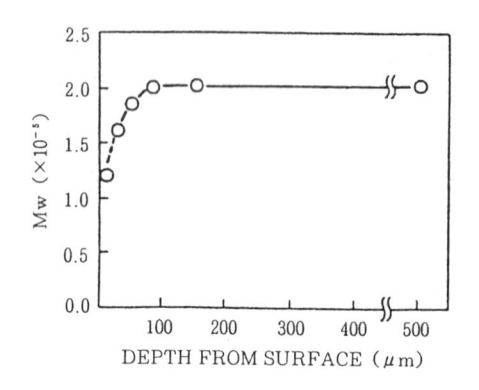

図7　表面層の重量平均分子量の変化

4.2　成形加工技術

　高分子鎖の性能をより高いレベルで発揮させる材料の成形加工については，別の記事に詳しい。現在の通常の成形法による実用的三次元成形品の強度・弾性率は，高分子鎖の持つ理論値に対して1％以下でしかない[26]。

　ABC材料の解析が進むとともに，成形品物性に与える高分子鎖の配向や結晶化の効果が明らかにできるようになってきた。その結果，コントロールされた配向，結晶構造を活用できる成形に期待が高まってきている。すなわち，省資源，長寿命化につながる成形加工として高次構造の制御の価値が大きくなっている。これは言葉を換えれば糸まり状高分子鎖との訣別なのである。高分子鎖を働かせる目標をせめて10％として特性を発揮させうるならば，おなじ使用価値に対するプラスチック消費量を何分の1かに減らすことができる[27]。これが21世紀初頭の高分子材料成形の大きなターゲットである。具体化させる方法の一つとして考えられるのが，超高分子量を得ることと，これを成形品に加工することとの両立である。

5　1度プラスチックとして使用した後でエネルギーとして使用

　原油を直接エネルギー源として消費する無駄を少しでも減らす ─ 2度，3度と機能材料として働かせた上で，エネルギーとして活用する。プラスチックの適正な廃棄物対策として93年5月に通産省の「廃棄プラスチック21世紀ビジョン」が発表された[28]。その概略を示すのが図8である。

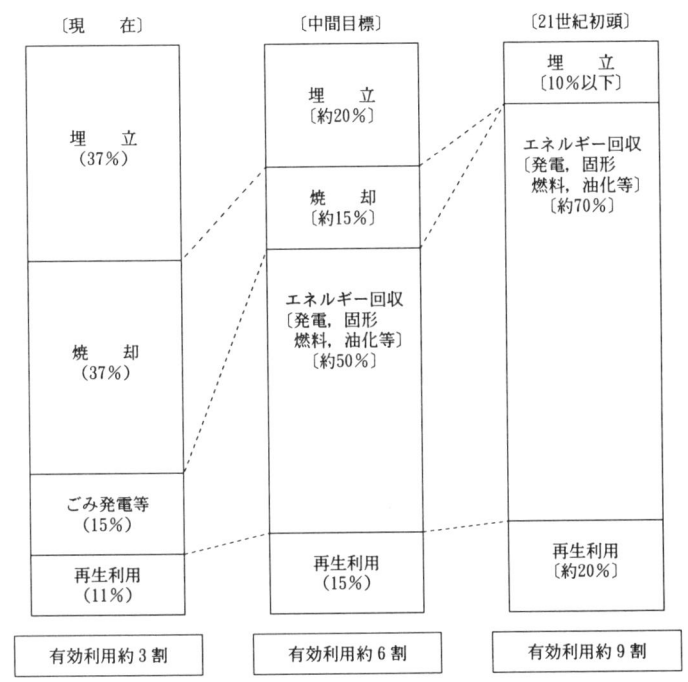

第9章　高分子材料の長寿命化とリサイクル

〔現　　在〕

埋　立（37%）

焼　却（37%）

ごみ発電等（15%）

再生利用（11%）

有効利用約3割

〔中間目標〕

埋　立〔約20%〕

焼　却〔約15%〕

エネルギー回収〔発電，固形燃料，油化等〕〔約50%〕

再生利用（15%）

有効利用約6割

〔21世紀初頭〕

埋　立〔10%以下〕

エネルギー回収〔発電，固形燃料，油化等〕〔約70%〕

再生利用〔約20%〕

有効利用約9割

注）エネルギー回収には，ごみ発電および熱レベルでの利用，各種の燃料化など廃プラスチックをエネルギー資源として有効利用するすべての手段を含む。エネルギー回収の現状についてはごみ発電以外に関し信頼すべきデータが得られていないため，ごみ発電のみの数値で代用する。

図8　廃棄プラスチック21世紀ビジョン

5.1　ゴミ発電の充実

　自治体が，その主要な任務として多様なゴミを収集・処理することは重要である。この際に廃プラスチックからエネルギー回収してゴミ発電をするのは，資源活用の重要な方法の一つである。燃焼によって取り出せる内部エネルギーを1分活用できるように水分含有ゴミの分別が重要である。その上で，次の2つの規制緩和，すなわち，①電力の供給者を限定している状況からの自由化，②農業地への人工堆肥供給の自由化，で目標に近づくであろう。

5.2　セメントキルンへの投入

　タイヤのエネルギーリサイクルとして，セメントキルンでの燃料化が実行されるようになって廃タイヤの山が日本から消えた。廃プラスチックは多品種の混合物であること，食品等の汚れや

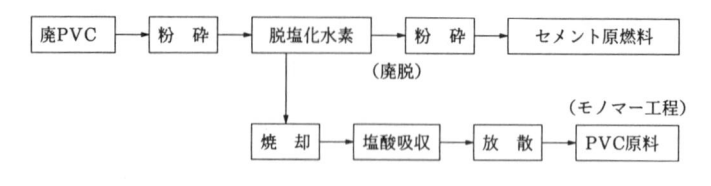

```
廃PVC → 粉砕 → 脱塩化水素 → 粉砕 → セメント原燃料
                  (廃脱)
                    ↓                      (モノマー工程)
                  焼却 → 塩酸吸収 → 放散 → PVC原料
```

図9　セメント原燃料化の概念

金属類の混入などから燃料へのルートでの処理は遅れていた。今では，大分県から始まった分別を含めたセメント原燃料化への取り組みが全国に広がっている。塩ビを含む廃プラ処理で問題となる塩酸腐食についても，図9に示す脱塩素化ルートが確立されて本格的なエネルギー回収が可能となっている[29]。

5.3 鉄鋼業界での廃プラスチック再資源化への取り組み

NKK京浜製作所で，塩素を含まない産業系廃棄プラスチックをコークス（石炭）代替原料として使うことからスタートしていた[30]。現在ではセメントキルン法と同様な前処理工程で塩素系樹脂の分解を行っており，一般廃棄物系の廃プラスチック処理技術が各社で確立されている。コークス炉用原料，高炉用還元原料，ボイラーの燃料用など広く投入可能になって商用化が実現している。このルートはCO_2発生量の削減，ダイオキシン発生の危惧排除など環境対応に優れた資源化法である。

2000年1月14日付の日本経済新聞によれば，鉄鋼業界全体での廃プラ利用量は，1999年で4.5万トン，2000年で16万トンと予測されており，2010年には年間100万トンの受け入れが可能となると伝えられている。

欧米でもケミカルリサイクルあるいはフィードストックリサイクルという呼び名で広く活用され始めている。将来性に富んだ良いリサイクルルートであると思う[31]。

6　実際にリサイクルする場合の注意事項

実際にリサイクルする場合には無駄なエネルギーは使わないようにしなければならない。すでに沢山のリサイクル技術開発が行われて公表されている[32]。それらはエネルギーバランスに触れているものは数少なく，廃棄物の収集を含む間接エネルギー消費は無視していると言ってもよい。検討した範囲が技術だけとか，経済性までというプロセス開発は環境関連では許されない。プラスチックリサイクルの最重要点は，リサイクルで使うエネルギーとプラスチックの新品生産

時のエネルギーを比べることである[33]。目に見えるプラスチック廃棄物のリサイクルが省資源につながれば大変結構なことである。

風説としてプラスチックリサイクルに関する誤報が多いので，現在の技術レベルで正しいと考えられる点を箇条書きにする。せっかく省資源に寄与しているプラスチックを，使い終わった後，リサイクル段階での無知な動作によって資源の無駄遣いとしないように気をつけたい。

① 廃プラスチックの集積や移動に消費されるエネルギーが，バージン材料の生産時のエネルギーに対して充分に小さいとき以外は，それを移動してはいけない。（移動エネルギーの無駄）

② リサイクルするために廃プラスチックを洗浄する洗剤や水は，環境負荷を増大する。排水処理に要するエネルギーを考えてもバランスする時以外は洗ってはいけない。（汚れをとることによる無駄）

③ 混合して使われているプラスチック（ラミネートなども含む）を分別することはエネルギーの上でほとんどバランスがとれない。複合プラスチックを種類別に分けてはいけない。（分別による無駄）

④ リサイクル材料がそのまま再使用できるほど，純度良く回収されたとしても，再ペレット化に押出機を通すと多くのエネルギーが要る。安定剤や着色剤などを混ぜる手段としてエネルギーバランスがとれる場合を除いては，再押出ししてはいけない。（再ペレット化の無駄）

実際にリサイクルしてエネルギーの無駄にならない場合としては，①廃プラスチックを集められる静脈流ができている，②洗浄や分別などの工程が不必要な高純度で戻ってくる，③マスターバッチ的な安定化や着色で新しい製品の成形が可能等の条件を満たしているときである。エネルギーに対する感度が鈍いと対応を誤ることになるので気をつけたい。

7 今後の展望

本当に役立つ高分子材料のリサイクルは，重点的なRetrieve Energyである。そのための今後への一つの提言を掲げる。プラスチックを含む廃棄物の分別リサイクルを進めるべきであり，その内容はつぎの2つに分かれる。

① いわゆる都市ゴミの中で台所ゴミと呼ばれる厨房廃棄物を完全に分別し，生分解性プラスチック袋を活用して堆肥にリサイクルすること。食料からの大部分が天然物であるゴミは大地に還元するのが良い。大地を通じて食料の再生産につなげるのが，地味を劣化させないでおく最良の方法でもある。

② 水分と塩分の95％以上を除去されたプラスチック廃棄物を含む可燃性ゴミは，明らかに燃料資源と呼べるものである．

近未来（2030年位まで）のわれわれの取るべき立場は次の通りである．

地球上の人類の生活を支えながら，①直接的に太陽エネルギーを大切に使うこと，②化石エネルギー資源は燃焼させるまでに繰り返し役立てること，③未来の技術が課題を解決してくれるまで，エネルギー不足とならないようなしっかりしたつなぎ役を果たすこと，である．

文　　献

1） 例えば，"プラスチックリサイクリング"，プラスチックス・エージ臨時増刊号（2000.8）
2） 伊澤槇一，"産業構造の変化と高分子材料開発の課題"，TBR産業研究会，特別シンポジウム（1997.2）
3） 伊澤槇一，成形加工，8（7），446（1996）
4） 武田邦彦，"リサイクルしてはいけない"，青春出版社（2000.2）
5） "プラスチックリサイクル総合技術"，p.119，シーエムシー出版（1997.3）
6） プラスチックス・エージ，45（12），136（1999）
7） 伊澤槇一，"素描"，高分子，45（7），446（1996）
8） 高島直一，"新春座談会"，プラスチックス・エージ，42（1），111（1996）
9） 伊澤槇一，プラスチックス・エージ，44（8），93（1998）
10） K.Kato, *J.Polym., Sci., Polym.Lett.Ed.*, 4, 35（1966）
11） M.Matsuo, C.Nozaki, Y.Jyo, *J.Electron Microsc.*, 17, 7（1968）
12） 伊澤槇一，"ポリフェニレンエーテル系ポリマーアロイ"，プラスチックス・エージ，37，(3)，152（1991）
13） 伊澤槇一，"プラスチック材料の開発状況と課題"，プラスチックス・エージ，41（4），138（1995）
14） 大谷郁二，"難燃剤と難燃樹脂"，プラスチックス・エージエンサイクロペディア（進歩編），1997，p.180
15） H.Nishihara et al., "FRCA, FIRE SAFETY DEVELOPMENTS FROM AROUND THE WORLD", INTERNATIONAL CONFERENCE, Frorida, March（1995）
16） *Plastics Technology*, July, p.31（1992）
17） "新春座談会"，プラスチックス・エージ，44（1），123（1996）
18） 末松征比古，Plastics Age Encyclopedia，＜進歩篇1999＞p.145（1998）
19） 山本陽造，プラスチックス，47（2），26（1996）
20） Chem.Week, May 6th, p.36（1992）；Modern Plastics International, Oct., p.34

(1992)
21) 西尾武純ら,"スーパーオレフィンバンパの開発", TOYOTA Technical Review, 42 (1), p.13 (1992)
22) 清水宏,"高倍率発泡成形技術と樹脂特性",成形加工, 8 (4), 208 (1996)
23) 木村浩,"最新の発泡成形技術",プラスチック成形加工学会第49回講演会要旨集, p.42 (2000.3)
24) 日本経済新聞2月13日号 (1999)
25) "プラスチックリサイクル総合技術", p.122, シーエムシー出版 (1997.3)
26) 例えば,特集"プラスチック成形加工",工業材料, 47 (10) (1999)
27) 緒方直哉,"素描",高分子, 45 (5), 305 (1996)
28) 通産省基礎化学品課,"廃棄プラスチック21世紀ビジョン"(1993.5)
29) 新居宏美,村山謙二,"プラスチックリサイクリング",プラスチックス・エージ臨時増刊号, p.115 (1999.8)
30) NKKカタログ資料
31) 林 信一,プラスチックス, 49 (3), 23 (1998)
32) 草川紀久,"よくわかるプラスチックリサイクル",工業調査会 (1999.10)
33) 佐々木陽子,仲井俊顕,武田邦彦,"高分子材料のリサイクルによる環境破壊",第7回ポリマー材料フォーラム予稿集, p.301 (1998)

《CMCテクニカルライブラリー》発行にあたって

弊社は、1961年創立以来、多くの技術レポートを発行してまいりました。これらの多くは、その時代の最先端情報を企業や研究機関などの法人に提供することを目的としたもので、価格も一般の理工書に比べて遙かに高価なものでした。

一方、ある時代に最先端であった技術も、実用化され、応用展開されるにあたって普及期、成熟期を迎えていきます。ところが、最先端の時代に一流の研究者によって書かれたレポートの内容は、時代を経ても当該技術を学ぶ技術書、理工書としていささかも遜色のないことを、多くの方々が指摘されています。

弊社では過去に発行した技術レポートを個人向けの廉価な普及版《CMCテクニカルライブラリー》として発行することとしました。このシリーズが、21世紀の科学技術の発展にいささかでも貢献できれば幸いです。

2000年12月

株式会社　シーエムシー出版

高分子の長寿命化と物性維持　(B0774)

2001年 1月 1日　初　版　第 1 刷発行
2006年 4月25日　普及版　第 1 刷発行

監　修　西原　一　　　　　　　　　Printed in Japan
発行者　島　健太郎
発行所　株式会社　シーエムシー出版
　　　　東京都千代田区内神田1-13-1　豊島屋ビル
　　　　電話 03 (3293) 2061
　　　　http://www.cmcbooks.co.jp

〔印刷　倉敷印刷株式会社〕　　　　　© H. Nishihara, 2006

定価はカバーに表示してあります。
落丁・乱丁本はお取替えいたします。

ISBN4-88231-881-4 C3043 ¥5400E

☆本書の無断転載・複写複製(コピー)による配布は、著者および出版社の権利の侵害になりますので、小社あて事前に承諾を求めて下さい。

CMCテクニカルライブラリーのご案内

都市ごみ処理技術
ISBN4-88231-858-X　　　　　　B751
A5判・309頁　本体4,000円＋税（〒380円）
初版1998年3月　普及版2005年6月

構成および内容：循環型ごみ処理技術の開発動向／収集運搬技術／灰溶融技術（回転式表面溶融炉 他）／ガス化溶融技術（外熱キルン型熱分解溶融システム 他）／都市ごみの固形燃料化技術（ごみ処理におけるRDF技術の動向 他）／プラスチック再生処理技術（廃プラスチック高炉原料化リサイクルシステム 他）／生活産業廃棄物利用セメント
執筆者：藤吉秀昭／稲田俊昭／西塚栄 他20名

自己組織化ポリマー表面の設計
監修／由井伸彦　寺野 稔
ISBN4-88231-856-3　　　　　　B749
A5判・248頁　本体3,200円＋税（〒380円）
初版1999年1月　普及版2005年5月

構成および内容：序論／自己組織化ポリマー表面の解析（吸着水からみたポリマー表面の解析 他）／多成分系ポリマー表面の自己組織化（高分子表面における精密構造化 他）／結晶性ポリマー表面の自己組織化（動的粘弾性測定によるポリプロピレンシートの表面解析 他）／自己組織化ポリマー表面の応用（血液適合性ポリプロピレン表面 他）
執筆者：由井伸彦／寺野稔／草薙浩 他24名

機能性食品包装材料
監修／石谷孝佑
ISBN4-88231-853-9　　　　　　B746
A5判・321頁　本体4,000円＋税（〒380円）
初版1998年1月　普及版2005年4月

構成および内容：［第Ⅰ編総論］食品包装における機能性包材［第Ⅱ編機能性食品包装材料（各論1）］ガス遮断性フィルム 他［第Ⅲ編機能性食品包装材料（各論2）］EVOHを用いたバリアー包装材料／耐熱性PET 他［第Ⅳ編食品包装副資材］脱酸素剤の現状と展望 他［環境対応型食品包装材料］生分解性プラスチックの食品包装への応用 他
執筆者：石谷孝佑／近藤浩司／今井隆之 他26名

プラスチックリサイクル技術と装置
監修／大谷寛治
ISBN4-88231-850-4　　　　　　B743
A5判・200頁　本体3,000円＋税（〒380円）
初版1999年11月　普及版2005年2月

構成および内容：［第1編プラスチックリサイクル］容器包装リサイクル法とプラスチックリサイクル／家電リサイクル法と業界の取り組み 他［第2編再生処理プロセス技術］分離・分別装置／乾燥装置／プラスチックリサイクル破砕・粉砕・切断装置／使用済みプラスチックの高炉原料化技術／廃プラスチックの油化技術と装置／RDF
執筆者：大谷寛治／萩原一平／貴島康智 他9名

機能性不織布の開発
ISBN4-88231-839-3　　　　　　B732
A5判・247頁　本体3,600円＋税（〒380円）
初版1997年7月　普及版2004年9月

構成および内容：［総論編］不織布のアイデンティティ 他［濾過機能編］エアフィルタ／自動車用エアクリーナ／防じんマスク 他［吸水・保水・吸油機能編］土木用資材／高機能ワイパー／油吸着材［透湿機能編］人工皮革／手術用ガウン・ドレープ 他［保持機能編］電気絶縁テープ／衣服芯地／自動車内装材用不織布について 他
執筆者：岩熊昭三／西川文子良／高橋和宏 他23名

高分子制振材料と応用製品
監修／西澤 仁
ISBN4-88231-823-7　　　　　　B716
A5判・286頁　本体4,300円＋税（〒380円）
初版1997年9月　普及版2004年4月

構成および内容：振動と騒音の規制について／振動制振技術に関する最新の動向／代表的な制振材料の特性［素材編］ゴム・エストラマー／ポリノルボルネン系制振材料／振動・衝撃吸収材の開発 他［材料編］制振塗料の特徴 他／各産業分野における制振材料の応用（家電・OA製品／自動車／建築 他）／薄板のダンピング試験
執筆者：大野進一／長松昭男／西澤仁 他26名

複合材料とフィラー
編集／フィラー研究会
ISBN4-88231-822-9　　　　　　B715
A5判・279頁　本体4,200円＋税（〒380円）
初版1994年1月　普及版2004年4月

構成および内容：［総括編］フィラーと先端複合材料［基礎編］フィラー概論／フィラーの界面制御／フィラーの形状制御／フィラーの補強理論 他［技術編］複合加工技術／反応射出成形技術／表面処理技術 他［応用編］高強度複合材料／導電、EMC材料／記録材料 他［リサイクル編］プラスチック材料のリサイクル動向 他
執筆者：中尾一宗／森田幹郎／相馬勲 他21名

環境保全と膜分離技術
編／桑原和夫
ISBN4-88231-821-0　　　　　　B714
A5判・204頁　本体3,100円＋税（〒380円）
初版1999年11月　普及版2004年3月

構成および内容：環境保全及び省エネ・省資源に対する社会的要請／環境保全及び省エネ・省資源に関する法規制の現状と今後の動向／水関連の膜利用技術の現状と今後の動向（水関連の膜処理技術の全体概要 他）／気体分離関連の膜処理技術の現状と今後の動向（気体分離関連の膜処理技術の概要）／各種機関の活動及び研究開発動向／各社の製品及び開発動向／特許からみた各社の開発動向

※書籍をご購入の際は、最寄りの書店にご注文いただくか、㈱シーエムシー出版のホームページ(http://www.cmcbooks.co.jp/)にてお申し込み下さい。

CMCテクニカルライブラリー のご案内

高分子微粒子の技術と応用
監修／尾見信三／佐藤壽彌／川瀬　進
ISBN4-88231-827-X　　　　　　　　　B720
A5判・336頁　本体4,700円＋税（〒380円）
初版1997年8月　普及版2004年2月

構成および内容：序論［高分子微粒子合成技術］懸濁重合法／乳化重合法／非水系重合粒子／均一径微粒子の作成／スプレードライ法／複合エマルジョン／微粒子凝集法／マイクロカプセル化／高分子粒子の粉砕　他［高分子微粒子の応用］塗料／コーティング材／エマルション粘着剤／土木・建築／診断薬担体／医療と微粒子／化粧品　他
執筆者：川瀬　進／上山雅文／田中眞人　他33名

ファインセラミックスの製造技術
監修／山本博孝／尾崎義治
ISBN4-88231-826-1　　　　　　　　　B719
A5判・285頁　本体3,400円＋税（〒380円）
初版1985年4月　普及版2004年2月

構成および内容：セラミックスのファイン化技術（ファイン化セラミックスの応用　他）［各論A（材料技術）］超微粒子技術／多孔体技術／単結晶技術［各論B（マイクロ材料技術）］気相薄膜技術／ハイブリット技術／粒界制御技術［各論C（製造技術）］超急冷技術／接合技術／HP・HIP技術　他
執筆者：山本博孝／尾崎義治／松村雄介　他32名

建設分野の繊維強化複合材料
監修／中辻照幸
ISBN4-88231-818-0　　　　　　　　　B711
A5判・164頁　本体2,400円＋税（〒380円）
初版1998年8月　普及版2004年1月

構成および内容：建設分野での繊維強化複合材料の開発の経緯／複合材料に用いられる材料と一般的な成形方法／コンクリート補強用連続繊維筋／既存コンクリート構造物の補修・補強用繊維強化複合材料／鉄骨代替用繊維強化複合材料／繊維強化コンクリート／繊維強化複合材料の将来展望　他
執筆者：中辻照幸／竹田敏和／角田敦　他9名

医療用高分子材料の展開
監修／中林宜男
ISBN4-88231-813-X　　　　　　　　　B706
A5判・268頁　本体4,000円＋税（〒380円）
初版1998年3月　普及版2003年12月

構成および内容：医療用高分子材料の現状と展望（高分子材料の臨床検査への応用　他）／ディスポーザブル製品の開発と応用／医療膜用高分子材料／ドラッグデリバリー用高分子の新展開／生分解性高分子の開発／組織工学を利用したハイブリッド人工臓器／生体・医療用接着剤の開発／医療用高分子の安全性評価／他
執筆者：中林宜男／岩崎泰彦／保坂俊太郎　他25名

超高温利用セラミックス製造技術
ISBN4-88231-816-4　　　　　　　　　B709
A5判・275頁　本体3,500円＋税（〒380円）
初版1985年11月　普及版2003年11月

構成および内容：超高温技術を応用したファインセラミックス製造技術の現状と動向／ファインセラミックス創成の基礎／レーザーによるセラミックス合成と育成技術／レーザーCVD法による新機能膜創成技術／電子ビーム，レーザおよびアーク熱源による超微粒子製造技術／セラミックスの結晶構造解析法とその高温利用技術／他
執筆者：佐多敏之／中村哲朗／奥冨衛　他8名

プラスチック成形加工による高機能化
監修／伊澤槇一
ISBN4-88231-812-1　　　　　　　　　B705
A5判・275頁　本体3,800円＋税（〒380円）
初版1997年9月　普及版2003年11月

構成および内容：総論（成形加工複合化の流れ／自由空間での構造形成を伴う成形加工）／コンパウンドと成形の一体化／成形技術の複合化／複合成形機械／新素材・ポリマーアロイと組み合わせる成形加工の高度化／成形と二次加工との一体化による高度化（IMC（インモールドコーティング）技術の新展開／異形断面製品の押出成形方法　他）
執筆者：伊澤槇一／小山清人／森脇毅　他23名

機能性超分子
監修／緒方直哉／寺尾　稔／由井伸彦
ISBN4-88231-806-7　　　　　　　　　B699
A5判・263頁　本体3,400円＋税（〒380円）
初版1998年6月　普及版2003年10月

構成および内容：機能性超分子の設計と将来展望／超分子の合成（光機能性デンドリマー／シュガーボール／カテナン　他）／超分子の構造（分子凝集設計と分子イメージング／水溶液中のナノ構造体　他）／機能性超分子の設計と応用展望（リン脂質高分子表面／星型ポリマー塗料／生体内分解性超分子　他）／特許からみた超分子のR&D／他
執筆者：緒方直哉／相田卓三／柿本雅明　他42名

プラスチックメタライジング技術
著者／英　一太
ISBN4-88231-809-1　　　　　　　　　B702
A5判・290頁　本体3,700円＋税（〒380円）
初版1985年11月　普及版2003年10月

構成および内容：プラスチックメッキ製品の設計／メタライジング用プラスチック材料／電気メッキしたプラスチック製品の規格／メタライジングの方法／メタライジングのための表面処理／プラスチックメッキの装置の最近の動向／プラスチックメッキのプリント配線板への応用／電磁波シールドのプラスチックメタライジング技術の応用／メタライズドプラスチックの回路加工技術／他

※書籍をご購入の際は、最寄りの書店にご注文いただくか、㈱シーエムシー出版のホームページ（http://www.cmcbooks.co.jp/）にてお申し込み下さい。

CMCテクニカルライブラリーのご案内

絶縁・誘電セラミックスの応用技術
監修／塩嵜 忠
ISBN4-88231-808-3　　　　　　　B701
A5判・262頁　本体2,700円＋税（〒380円）
初版1985年8月　普及版2003年8月

構成および内容：［基礎編］電気絶縁性と伝導性／誘電性と強誘電性［材料編］絶縁性セラミックス／誘電性セラミックス［応用編］厚膜回路基板／薄膜回路基板／多層回路基板／セラミック・パッケージ／サージアブソーバ／マイクロ波用誘電体基板と導波路／マイクロ波用誘電体立体回路／温度補償用セラミックコンデンサ 他
執筆者：塩嵜忠／吉田真／篠崎和夫 他18名

炭化ケイ素材料
監修／岡村清人
ISBN4-88231-803-2　　　　　　　B696
A5判・209頁　本体2,700円＋税（〒380円）
初版1985年9月　普及版2003年9月

構成および内容：［基礎編］"有機金属ポリマーからセラミックスへの転換"の発展過程／特徴／セラミックスの前駆体としての有機ケイ素ポリマー／有機ケイ素ポリマーの熱分解過程／炭化ケイ素繊維の機械的特性［応用編］炭化ケイ素繊維／Si-Ti-C-O系繊維の開発／SiCミニイグナイター／複合反応焼結体／耐熱電線・耐熱塗料 他
執筆者：岡村清人／長谷川良雄／石川敏功 他7名

ポリマーアロイの開発と応用
監修／秋山三郎・伊澤槇一
ISBN4-88231-795-8　　　　　　　B688
A5判・302頁　本体4,200円＋税（〒380円）
初版1997年4月　普及版2003年4月

構成および内容：［総論］構造制御／ポリマーの相溶化／リサイクル［材料編］ポリプロピレン系／ポリスチレン系／ABS系／PMMA系／ポリフェニレンエーテル系他［応用編］自動車材料／塗料／接着剤／家電・OA機器ハウジング／EMIシールド材料／電池材料／光ディスク／プリント配線板用樹脂／包装材料／弾性体／医用材料 他
執筆者：野島修一／秋山三郎／伊澤槇一 他33名

プラスチックリサイクルの基本と応用
監修／大柳 康
ISBN4-88231-794-X　　　　　　　B687
A5判・398頁　本体4,900円＋税（〒380円）
初版1997年3月　普及版2003年4月

構成および内容：ケミカルリサイクル／サーマルリサイクル／複合再生とアロイ／添加剤［動向］欧米／国内／関連法規／［各論］ポリオレフィン／ポリスチレン他［産業別］自動車／電気製品／廃パソコン他［技術］分離・分別技術／高炉原料化／油化・ガス化装置／［製品設計・法規制・メンテナンス］PLと品質保証／LCA 他
執筆者：大柳康／三宅彰／稲谷稔宏 他30名

透明導電性フィルム
監修／田畑三郎
ISBN4-88231-780-X　　　　　　　B673
A5判・277頁　本体3,800円＋税（〒380円）
初版1986年8月　普及版2002年12月

構成および内容：透明導電性フィルム・ガラス概論／［材料編］ポリエステル／ポリカーボネート／PES／ポリピロール／ガラス／金属蒸着フィルム／［応用編］液晶表示素子／エレクトロルミネッセンス／タッチパネル／自動預金支払機／圧力センサ／電子機器包装／LCD／エレクトロクロミック素子／プラズマディスプレイ 他
執筆者：田畑三郎／光谷雄二／磯similar夫 他25名

高分子の難燃化技術
監修／西沢 仁
ISBN4-88231-779-6　　　　　　　B672
A5判・427頁　本体4,800円＋税（〒380円）
初版1996年7月　普及版2002年11月

構成および内容：各産業分野における難燃規制と難燃製品の動向（電気・電子部品／鉄道車両／電線・ケーブル／建築分野における難燃化／自動車・航空機・船舶・繊維製品等）／有機材料の難燃現象の理論／各種難燃剤の種類、特徴と特性（臭素系・塩素系・リン系・酸化アンチモン系・水酸化アルミニウム・水酸化マグネシウム 他
執筆者：西沢仁／冠木公明／吉川高雄 他15名

ポリマーセメントコンクリート／ポリマーコンクリート
著者／大濱嘉彦・出口克宣
ISBN4-88231-770-2　　　　　　　B663
A5判・275頁　本体3,200円＋税（〒380円）
初版1984年2月　普及版2002年9月

構成および内容：コンクリート・ポリマー複合体（定義・沿革）／ポリマーセメントコンクリート（セメント・セメント混用ポリマー・消泡剤・骨材・その他の材料）／ポリマーコンクリート（結合材・充てん剤・骨材・補強剤）／ポリマー含浸コンクリート（防水性および凍結融解性・耐薬品性・耐摩耗性および耐衝撃性・耐熱性および耐火性・難燃性・耐候性 他）／参考資料 他

繊維強化複合金属の基礎
監修／大蔵明光・著者／香川 豊
ISBN4-88231-769-9　　　　　　　B662
A5判・287頁　本体3,800円＋税（〒380円）
初版1985年7月　普及版2002年8月

構成および内容：繊維強化金属とは／概論／構成材料の力学特性（変形と破壊・定義と記述方法）／強化繊維とマトリックス（強さと統計・確率論）／強化機構／複合材料の強さを支配する要因／新しい強さの基準／評価方法／現状と将来動向（炭素繊維強化金属・ボロン繊維強化金属・SiC繊維強化金属・アルミナ繊維強化金属・ウイスカー強化金属）他

※書籍をご購入の際は、最寄りの書店にご注文いただくか、㈱シーエムシー出版のホームページ（http://www.cmcbooks.co.jp/）にてお申し込み下さい。